高职高专"十二五"规划教材

 ★ 农林牧渔系列

植物与植物生理

ZHIWU
YU ZHIWU SHENGLI

顾立新 主编　　宋 刚　周晓舟　肖海峻 副主编

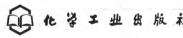
化学工业出版社

·北京·

本书是高职高专"十二五"规划教材★农林牧渔系列分册之一。本书围绕技能实训进行理论知识阐述，着重加强实践技能和学生智力开发的培养。内容上按照"植物组成单位—植物器官形态—植物器官结构—植物分类—植物新陈代谢—植物生长发育—植物的抗逆生理"的顺序设计了七个技能项目，每个项目包括能力要求、相关知识链接、技能实训、实际操作、课外阅读、思考与练习等模块。

本书内容上由浅入深，循序渐进，力求反映出高等职业教育的特点，同时扩展学生的知识面，适合作为高职高专院校园林、园艺、农学、生物技术、植物保护等相关专业师生的教材，也可供农业技术人员、中等专业学校、职业高中师生参考。

图书在版编目（CIP）数据

植物与植物生理/顾立新主编. —北京：化学工业出版社，2011.7（2020.11重印）

高职高专"十一五"规划教材★农林牧渔系列

ISBN 978-7-122-11877-6

Ⅰ. 植… Ⅱ. 顾… Ⅲ. ①植物学-高等职业教育-教材②植物生理学-高等职业教育-教材 Ⅳ. Q94

中国版本图书馆 CIP 数据核字（2011）第 142702 号

责任编辑：梁静丽 李植峰　　　　　　文字编辑：王新辉
责任校对：战河红　　　　　　　　　　装帧设计：史利平

出版发行：化学工业出版社（北京市东城区青年湖南街 13 号　邮政编码 100011）
印　　装：大厂聚鑫印刷有限责任公司
787mm×1092mm　1/16　印张 16¼　字数 423 千字　2020 年 11 月北京第 1 版第 8 次印刷

购书咨询：010-64518888　　　　　　售后服务：010-64518899
网　　址：http://www.cip.com.cn
凡购买本书，如有缺损质量问题，本社销售中心负责调换。

定　　价：30.00 元　　　　　　　　　　　　　　　　版权所有　违者必究

高职高专规划教材★农林牧渔系列
建设委员会成员名单

高职高专规划教材★农林牧渔系列
编审委员会成员名单

高职高专规划教材★农林牧渔系列
建设单位
（按汉语拼音排列）

安阳工学院
保定职业技术学院
北京城市学院
北京林业大学
北京农业职业学院
长治学院
长治职业技术学院
常德职业技术学院
成都农业科技职业学院
成都市农林科学院园艺研
　究所
重庆三峡职业学院
重庆文理学院
德州职业技术学院
福建农业职业技术学院
抚顺师范高等专科学校
甘肃农业职业技术学院
广东科贸职业学院
广东农工商职业技术学院
广西百色市水产畜牧兽医局
广西大学
广西职业技术学院
广州城市职业学院
海南大学应用科技学院
海南师范大学
海南职业技术学院
杭州万向职业技术学院
河北北方学院
河北工程大学
河北交通职业技术学院
河北科技师范学院
河北省现代农业高等职业技
　术学院
河南科技大学林业职业学院
河南农业大学
河南农业职业学院
河西学院

黑龙江农业工程职业学院
黑龙江农业经济职业学院
黑龙江农业职业技术学院
黑龙江生物科技职业学院
黑龙江畜牧兽医职业学院
呼和浩特职业学院
湖北生物科技职业学院
湖南怀化职业技术学院
湖南环境生物职业技术学院
湖南生物机电职业技术学院
吉林农业科技学院
集宁师范高等专科学校
济宁市高新技术开发区农业局
济宁市教育局
济宁职业技术学院
嘉兴职业技术学院
江苏联合职业技术学院
江苏农林职业技术学院
江苏畜牧兽医职业技术学院
江西生物科技职业学院
金华职业技术学院
晋中职业技术学院
荆楚理工学院
荆州职业技术学院
景德镇高等专科学校
昆明市农业学校
丽水学院
丽水职业技术学院
辽东学院
辽宁科技学院
辽宁农业职业技术学院
辽宁医学院高等职业技术学院
辽宁职业学院
聊城大学
聊城职业技术学院
眉山职业技术学院
南充职业技术学院
盘锦职业技术学院

濮阳职业技术学院
青岛农业大学
青海畜牧兽医职业技术学院
曲靖职业技术学院
日照职业技术学院
三门峡职业技术学院
山东科技职业学院
山东省贸易职工大学
山东省农业管理干部学院
山西林业职业技术学院
商洛学院
商丘职业技术学院
深圳职业技术学院
沈阳农业大学
沈阳农业大学高等职业技术
　学院
苏州农业职业技术学院
乌兰察布职业学院
温州科技职业学院
厦门海洋职业技术学院
咸宁学院
咸宁职业技术学院
信阳农业高等专科学校
杨凌职业技术学院
宜宾职业技术学院
永州职业技术学院
玉溪农业职业技术学院
岳阳职业技术学院
云南农业职业技术学院
云南省曲靖农业学校
云南省思茅农业学校
张家口教育学院
漳州职业技术学院
郑州牧业工程高等专科学校
郑州师范高等专科学校
中国农业大学烟台研究院

《植物与植物生理》编写人员名单

主　　编　顾立新

副 主 编　宋　刚　周晓舟　肖海峻

编　　者（按照姓名汉语拼音排列）

顾立新　蒋新宇　李　健　宋　刚

黄小忠　肖海峻　周晓舟　宗树斌

序

当今，我国高等职业教育作为高等教育的一个类型，已经进入到以加强内涵建设，全面提高人才培养质量为主旋律的发展新阶段。各高职高专院校针对区域经济社会的发展与行业进步，积极开展新一轮的教育教学改革。以服务为宗旨，以就业为导向，在人才培养质量工程建设的各个侧面加大投入，不断改革、创新和实践。尤其是在课程体系与教学内容改革上，许多学校都非常关注利用校内、校外两种资源，积极推动校企合作与工学结合，如邀请行业企业参与制定培养方案，按职业要求设置课程体系；校企合作共同开发课程；根据工作过程设计课程内容和改革教学方式；教学过程突出实践性，加大生产性实训比例等，这些工作主动适应了新形势下高素质技能型人才培养的需要，是落实科学发展观，努力办人民满意的高等职业教育的主要举措。教材建设是课程建设的重要内容，也是教学改革的重要物化成果。教育部《关于全面提高高等职业教育教学质量的若干意见》（教高〔2006〕16号）指出"课程建设与改革是提高教学质量的核心，也是教学改革的重点和难点"，明确要求要"加强教材建设，重点建设好3000种左右国家规划教材，与行业企业共同开发紧密结合生产实际的实训教材，并确保优质教材进课堂。"目前，在农林牧渔类高职院校中，教材建设还存在一些问题，如行业变革较大与课程内容老化的矛盾、能力本位教育与学科型教材供应的矛盾、教学改革加快推进与教材建设严重滞后的矛盾、教材需求多样化与教材供应形式单一的矛盾等。随着经济发展、科技进步和行业对人才培养要求的不断提高，组织编写一批真正遵循职业教育规律和行业生产经营规律、适应职业岗位群的职业能力要求和高素质技能型人才培养的要求、具有创新性和普适性的教材将具有十分重要的意义。

化学工业出版社为中央级综合科技出版社，是国家规划教材的重要出版基地，为我国高等教育的发展做出了积极贡献，曾被新闻出版总署领导评价为"导向正确、管理规范、特色鲜明、效益良好的模范出版社"，2008年荣获首届中国出版政府奖——先进出版单位奖。近年来，化学工业出版社密切关注我国农林牧渔类职业教育的改革和发展，积极开拓教材的出版工作，2007年年底，在原"教育部高等学校高职高专农林牧渔类专业教学指导委员会"有关专家的指导下，化学工业出版社邀请了全国100余所开设农林牧渔类专业的高职高专院校的骨干教师，共同研讨高等职业教育新阶段教学改革中相关专业教材的建设工作，并邀请相关行业企业作为教材建设单位参与建设，共同开发教材。为做好系列教材的组织建设与指导服务工作，化学工业出版社聘请有关专家组建了"高职高专规划教材★农林牧渔系列建设委员会"和"高职高专规划教材★农林牧渔系列编审委员会"，拟在"十一五"、"十二五"期间组织相关院校的一线教师和相关企业的技术人员，在深入调研、整体规划的基础上，编写出版一套适应农林牧渔类相关专业教育的基础课、专业课及相关外延课程教材。专业涉及种植、园林园艺、畜牧、兽医、水产、宠物等。

该套教材的建设贯彻了以职业岗位能力培养为中心，以素质教育、创新教育为基础的教育理念，理论知识"必需"、"够用"和"管用"，以常规技术为基础，关键技术为重点，先进技术为导向。此套教材汇集众多农林牧渔类高职高专院校教师的教学经验和教改成果，又得到了相关行业企业专家的指导和积极参与，相信它的出版不仅能较好地满足高职高专农林牧渔类专业的教学需求，而且对促进高职高专专业建设、课程建设与改革、提高教学质量也将起到积极的推动作用。希望有关教师和行业企业技术人员，积极关注并参与教材建设。毕竟，为高职高专农林牧渔类专业教育教学服务，共同开发、建设出一套优质教材是我们共同的责任和义务。

介晓磊

前言

　　植物与植物生理是高职高专院校园林、园艺、农学、生物技术、农艺、植物保护等相关专业的核心课程。本教材从高等职业教育人才培养目标和教学改革的实际出发，按照高等职业教育教学知识"必需、够用、实用"的原则，围绕技能实训进行理论知识阐述，力求突出教材内容和实际操作相结合、理论知识和技能实训相结合，形成涵盖专业能力培养所应知应会的知识和技能体系，使教材尽量能反映出高等职业教育的特点，同时扩展学生的知识面。

　　全书共分七个技能项目，每个项目设有能力要求、相关知识链接、技能实训、实际操作、课外阅读，并附有思考与练习。本书按照"植物组成单位—植物器官形态—植物器官结构—植物分类—植物新陈代谢—植物生长发育—植物的抗逆生理"的顺序，内容上由浅入深，循序渐进，学以致用，着重加强实践技能和学生智力开发的培养。同时，本书参考了国内外同类教材的编写经验，吸收了一些新知识、新技术。

　　参加本教材编写的人员都是从事本门课程教学多年的骨干教师，大家集思广益，互相磋商，结合教学实践，共同研究编写大纲，对编写的内容进行悉心构思和润色，力求使教材更好地适应高职高专人才培养层次的教学需要。

　　本书在编写过程中参考了国内外同行专家的文献资料，在此向有关作者表示诚挚的谢意。

　　由于编者水平有限，书中不妥之处在所难免，恳望广大读者批评指正，以便进一步修订。

编　者
2011 年 6 月

目录

绪　　论

一、什么是植物

自然界的物质分为非生物与生物两大类。非生物是没有生命的物质，如岩石、钢铁；生物是有生命的，如花、草、树木、鸟、兽等。生物具有生长、发育、繁殖、遗传等生命现象，在生命活动过程中能不断地与外界进行物质交换，即进行新陈代谢。

生物通常分为动物与植物两界；常见的花、草、树木是植物。什么是植物？回答这个问题要从植物的特征及其在自然界的位置谈起。绝大多数的植物都具有绿色的质体，能进行光合作用合成有机养料供自身生长，具有自养能力，而动物不能；植物的细胞具有细胞壁，动物的细胞没有细胞壁，只有细胞膜；植物的生长可以不断产生新的组织与器官，动物的器官在胚胎时期已经分化完成，它的生长主要是体积的增大与成熟；此外，植物通常固定在一个地方生长，动物通常能移动。

但是，上述的这些特征只能用来说明什么是高等的植物与动物。因为低等的动、植物并不完全具备这些特征，它们之间没有明显的分界。例如低等植物中的黏菌，它的营养体构造和生活方式都和低等动物中的变形虫一样，只是在生殖时能产生具有纤维素细胞壁的孢子，因而被列入植物界。生长在淡水池塘中的低等植物衣藻和低等动物草履虫，都是有一个具有鞭毛的细胞构成的，能在水中游动，但衣藻具有绿色的质体，被列入植物界。这都说明动物和植物是同出一源的，在低等的动植物之间有着相似的结构和特征，有些甚至很不容易区分。

为了把复杂的生物划分为自然的类群，不少动植物学家曾提出过多种生物分界系统。20世纪70年代，又提出将生物分为五界，即除植物界与动物界以外，将低等植物中无细胞核结构的细菌及蓝藻列入原核生物界，真菌列为真菌界，加上滤过性病毒列为病毒界，成为生物的五界系统。但是，目前仍然普遍沿用两界系统，即动物界与植物界，因此本书也按两界系统中的植物界叙述。

二、植物的多样性和我国的植物资源

在自然界中，植物种类繁多，目前已知的植物总数有50多万种，其中包括低等植物的藻类、菌类、地衣和高等植物的苔藓、蕨类、种子植物。这些植物在形态、结构、生活习性以及对环境的适应性方面各不相同。在不同的环境中生长着不同的植物种类。

植物分布在地球上几乎所有的地方，从热带到寒带以至地球的两极，从平原到高山，从海洋、湖泊到陆地，到处都分布着各种各样的植物。有的植物体形态微小，结构简单，仅有一个细胞，如衣藻；比较复杂的有多细胞的群体，继而出现丝状体，逐步演化出具有根、茎、叶的高等植物体，其中最高级的裸子植物和被子植物，还能产生种子繁殖后代。从营养方式来看，绝大多数植物种类，其细胞中都具有叶绿体，能够进行光合作用，自制养分，它们被称为绿色植物或自养植物。但也有部分植物其体内无叶绿体，不能自制养分，而是从其他植物吸取现成的营养物质过着寄生生活，称为寄生植物。许多菌类生长在腐朽的有机体上，通过对有机物的分解作用而摄取养分，称为腐生植物。非绿色植物中也有少数种类，如硫细菌、铁细菌，可以借氧化无机物获得能量而自行制造食物，属于化学自养植物。

种子植物是现今地球上种类最多、形态结构最为复杂，以及和人类经济生活最密切的一类植物。全部树木、农作物、大多数园林绿化植物和经济植物都是种子植物。它们中有多年生的高大干直的乔木、低矮丛生的灌木，缠绕它们的藤本植物，一年生、二年生和多年生的草本植物等。我国是世界上植物种类最多的国家之一，仅种子植物就有3万种以上，其中不少具有重要经济价值。我国幅员辽阔，跨越热带、亚热带、暖温带、温带、寒温带，地形错综多样，孕育出森林、灌丛、草原、草甸、沼泽、水生等多种植被类型。许多植物不仅原产我国，并多引种到国外。例如，裸子植物全世界共有13科，约700种，我国就有12科，近300种之多，它们多是经济用材树种。我国的银杏、水杉、水松被称为三大活化石。还有许多特产树种，如金钱松、油松、红豆杉、榧树、福建柏等。被子植物中，粮食作物如水稻、谷子早在数千年前已有栽培，大豆原产于我国。果树中的桃、杨梅、梨、枇杷、荔枝、柑橘等皆原产于我国。原产于我国的特种经济植物有茶、桑、油桐、苎麻等。我国是蔬菜种类最多的国家，我国观赏植物之多更是闻名于世，被誉为世界园林之母，如牡丹、芍药、茶花等均为我国特产。我国药用植物种类有数千种，是非常宝贵的植物资源。

三、植物在自然界和国民经济中的作用

太阳光能是一切生命活动过程中用之不竭的能量来源，但必须依赖绿色植物的光合作用，将光能转变成化学能贮存于光合产物中，才能被利用。绿色植物经光合作用制造的糖类，以及在植物体内进一步同化形成的脂类和蛋白质等物质，除了少部分消耗于本身生命活动或转化为组成躯体的结构材料之外，大部分贮存于细胞中。当人类、动物食用绿色植物时，或异养生物从绿色植物躯体或死亡的植物植株上摄取养分时，贮积物质被分解利用，能量再度释放出来，为生命活动提供能源。

非绿色植物如细菌、真菌、黏菌等具有矿化作用，把复杂的有机物分解成简单的无机物，再为绿色植物所利用。植物在自然界通过光合作用和矿化作用，即进行合成、分解的过程，促进了自然界物质循环。

此外，植物在净化环境、减少污染、防风固沙、水土保持等方面，具有特异的能力。因此，大规模的绿化造林，城市进行园区绿化，将有助于改善人类的生活环境，维持自然界的生态平衡。

植物是人们赖以生存的物质基础，是发展国民经济的主要资源。粮、棉、油、菜、果等直接来源于植物，肉类、毛皮、蚕丝、橡胶、造纸等也多由植物提供原料。存在于地下的煤炭、石油、天然气，也是数千万年前由于地壳变迁，被埋藏在地层中的古代动植物所形成的，都是人类生活的重要能源物资。

在工业生产和人类生活过程中，不断索取利用植物资源，忽视生态环境的发展规律，从而导致自然环境严重恶化。如全球性的臭氧层破坏，温室效应、酸雨、沙尘暴、河流海洋毒化和水资源短缺，以致人类遭受全球性生态危机的威胁。因此人类面对生态环境恶化的严重挑战，应科学地正视环境，处理好人与自然、经济发展与生态之间的关系。而绿化造林、保护植物资源有助于改善人类的生存环境，保持自然界的生态平衡。

四、植物与植物生理的研究内容和应用

植物与植物生理是研究植物的形态结构、植物分类、生命活动规律及植物与环境相互关系的科学。植物与植物生理总体分为植物的形态结构、植物分类、植物生理三大部分。其目的和任务是用科学的方法认识植物的形态类型与解剖结构，阐明植物的生命活动过程，介绍植物分类的基本知识和常见的植物类型，从而科学利用植物和保护植物，满足人类生产和生

活需要，实现植物资源的可持续利用。植物与植物生理是园艺、园林花卉、生物类、植物生产类等专业的一门专业基础课程。在内容安排上以常见园林花卉植物、农作物和蔬菜作物为主线，简明扼要地论述植物形态结构特点、植物生长发育过程和代谢生理要领、植物分类的基本知识。在各章内容的阐述上紧密联系园林、园艺和农业生产实践，结合实际需要选择和设定实验实训内容，着重加强学生智力开发和实践能力的培养。做到能运用植物与植物生理的理论和实践知识指导生产实际，更好地利用和改造植物，科学地开发植物资源，提高农产品的产量和品质，使植物更好地为人类服务。

五、学习本课程的方法

学习植物与植物生理首先要有积极、主动的态度。在学习过程中不断培养对自然界的热爱、探索生命奥秘的兴趣、实事求是的作风、丰富的想象力、创造性的思维等良好素质。这是学好植物与植物生理课程的前提。

学习植物与植物生理需要掌握辨证的观点和方法。植物体的各个部分在整个生命活动中既相互联系、相互协调，又相互制约。在植物与环境之间，同样是既有矛盾、斗争，又有协调统一。学习本课程需要用联系的、发展的观点综合地观察、分析问题，而不是停留于个别现象。各式各样的植物是在不同环境中有规律地演化而来，各有一部长期演化的历史。

学习植物与植物生理必须理论联系实际。植物种类繁多，形态特征、生理特性各不相同，所以在学习理论的基础上，必须加强观察，增强感性认识。要加强基本技能训练，熟练地应用有关设备和技术，如放大镜、显微镜、各种切片染色技术、生物绘图技术等，掌握基本的实验技能。学会借助实验仪器设备，测定植物的各种生理过程，培养用实验方法探索植物生命现象的本质。同时还要增强自学意识，提高自学能力，使植物与植物生理的学习能在掌握知识的广度和深度，在分析、解决生产实际问题的能力以及技能的掌握得到提高，以达到学以致用的目的。

【思考与练习】

1. 植物在自然界和国民经济中有何重要作用？
2. 明确植物与植物生理研究的内容和应用。
3. 学习本课程时采用什么方法？如何提高自己的实践动手能力？

技能项目一　植物的组成单位

【能力要求】

知识要求：
- 了解植物细胞的概念和植物细胞的基本结构及相应的功能。
- 理解原生质的化学组成、主要有机物的生理功能和原生质的胶体特性。
- 掌握植物细胞的繁殖方式及过程。
- 掌握植物组织的类型及相应的生理功能、维管束的概念及种类。

技能要求：
- 能学会光学显微镜的使用和保养技术、植物制片技术、生物绘图技术。
- 能熟练地运用显微镜观察各种植物切片并正确地指出各部分。

【相关知识链接】

一、植物的细胞

细胞是构成生物有机体形态结构和生理功能的基本单位。生物有机体除了病毒和类病毒外，都是由细胞构成的。最简单的生物有机体仅由一个细胞构成，各种生命活动都在一个细胞内进行。复杂的生物有机体可由几个到亿万个形态和功能各异的细胞组成，例如海带、蘑菇等低等植物，以及所有的高等植物。多细胞生物体中的所有细胞，在结构和功能上密切联系，分工协作，共同完成有机体的各种生命活动。植物的生长、发育和繁殖都是细胞不断进行生命活动的结果。因此，掌握细胞的结构和功能，对于了解植物体生命活动的规律有着重要的意义。

（一）植物细胞的形状

植物细胞的形状是多种多样的。细胞的形状主要决定于其遗传性、生理机能和所处的位置及其对环境的适应性，常见的有长方形、长柱形、球形、多面体形、纤维形、不规则形、长筒形、长菱形、星形（图 1-1）等。

单细胞的藻类植物，如小球藻、衣藻，因其生活在水中，细胞处于游离状态，相互之间不挤压，故多为球形；多细胞的植物体，因细胞之间相互挤压，大部分呈多面体形，如分生组织细胞；种子植物的细胞，因分工精细，其形状常与细胞执行的功能相适应，如：导管细胞和筛管细胞呈长筒形，与其运输作用相适应；纤维细胞呈长梭形，与其支持作用相适应；某些薄壁细胞疏松排列呈多面体形，与其贮藏作

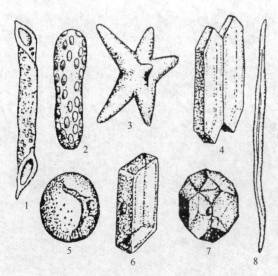

图 1-1　植物细胞的形状

1—长筒形；2—长柱形；3—星形；4—长菱形；
5—球形；6—长方形；7—多面体形；8—纤维形

用相适应等，都体现了功能决定于形态、形态适应于功能这样一个规律，即体现了细胞形态
与功能相适应的规律。

植物细胞的大小差异很大，直径一般为 $10 \sim 100 \mu m$，必须用显微镜才能观察到。现在
已知最小的细胞是细菌状的有机体叫支原体，直径为 $0.1 \mu m$，肉眼根本看不到。有少数大
型细胞，肉眼可见，如西瓜、番茄的成熟果肉细胞，直径约 $1000 \mu m$；棉花种子的表皮毛，
长可达 $75000 \mu m$；苎麻的纤维细胞长度高达 550mm。有人粗略估计，一个叶片可含有 4000
万个细胞，由此可知细胞的体积十分微小。

细胞的体积较小，其表面积则相对较大，这对于细胞与外界进行物质交换及完成其他生
命活动具有重要意义。一般来讲，同一植物体不同部位的细胞，其体积越小，代谢越活跃，
如根尖、茎尖的分生组织细胞；其体积越大，
代谢越微弱，如某些具有贮藏作用的薄壁组织
细胞。

（二）植物细胞的结构

高等植物细胞虽然形状多样、大小不一，
但一般都具有相同的基本结构，即都是由细胞
壁和原生质体两部分构成（图 1-2）。

细胞壁包在原生质体的外面。植物细胞中
还含有一些贮藏物质或代谢产物，叫后含物。
一般所说的细胞结构，是指在光学显微镜下所
能看到的结构。人们把在光学显微镜下呈现的
细胞结构，称为显微结构。而把在电子显微镜
下看到的更为精细的结构，称为亚显微结构或
超微结构。

1. 原生质体

细胞内具有生命活性的物质称为原生质。
原生质是细胞生命活动的物质基础，故称为植
物细胞内的生命物质。原生质是一种无色、半
透明、具有黏性和弹性的胶体状物质。它的主
要成分有蛋白质、核酸、脂类和糖类，此外还
含有无机盐和水分。原生质体是细胞内所有有
生命活动部分的总称，是分化了的原生质。原

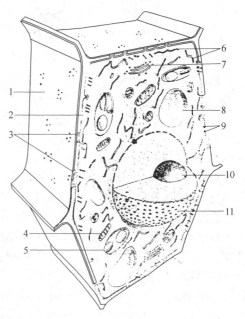

图 1-2　植物细胞亚显微结构立体模式图
1—细胞壁（上面具有胞间连丝通过的孔）；2—质膜；
3—胞间连丝；4—线粒体；5—前质体；6—内质网；
7—高尔基体；8—液泡；9—微管；
10—核仁；11—核膜

生质体是指活细胞中细胞壁以内各种结构的总称，细胞内的代谢活动主要在这里进行。原生
质体在完成生命活动过程中产生细胞壁、液泡和后含物。在高等植物细胞内，原生质体包括
质膜、细胞核和细胞质三部分。细胞壁是植物细胞特有的结构，位于植物细胞的最外层，主
要起保护作用。

（1）质膜　植物细胞的细胞质外方与细胞壁紧密相连的一层薄膜，称为质膜或细胞膜。
质膜和细胞内的所有膜统称为生物膜。

① 质膜的结构（流动镶嵌模型）。细胞膜主要是由脂类中的磷脂分子（膜脂）和蛋白质
分子（膜蛋白）组成的，另外还含有少量的糖类、无机离子和水。膜脂呈双分子排列，疏水
性尾部向内，亲水性头部向外。但是，膜蛋白并非均匀地排列在膜脂两侧，而是有些位于膜
的表面（外在蛋白），以静电相互作用的方式与膜脂亲水性头部相结合；有些嵌入膜脂之间
甚至穿过膜的内外表面（内在蛋白）；在膜脂的疏水区蛋白质以表面的疏水基团与烃链形成
较强的疏水键而结合。在电子显微镜下可以看到质膜的横断面上呈现"暗-明-暗"三条平行

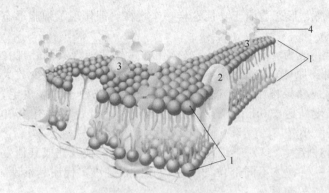

图 1-3　细胞膜的结构
1—细胞单位膜；2—内在蛋白；3—糖蛋白；4—糖链

带，总厚度约 8nm，这种以"暗-明-暗"三层结构为单位构成的膜，称为单位膜（图 1-3）。

关于单位膜中各成分的组合方式，人们提出了许多假说，目前普遍公认的是单位膜的"流动镶嵌模型"：在膜的中间是磷脂双分子层，它实际上包括两层磷脂分子，这是细胞膜的基本骨架，由它支撑着许多蛋白质分子。组成膜的蛋白质分子可分成两类：一类排列在磷脂双分子层的外侧，即膜表面；另一类镶嵌或贯穿在磷脂双分子层中。在电子显微镜下看到的"暗-明-暗"带状结构中，暗带是由磷脂分子亲水的头部和蛋白质分子组成，而明带则是由磷脂分子疏水的尾部组成。

该模型强调：构成质膜的蛋白质分子和磷脂分子大都不是静止的，而是在一定范围内自由移动，使膜的结构处于不断的变化状态。它们的运动方向总是平行于质膜表面，而不做上下垂直于质膜的运动，表明膜在结构上具有一定的流动性，这种特点对于质膜完成各种生理活动十分重要，其中包括膜结构的不断代谢、更新。膜的这种镶嵌结构具有流动性，所以称为"流动镶嵌模型"。

膜的流动镶嵌模型有两个基本特征：一是膜的不对称性。主要表现在膜脂和膜蛋白分布的不对称性。膜脂：在膜脂的双分子层中外半层以磷脂酰胆碱为主，而内半层则以磷脂酰丝氨酸和磷脂酰乙醇胺为主，不饱和脂肪酸主要存在于外半层。膜蛋白：膜脂内外两半层所含外在蛋白与内在蛋白的种类及数量不同，膜蛋白分布的不对称性是膜功能具有方向性的物质基础。膜糖：糖蛋白与糖脂只存在于膜的外半层，而且糖基暴露于膜外，呈现出分布的绝对不对称性，这是膜具有对外感应与识别等能力的基础。二是膜的流动性。膜的不对称性决定了膜的不稳定性，即具有流动性。膜蛋白：可以在膜脂中自由侧向扩散。膜脂：磷脂分子小于蛋白质分子，也具有流动性，且比蛋白质的扩散速度大得多，这是因为膜内磷脂的凝固点较低，通常呈液态。膜脂流动性的大小决定于脂肪酸的不饱和程度，不饱和程度愈高，流动性愈强。

② 质膜的功能

a. 分室作用。细胞的膜系统不仅把细胞与外界环境隔开，而且把细胞内部的空间分隔成许多微小的区域，即形成各种细胞器，从而使细胞的生命活动有了适当的分工，并有条不紊地进行。同时，由于内膜系统的存在，又将各个细胞器联系起来，共同完成各种连续的生理生化反应。比如光呼吸的生化过程就是在叶绿体、过氧化体和线粒体内进行的。

b. 反应场所。细胞内的生化反应具有特异性、高效性和连续性。因此，某些代谢途径是在膜上进行的，前一反应的产物就是下一反应的底物。例如，在线粒体和叶绿体内进行的某些生化反应就是在膜上完成的。

c. 吸收功能（选择透性）。细胞膜中的蛋白质大多是特异的酶类，在一定的条件下，具有"识别"、"捕捉"和"释放"某些物质的能力。所以细胞膜可通过简单扩散、促进扩散、离子通道、主动运输（通过膜中的离子载体、离子泵等）等方式调控各种物质的吸收与转移。即能让一些物质透过，而另一些物质则不能透过的选择透性（水分子可以自由通过）。这种选择透性控制着细胞内、外物质的交换，从而影响植物细胞的代谢过程。一旦细胞死亡，膜的这种选择能力也就随之消失。

　　d. 识别功能。如前所述，膜糖的残基严格地分布在膜的外表面，类似"触角"，能够识别外界的某种物质，并对外界的某种刺激产生反应。例如，花粉粒外壁的糖蛋白与柱头质膜的蛋白质之间的亲和性、根瘤菌与豆科植物根细胞之间的相互识别等，均与膜有关。

　　除上述功能外，质膜还具有保护作用，同时与细胞识别、信号转换、分泌等生理活动密切相关。

　　(2) 细胞核　　细胞核是细胞内最重要的结构，它呈球形或椭圆形，埋藏在细胞质内，低等植物细胞核较小，直径一般在 $1\sim4\mu m$。高等植物细胞核直径 $5\sim20\mu m$。一般植物的细胞通常只有一个细胞核，但在某些真菌和藻类的细胞中，常有两个或数个核。此外，还有缺少细胞核的，如细菌和蓝藻，它们的细胞内没有明显的细胞核结构，只有呈分散状的核物质。因此，具有细胞核结构的生物称为真核生物，无明显的细胞核结构的生物称为原核生物。在光学显微镜下可看到细胞核由核膜、核仁和核质三部分构成（图1-4），细胞核的结构随细胞周期的改变而发生相应的变化。

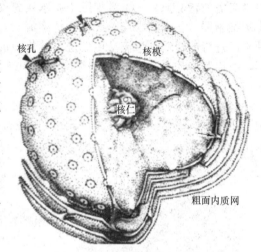

图1-4　细胞核立体结构模式图

　　① 核膜。又叫核被膜，在电子显微镜下可以看到核膜为双层膜，包被在细胞核的外面，把细胞质与核内物质分开，这对稳定细胞核的形状和化学成分具有一定作用，同时可让小分子物质，如氨基酸、葡萄糖等透过。核膜上有许多小孔，叫核孔，它是细胞质和细胞核之间物质交换的通道，大分子物质，如 RNA，可通过核孔进出细胞质。核孔具有精细的结构，可随细胞生理状况不同而开放或关闭，细胞的新陈代谢越旺盛，核孔开放度越高，反之越低。

　　② 核仁。核质内有一个或数个球状小体，叫核仁。生活细胞中常含一个或几个核仁，核仁主要由核糖核酸和脱氧核糖核酸及蛋白质等成分组成，它的折光性很强，电子显微镜下它为无被膜的球体。核仁的主要功能是合成核糖体核糖核酸（rRNA），并与蛋白质结合经核孔输送到细胞质，再形成核糖体。核仁的大小常随细胞的生理状况而变化，代谢旺盛的细胞中常含较大的核仁，如分生区的细胞；代谢缓慢的细胞，往往核仁较小。

　　③ 核质。核仁以外、核膜以内充满的物质称为核质，它包括染色质和核液两部分。其中易被碱性染料染成深色的物质叫染色质，主要由 DNA 和蛋白质构成，也含少量 RNA。不能被染色的部分叫核液。核液是细胞核内没有明显结构的基质。在光学显微镜下，染色质呈极细的细丝状或交织成网状分散悬浮在核液中。当细胞分裂时，染色质浓缩成较大的不同形状的棒状体，叫染色体。核液中含有蛋白质、RNA（包括 mRNA 和 tRNA）和多种酶，这些物质保证了 DNA 的复制和 RNA 的转录。现在研究证明，核液内充满着一个主要由纤维蛋白组成的立体网络，该网络的基本形态和细胞骨架相似且与细胞骨架有一定的联系，也称核骨架。核骨架为细胞核内各组分提供一个结构支架，使核内各项活动得以顺利进行。

　　细胞核的主要成分是核蛋白，此外还有类脂和其他成分。核蛋白由蛋白质和核酸组成。核酸分为两类：核糖核酸（RNA）和脱氧核糖核酸（DNA）。细胞核的核酸主要是脱氧核糖核酸，也有少量的核糖核酸。脱氧核糖核酸是生物的遗传物质，能控制生物的遗传性，染色体是遗传物质的载体。可见，细胞核是遗传物质存在的主要部位，也是遗传物质复制的主要场所，并由此而决定蛋白质的合成，从而控制细胞整个生命过程。因此，细胞核被认为是细胞的控制中心，在细胞的遗传和代谢方面起着主导作用。

（3）细胞质 质膜以内、细胞核以外的原生质叫细胞质。细胞质充满在细胞壁和细胞核之间，活细胞中的细胞质在光学显微镜下呈均匀透明的胶体状态。伴随活细胞成熟过程中细胞内渐渐出现大液泡后，细胞质便被挤成紧贴细胞壁的一薄层。细胞质包括胞基质和细胞器两部分。

① 胞基质。胞基质存在于细胞器的外围，是一种具有弹性和黏滞性的透明胶体溶液。胞基质的化学成分很复杂，含有水、无机盐和溶于水中的气体、葡萄糖、氨基酸、核苷酸等小分子，以及脂类、糖类、蛋白质、酶和核糖核酸（RNA）等生物大分子。胞基质构成一个细胞内的液态环境，是活细胞进行各种生化活动的场所，同时还不断地为细胞器行使功能提供必需的营养原料。生活细胞中胞基质总处于不断的定向运动状态，而且它还可以带动其中的细胞器，在细胞内作有规律的持续流动，这种运动称为细胞质的环流运动。细胞内的这种不断进行的缓慢环形流动可促进营养物质的运输、气体的交换、细胞的生长和创伤的恢复等，所以胞基质是细胞进行新陈代谢的主要场所。细胞核以及各种细胞器都分布在胞基质内。

② 细胞器。所谓细胞器，一般是指细胞质内具有一定形态结构和特定功能的亚细胞单位"小器官"。细胞质内有许多细胞器，进行着各种各样的代谢活动。它悬浮在胞基质中，其中有的用光学显微镜可以看到，如质体、线粒体、液泡等，而有的必须借助于电子显微镜才能观察到，如核糖体、内质网、高尔基体、溶酶体、微体、微管等。

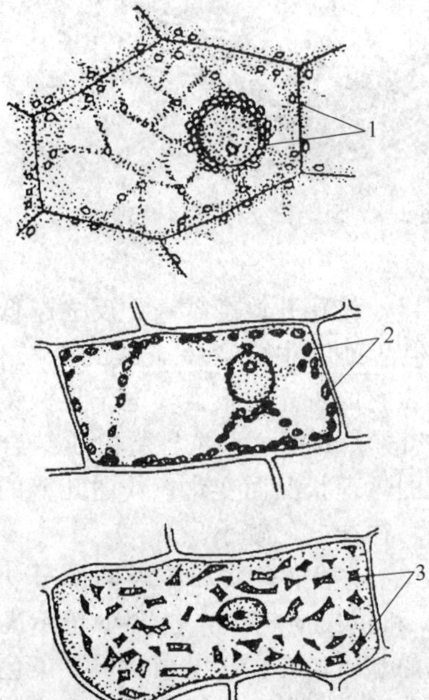

a. 质体。质体只存在于绿色植物的细胞内，通常呈颗粒状分布在细胞质中，在光学显微镜下即可看到。质体主要由蛋白质和类脂组成，是一类合成积累同化产物的细胞器。根据色素的有无和种类，可将质体分为白色体、叶绿体和有色体三种类型（图1-5）。

图 1-5 含有不同类型质体的细胞
1—白色体；2—叶绿体；3—有色体

Ⅰ. 叶绿体。叶绿体存在于植物所有绿色部分的细胞中，含有绿色的叶绿素（叶绿素 a 和叶绿素 b）和黄色、橙黄色的类胡萝卜素（胡萝卜素和叶黄素），叶绿素的含量往往占总量的 2/3，掩盖着其他色素，故叶绿体常呈绿色。当营养条件不良、气温降低或叶片衰老时，叶绿素含量下降，类胡萝卜素含量上升，叶片变黄。秋季有些植物叶片变红，是由于叶片中花青素和类胡萝卜素含量占优势的缘故。一个细胞中可含十几个到几百个叶绿体，叶肉细胞中最多。例如，菠菜叶肉的一个栅栏组织细胞内有 300～400 个叶绿体。

光学显微镜下叶绿体一般呈扁平的球形或椭圆形。在电子显微镜下，可以看到叶绿体表面由双层膜（两层单位膜）包被，双层膜内是基质和分布在基质中的类囊体。类囊体是由单层膜围成的扁平小囊，也叫片层，常 10～100 个垛叠在一起形成柱状的基粒，一个叶绿体内可含有 40～60 个基粒。组成基粒的类囊体叫基粒类囊体（基粒片层）。基粒与基粒之间也有类囊体相连，这叫基质类囊体（基质片层）。它们悬浮在液态的基质中，组成一个复杂的类囊体系统（图1-6），叶绿体的色素就分布在类囊体膜上。叶绿体的基质中含有 DNA、核糖体及酶等。叶绿体是高等植物进行光合作用的场所。

Ⅱ. 有色体。有色体含有胡萝卜素和叶黄素，由于两者的比例不同，可分别呈现黄色、橙色或橙黄色，它存在于植物的花瓣、成熟的果实、衰老的叶片、胡萝卜的贮藏根等部位，如番茄、辣椒的果实。有色体形状多样，有球形、椭圆形、多边形及其他不规则形状。其结构比较简单，外面由双层膜包被，膜内是简单的片层和基质。有色体也能积累淀粉和脂类，还能使花和果实呈现不同的颜色，吸引昆虫，利于传播花粉或种子。

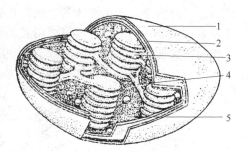

图1-6　叶绿体立体结构图解
1—外膜；2—内膜；3—基粒；
4—基质片层；5—基质

Ⅲ.白色体。白色体不含色素，呈无色颗粒状，多存在于幼嫩细胞和根、茎、种子等无色的细胞中及一些植物的表皮中。白色体多呈球形或纺锤形，常聚集在细胞核附近。白色体结构简单，由双层膜包被着不发达的片层和基质构成。白色体的功能是合成和贮藏营养物质。不同类型组织中的白色体其功能有所不同，可分为合成淀粉的造粉体、合成脂肪的造油体及合成贮藏蛋白质的造蛋白体。

质体是一类合成和积累同化产物的细胞器。在一定条件下，三种质体可以相互转化。例如萝卜的根、马铃薯块茎中的前质体（质体的前身）在见光后变绿，发育成叶绿体，就是白色体转变为叶绿体的缘故。番茄果实在发育过程中，颜色由白变青再变红，是由于最初含有白色体，以后转变为叶绿体，后期叶绿体失去叶绿素而转变成有色体。胡萝卜根在光下变为绿色，是由于有色体转变为叶绿体。若将在光下生长的植物移到暗处，植物的颜色由绿变黄，出现黄化现象。

b.线粒体。线粒体普遍存在于高等植物的细胞中。在光学显微镜下经特殊染色，它呈粒状、线形或杆形，直径 $0.2\sim1\mu m$，长 $1\sim2\mu m$，故称线粒体。在电子显微镜下观察，线粒体是由双层膜围成的囊状结构（图1-7），外膜平展完整，内膜的某些部位向腔内折叠，形成许多隔板状或管状的突起称为嵴，嵴的周围充满液态的基质。在线粒体内，有许多与有氧呼吸有关的酶，还含有少量的 DNA。

线粒体是细胞有氧呼吸的主要场所。细胞生命活动所需的能量，大约 95% 来自线粒体，因此，有人将其称为细胞内的"动力源"。线粒体的数量及分布与细胞新陈代谢的强弱有密切关系，代谢旺盛的细胞内线粒体的数量较多，代谢较弱的细胞内线粒体的数量较少。

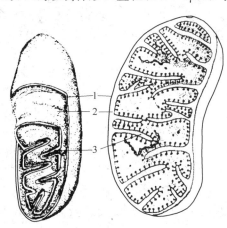

图1-7　线粒体的立体结构
1—外膜；2—内膜；3—嵴

c.内质网。内质网是充满在细胞质中的一个膜系统。它是由单层膜（一层单位膜）围成各种形状的管、泡或池，并延伸和扩展交织成相互沟通的网状系统。内质网的一些分支与核膜相连，另一些和原生质膜相连，有的还能与相邻细胞的内质网发生联系。这样，核膜、质膜和内质网在细胞质中甚至与相邻细胞间形成一个连续统一的膜系统，为物质的运输提供了一个连续的通道。

内质网有两种形式：一种是在膜的外表面附着许多核糖核蛋白体颗粒（合成蛋白质的细胞器）的粗糙型内质网，另一种是在膜的外表面没有核糖核蛋白体颗粒的光滑型内质网。细胞中两种类型内质网的比例及它们的总量，随着细胞的发育时期、细胞种类的不同和细胞的功能,以及外界条件变化而改变。细胞代谢旺盛内质网含量多。在细胞分化过程中,内质网的数量显著增多,同时其外膜表面附着的核糖核蛋白体颗粒的数量也由少变多。

内质网功能:由于内质网系统的分布,在细胞质内形成了大量的内表面,利于复杂生命活动的进行。粗糙型内质网能合成和转运蛋白质,光滑型内质网能合成和转运脂类和多糖(图1-8)。

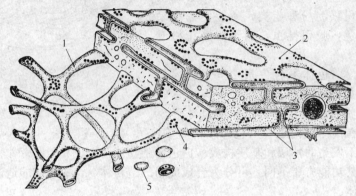

图1-8 内质网的立体结构(吴万春,1991)
1—长筒形;2—长柱形;3—星形;4—长棱形;5—球形

d. 高尔基体。高尔基体是由一叠(常3~8个)单层膜围成的扁平圆盘状的囊(又称泡囊,其直径0.5~1.0μm,厚0.014~0.02μm)相叠而成,囊的中央似盘底,边缘或多或少出现穿孔,当穿孔扩大时,囊的边缘似网状结构。在网状部分的外侧,可以不断地形成小泡,形成的小泡脱离高尔基体后,游离到细胞质的胞基质中。

高尔基体的主要功能是对粗糙型内质网运来的蛋白质进行加工,再由高尔基体的小泡把

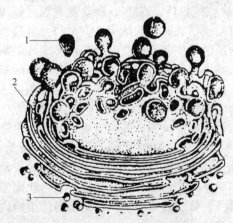

图1-9 高尔基体的立体模式图
(胡宝忠,2002)
1—分泌泡自分泌面离去;2—高尔基囊泡;
3—运输小泡到达形成面

它们携带转运到所需要的部位或以分泌物形式排出细胞。也就是说高尔基体以合成纤维素、半纤维素等构成细胞壁的物质的方式参与细胞壁的形成;以分泌黏液的形式参与细胞的分泌(图1-9)。

e. 液泡。液泡是植物细胞的显著特征之一,在植物幼小的细胞中,液泡很小,数量多而分散。随着细胞的生长,液泡逐渐增大,并且彼此联合,最后成为一个大的中央液泡(图1-10)。在成熟的植物细胞中,中央液泡可占据细胞体积的90%左右,这时,细胞质和细胞核便被液泡推移,挤成薄薄的一层紧贴在细胞壁上,扩大了细胞质与环境之间的接触面,有利于物质交换及各种代谢活动的进行。

液泡是由单层膜围成的细胞器。液泡的膜称为液泡膜,液泡内的汁液称为细胞液。细胞液的主要成分是水,其中溶有各种无机盐(如硝酸盐、磷酸盐)、糖类、有机酸、水溶性蛋白、有机物、植物碱、单宁、色素(如花青素)等,因此,可使细胞具有酸、甜、苦、涩等味道。如柿子、石榴果皮的细胞液中含有大量单宁而具有涩味,未成熟的水果细胞液中含有较多的有机酸而具有酸味。许多植物的细胞液中含有一种叫花青素的色素,它在酸性、中性和碱性环境中分别呈现红色、紫色和蓝色,加之有色体的颜色,从而使植物的叶、花和果实呈现多种颜色,五彩缤纷。液泡中含有的物质大多是可

溶性物质，有时也含有结晶体，如草酸钙结晶等。也就是说液泡是贮藏各种养料和生命活动产物的场所，如甜菜根的细胞液中含大量蔗糖、罂粟果实的细胞液中含较多的吗啡等。

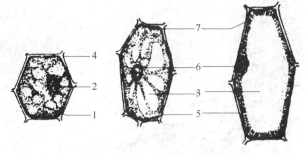

图1-10　细胞的生长和液泡的形成
1,7—细胞质；2,6—细胞核；3—液泡；4,5—细胞壁

除了贮藏作用外，液泡还具有重要的生理功能。液泡与细胞的吸水有关。液泡膜的选择透性对液泡内溶物质的积累起调节作用，可通过控制物质的出入而使细胞维持一定的渗透压和膨压，使细胞保持紧张状态，并具有适宜的吸水能力，也有利于各种生理活动的进行。

液泡中含有多种水解酶，能分解液泡中的贮藏物质以重新参加各种代谢活动，也能通过膜的内陷来"吞噬"、"消化"细胞中的衰老部分，进而参与细胞分化、结构更新等生命活动过程。

f. 溶酶体。溶酶体的大小与线粒体相近，已知的有60余种，呈球形或长圆形。溶酶体由单层膜围成，内部无特殊结构，大小 $0.25\sim0.3\mu m$。溶酶体里面含有许多水解酶类。当它的膜破裂时，酶便释放出来，能将生物大分子分解为小分子物质，供细胞内物质的合成或线粒体的氧化需要。溶酶体在细胞分化过程中，对消除不必要的结构，以及在细胞衰老过程中破坏原生质体结构也有特定作用，有时可使细胞内含物破坏，如导管细胞和纤维成熟时，其原生质体的破坏与消失就与溶酶体的作用密切相关。它们可以分解所有的生物大分子，使细胞解体。由此可见，溶酶体的功能是消化作用。它可以把进入细胞的病毒、细菌及细胞内原生质的其他组分吞噬掉，在溶酶体内进行消化；也可以通过本身膜的分解，把酶释放到细胞质中而起作用。这样，溶酶体对于细胞内贮藏物质的利用，以及消除细胞代谢中不必要的结构和异物都有很重要的作用，所以被誉为细胞内的"消化器官"。

g. 圆球体。圆球体是由膜包被的圆球状小体，电子显微镜下发现它的膜只有一层不透明带（暗带），而不像其他正常的单位膜具有两层暗带，因此可能只是单位膜的一半。圆球体含有脂肪酶，是积累脂肪的场所。当大量脂肪积累后，圆球体就变成透明的油滴，在油料作物的种子中常含有很多圆球体。在一定条件下，脂肪酶能将脂肪水解成甘油和脂肪酸。

h. 微体。微体是直径在 $0.2\sim1.5\mu m$ 的圆球形小体，由单层膜所围成。由于所含酶系统的不同，可分为过氧化物酶体和乙醛酸体两种。过氧化物酶体常存在于绿色细胞中，并紧靠叶绿体（图1-11），其功能与光呼吸的进行有关。乙醛酸体也紧靠叶绿体和线粒体，它与脂肪代谢有关，所以在萌发的油料种子中乙醛酸体较多。

i. 核糖体。生活细胞中都含有核糖体，也称核糖核蛋白体、核蛋白体。核糖体是直径大约为 $0.02\mu m$ 椭圆形颗粒状的非膜结构细胞器。核糖体多分布于细胞质中，也可附着在细胞核、线粒体、叶绿体、粗糙型内质网及核仁、核质内。核糖体大约由40%的蛋白质和60%的核糖核酸组成。核糖体是细胞内合成蛋白质的主要场所，因此有人把它比喻为蛋白质的"装配机器"和生命活动的"基本粒子"。蛋白质合成旺盛的细胞，尤其是在快速增殖的细胞中，往往含有更多的核糖体。

j. 细胞骨架。在细胞中还分布着一个复杂的、由蛋白质纤维组成的支架，称为细胞骨架。细胞骨架包括微管、微丝和中间纤维，是细胞内呈管状或纤维状的非膜结构的细胞器，其成分主要是蛋白质。微管主要分布在靠近质膜的细胞质中，为细长、中空的管状结构，外径约25nm，其功能与细胞分裂时纺锤丝的形成、细胞壁的形成、细胞内物质的运输等有

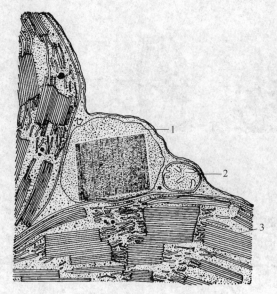

图1-11 叶肉细胞内的过氧化物酶体

1—过氧化物酶体；2—线粒体；3—叶绿体

关。微丝，比微管更细，直径6～8nm，它们在植物细胞中常成束出现，长可达几微米。在一个细胞中常有几束微丝与细胞长轴或细胞质流动的方向平行，微丝与细胞内物质运输和细胞质流动有密切关系。中间纤维的直径约10nm，是柔韧性很强的蛋白质丝，中空管状。目前对其功能的认识尚不充分，一般认为，中间纤维可加固细胞骨架，与微管、微丝一起维持细胞形态和参加胞内运输，并可固定细胞核，在细胞分裂时可能对纺锤体有空间定向与支架作用。微管、微丝和中间纤维在细胞内共同形成错综复杂的立体网络，起着支架作用，并与细胞内的运动和物质运输有关。

2. 细胞壁

细胞壁是植物细胞所特有的结构，由原生质体分泌的物质所构成，包围在原生质体外面，有一定的硬度和弹性，有保护原生质体、巩固细胞的作用，并在很大程度上决定了细胞的形状和功能。细胞壁还与植物吸收、运输、蒸腾、分泌等生理活动有密切的关系。

高等植物细胞壁的主要化学成分是多糖，包括纤维素、果胶质和半纤维素。植物体不同部位细胞的细胞壁成分有所不同，这是由于细胞壁中还掺入了其他各种物质的结果。常见的物质有角质、木栓质、木质素和矿质等。

根据细胞壁形成的先后和化学成分的不同，可将细胞壁分为三层，由外而内依次为胞间层、初生壁和次生壁。胞间层和初生壁是所有植物细胞都具有的，次生壁则不一定每种植物细胞都具有（图1-12）。

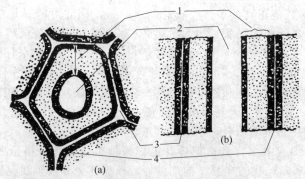

图1-12 具次生壁细胞的细胞壁结构

（a）横切面；（b）纵切面

1—三层的次生壁；2—细胞腔；3—胞间层；4—初生壁

（1）胞间层　胞间层又称中胶层或中层，是相邻的两个细胞之间共有的一层，位于细胞壁的最外侧，能将相邻的细胞粘连在一起，具有一定的可塑性，能缓冲细胞间的挤压。其主要成分是果胶质。果胶质是一种无定形的胶质，具有很强的亲水性和黏性，能将相临的细胞黏在一起，并可缓冲细胞间的挤压。果胶质易被酸、碱或酶分解，使相邻细胞彼此分离，如番茄、西瓜的果实成熟时，依靠果胶酶将部分胞间层分解，使果肉变软。

（2）初生壁　初生壁是在细胞的生长过程中，原生质体分泌少量的纤维素、半纤维素和果胶质，在细胞内侧加在胞间层上所形成的结构。初生壁一般很薄，质地柔软，有较大的可塑性，可随细胞的生长而延长。另外，初生壁上还含有少量的结构蛋白，这些蛋白与壁上的多糖紧密结合，对细胞的生命活动有一定的作用。许多类型的细胞（如分生组织细胞）只有初生壁而不再产生次生壁。

（3）次生壁　次生壁是细胞在停止生长后，于初生壁内侧继续积累原生质体的分泌物而产生的新壁层。在植物体中，只是那些生理上分化成熟后原生质体消失的细胞，才在分化过程中产生次生壁。

植物细胞在生长分化的过程中，细胞壁不但可以扩展和加厚，原生质体还可以分泌一些不同性质的化学物质添加到细胞壁内，使细胞壁加厚，细胞腔变小，因而较坚韧。它的主要成分是纤维素及少量的半纤维素，还往往积累木质素等其他物质，使细胞次生壁的成分发生特种变化，从而适应一定的功能，直至死亡。这些变化主要有角质化、木质化、栓质化、矿质化。例如各种纤维细胞、导管、管胞等。

① 角质化。叶和幼茎等的细胞外壁中掺入一些角质（脂类化合物）的过程叫角质化。角质一般在细胞壁的外侧呈膜状或堆积成层，称为角质层。角质化的细胞壁透水性降低，可减少水分的散失，因此可降低水分的蒸腾；但可透光，又不影响植物的光合作用；还能有效防止微生物的侵袭，增强对细胞的保护作用。

② 木质化。根、茎等器官内部许多起输导和支持作用的细胞，其细胞壁中掺入木质素（几种醇类化合物脱氢形成的高分子丙酸苯酯类聚合物）的过程，叫木质化。木质素是亲水性的物质，并具有很强的弹性和硬度，因此，木质化后的细胞壁硬度加大，机械支持能力增强，但仍能透水透气。

③ 栓质化。根、茎等器官的表面老化后，其表皮细胞的细胞壁中掺入木栓质（脂类化合物）而发生的一种变化叫栓质化。栓质化的细胞壁不透水、不透气，常导致原生质解体，仅剩下细胞壁，从而增强了对内部细胞的保护作用。老根、老茎的外表都有木栓细胞覆盖。

④ 矿质化。禾本科、莎草科植物的茎、叶表皮细胞壁常掺入碳酸钙、二氧化硅等矿物质而引起的变化，叫矿质化。细胞壁的矿质化，能增强植物的机械强度，提高植物抗倒伏和抗病虫害的能力。

（4）胞间连丝和纹孔　胞间连丝是穿过细胞壁的细胞质细丝，是细胞原生质体之间物质和信息直接联系的桥梁（图1-13）。胞间连丝一般很细，需经特殊处理才能在光学显微镜下看到，在电子显微镜下，胞间连丝的结构很清晰（图1-14）。

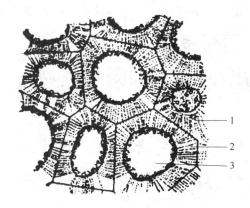

图 1-13　光学显微镜下的胞间连丝
1—胞间连丝；2—细胞壁；3—细胞腔

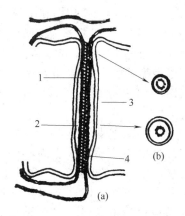

图 1-14　胞间连丝的超微结构
（a）纵切面；（b）横切面
1—连接管；2—胞间连丝腔；3—细胞壁；4—质膜

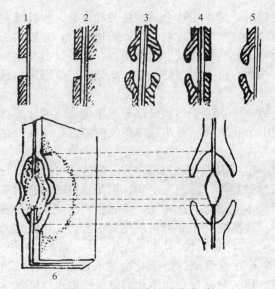

图 1-15　纹孔的类型及纹孔对

1—单纹孔；2—单纹孔对；3—具缘纹孔对；4—半具缘纹孔对；

5—具缘纹孔；6—两个管胞相邻壁的一部分三维图解

细胞在形成初生壁时，常留下一些较薄的凹陷区域，称为初生纹孔场，上有许多小孔。细胞在生长过程中，次生壁的增厚并不是完全均一的，在初生纹孔场处不增厚，仅具原有的胞间层和初生壁。这些部分也就是初生壁上完全不被次生壁覆盖的，在细胞壁上形成凹陷的区域，称为纹孔。相邻两个细胞上的纹孔常相对存在，称纹孔对（图 1-15）。

纹孔对之间的胞间层和初生壁合称纹孔膜。纹孔对周围由次生壁围成的腔称为纹孔腔。纹孔分为单纹孔和具缘纹孔两种类型。单纹孔是次生壁在沉积时，于纹孔形成处终止而不延伸。具缘纹孔是次生壁在沉积时，于纹孔形成处向内延伸，形成弓形拱起物（图 1-15）。

细胞壁上的初生纹孔场、纹孔和胞间连丝的存在，有利于细胞与细胞、细胞与环境之间的物质交流和信息传递，尤其是胞间连丝，它把所有生活细胞的原生质体连接起来，从而使多细胞的植物体在结构上形成一个统一的有机整体，即共质体。

以上是细胞各部分的结构和功能，必须指出：细胞的各个部分不是彼此孤立的，而是相互联系的，实际上一个细胞就是一个有机的统一体，细胞只有保持结构的完整性，才能够正常完成各种生命活动。

3. 细胞后含物

细胞后含物是指存在于细胞质、液泡及各种细胞器内，有的还填充于细胞壁上的各种代谢产物及废物。它是原生质体进行生命活动的产物。这些后含物有的贮藏的是营养物质，有的是生理活性物质，有的是代谢废弃物和植物的次生代谢物质。这些物质可以在细胞一生的不同时期出现或消失。细胞的后含物种类很多，如淀粉、蛋白质、脂肪、激素、维生素、单宁、树脂、橡胶、色素、草酸钙结晶等，其中前三种是重要的贮藏营养物质。

（1）贮藏的营养物质

① 淀粉。淀粉是植物细胞中最常见的贮藏物质，常呈颗粒状，称淀粉粒。植物光合作用的产物以蔗糖等形式运输到贮藏组织后，在造粉体（白色体）中合成淀粉。

不同种类的植物，淀粉粒的形态、大小不同（图 1-16），可将其作为植物种类鉴别的依据之一。

② 蛋白质。植物体内的贮藏蛋白是结晶或无定形的固态物质，不表现出明显的生理活性，呈比较稳定的状态。

结晶的贮藏蛋白因具有晶体和胶体的双重特性而被称为拟晶体，以区别于真正的晶体。无定形的贮藏蛋白常被一层膜包裹成圆球形的颗粒，称为糊粉粒，它主要分布在种

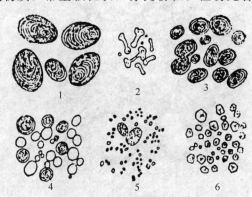

图 1-16　几种植物的淀粉粒

1—马铃薯；2—大戟；3—菜豆；4—小麦；

5—水稻；6—玉米

子的胚乳或子叶中，有时集中分布在某些特殊的细胞层，这些特殊的细胞层称为糊粉层，如禾谷类种子胚乳的最外面常含有一层或几层糊粉层（图1-17）。有些糊粉粒结构比较复杂，除含有无定形的蛋白质外，还含有蛋白质的拟晶体和非蛋白质的球状体（图1-18）。

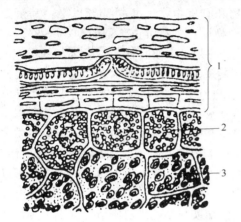

图 1-17　小麦颖果的横切面，示糊粉层
1—果皮和种皮；2—糊粉层；3—贮藏淀粉的薄壁组织

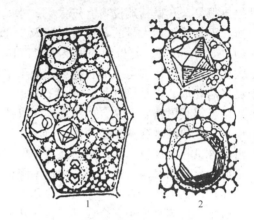

图 1-18　蓖麻种子的糊粉粒
1—一个薄壁细胞；2—1中一部分的放大，示
两个含有拟晶体和磷酸盐球形体的糊粉粒

③ 脂肪和油类。脂肪和油类是后含物中含能量最高而体积最小的贮能物质，常温下呈固态的叫脂肪，呈液态的叫油类，它常作为种子或分生组织中的贮藏物质，以固体或液体形式分散于细胞质中，有时在叶绿体中也可看到。由于脂肪和油所含热量高，所以是最经济的贮藏物质。它们遇到苏丹Ⅲ或苏丹Ⅳ呈橙红色，据此检验脂肪和油是否存在。

（2）代谢废弃物　在植物细胞的液泡中，无机盐常因过多而形成单晶、簇晶和针晶等形状（图1-19）。从其成分来看，以草酸钙晶体、碳酸钙晶体和禾本科植物的二氧化硅晶体最为常见。植物体内代谢废物，在液泡中形成晶体后可减轻或避免对细胞的毒害。如草酸是代谢废物，对细胞有害，形成草酸钙晶体后降低了草酸的毒害作用。

（3）次生代谢物质　是植物体内合成的、在细胞的基础代谢活动中没有明显和直接作用的一类化合物。它主要包括以下几种。

① 酚类化合物。如酚、单宁（又称鞣酸）、木质素等，具有抑制病菌侵染、吸收紫外线的作用。

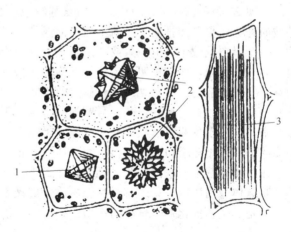

图 1-19　晶体的类型
1—单晶；2—簇晶；3—针晶

② 类黄酮。如黄酮、黄酮苷，以及在不同pH条件下显示不同颜色的花青素等，具有吸引昆虫传粉、防止病原菌侵入等功能。

③ 生物碱。如奎宁、尼古丁、吗啡、阿托品、小檗碱等，具有抗生长素、阻止叶绿素合成和驱虫等作用。

（三）植物细胞的化学组成

1. 原生质及其化学组成

原生质是细胞原有的生活物质，即细胞内具有生命活动的物质。它是细胞结构和生命活动的物质基础。原生质具有极其复杂的化学成分，物理性质和生物学性质都很特别，所以它才具有一系列生命活动的特征。

植物的生命活动是与植物细胞原生质具有复杂的化学成分相关的，植物细胞原生质的化学组成很复杂，概括地说，有三大类：水、无机物和有机物。水可占80%以上，其余为干物质。干物质包括大量的各种有机物及少量的无机物，有机物可占干重的90%～95%，无机物占5%～10%。有机物的种类很多，其中最主要的是蛋白质、核酸、脂类和糖类。水占很大比例，它可使细胞中的各种物质处于水合状态，并为它们的各种生理、生化反应提供一个良好的环境。水是以两种形式存在的，一部分水与原生质体中的大分子物质（如蛋白质等）结合得很紧密，不易自由流动，叫束缚水或结合水；另一部分水处于自由流动状态，称自由水。这两种水含量比例的大小与生命活动的强弱有密切关系。换句话说，当原生质体内自由水含量相对高时，生命活动旺盛，但这时也比较容易遇旱脱水，遇冷结冰，抗逆性弱；当束缚水含量相对高时，生命活动速率降低，抗逆能力增强。细胞原生质中的无机物可以离子态存在，如 K^+、Na^+、Cl^-、PO_4^{3-}、Ca^{2+}、Mg^{2+}、Cu^{2+}、Fe^{3+} 等。这些离子也可以与蛋白质、糖等大分子结合成具有特殊功能的物质。如铁和某些蛋白质结合构成了一种呼吸酶，磷酸根与糖结合后在物质转化和能量转化中起重要作用。

2. 主要有机物及其生理功能

组成细胞的有机物如蛋白质、核酸、脂类和糖类，这些物质的分子量一般都很大，所以又称生物大分子。这些生物大分子的基本组成元素是 C、H、O，此外还有 N、P 和 S。生物大分子在细胞内又可彼此结合，因而它们的结构更复杂，功能也更特殊。如脂类与蛋白质结合成脂蛋白，它是构成生物膜的成分；核酸和蛋白质结合成核蛋白，是构成细胞核内染色体的成分。

（1）蛋白质　蛋白质可占原生质干重的60%以上。组成蛋白质的基本单位是氨基酸，目前发现20余种。一个蛋白质分子的氨基酸数目少则几十个，多则几千或上万个。由于氨基酸的种类、数目和排列次序的不同，形成各种各样的蛋白质，所以蛋白质的种类是非常多的。一个蛋白质分子是由一条或几条氨基酸链组成的。组成蛋白质分子的氨基酸链不是简单地成为一条直线，而是按照一定的方式旋转、折叠成一定的空间结构。每种蛋白质都有特定的空间结构，蛋白质只有维持这种稳定的空间结构，才能表现出特有的生理功能。一旦由于某些不良因素，如高温、强酸、强碱等的影响，蛋白质的空间结构被破坏，而使氨基酸链松散开来，这种现象叫蛋白质变性。变性的蛋白质，会失去其生理活性。因此，蛋白质结构和功能的关系是十分密切的。蛋白质的多样性，正是生物界多样性的基础。

在植物细胞中，一部分蛋白质是组成细胞的结构成分，如构成细胞膜、细胞核、线粒体、叶绿体、内质网等；还有一些蛋白质是贮藏蛋白质，它是作为养料而贮存的。另一部分蛋白质是起生物催化剂——酶的作用的，正由于酶的作用，新陈代谢才能沿着一定的途径有条不紊地进行。

酶是由生活细胞产生的，但它并不是均匀地分布在细胞中。大部分酶分布在原生质体的各种结构上，也有一少部分酶分布在液泡及细胞壁中。由于细胞的各个部分结合的酶不相同，生理功能也不相同。如在叶绿体中具有催化光合作用的全套酶系统，因此它能进行光合作用；线粒体具有催化呼吸作用的酶系，因此成为细胞呼吸作用的中心。随着细胞年龄的变化和组织的分化，不同的组织和器官亦分布着不同的酶。

由于酶在细胞内有严格的活动区域，因而使代谢活动能有秩序地协调进行。若内膜体系被破坏，则结构蛋白质、氧化还原体系、代谢产物和酶的位置发生改变，原来被溶酶体包含的酶，也因溶酶体膜的破坏而释放出来起水解作用。这样，原生质的机能发生紊乱，结构被破坏。

（2）核酸　核酸是植物细胞中另一类重要的基本组成物质，普遍存在于生活细胞内，无细胞结构的病毒也含有核酸，它担负着贮存和复制遗传信息的功能，对蛋白质的合成起特别重要的作用，所以说核酸是重要的遗传物质。

核酸也是大分子化合物，构成核酸的基本单位是核苷酸。每个核苷酸又由 1 个磷酸、1 个五碳糖和 1 个含氮碱基组成。碱基有嘌呤碱和嘧啶碱两类，常见的有五种：腺嘌呤（A）、鸟嘌呤（G）、胞嘧啶（C）、胸腺嘧啶（T）和尿嘧啶（U）。由于所含碱基的不同，就有不同种类的核苷酸。许多核苷酸分子以一定的顺序脱水而结合成的长链，称为多核苷酸。核酸就是一种多核苷酸。

核酸依所含五碳糖的不同可分两大类：五碳糖为核糖的叫核糖核酸（RNA），五碳糖为脱氧核糖的叫脱氧核糖核酸（DNA）。核酸除所含五碳糖不同外，其所含碱基也有个别不同。RNA 所含的碱基主要是腺嘌呤、鸟嘌呤、胞嘧啶、尿嘧啶四种；DNA 所含的碱基主要是腺嘌呤、鸟嘌呤、胞嘧啶、胸腺嘧啶四种。

从结构上看，RNA 分子是由一条多核苷酸链组成的（图 1-20）。RNA 主要存在于细胞质中，在细胞核的核仁中也有少量分布。RNA 的主要生理功能与细胞内蛋白质的合成有着极为密切的联系。

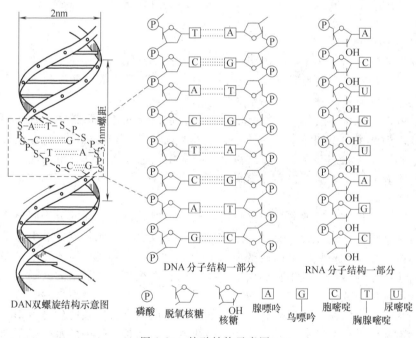

图 1-20　核酸结构示意图

DNA 由两条多核苷酸链组成。DNA 的空间结构特点是（图 1-20）：两条多核苷酸链以相反的走向排列，并右旋成双螺旋结构，形状好像一架螺旋状的梯子。每条多核苷酸链中的磷酸和脱氧核糖互相连接，构成梯子的骨架；与脱氧核糖连接的碱基则朝向梯子的内侧，两条链上相对应的碱基通过氢键结合成对，形似梯子的踏板，称为碱基对。碱基对具有特异性，只能是 A 和 T、G 和 C 相结合。这样，当一条链上的碱基排列顺序确定了，另一条链上必定有相对应的碱基排列顺序。

DNA 主要存在于细胞核中，是染色体的主要成分，是生物的主要遗传物质。

生长旺盛细胞中 RNA 含量比衰老细胞中的多，主要存在于细胞质中，除少量呈游离状态外，多数与蛋白质结合成核蛋白体，在蛋白质的形成过程中起重要作用。

（3）脂类　植物细胞中所含的脂类有脂肪和类脂。类脂包括磷脂、糖脂和硫脂等。植物体内的脂肪是作为贮藏物质以小油滴的状态存在于种子和少数果实中。植物体所含的磷脂主要是卵磷脂，它在细胞中与蛋白质结合而构成膜的结构。

磷脂分子是由1分子甘油、2分子脂肪酸、1分子磷酸和1分子含氮有机碱（如胆碱或胆胺）组成。这种分子结构具有一个特点，既含有非极性的疏水性基团（指硬脂酸一端），为疏水的"尾部"；又含有极性的亲水性磷脂基团（指与含氮有机碱结合的磷酸根一端），为亲水的"头部"。磷脂分子的这种结构特点，使得它在生物膜的形成中起着独特的作用，即两层磷脂单分子层以疏水端的"尾部"相对排列，而亲水端的"头部"排列在膜的内外表面构成膜的骨架。

除磷脂外，植物体内还有糖脂和硫脂，它们常与蛋白质结合形成脂蛋白。脂蛋白也是生物膜的成分，叫膜蛋白。

（4）糖类　植物细胞中含有的糖类为单糖、双糖和多糖三类。植物细胞所含有的单糖主要是五碳糖（戊糖）和六碳糖（己糖）。此外，还有三碳糖、四碳糖。戊糖如核糖和脱氧核糖，它们是核酸的成分，己糖（如葡萄糖）和果糖是细胞代谢活动中提供能量的主要基质。植物细胞内重要的双糖是蔗糖，它是植物体内碳水化合物运输的主要形式。植物体内重要的多糖是淀粉和纤维素，淀粉是植物的主要贮藏物质，纤维素则是细胞壁的主要成分。此外，组成细胞壁的果胶质、半纤维素也是多糖。

3. 原生质的胶体特性

组成原生质的蛋白质、核酸、磷脂等，都是大分子颗粒，其颗粒直径恰好与胶体颗粒的直径相当。这些颗粒具有极性基如—NH_2、—OH、—$COOH$等，能吸附水分子，所以按物理性质来说，原生质是一种复杂的亲水胶体。

（1）带电性　原生质胶体主要由蛋白质组成，蛋白质的氨基酸链中，仍然存在着游离的羧基和氨基。因此蛋白质和氨基酸一样，是一种两性物质，它既可以以两性离子存在，又可以以阳离子和阴离子状态存在，随着溶液pH的变化，它们之间可以相互转变。即原生质在不同的pH环境中带有不同的电荷，这就使得它能更好地和环境进行物质交换和新陈代谢活动。

（2）吸附性　任何物质的分子间都具有吸引力。但是物质表面的分子同该物质内部的分子所处的情况不相同，内部分子与其周围的分子互相吸引，因此各方面的引力是相等的。表面分子只与内部分子互相吸引，因而有多余的吸引力，可与其他物质的分子互相作用，这就是吸附力，所以吸附现象都发生在界面上。物质的表面积越大，吸附力就越大。原生质胶体是一种分散度高的多相体系，它的总面积大，界面也大，因而能吸附多种物质；吸附水分子而表现出亲水性，吸附酶、矿物质和生理上的活跃物质而进行复杂的生命活动。

（3）黏性和弹性　由于原生质胶体能够吸附水分，而胶粒外围的水分子所受吸附力的大小是不同的，离胶粒近的水分子受胶粒的吸附力大而不易自由移动，称为束缚水；远离胶粒的水分子因受胶粒的吸附力小或无吸附力的影响，水分子能够自由移动，称为自由水。这两层水含量的多少影响原生质的黏滞性。束缚水相对多，自由水相对少，则黏性大；反之，则黏性小。

若用显微操作法将原生质从植物细胞中拉出后，细胞质被拉成长丝，去掉这种拉力之后，细胞质就收缩成小滴，这种现象说明原生质有弹性。

原生质的黏性和弹性随植物生长的不同时期，以及外界环境条件的改变而经常发生变化。原生质的黏性增加，则代谢降低，与环境的物质交换减少，受环境的影响也减弱；若原生质黏性降低，则代谢增强，生长旺盛。如植物在开花和生长旺盛时期，原生质的黏性低，代谢强；而成熟种子的原生质黏性高，代谢弱。

细胞原生质弹性越大，则忍受机械压力的能力越大，对不良环境的适应性也增强。因此，凡原生质黏性和弹性强的植物，其抗旱性和抗寒性也较强。

（4）凝胶化和凝聚作用 溶胶在一定条件下可转变成一种具弹性的半固体状态的凝胶，这个过程称为凝胶化作用。凝胶和溶胶是一种胶体系统的两种存在状态，它们之间是可以相互转变的。

引起这种变化的主要因素是温度。当温度降低时，胶粒的动能减小，胶粒两端互相连接起来以致形成网状结构，水分子则被包围在网眼之中，这时胶体呈凝胶态。随着温度的升高，胶粒的动能增大，分子运动速度增快，胶粒的联系消失，网状结构不再存在，胶粒呈流动的溶胶态。如果温度再次降低，又可发生上述变化过程。

植物的生活状态不同，原生质胶体的状态也不同。如种子成熟时，水分减少，种子细胞内的原生质则由溶胶转变为凝胶；种子萌发时又可因吸水，加上酶的活动而使种子细胞的原生质由凝胶转变为溶胶。

原生质胶体的亲水性使胶粒有水层的保护，原生质胶体的带电性使得具有相同电荷的胶粒彼此相斥，带相反电荷的胶粒因有水层的保护彼此不能接触，呈分散态。因此，原生质胶体的带电性和亲水性，是原生质胶体稳定的因素。当这种稳定因素受到破坏时，胶体粒子合并成大的颗粒而析出沉淀，这种现象称为凝聚。

大量的电解质既能使胶粒失去水膜的保护，又可因相反电荷的作用而使胶粒的电荷中和。这样，胶粒就会凝聚而沉淀，若时间延长，原生质的胶体结构就会被破坏，植物就会死亡。由于原生质胶体主要由蛋白质组成，因此，凡能影响蛋白质变性的因素，也是原生质胶体产生凝聚以致死亡的因子。贮藏过久的种子，往往丧失萌发力，这与其中的蛋白质变性有关。

（四）植物细胞的繁殖

植物的生长是通过细胞数目的增多和细胞体积的增大来实现的，而细胞数目的增多是通过细胞的繁殖来实现的。细胞繁殖以分裂方式进行。细胞分裂具有周期性。细胞分裂主要分为有丝分裂、无丝分裂和减数分裂三种方式。

1. 细胞周期

连续分裂的细胞，完成一次分裂后，所产生的新细胞经过生长又进入下一次分裂，这个过程可以不断反复进行，成为一种周期性的现象。因此，从结束上一次细胞分裂时开始，到下一次细胞分裂完成时为止，其间所经历的全部过程，称为细胞周期。它包括分裂间期和分裂期。

（1）分裂间期 分裂间期是从上一次分裂结束到下一次分裂开始的一段时间，它是细胞分裂前的准备时期，其主要变化是完成遗传物质（DNA）的复制、RNA的合成和有关蛋白质的合成。分裂间期细胞核明显增大，出现细丝状的染色质丝，因DNA已经复制，此时的每条染色质丝实际上由两条缠绕在一起的细丝组成。在整个分裂间期，细胞表面看不出明显变化，似乎是静止的，而实际上，细胞内经过了DNA合成前期、DNA合成期和DNA合成后期这三个时期的物质和能量积累，以供分裂时需要。

① DNA合成前期（G_1期）。指从上一次分裂结束到下一次分裂DNA合成前的时期。该期物质代谢活跃，主要是进行RNA、蛋白质和磷酸等的合成，但DNA的复制尚未开始。

进入G_1期的细胞可选择以下三条途径之一：一是进入DNA合成期，产生两个子细胞，如分生组织细胞；二是暂时停留在G_1期，条件适宜时再进入DNA合成期，如薄壁组织细胞；三是终生处于G_1期不再进行分裂，而沿着生长、分化、成熟、衰老、死亡的途径进行，如多数成熟组织的细胞。

② DNA 合成期（S 期）。指细胞核内 DNA 复制开始到 DNA 合成结束的时期。该期主要完成 DNA 的复制和组成染色体的蛋白质的合成，并装配成一定结构的染色质。

③ DNA 合成后期（G_2 期）。指从 S 期结束到分裂期开始前的时期。此期 RNA 和蛋白质的合成继续进行，同时合成微管蛋白，并且储备能量。此期每条染色体已进一步被装配成由两条完全相同的染色单体组成，但这两条染色单体并不完全分开，中间仍有一个连接点，称为着丝点。

（2）分裂期（M 期）　细胞经过分裂间期后即进入分裂期，也就是细胞有丝分裂时期，将已经复制的 DNA 平均分配到两个子细胞中，每个子细胞可得到与母细胞相同的一组遗传物质。分裂期包括核分裂和细胞质分裂两个过程。

植物细胞的一个细胞周期所经历的时间，一般在十几小时到几十小时不等，其中分裂间期所经历的时间较长，而分裂期较短，如有人测得蚕豆根尖细胞的细胞周期共 30h，其中分裂间期为 26h，而分裂期仅为 4h。

细胞周期的长短与细胞中 DNA 含量和环境条件有关：DNA 含量越高，细胞周期所经历的时间越长；环境条件适宜，细胞分裂快，细胞周期所经历的时间就短。一般说来，在细胞周期中，以 S 期最长，M 期最短，G_1 和 G_2 期的长短因细胞的不同变化较大。

2. 有丝分裂

有丝分裂也叫间接分裂，是植物细胞最常见、最普遍的一种分裂方式。如根、茎尖端分生区的细胞，以及根、茎内形成层的细胞，都是以这种方式进行分裂的。有丝分裂的主要变化是细胞核中遗传物质的复制及平均分配，这些可见的形态学变化是一个比较复杂的连续过程，为叙述方便，我们把有丝分裂的核分裂分成前期、中期、后期和末期（图 1-21）。

（1）前期　细胞分裂开始时，染色质丝进行螺旋状卷曲，并且逐渐缩短变粗，成为具有

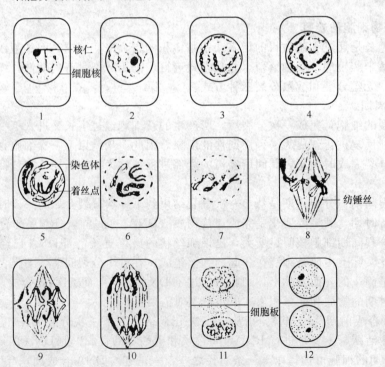

图 1-21　植物细胞有丝分裂模式图

1—分裂间期；2～7—前期（示染色体浓缩过程，并逐渐看清每个染色体由两条
染色单体组成）；8—中期；9,10—后期；11,12—末期

一定形状的棒状体，称为染色体。由于染色丝在分裂间期进行了复制（染色质丝的复制通常也称为染色体的复制），所以这时的染色体每条都是双股的，每一股称为染色单体，两个染色单体中间由着丝点相连。着丝点是染色体上一个染色较浅的缢痕，在光学显微镜下可明显看到。接着，核膜、核仁逐渐消失，并开始从细胞的两极出现许多细长的纺锤丝。纺锤丝的两端集中在细胞两极的一点，中间和染色体着丝点相连，细胞内形成了纺锤形结构，称为纺锤体。

（2）中期　细胞内所有的纺锤丝都参与纺锤体的形成，纺锤体在此时更加明显。一些纺锤丝牵引着每条染色体的着丝点，向细胞中央与纺锤体垂直的平面——赤道板移动，并使所有染色体都排列在纺锤体中央的赤道板上，同时染色体进一步缩短变粗，最后染色体的着丝点整齐排列到赤道板上，而染色体的其余部分在两侧任意浮动。由于此时染色体已缩短到比较固定的形状，所以此期是观察染色体形态、数目和结构的最佳时期。

（3）后期　每条染色体的着丝点一分为二，每对染色单体成为两个独立的染色体，并在纺锤丝的牵引下，分别从赤道板移向细胞两极。此时细胞内的染色体平均分成完全相同的两组。这样，在细胞的两极就各有一套与母细胞形态数目相同的染色体。

（4）末期　染色体到达两极，又逐渐解螺旋变得细长，成为细丝状盘曲的染色质丝。这时纺锤丝也逐渐消失，核膜与核仁又重新出现。核膜把两极的染色质丝分别包围，形成两个新细胞核。子核的出现标志着核分裂的结束。与此同时，细胞中央赤道板区域纺锤丝逐渐密集，成为成膜体。成膜体互相融合成为细胞板，并不断向四周扩展，最后与原来的细胞壁连接，构成新的细胞壁（两个子细胞的胞间层），并将母细胞的细胞质分隔为二，于是形成了两个子细胞，到此可再进入下一个细胞周期。

从有丝分裂的过程可以看出：有丝分裂产生的子细胞，其染色体数目与类型与母细胞完全一致。由于染色体是遗传物质的载体，所以通过有丝分裂，子细胞就获得了与母细胞相同的遗传物质，从而保证了子代与亲代之间遗传的稳定性。

3. 无丝分裂

无丝分裂又称直接分裂，其过程比较简单，分裂时核膜和核仁不消失。一般是核仁首先伸长，中间发生缢裂后一分为二，并向核的两极移动。随后细胞核伸长，核的中部变细，缢缩断裂，分成两个子核。子核之间形成新壁，便形成两个子细胞（图1-22）。

无丝分裂在低等植物中普遍存在，其分裂过程简单，分裂速度快，能量消耗少，分裂过程中细胞仍能执行正常的生理功能。在高等植物中未发育到成熟状态的细胞也较常见。如小麦茎的居间分生组织、甘薯块根的膨大、不定根的形成、马铃薯块茎的生长、胚乳的发育、愈伤组织的形成及分化等均有无丝分裂发生。无丝分裂不出现纺锤丝，遗传物质不能均等地分配到两个子细胞中，因此，其遗传性不太稳定。

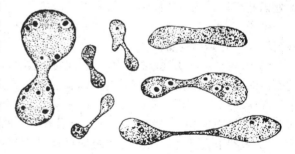

图1-22　棉花胚乳游离核时期细胞核的无丝分裂

4. 减数分裂

减数分裂又称成熟分裂，是有丝分裂的一种独特形式，是植物在有性生殖过程中形成性细胞前所进行的一种特殊的细胞分裂。例如在被子植物中，花粉母细胞产生花粉粒和胚囊母细胞产生胚囊的时候，都要经过减数分裂。减数分裂的过程与有丝分裂相似，包括两次连续的分裂。但两次分裂时，遗传物质只复制一次，所以产生的子细胞和母细胞相比，染色体的数目减半，减数分裂由此得名。减数分裂也有间期，称为减数分裂前的间期，其主要变化和

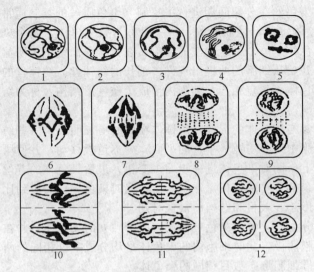

图1-23　减数分裂模式图

1—细线期；2—偶线期；3—粗线期；4—双线期；

5—终变期；6—中期Ⅰ；7—后期Ⅰ；8—末期Ⅰ；

9—前期Ⅱ；10—中期Ⅱ；11—后期Ⅱ；12—末期Ⅱ

有丝分裂的间期相同，即DNA分子的复制和相关蛋白质的合成。经过间期的复制及相应的准备后，细胞即开始进行两次连续的分裂（图1-23）。

（1）减数分裂第一次分裂（分裂Ⅰ）

① 前期Ⅰ。与有丝分裂的前期相比，减数分裂前期Ⅰ的变化比较复杂，且经历的时间较长，根据其变化特点，又可分为以下五个时期：

a. 细线期。细胞核内出现细长、线状的染色体，细胞核与核仁增大。

b. 偶线期（又叫合线期）。同源染色体（一条来自父方、一条来自母方，形态、大小相似的两条染色体）逐渐两两成对，称为联会。由于在分裂前的间期，每条染色体中的DNA已经复制加倍，形成了两条染色单体，这两条染色单体仍由着丝点相连，没有完全分开，所以，联会后每对同源染色体实际上包含有四条染色单体。

c. 粗线期。染色体进一步缩短、变粗，这时每一条染色体都含有两个相同的组成部分，叫姊妹染色单体，它们仅在着丝点处相连。联会的两条同源染色体间的染色单体互称非姊妹染色单体，非姊妹染色单体间可发生交叉、横断及片断的交换，交换后染色体有了遗传物质的变化，含有同源染色体中另一染色体上的部分遗传基因。这种交换现象对生物的变异具有重要意义。

d. 双线期。染色体继续缩短变粗，同时联会的同源染色体开始分离，但在染色单体交叉处仍然相连，从而使染色体呈现"X"、"V"、"O"、"S"等形状。

e. 终变期。染色体进一步缩短变粗，是观察与计算染色体数目的最佳时期。以后核仁、核膜消失，开始出现纺锤丝。

② 中期Ⅰ。在纺锤丝的牵引下，配对的同源染色体的着丝点等距分布于赤道板的两侧，同时由纺锤丝形成了很明显的纺锤体。

③ 后期Ⅰ。纺锤丝牵引着染色体的着丝点，使成对的同源染色体各自发生分离，分别向两极移动。此时每一极染色体的数目只有原来的一半。

④ 末期Ⅰ。到达两极的每一组染色体又聚集起来，重新出现核膜、核仁，形成两个子核，同时，在赤道板的位置形成细胞板，将母细胞分裂成两个子细胞。新形成的子细胞并不分开，相连在一起，叫二分体。此时每个子细胞中的染色体数目是母细胞的一半。减数分裂过程中染色体数目的减半，实际上就是在第一次分裂过程中完成的。新的子细胞形成后即进入减数分裂第二次分裂，也有不形成新的细胞板而直接进入第二次分裂的。

（2）减数分裂第二次分裂（分裂Ⅱ）　第二次分裂分为前期Ⅱ、中期Ⅱ、后期Ⅱ、末期Ⅱ。在减数分裂第二次分裂前，细胞不再进行DNA分子的复制，染色体也不加倍，其分裂过程与有丝分裂各时期相似。

① 前期Ⅱ。染色体缩短变粗，核膜、核仁消失，纺锤丝重新出现。

② 中期Ⅱ。每一子细胞的染色体着丝点排列在赤道板上，纺锤体形成。

③ 后期Ⅱ。着丝点分裂，染色单体在纺锤丝的牵引下，分别向两极移动。每极各有一

套完整的单倍的染色体组。

④ 末期Ⅱ。到达两极的染色单体各形成一个子核，核膜、核仁出现。同时在赤道板上形成细胞板，产生两个子细胞。这样一个母细胞产生了四个子细胞。

一个母细胞经过减数分裂，形成了四个子细胞。起初四个子细胞是连在一起的，叫四分体，以后分离成四个单独的子细胞，每个子细胞的染色体数目为母细胞的一半。通过这种分裂方式产生的有性生殖细胞（雌、雄配子）相结合成合子后，恢复了原有染色体倍数，使物种的染色体数保持稳定，保证了物种遗传上的相对稳定性。同时由于非姊妹染色单体间的互换和重组，又丰富了物种的变异性，这对增强生物适应环境的能力、延续种族十分重要，也是人们进行杂交育种的理论依据。

减数分裂在植物的进化中具有非常重要的意义。由于减数分裂中染色体减少了一半，经过雌雄性细胞的结合，染色体又恢复了原来的数目，并未导致染色体数目的增减，从而保持了物种的遗传性和稳定性。同时，又由于发生了染色体片段的互换，交换了遗传物质，就增加了植物的变异性、促进了物种的进化。

二、植物的组织

（一）植物组织的概念

植物的个体发育是细胞不断分裂、生长和分化的结果。一般植物细胞分裂后产生的子细胞，其体积和重量在不可逆地增加，称为细胞的生长；当细胞生长到一定程度时，其形态和功能逐渐出现差异，称为细胞的分化。细胞分化的结果，会导致植物体中形成多种类型的细胞群。

人们常常把在植物的个体发育中，具有相同来源的（即由同一个或同一群分生细胞生长、分化而来的）同一类型或不同类型的细胞群组成的结构和功能单位，称为组织。由同一类型的细胞群构成的组织叫简单组织，由多种类型的、但执行同一生理功能的细胞群构成的组织叫复合组织。

植物的每类器官都含有一定种类的组织，其中每一种组织都有一定的分布规律，并执行一定的生理功能。同时各组织之间又相互协调，共同完成其生命活动。

（二）植物组织的类型

种子植物的组织结构是植物界中最为复杂的，依其生理功能和形态结构的分化特点，植物组织分为分生组织和成熟组织两大类型。

1. 分生组织

分生组织是指种子植物中具有持续性或周期性分裂能力的细胞群。它存在于植物体的特定部位，这些部位的细胞在植物体的一生中持续保持着强烈的分裂能力，一方面不断增加新细胞到植物体中，另一方面自己继续存在下去。分生组织的特点是：细胞体积小而等径，排列紧密，细胞壁薄、细胞质浓、细胞核大，无大液泡或没有液泡，细胞分化不完全，具有较强的分裂能力。植物的其他组织都是由分生组织产生的。

依据分生组织在植物体内存在的位置，可将其分为顶端分生组织、侧生分生组织和居间分生组织三种类型（图1-24）。

（1）顶端分生组织　顶端分生组织位于根、茎主轴和侧枝的顶端，如根尖、茎尖的分生区，其分裂活动使根和侧根、茎和侧枝不断伸长，并在茎上形成叶，茎的顶端分生组织还将产生生殖器官（图1-25）。

（2）侧生分生组织　侧生分生组织主要存在于裸子植物及木本双子叶植物中，它位于根和茎外周的内侧、靠近器官的边缘部分（图1-24）。侧生分生组织包括形成层和木栓形成层。形成层的活动使根和茎不断加粗，以适应植物营养面积的扩大；木栓形成层的活动可使

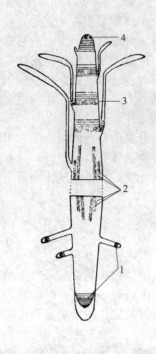

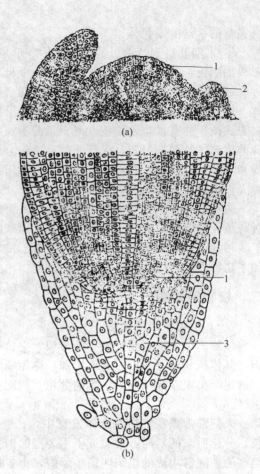

图 1-24　分生组织的分布图解
1—根尖顶端分生组织；2—侧生分生组织；
3—居间分生组织；4—茎尖顶端分生组织

图 1-25　菜豆茎尖、根尖分生组织
（a）茎尖纵切，示顶端分生组织部位；
（b）根尖纵切，示顶端分生组织部位
1—顶端分生组织；2—叶原基；3—根冠

增粗的根、茎表面，或受伤器官的表面形成新的保护组织。

单子叶植物中一般没有侧生分生组织，故不会进行加粗生长。

（3）居间分生组织　居间分生组织分布在成熟组织之间，是顶端分生组织在某些器官的局部区域保留下来的、在一定时间内仍保持分裂能力的分生组织。如小麦、水稻等禾谷类作物，依靠茎节间基部的居间分生组织活动，使节间伸长，进行抽穗和拔节（图 1-24）；韭菜叶在割后仍能依靠叶基部的居间分生组织活动长出新叶；花生雌蕊柄基部居间分生组织的活动，能把开花后的子房推入土中。

居间分生组织的细胞分裂持续活动时间较短，分裂一段时间后即转变为成熟组织。

根据分生组织来源和性质，可分为原分生组织、初生分生组织和次生分生组织三种类型。

（1）原分生组织　原分生组织是直接由胚细胞保留下来，一般具有持久而强烈的分裂能力，位于根尖、茎尖分生区内的前端部位，是形成其他组织的来源。

（2）初生分生组织　初生分生组织由原分生组织衍生的细胞组成，这些细胞在形态上已经出现了最初的分化，但细胞仍具有很强的分裂能力，是一种边分裂边分化的组织，是发育形成初生成熟组织的主要分生组织。根尖、茎尖中分生区的稍后部位的原表皮、原形成层和基本分生组织都属于初生分生组织。

（3）次生分生组织　次生分生组织是由成熟组织的细胞（如薄壁细胞、表皮细胞等），经过生理和形态上的变化，脱离原来的成熟状态（即脱分化），重新恢复分裂能力转变成的分生组织。

如果把这两种分类方法联系起来，则广义的顶端分生组织包括原分生组织和初生分生组织，两者共同组成根、茎的分生区。而侧生分生组织一般属于次生分生组织，其中形成层和木栓形成层是典型的次生分生组织。

2. 成熟组织（永久组织）

分生组织分裂所产生的大部分细胞经过生长和分化逐渐丧失分裂能力，转变为具有特定形态结构和生理功能的成熟组织。多数成熟组织在一般情况下不再进行分裂，有些完全丧失分裂的潜能，而有些分化程度较浅的组织在一定条件下可恢复分裂。因此，由分生组织分裂、生长和分化逐渐转变而成的，由不再进行分裂（或完全丧失分裂潜能）的细胞群组成的组织，就是成熟组织。成熟组织依形态、结构和功能的不同，可分为保护组织、基本组织、机械组织、输导组织和分泌组织。

（1）保护组织　保护组织是对植物起保护作用的组织，覆盖在植物体表面，由一层或数层细胞构成。保护组织具有防止植物体水分过度蒸腾、机械损伤和病虫侵害等作用。保护组织包括表皮和周皮。

① 表皮。又称表皮层。表皮一般只有一层细胞，通常含有多种具有不同特征和功能的细胞，其中以表皮细胞为主体，其他细胞分散于表皮细胞之间。植物的叶、花、果实及幼嫩的根、茎，最外面的一层细胞都是表皮。表皮细胞形状扁平，排列紧密，无细胞间隙。表皮细胞是生活细胞，含有较大的液泡，一般不具叶绿体，无色透明。表皮细胞的细胞壁外侧常角质化、蜡质化（图1-26），有些植物的表皮还具有表皮毛或腺毛，这些结构都增强了表皮的保护作用。

根的表皮细胞的外壁常向外延伸，形成许多管状突起，称为根毛。根毛的作用主要是吸收水和无机盐，因此根的表皮属于吸收组织，不属于保护组织。

在植物体的地上部分（主要是叶），其表皮具有气孔器，气孔器是由两个被称为保卫细胞的特殊细胞组成的，禾本科植物的保卫细胞两侧还有一对副卫细胞（图1-27、图1-28）。

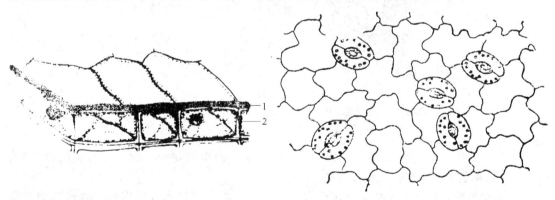

图1-26　表皮细胞及角质层　　　　　图1-27　双子叶植物叶的表皮细胞和气孔器
1—角质层；2—表皮细胞

在表皮细胞中，只有保卫细胞含有叶绿体，能进行光合作用。保卫细胞通常因为吸水或失水，引起气孔的开放或关闭，从而调节水分蒸腾和气体交换。

② 周皮。周皮是一种由多种简单组织（木栓层、木栓形成层和栓内层）组合而成的具有较强保护功能的次生保护组织。木栓层是由木栓形成层向外分裂的几层细胞分化而成，木栓形成层向内分裂还分化成栓内层。木栓层由几层细胞壁已木栓化的死细胞所组成。此层具有高度的不透水性，并有抗压、绝缘、耐腐蚀等特性。具有加粗生长的根、茎外面就是由木

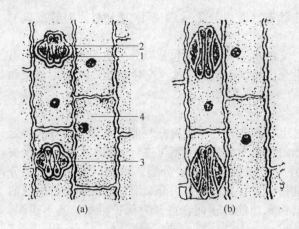

图 1-28　禾本科植物气孔的构造
(a) 气孔开放；(b) 气孔关闭
1—保卫细胞；2—副卫细胞；3—气孔；4—表皮细胞

栓层包围，它具有比表皮更强的保护作用。

（2）基本组织（薄壁组织）　在植物体内各种器官中都具有基本组织，是构成植物体各种器官的基本成分，分布最广、数量最多，是进行各种代谢活动的主要组织。基本组织的细胞排列疏松，有较大的细胞间隙，细胞壁较薄，液泡较大；细胞分化程度低，有潜在的分裂能力，在一定条件下既可特化为具有一定功能的其他组织，也可恢复分裂能力而成为分生组织，这对扦插、嫁接、离体植物组织培养及愈伤组织形成具有重要作用。薄壁组织担负着吸收、同化、贮藏、通气和传递等功能（图 1-29）。

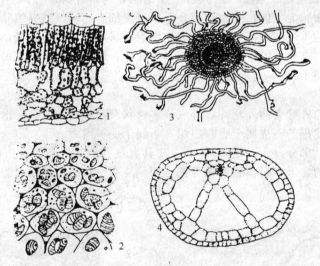

图 1-29　几种薄壁组织
1—糖槭叶片中的同化组织；2—马铃薯块茎中的贮藏组织；3—根表皮层的吸收组织；4—金鱼藻叶中的通气组织

① 吸收组织。吸收组织具有吸收水分和营养物质的生理功能。例如，根尖的根毛区，通过根毛和根的表皮细胞行使吸收功能。

② 同化组织。同化组织细胞中含有大量叶绿体，具有通过光合作用制造有机物的生理机能。叶肉为典型的同化组织。茎的幼嫩部分和幼果亦有这种组织。

③ 贮藏组织。贮藏组织具有贮藏营养物质的功能。这种组织主要存在于果实、种子、块根、块茎，以及根茎的皮层和髓。贮藏的物质主要有淀粉、蛋白质及油类等。如甘薯的块根、马铃薯的块茎、种子的胚乳和子叶等处的薄壁组织，贮藏有大量的营养物质，如淀粉、脂类、蛋白质等；旱生肉质植物，如仙人掌的茎、景天和芦荟的叶中，其薄壁组织内含有大量的水分，特称贮水组织。

④ 通气组织。通气组织是具有大量细胞间隙的薄壁组织，其功能为贮存和通导气体。例如，水生或湿生植物的水稻、莲等的根和茎，以及叶中的薄壁组织，细胞间隙特别发达，

形成较大的气腔，在体内形成一个相互贯通或连贯的通气系统。

⑤ 传递细胞。传递细胞是一类特化的薄壁细胞，细胞壁一般为初生壁，胞间连丝发达，细胞核形状多样。这种细胞最显著的特征是细胞壁向内突入细胞腔内，形成许多指状或鹿角状或不规则的多褶突起，这增大了细胞质膜的表面积，有利于细胞与周围进行物质交换和物质的快速传递。传递细胞在植物体内主要行使物质短途运输的生理功能，它普遍存在于叶脉末梢、茎节及导管或筛管周围等。

（3）机械组织　机械组织是对植物起支持、加固作用的组织。它有很强的抗压、抗张曲能力。植物能够枝叶挺立，有一定的硬度，可经受狂风暴雨的侵袭，都与机械组织有关。机械组织的特征是细胞壁厚。根据增厚特点的不同，可分为厚角组织和厚壁组织两类。

① 厚角组织。厚角组织是正在生长的茎、叶的支持组织，其细胞多为长棱柱形，含叶绿体，为生活细胞，细胞壁（属初生壁）不均匀的加厚，通常在细胞相邻的角隅处增厚特别明显，不含木质素（图1-30）。因此，厚角组织既有一定的坚韧性，又有一定的可塑性和伸展性。它常分布于正在生长或经常摇动的器官中，如幼茎、叶柄、叶片、花柄、果柄等部位的外围或表皮下。例如薄荷、南瓜、芹菜等具棱的茎和叶柄中厚角组织特别发达。

② 厚壁组织。厚壁组织和厚角组织不同，厚壁组织的细胞具有均匀增厚的次生壁，常常木质化。细胞成熟时，壁内仅剩下一个狭小的空腔，成为没有原生质体的死细胞。厚壁组织包括石细胞和纤维两种类型。

a. 石细胞。石细胞是细胞形状不规则，细胞壁木质化程度高，腔极小，常单个或成簇包埋在薄壁组织中的厚壁组织。它广泛分布于植物的茎、叶、果实和种子中，以增加器官的硬度和支持作用。如梨果肉中坚硬的颗粒就是成团的石细胞。水稻的谷壳等部分主要是由石细胞构成。核桃、桃果实中坚硬的核，也是由多层连续的石细胞组成。

b. 纤维。纤维是细胞呈两端尖细的细长形，细胞壁木质化程度不一致，并且常相互重叠、成束排列的厚壁组织。木质纤维的木质化程度很高，支持力很强；韧皮纤维的木质化程度较低，韧性强，是纺织原料（图1-31）。纤维广泛分布于成熟植物体的各部分，其成束的排列方式增强了植物体的硬度、弹性及抗压能力，是成熟植物体主要的支持组织。

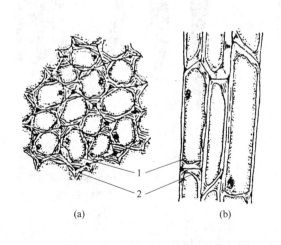

图1-30　薄荷茎的厚角组织
（a）横切面；（b）纵切面
1—细胞质；2—不均匀增厚的初生壁

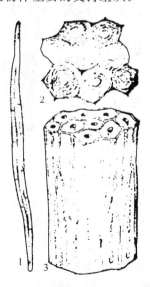

图1-31　厚壁组织（亚麻的纤维）
1—一个纤维细胞；2—一束纤维的横切面；
3—上下纤维细胞间的连接方式

（4）输导组织　输导组织是植物体中担负物质长途运输的主要组织，其细胞呈管状并上下连接，形成一个连续的运输通道。输导组织常与机械组织一起组成束状，上下贯穿在植物体各个器官内。它包括运输水分和无机盐的导管、管胞，以及运输有机物的筛管、筛胞。

① 导管和管胞。导管和管胞的主要功能是输导水分和无机盐。

a. 导管。导管是被子植物主要的输水组织，由许多长管状的细胞上下连接而成，每个细胞称为导管分子。导管分子在发育过程中，随着细胞壁的增厚和木质化，端壁溶解形成穿孔，最后原生质解体、细胞死亡，上下导管分子之间以穿孔相连，形成一个中空的导管管道。植物体内的多个导管以一定的方式连接起来，就可以将水分和无机盐等从根部运输到植物体的顶端。当中空的导管被周围细胞产生的物质填充后，就逐渐失去了运输能力而被新导管所取代。

导管分子的次生壁增厚不均匀，因导管分子的侧壁增厚的方式不同，导管可分为环纹导管、螺纹导管、梯纹导管、网纹导管和孔纹导管五种类型（图 1-32）。

b. 管胞。管胞是绝大多数蕨类植物和裸子植物的输水组织，同时兼有支持作用。管胞是两端呈楔形、壁厚腔小、端部不具穿孔的长棱柱形死细胞。管胞与管胞间以楔形的端部紧贴在一起而上下相连，水溶液主要通过相邻细胞侧壁的纹孔对传输。和导管相比，管胞的运输能力较差。管胞侧壁的增厚方式及类型与导管分子相同（图 1-33）。

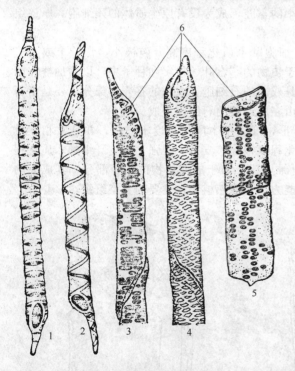

图 1-32　导管分子的类型
1—环纹导管；2—螺纹导管；3—梯纹导管；
4—网纹导管；5—孔纹导管；6—穿孔

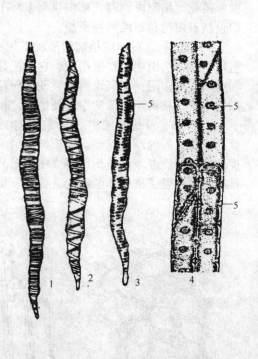

图 1-33　管胞的主要类型
1—环纹管胞；2—螺纹管胞；3—梯纹管胞；
4—孔纹管胞（毗邻细胞的壁上成
对存在具缘纹孔）；5—纹孔

② 筛管、伴胞和筛胞。筛管、伴胞和筛胞是输送有机物质的输导组织。

a. 筛管、伴胞。输导有机物的筛管和导管相似，也是由许多长管形的细胞纵连而成，每个筛管细胞称为一个筛管分子。成熟的筛管分子仍然是薄壁的生活细胞，但细胞核已经消失，许多细胞器（如线粒体、内质网等）退化，液泡被重新吸收，原生质体中出现特殊的含蛋白质的黏液，成为一种特殊的无核生活细胞。上下相连的两个筛管分子其横壁穿孔状溶解形成许多小孔，叫筛孔。具有筛孔的横壁叫筛板。穿过筛孔的原生质丝比胞间连丝粗大，称联络索。筛管分子通过筛孔由联络索相连，成为有机物运输的通道（图1-34）。多数被子植物中，筛管分子旁边有一个或几个狭长细尖的薄壁细胞，叫做伴胞。它与筛管分子是由一个细胞分裂而来。伴胞细胞结构完整，有明显的细胞核，细胞质浓，有多种细胞器和小液泡，还具有筛板，这有利于筛管分子间有机物的运输。伴胞与筛管相邻的侧壁之间有胞间连丝相贯通，协助筛管分子完成有机物的运输；随着筛管分子的老化，一些黏性物质（碳水化合物）沉积在筛板上，堵塞筛孔，其运输能力也逐渐丧失。

b. 筛胞。筛胞是一种比较细长、末端尖斜的单个活细胞。与筛管相比，筛胞无筛板的分化，仅在端壁及侧壁形成小孔，孔间有较细的原生质丝通过，其输导能力不如筛管分子。从系统发育的角度来看，导管和筛管是较进化的输导组织，它们只存在于被子植物中，是被子植物的主要输导组织，蕨类植物和裸子植物中一般没有导管和筛管，只有管胞和筛胞。

（5）分泌组织　植物体表或体内能产生、积累、输导分泌物质的单个细胞或细胞群，称为分泌组织。有的分泌组织分布于植物体的外表面并将分泌物排出体外，称为外分泌组织。如具有分泌功能的表皮上的毛状附属物——腺毛，能分泌糖液的蜜腺，能将植物体内过剩的水分排出到体表的排水器等。有的分泌组织及其分泌物均存在于植物体内部，称为内分泌组织。如贮藏分泌物的分泌腔、分泌道，能分泌乳汁的乳汁管等（图1-35）。

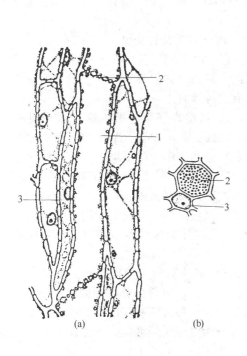

图1-34　筛管与伴胞
（a）筛管伴胞纵切面；（b）筛管伴胞横切面
1—筛管；2—筛板；3—伴胞

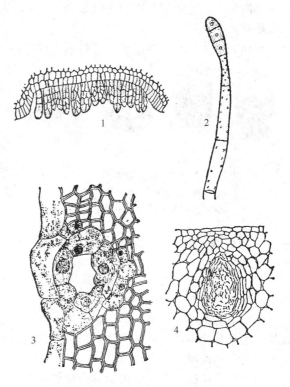

图1-35　分泌组织类型
1—棉叶中脉的蜜腺；2—烟草的腺毛；3—松树
的树脂道；4—甜橙果皮的分泌腔

植物的分泌组织能分泌多种类型的分泌物，常称为特殊的物质，如糖类、挥发油、树脂、有机酸、生物碱、单宁、蛋白质、酶、杀菌素、蜜汁、乳汁、生长素、维生素，以及多种无机盐等，这些分泌物在植物的生活中起着重要作用。油菜、桃等的花中，棉花叶背中脉处、柑橘叶及果皮上均有蜜腺，分泌蜜汁和芳香油，能吸引昆虫，利于植物传粉；棉茎皮层有分泌腔，甘薯、无花果、桑树、三叶橡胶树等具有乳汁管；松树分泌道（树脂道）分泌的松脂，还可以提取松香和松节油；某些植物分泌杀菌素，能杀死或抑制病菌等。植物的分泌物也具有重要的经济价值，如橡胶、生漆、芳香油、蜜汁等。

3. 植物体内的维管系统

（1）维管组织　在高等植物的器官中，有一种以输导组织为主体，与机械组织和薄壁组织共同构成的复合组织，叫维管组织。如运输水分和无机盐的木质部，是由导管、管胞、木纤维和木质薄壁细胞构成的；运输有机物的韧皮部是由筛管、伴胞、韧皮纤维和韧皮薄壁细胞构成的。我们所说的维管组织是指木质部和韧皮部，或两者之一。

（2）维管束　在蕨类植物和种子植物中，由木质部、韧皮部和形成层（有或无）共同组成的起输导和支持作用的束状结构，叫维管束。凡植物体分化有维管束的植物称维管植物，如蕨类植物和种子植物。维管束贯穿于维管植物的各部分，如切开白菜、芹菜、向日葵、甘蔗的茎，看到里面丝状的"筋"，就是许多个维管束。

根据维管束中形成层的有无，可将维管束分为有限维管束和无限维管束两种。

① 有限维管束。维管束中无形成层，不能产生新的木质部和韧皮部，因而植物的器官增粗能力有限，这种维管束叫有限维管束。大多数单子叶植物的维管束属于这种类型。

② 无限维管束。维管束中有形成层，能持续产生新的木质部和韧皮部，因而植物的器官能不断增粗，这种维管束叫无限维管束。裸子植物和大多数双子叶植物茎中的维管束属于无限维管束。

根据初生木质部和初生韧皮部排列方式的不同，可分以下几种类型（图 1-36）。

图 1-36　维管束类型
1—外韧维管束；2—双韧维管束；
3—周木维管束；4—周韧维管束

① 外韧维管束。韧皮部在外、木质部在内，呈内外并生排列。一般种子植物茎中具有这种维管束。

② 双韧维管束。韧皮部在木质部的两侧，中间夹着木质部。如瓜类、茄类、马铃薯、甘薯等茎中的维管束。

③ 同心维管束。韧皮部环绕着木质部，或木质部环绕着韧皮部，呈同心圆排列。同心维管束包括周韧维管束和周木维管束。

a. 周韧维管束。中央为木质部，韧皮部环绕在木质部外侧包围着木质部。蕨类植物中比较常见。

b. 周木维管束。中央为韧皮部，木质部环绕在韧皮部外侧包围着韧皮部。如单子叶植物中的莎草、铃兰地下茎的维管束，双子叶植物中的蓼科、胡椒科部分植物的维管束。

（3）维管系统　一个植物体或植物体的一个器官中，一种或几种组织在结构和功能上组成的一个单位，叫组织系统。植物体内的组织系统可分为维管组织系统、皮组织系统和基本组织系统三种类型。

一个植物体或一个器官内所有的维管组织，叫维管组织系统，简称维管系统（图1-37），包括木质部和韧皮部。维管系统连续贯穿于整个植物体，主要起运输和支持作用。皮组织系统包括表皮和周皮，覆盖于整个植物体的外表面，主要起保护作用。基本组织系统主要包括各类薄壁组织、厚角组织、厚壁组织，是植物体的基本成分，包埋着维管系统。

总之，不论是植物的一个细胞、一个器官或一个个体，都具有复杂的结构，这些结构都有其特定的功能，保持相对独立性；同时，它们之间又相互依赖、密切配合，共同完成植物体的各项生命活动。

【技能实训】

一、光学显微镜的使用及保养

（一）光学显微镜的结构

虽然显微镜的种类很多，但基本结构大致相同，可分为机械系统、光学系统两大部分（如图 1-38）。

图 1-37　马铃薯茎部
维管系统

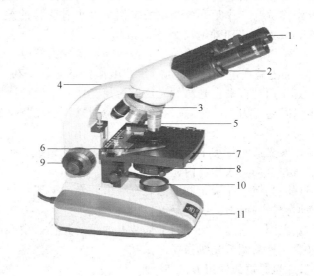

图 1-38　XSP 型显微镜的构造

1—接目镜；2—镜筒；3—物镜转换器；4—镜臂；5—接物镜；6—压片夹；
7—载物台；8—聚光器；9—粗、细调焦螺旋；10—光源；11—镜座

1. 机械系统

（1）镜座　显微镜的底座，位于显微镜的基部，呈马蹄形或方形，用于稳固和支持镜体，使之放置平稳。

（2）镜臂（镜架）　多数显微镜镜臂直接连在镜座上，呈弯臂状，是拿取显微镜时手握的部位。有的显微镜还在基部有一个限位器，用于防止物镜与载玻片相碰。

（3）镜筒　为两个金属圆筒（单目镜为一个镜筒），上端装目镜、下接转换器或与棱镜室相连。一般它的长度为 160mm，有的长为 170mm。

（4）载物台（工作台）　为方形的平台，供放置观察材料用。中央有一圆孔称为通光孔，用于通光线。通光孔两侧各有一个压片夹，供固定切片（载物片）用，它在纵向、横向移动手轮的驱动下，推动切片移动，故称移片器。

（5）物镜转换器　安装在镜筒或棱镜室的下方，是一个能旋转的圆盘，其上可安装 2～4 个接物镜。转动转换器，可以换用放大率不同的接物镜。

（6）粗调焦螺旋（粗调节轮）　具有较快调节焦距的作用，通过转动，调节焦距。旋转时可以使工作台（或镜筒）上升、下降。转动一周可使工作台（或镜筒）升降 10mm。在调节低倍镜时使用。

（7）细调焦螺旋（细调节轮或微调）　在粗调焦螺旋外侧有一个小螺旋，通过转动，调节焦距。它用于调节高倍镜，使物像更清晰。转动一周，可使镜筒或工作台升降 0.1mm。

2. 光学系统

（1）接目镜　也叫目镜，是安插于镜筒顶部的镜头，具有放大作用。上面写有放大倍数，从"5×"～"10×"等，因显微镜的型号不同而异。放大倍数越低，其镜头越长。从目镜中观察到的范围叫视野。

（2）接物镜　也叫物镜，安装在转换盘的孔上，上写有放大倍数。"10×"及以下为低倍镜，"20×"为中倍镜，"40×"～"65×"为高倍镜，"100×"是放大倍数更高的油镜。使用油镜时，先在要观察部位的载玻片上滴一滴香柏油，将油镜头接触油滴后进行观察。放大倍数越低，物镜头越短。物镜下端的透镜称前透镜，前透镜越小，放大率越高。前透镜与试材间的距离称为工作距。各物镜的工作距大小有明显的差异，低倍镜为 9mm 左右，高倍镜为 0.55mm 左右，而油镜仅为 0.15mm。

显微镜的放大倍数＝目镜放大倍数×物镜放大倍数

（3）反光镜或电光镜（光源）　在工作台下方，安在镜座上，为圆形双面镜，分平面及凹面。其作用是将来自光源的光反射给集光器。平面镜适用于以直射光为主的光源；凹面镜适用于以闪射光为主的光源。有的显微镜用电光镜代替反光镜，它可以通过亮度调节钮调节光的强弱，在有电的条件下它代替反光镜工作。

（4）聚光器　位于工作台下方，由一组透镜组成，可以集合下面反光镜投射来的光线，使其增强并全部射入物镜内。

（5）滤光镜　在聚光器下面装有一个调光玻璃架，用于装置滤光片。其作用是调节光的强度增加分辨率或增大明暗反差。

（6）光圈　它是在聚光器下部装有的可变光栏，中心形成圆孔。可通过使用聚光镜架手轮和可变光栏来调节光线强弱。

（二）显微镜的使用方法

1. 取镜

将显微镜箱打开，拿取显微镜。拿取显微镜时，必须一手紧握镜臂，一手平托镜座，镜体竖直不可倾斜。然后，镜臂向后轻轻放在让镜座后边距实验台沿 6～7cm 的偏左位置上。检查镜的各部分是否完好。镜体上的灰尘可用绸布擦拭。镜头只能用擦镜纸擦拭，不准用它物接触镜头。

2. 对光

原则是将自然光或灯光的光源，通过反光镜反射到聚光器中，再通过通光孔到达物镜和目镜，使视野达到适宜的亮度。

（1）旋转粗调焦螺旋使物镜转换器下端与载物台调至 5cm 左右，然后转动物镜转换器让低倍接物镜头转到载物台中央卡住，正对通光孔。

（2）调节聚光器，使聚光器上升到稍低于载物台平面的位置。

（3）拨动光圈手柄，将光圈打开。

（4）用左眼接近接目镜观察，同时用手调节反光镜（使其对向光源）和集光镜或打开电源，调节亮度调节钮使镜内光亮适宜、均匀一致。这时在镜内所见光亮的圆面就是前面提到的视野。一般用低倍镜或观察透明物体及未经染色的活体材料时，光线调暗些。

3. 放片

让切片的盖玻片向上放在工作台上，用压片夹固定切片，对准接物镜头和正对通光孔。

4. 观察

（1）低倍接物镜的使用　转动粗调焦螺旋，并从侧面注目使工作台缓慢提升，至物镜接近切片时为止。再用左眼接近目镜进行观察，并转动粗调焦螺旋使工作台缓慢下降，直至看到物像时为止（显微镜下的物像是倒像）。再转动细调焦螺旋，将物像调至最清楚。如看不到物像，可再使工作台提升到物镜几乎贴近切片，然后再转动调焦螺旋，使工作台下降，至看到物像为止。

观察时，若物像不在视野中央，可调节纵向、横向移动手轮使要观察的试材出现。

（2）高倍接物镜的使用　使用高倍接物镜时，首先用低倍接物镜按上法调好，然后将要放大观察的部分移至视野中央，再把高倍接物镜转至中央，一般便可粗略看到物像，再用细调焦螺旋调至物像清晰为止。

在使用高倍接物镜时应注意以下几点：不能直接用高倍接物镜观察；不能用粗调焦螺旋调节；如光线不亮，需加强强度；使用高倍接物镜观察完毕，应立即转开镜头，因为工作距离很小，以免碰碎切片。

（3）油浸镜的使用　首先按低倍接物镜的使用方法调好，将需要放大观察的部分移至视野中央，将一滴香柏油滴在盖玻片表面，然后将油镜头缓慢下降，使镜头浸入油滴中，但尚未与玻片表面接触；再缓慢转动细调焦螺旋，调至物像清晰为止。

观察结束后，立刻将油镜头移开光轴，及时用镜头纸将油镜头和盖玻片上的香柏油擦去；再用二甲苯擦一遍，最后用镜头纸再擦一遍。

使用单目显微镜要练习双眼同时张开，用左眼观察，右眼照顾绘图。

5. 还镜

显微镜使用完毕，应先将接物镜移开，再取下切片。把显微镜擦拭干净，各部分恢复原位。使低倍接物镜转至中央通光孔，下降工作台，使接物镜远离工作台。将反光镜转直，或切断电源，镜体盖上绸布，套上棉布袋，放回箱内并上锁。

（三）显微镜的保养

光学显微镜是最常用的精密贵重仪器，使用时要细心爱护，妥善保养。

（1）使用时必须严格执行使用规程。

（2）保持显微镜和室内清洁、干燥。避免灰尘、水、化学试剂及它物沾污显微镜，特别是镜头部分。

（3）不得任意拆卸或调换显微镜的零部件。

（4）防止震动。在转动调焦螺旋时双手同时用力要轻，转动要慢，转不动时不可强行用力转动，以免磨损齿轮或导致工作台自行下滑。

（5）使用过的油镜头或镜头上有不易擦去的污物，可先用擦镜纸蘸少许二甲苯擦拭，再换用洁净的擦镜纸擦拭干净。

二、临时标本片的制作

临时制片是使用显微镜观察物体时最基本的技术之一，适用于观察新鲜材料。对不宜保存的材料多用临时制片观察，通常观察后不再保存，临时制片方法常有以下几种。

（一）整体装片法

整体装片法适用于植物形体小或扁平的材料，如真菌的菌丝、孢子囊或单细胞藻类、苔藓类、蕨类植物的原叶体等。

在载玻片上滴一滴蒸馏水，用小镊子取下少量材料浸入水滴内，并用小镊子尖将材料摊平，再加盖玻片。加盖玻片的方法是，先从一边接触水滴，另一边必须慢慢放下，以免产生气泡。如果盖玻片内有气泡，可用小镊子尖轻轻敲打直至无气泡；如果盖玻片内的水未充满，可用滴管吸水从盖玻片的一侧滴入；若水分过多，溢出盖玻片外的水可用吸水纸吸去（图1-39）。

（二）撕片法

撕片法适用于某些茎、叶容易撕下表皮的植物，如菠菜、天竺葵的叶片表皮，洋葱、百

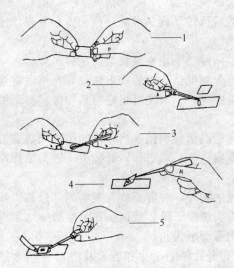

图 1-39　临时装片的制作（张乃群，2006）
1—擦拭载玻片；2—在载玻片中央加一滴水；
3—把材料浸在水中；4—加盖玻片
的方式；5—加染液

合鳞茎的表皮。

用镊子挑破表皮，镊住膜质的表皮轻巧地撕下，置于载玻片的水滴内，展平加盖玻片观察。

（三）涂抹法

涂抹法适用于极小的植物体或组织，如细菌、酵母、花粉粒等，以及离体的细胞后含物如淀粉、晶体等。

用解剖针挑取少量材料，用小刀刮区或镊子将材料置载玻片上挤压出液汁，然后用解剖针均匀涂成一薄层，加入一滴清水，加盖玻片观察。细菌的涂片还需在火焰上固定。

（四）压片法

压片法适用于幼嫩组织中单个细胞的观察，如根尖生长点细胞的有丝分裂及花粉细胞的染色体观察等。

将发芽的种子取根尖部分，用酒精、冰醋酸固定液固定 0.5～1h，取出置于载玻片上，用解剖刀及解剖针将根尖切开取出生长点组织，然后在玻片上研散，加入一滴醋酸洋红液，加上盖玻片，用手轻轻加压，使组织散成一薄层，然后观察，可看到散开的生长点细胞，其中有不同时期的有丝分裂。这种方法比石蜡切片简易可行，但不宜保存。

三、徒手切片

徒手切片技术是直接用手拿刀（双面刀、单面刀或剃刀）将新鲜材料切成薄片，然后染上颜色，做成临时标本片的方法。徒手切片是观察植物体内部构造时最简单和最常用的切片制作技术，适用于制作尚未完全木质化的器官切片，如一、二年生的根、茎、叶或变态的贮藏组织。

（一）材料修整

将胡萝卜或萝卜（夹持物）切成 0.5cm 见方、1～2cm 长的长方条，再纵向切一个小于半长的切口。把菠菜叶或白菜叶（试材）切成 0.5cm 宽的窄条，夹在胡萝卜或萝卜长方条的切口内。

（二）切片

把胡萝卜或萝卜长方条的上端和刀刃先蘸些水，并使材料呈直立方向，刀片呈水平方向，自外向内把材料上端切去少许，使切口为光滑的断面，并在切口蘸些水；接着用左手的拇指和食指夹住夹持物，中指顶住下端，并在拇指与夹持物之间垫层薄平的橡皮（也可在拇指上套一小段大的乳胶管）作为切垫，把材料切成极薄的薄片。切时注意用臂力，不要用腕力及指力；刀片切割方向由左前方向右后方拉切；拉切的速度宜快不宜慢，不得中途停顿。切时材料的切面要经常蘸水，起润滑作用。

材料切面不平时要及时修平，切片完毕，切片刀应擦干，涂上凡士林防锈保存。

（三）制片

把切下的切片用毛笔（或小镊子）拨入培养皿的清水中。

如需染色，可把薄片放入盛有染色液（染色液通常为 1% 番红或龙胆紫或碘液）的培养皿内，染色约 1min；轻轻取出放入另一盛有清水的培养皿内漂洗，之后，即可装片观察；也可以在载玻片上直接染色，即先将薄片放在载玻片上，滴一滴染色液，约 1min，倾去染色液，再滴几滴清水，稍微摇动，再把清水倾去，然后再滴一滴清水，盖上盖玻片，便可镜检。

徒手切片方法简单，不需药品处理，也不需要机械设备。用徒手切片法切成的标本片，可以看到组织的天然颜色，细胞中的原生质体也未发生太大的变化，可以看到原生质体的原来面目，是教学和科研中的常用方法，但是要有熟练的操作技巧才能切出比较理想的切片，要在实践中反复练习，领会操作要领。

四、植物绘图

植物绘图是形象描述植物外部形态、内部结构的一种重要的科学记录方法。绘图有助于植物形态、结构特征的认识和理解，是学习植物与植物生理必须掌握的技能，也是从事植物形态解剖及分类学研究必备的常用技能之一。

植物绘图要求所绘的图既要有科学性和真实性，又要形象、生动、美观。因此认真细致观察，并熟练掌握绘图的技术和方法，才能达到生物绘图的目的和要求。绘图要注意以下几个方面。

（1）布局要合理　首先安排好图的位置，在一张纸的左前方绘图，右侧留出拉引线和写说明的空间，从宏观上把握整张纸的内容安排，力求平衡、稳定、美观。

（2）先绘草图　用细铅笔勾画出轮廓，线条要轻细，尽量少改不擦。

（3）大小比例恰当　点线分布均匀，清晰流畅，从左到右，接头紧密，不露痕迹，不可有深浅和虚实的区别。

（4）一律用铅笔绘图，一般选用的铅笔以 2H 为宜。

（5）对微小结构无法给出形状时，必须用铅笔尖点点表示。"点点衬阴"法可显示图像的立体感，更富有形象性和生动性。粗密点用来表示背光、凹陷或色彩浓重的部分，细疏点用来表示受光面或色彩淡的部位。植物绘图对点的要求：点点要圆，大小一致，分布均匀。用笔尖垂直向下打点，根据明暗需要掌握点的疏密变化，切忌乱点或用铅笔涂抹，这是植物绘图区别于美术绘图的要点之一。

（6）文字说明　图画好后要对各个部分做简要图注。图注一般在图的右侧，注字应用楷书横写，所有引线右端要在同一垂直线上。每一幅图要有一个图题，说明所绘的植物、器官、组织的某个部位或切面。实验项目应写在绘图纸上方，图题一般写在图的下方。注字和引线都要用黑色铅笔，不要用钢笔、圆珠笔或有色铅笔。

【实际操作】

一、植物细胞基本结构观察

（·）实训目标
1. 学会显微镜的使用方法。
2. 学习临时装片的方法；认识植物细胞的结构。
3. 初步学习生物绘图技术。

（二）实训材料与用品
1. 显微镜、载玻片、盖玻片、小镊子、刀片、培养皿、吸水纸、蒸馏水、碘液。
2. 擦镜纸或小绸布、二甲苯。
3. 洋葱鳞叶、水生黑藻（或紫鸭跖草雄蕊花丝上的表皮毛）。

（三）实训方法与步骤
1. 植物细胞结构的观察

取洋葱鳞叶，按临时装片法装好片子，为使细胞观察得更清楚，可用碘液染色，即在装片时载玻片上滴一滴稀碘液，将表皮放入碘液中，盖上盖玻片，即可用低倍接物镜（以下简称低倍镜）观察到许多长形细胞。再换用高倍接物镜（以下简称高倍镜）观察细胞的详细结构，可看到以下几部分。

（1）细胞壁　包在细胞的最外面。

（2）细胞质　幼小细胞的细胞质充满整个细胞，形成大液泡时，细胞质贴着细胞壁成一薄层。

（3）细胞核　在细胞质中有一个染色较深的圆球状颗粒，这就是细胞核。

（4）液泡　把光调暗一些，可见细胞内较亮的部分，这就是液泡。幼小细胞的液泡小，数目多；长成的细胞通常只有一个大液泡，占细胞的大部分。

2. 植物细胞原生质运动和液泡的观察

取水生黑藻枝条，用小镊子从茎的顶端取下一片小叶，放在载玻片上的水滴中，并用盖玻片盖好。在低倍镜下观察，可看见叶内每个细胞含有许多叶绿体。再换成高倍镜观察，就可找出叶绿体在运动的细胞，事实是整个原生质在运动。若装片的温度适当提高，这种运动会更明显。

取紫鸭跖草雄蕊花丝上的表皮毛，放在载玻片上的水滴中，并用盖玻片盖好，制成装片。在镜下可以看出细胞中有几个大液泡把细胞质分隔成细条状，原生质的流动明显可见。

由于紫鸭跖草雄蕊花丝上表皮毛细胞的液泡呈紫色，所以同时可清晰地观察到液泡。

（四）实训报告

绘几个洋葱鳞叶内表皮细胞图，并注明细胞壁、细胞质、细胞核、液泡。

二、细胞质体、淀粉粒和晶体的观察

（一）实训目标

学会徒手切片法；了解细胞的三种质体、淀粉粒和晶体的形态特征。

（二）实训材料与用品

1. 显微镜、载玻片、盖玻片、小镊子、刀片、毛笔、培养皿、滴瓶、滴管、吸水纸、蒸馏水、碘液（碘化钾 3g、蒸馏水 100ml、碘 1g。先将碘化钾溶于蒸馏水中，待全溶解后再加碘，振荡溶解即可）、10%～20%糖液。

2. 菠菜叶、白菜叶或天竺葵茎叶（新鲜的）、辣椒果实（红的、新鲜的）、胡萝卜、吊竹梅嫩叶、马铃薯块茎（大的）、紫鸭跖草茎叶。

（三）实训方法与步骤

1. 质体的观察

（1）叶绿体的观察　在载玻片上先滴一滴 10%～20% 糖液，再取菠菜叶、白菜叶或天竺葵叶，先撕去表皮，再用刀片刮取少量叶肉，放入载玻片糖液中均匀散开，盖好盖玻片。先用低倍镜观察，可见叶肉细胞内有很多绿色的颗粒，这就是叶绿体。再换用高倍镜观察，注意叶绿体的形状。

（2）有色体的观察　取辣椒果实进行徒手切片或用刀片取辣椒果肉组织装片。在显微镜下观察，可见细胞内含有许多橙红色的颗粒，这就是有色体。

（3）白色体的观察　取吊竹梅较幼嫩的叶，绕在左手食指上，使叶背向外，并用拇指和中指夹住叶片，用刀片削切其表皮，注意不能切到叶肉；用毛笔或小镊子将其从刀片上取下，放在载玻片的水滴中，加上盖玻片；在显微镜的低倍镜下观察，找到细胞核，然后换用高倍镜观察，注意在核的周围有许多白色圆球形的小颗粒，即为白色体。

2. 淀粉粒的观察

取马铃薯块茎一小块，用刀片刮取马铃薯块茎组织少许或用徒手切片法切取薄片，放入载玻片上的清水中，用小镊子尖将其均匀散开，盖好盖玻片。先用低倍镜观察，可见到很多卵形发亮的颗粒，这就是淀粉粒。再换用高倍镜观察，可见到淀粉粒呈现轮纹状。淀粉粒上这些轮纹的形成是由于昼夜形成淀粉的量和淀粉含水量的不同而导致的。如按上法将淀粉粒用碘液染色，则淀粉粒都变成蓝色。

3. 晶体的观察

草酸钙是植物体中最普遍存在的晶体、针晶体和晶簇。

（1）单晶体和针晶体的观察　取紫鸭跖草叶或茎，做成装片或切片；在显微镜下观察，能在表皮细胞或基本组织中看到针形的针晶体；也能看到正八面体形、正方体形、立方体形的单晶体。

（2）晶簇的观察　可用天竺葵茎作切片，能看到晶簇和单晶体

（四）实训报告

1. 分别绘 4～5 个含叶绿体、有色体、白色体的细胞图。

2. 绘几个马铃薯含淀粉粒的细胞图。

三、植物细胞有丝分裂的观察

（一）实训目标

识别植物细胞有丝分裂各期的主要特征，观察染色体的形状。

（二）实训材料与用品

1. 显微镜、单面刀片、小镊子、载玻片、盖玻片、滴管、吸水纸、蒸馏水、醋酸洋红液、紫药水、20％的醋酸。

2. 洋葱根尖纵切片、洋葱幼根、油菜（或小葱）幼根。

（三）实训方法与步骤

1. 用洋葱根尖纵切片观察细胞有丝分裂

取洋葱根尖纵切片用显微镜观察。先用低倍镜观察，找出靠近尖端的分生区（生长点部分），可见许多排列整齐的细胞，这就是分生组织。换用高倍镜观察，可见有些细胞正处在分裂过程中的不同分裂时期，分别认出各处在哪一时期（前期、中期、后期或末期）。对照植物细胞有丝分裂模式图进行观察。

2. 制作洋葱幼根压片观察细胞有丝分裂

（1）材料的培养与处理（课前准备）

① 幼根的培养。于课前 3～4 天，将洋葱鳞茎置于广口瓶上，瓶内盛满清水，使洋葱底部浸入水中，置温暖处，每天换水，3～4 天后可长出嫩根。

② 材料的固定和离析。剪取根端 0.5cm，立即投入盛有一半浓盐酸和一半 95％酒精的混合液中，10min 后，用镊子将材料取出放入蒸馏水中。

（2）染色与压片　取（1）中的根尖，切取根顶端（生长点部分）1～2mm，置于载玻片上，加一滴醋酸洋红液染色 5～10min，染色后盖上盖玻片，以一小块吸水纸放在盖玻片上。左手按住载玻片，用右手拇指在吸水纸上对准根尖部分轻轻挤压（在用力过程中不要移动盖玻片），将根压成均匀的薄层。用力要适当，不能将根尖压烂。

（3）镜检　将制成的压片置于显微镜下，并按步骤 1 操作，即可观察到正处在有丝分裂不同时期的细胞。

3. 观察油菜（或小葱）幼根细胞的染色体

取油菜的根尖 1～2mm，置于载玻片上，用镊子压碎，滴 2 滴紫药水（医用紫药水与蒸馏水按 1∶5 配制而成）染色 1min 后，加一滴 20％的醋酸，盖好盖玻片，用镊子尖端轻轻敲击，使材料压成均匀的单层细胞的薄层。用吸水纸吸去溢出的染液，可在显微镜下看到紫色清晰的染色体。

注：醋酸洋红液的配制：取 45％的醋酸溶液 100ml，煮沸约 30s，移去火苗，徐徐加入 1～2g 洋红，再煮 5min，冷却后过滤并贮存于棕色瓶中备用。

（四）实训报告

绘出正在进行有丝分裂的细胞，每期绘一个，并注明各分裂时期。

四、植物组织的观察

（一）实训目标

认识植物各种组织的类型。熟悉植物成熟组织的各种细胞特征。

（二）实训材料与用品

1. 显微镜、载玻片、盖玻片、小镊子、刀片、毛笔、培养皿、滴瓶、滴管、吸水纸、蒸馏水、1％番红液、盐酸-间苯三酚、碘液。

2. 蚕豆（或芹菜）茎和叶、玉米（或小麦）幼茎和叶、油菜（或蚕豆）幼根、柑橘、洋葱根尖纵切片、天竺葵茎叶、南瓜茎纵切片、松树脂道横切片。

（三）实训方法与步骤

1. 观察分生组织

取洋葱根尖纵切片，在低倍镜下观察，根尖尖端根冠后面较暗的部分就是顶端分生组织。其细胞形状近乎等径，细胞壁薄，核大，细胞质浓稠，液泡很小，细胞排列紧密，具有分裂能力。

2. 观察成熟组织

（1）保护组织　撕取蚕豆（或天竺葵）叶下表皮，制成装片，在显微镜下观察，可见下表皮是由形状不规则、凸凹嵌合、排列紧密的细胞所组成。在表皮细胞之间还分布着一些由两个半月形保卫细胞组成的气孔器。

撕取小麦叶上表皮制片观察，可见表皮是由许多长形细胞组成。转换高倍镜观察，可见气孔器是由两个哑铃形保卫细胞组成，在保卫细胞两旁还有一对菱形的副卫细胞。有些植物的表皮上还可看到表皮毛和腺毛。

（2）基本组织　用芹菜茎或玉米茎横切制片观察，可见到茎中部有大量薄壁细胞，细胞内具有一薄层贴紧着淡黄色的原生质体和液泡，细胞间隙较大，这就是基本组织。

（3）机械组织　取蚕豆（或芹菜）茎做徒手横切制片，用显微镜观察，可见表皮细胞下方的一些细胞其角隅处细胞壁加厚，若用1％番红液染色，则加厚部分染成淡暗红色，此为厚角组织。

取蚕豆茎做徒手横切制片，用盐酸-间苯三酚染色，用显微镜观察，可见每个维管束的外方都有一束细胞壁加厚的组织着色，此为厚壁组织中韧皮纤维。

（4）输导组织　取油菜幼根一小段，置于载玻片上，用镊子柄部将其压扁，压散后用盐酸-间苯三酚染色制片，在显微镜下观察，可见多条着红色的各种导管旁边夹杂着一些薄壁细胞。调节显微镜细调焦螺旋，可清楚看到导管次生壁不均匀加厚的各种花纹。

用显微镜观察南瓜茎纵切永久切片，在导管的两侧即为韧皮部。韧皮部一般着蓝色，有许多纵向连接的管状细胞，为筛管。两个筛管连接处的横隔叫筛板。筛管旁是伴胞，伴胞常与筛管相近，但直径较小。

（5）分泌组织

① 分泌腔。取柑橘果皮做徒手切片，装片后用显微镜观察，可见许多薄壁细胞围拢成圆形的腔状结构，其中有挥发油存在，这是分泌组织中的一种。

② 树脂道。取松树脂道横切片，置显微镜下观察，可看到树脂道。

（四）实训报告

1. 绘薄壁组织、输导组织、机械组织图，注明各部位名称。

2. 绘表皮和松树脂道图，注明各部位名称。

附注：本实验可据实际情况选择材料。

【课外阅读】

植物细胞的全能性

植物细胞全能性的概念是 1902 年由德国著名植物学家 Haberlandt 首先提出的。他认为，高等植物的器官和组织可以不断分割直至单个细胞，每个细胞都具有进一步分裂和发育的能力。他写道："我相信，人们可能成功地培养体细胞或人工胚。"并提出一个大胆的设想：从一个体细胞可以得到人工培养的胚。

植物细胞的全能性是指体细胞（植物组织或器官的体细胞或花粉等性细胞）可以像胚胎细胞那样，经过诱能分化发育成为一株植物，并且具有母体植物的全部遗传信息。植物体的所有细胞都来源于一个受精卵的分裂。当受精卵均等分裂时，染色体进行复制，这样分裂形成的两个子细胞里均含有和受精卵同样的遗传物质——染色体。因此，经过不断的细胞分裂所形成的千千万万个子细胞，尽管它们在分化过程中会形成根、茎、叶等不同器官或组织，但它们具备相同的基因组成，都携带着亲本的全套遗传特性，即在遗传上具有"全能性"。因此只要培养条件适合，离体培养的细胞就有发育成一棵植物的潜在能力。

为了验证自己的设想，Haberlandt 对一些单子叶植物的叶肉细胞进行了培养。遗憾的是，他在培养中连植物分裂的现象也没有观察到。此后，有不少人在继续做组培类似的工作。由于当时的科学技术水平有限，并受到试剂、药品等种种条件的限制，而且由于当时人们的细胞生理等知识贫乏，实验均未能达到预期的效果。

随着细胞和组织培养技术的不断发展，在细胞悬浮培养的实验基础上，1958 年 Steward 等用打孔器从胡萝卜肉质根中取出一块组织放在加有各种植物激素的培养基上诱导产生愈伤组织，以后又将愈伤组织转入液体培养基内，并把培养瓶放在缓慢旋转的转床上进行旋转培养，使培养瓶内的细胞分裂增殖并游离出大量的单个细胞，由这些单个细胞再进一步分裂增殖，形成了一种类似于自然种子中胚的结构，称胚状体或类胚体。将胚状体种在试管内的琼脂培养基上，胚状体进行下一步发育长成胡萝卜植株，移栽后可开花结实，地下部分长出肉质根。

这一重大突破有力地论证了 Haberlangt 提出的细胞"全能性"的设想。至今，大约已有上千种植物根、茎、叶、花、果的培养形成了植株。这些成就从广泛的实验基础上有力地验证了植物细胞"全能性"的理论。

【思考与练习】

1. 名词解释

原生质体　胞间连丝　生物膜　有丝分裂　减数分裂　细胞周期　同源染色体　植物组织　分生组织　维管束　维管系统

2. 为什么说细胞是生物生命活动的基本单位？

3. 原生质、细胞质和原生质体三者有什么区别？

4. 植物体中每个细胞所含有细胞器的种类是否相同？为什么？试举例说明。

5. 质体在一定条件下能否相互转化？试举例说明。

6. 生物膜具有哪些主要功能？

7. 举例说明细胞壁特化的种类及其作用。

8. 什么是后含物？主要有哪些类型的物质？

9. 液泡是怎样形成的？它有哪些重要的生理功能？

10. 植物体各部分的颜色及其变化主要与细胞中的哪些物质有关？举例说明。

11. 简述植物细胞有丝分裂和减数分裂的主要过程、特点及意义。

12. 说明植物体内分生组织类型和特点。

13. 说明成熟组织的类型、细胞特点和功能。

14. 植物有哪几类组织系统？它们在植物体内如何分布？简述其生理作用。

技能项目二　植物器官的形态

【能力要求】

知识要求：

· 了解高等植物根、茎、叶、花、果实等器官的形态类型及外部特征。

· 了解生活环境对植物器官形态结构的影响。

技能要求：

· 能够用科学的术语正确描述各器官形态特征与类型，具备对正常器官与变态器官、变态器官与病变器官的识别能力。

· 能掌握种子植物外部形态的多样性，从而认识植物。

【相关知识链接】

在高等植物体（除苔藓植物外）中，由多种组织组成、具有显著形态特征和特定功能、易于区分的部分称为器官。植物的器官可分为营养器官和生殖器官，营养器官包括根、茎和叶三部分，它们共同担负着植物体营养功能，包括水分和无机盐的吸收、有机物质的合成、物质的运输与分配等，为植物生殖器官的分化形成提供物质基础；生殖器官包括花、果实和种子，担负着植物体的生殖功能。营养器官是构成植物体的主要部分，与个体的生存同始终，在整个生活史中始终存在；而生殖器官的存在时间短暂，只出现在生殖阶段。

一、营养器官的发生

被子植物的器官是由种子发育而来，多数植物的生长一般也是从播种开始。种子萌发后，形成具有根、茎、叶的植物体，继而开花结实，产生新的种子。因此要了解植物的形态结构及植物各器官的形成过程，首先要了解种子的结构和幼苗的形成过程。

（一）种子的组成部分

不同植物的种子，其形态、大小、颜色都有较大的差异。如椰子的种子很大，油菜、萝卜、芝麻的种子很小，烟草、兰花、金鱼草、虞美人的种子更小；大豆的种子为肾形，豌豆的种子为圆形，紫茉莉的种子为地雷形；小麦的籽粒为土黄色，大豆有黄色、青色、黑色等。

种子虽然在形态、大小和颜色等方面存在差异，但其基本结构是相同的。一般由种皮和胚两部分组成，有的植物种子还有胚乳。

1. 种皮

种皮是种子外面的保护层。其厚薄、色泽和层数，因植物种类的不同而有较大差异。种皮通常为一层或两层，具有两层种皮的，外种皮比较坚韧，内种皮较薄。成熟的种子在种皮上通常可见种脐，它是种子从果实上脱落后留下的痕迹。在种脐的一端还有种孔，是种子萌发时水分进入种子和胚根伸出的孔道。

2. 胚

胚是种子最重要的部分，由胚芽、胚轴、胚根和子叶四部分组成。胚根、胚芽一般呈向上和向下的圆锥体。胚轴位于胚芽和胚根之间，分上胚轴和下胚轴两部分。子叶着生在胚轴上，具有贮藏营养物质或从胚乳中吸取营养物质的功能，有些植物的子叶出土后转变为绿色，还能进行一定时期的光合作用。子叶数目因植物种类而异，凡具有两片子叶的植物称为双子叶植物，如棉花、大豆等；具有1片子叶的植物称为单子叶植物，如小麦、玉米、葱、蒜等；裸子植物的子叶（如松树）通常在两个以上，叫多子叶植物。种子萌发后，胚根、胚芽和胚轴分别形成植物的根和茎叶系统，因此，胚是植物新个体的原始体。

3. 胚乳

胚乳是种子内贮藏营养物质的组织。种子萌发时，其营养物质供胚生长利用。有些植物在种子形成过程中，胚乳已被胚吸收利用，把营养物质转移贮藏在胚的子叶内，形成肥而大的子叶，所以这类种子在成熟后无胚乳，如大豆、棉花等。

种子内贮藏的营养物质主要有淀粉、脂肪和蛋白质。根据贮藏物质的主要成分，可将植物的种子分为淀粉类种子，如小麦、玉米、水稻等；脂肪类种子，如花生、芝麻、胡桃、松子等；蛋白质类种子，如大豆、豌豆等。

（二）种子的主要类型

根据成熟种子内胚乳的有无，将种子分为有胚乳种子和无胚乳种子两类。

1. 有胚乳种子

有胚乳种子由种皮、胚、胚乳三部分组成。双子叶植物中的蓖麻、烟草、番茄、辣椒、柿、葡萄等植物的种子和单子叶植物中的小麦、玉米、水稻、洋葱等植物的种子，都属于这种类型。

（1）双子叶植物有胚乳种子　这类种子由种皮、胚和胚乳三部分组成，如蓖麻、茄、葡萄等。现以蓖麻为例说明其结构。蓖麻种子的外种皮坚硬，光滑有花纹。在种子较窄的一端有海绵状突起，称为种阜，它由外种皮延伸而成，遮盖于种孔外面，具有较强的吸收作用，有利于种子的萌发。种脐不甚明显。在种子一面中央，有一长条状隆起，称为种脊。剥去外种皮，有一层白色膜质的内种皮。种皮以内是含有大量脂肪的白色胚乳。胚包藏于胚乳中央，其两片子叶大而薄，子叶上有明显脉纹；在两片子叶之间的基部，有很短的胚轴，胚轴上方是突起的胚芽，下方为胚根（图2-1）。番茄种子也属于双子叶植物有胚乳种子（图2-2）。

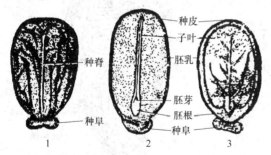

图 2-1　蓖麻种子　　　　　　　　图 2-2　番茄种子的结构
1—表面观；2—与宽面垂直的纵切面；3—与宽面平行的纵切面

（2）单子叶植物有胚乳种子　这类种子也是由种皮、胚和胚乳三部分组成，但胚中只有一片子叶。单子叶植物种子大多数属于此类，如禾谷类、葱、蒜等植物的种子。现以小麦籽实为例说明（图2-3）。

小麦籽实的外面是果皮和种皮，果皮较厚，种皮较薄，两者愈合不易分离，故小麦籽实为单粒种子的果实，植物学上称为颖果。果皮和种皮以内绝大部分为胚乳。胚乳的外层细胞含有大量的糊粉粒（含蛋白质），这部分叫糊粉层，其余的大部分是含淀粉的胚乳细胞。胚很小，仅位于籽实一侧的基部，由胚芽、胚轴、胚根、子叶四部分构成。胚芽位于胚轴的上方，由生长点和包被在生长点之外的数片幼叶所构成，其外面还有胚芽鞘包被。胚根位于胚

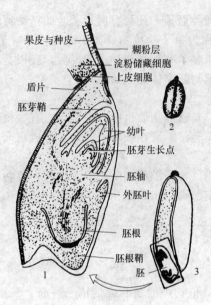

图 2-3 小麦籽实的结构

1—胚的纵切面；2—小麦籽实外形；

3—小麦籽实纵切面

轴下方，由生长点和根冠所组成，外方由胚根鞘所包被。胚芽与胚根之间是胚轴。在紧靠胚乳一侧的胚轴上，生有一片子叶，子叶形如盾状，故又称盾片。当种子萌发时，通过子叶从胚乳中吸收养料。有些禾谷类植物在胚轴与子叶着生处相对的一侧，有一小突起，称为外胚叶（外子叶）。有人认为它是另一片子叶退化了的部分。

2. 无胚乳种子

这类种子由种皮和胚两部分组成。双子叶植物如豆类、瓜类、花生、棉花和柑橘类种子都属于这一类。单子叶植物中慈姑的种子属此类（单子叶无胚乳种子除慈姑外，在农作物中比较少见）。

（1）大豆种子的结构　大豆种子外面革质部分为种皮，种子腰部棕褐色的凹陷部分为种脐，种脐的一端有个小孔叫种孔。去掉种皮，露出的就是胚，两片肥厚的豆瓣儿就是子叶，子叶之间的芽状物为胚芽，与胚芽相对一端的锥状物为胚根，胚根、胚芽连接的地方为胚轴（图 2-4）。

（2）棉花种子的结构　棉籽外面的黑褐色硬壳就是种皮。种皮上的毛状物（棉絮）是表皮毛，种脐和种孔都位于较尖一端。剥去种皮后，有一层乳白色薄膜，这是胚乳遗迹，其内部为胚。两片子叶在种子内呈折叠状，胚根较细长，尖端露出子叶之外，胚轴较短，胚芽较小（图 2-5）。

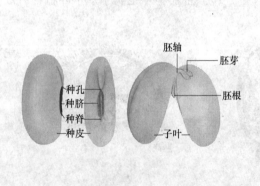

图 2-4　大豆种子的结构

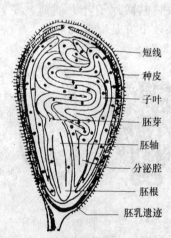

图 2-5　棉花种子的结构

（三）种子的萌发

具有萌发能力的成熟种子，在适宜的环境条件下，种子的胚由休眠状态转变为活动状态开始生长的过程，称为种子的萌发。它是一个十分复杂的生理生化过程。

1. 种子萌发的条件

（1）充足的水分　干燥的种皮不易透过空气，种子吸水后，种皮结构松软，氧气容易进入，呼吸作用得以增强，从而促进种子萌发，同时，胚根、胚芽也容易突破种皮。干燥种子细胞内的原生质含水很少，吸水饱和后，各种生理活动才能正常进行。干燥的种子内所贮藏的淀粉、脂肪和蛋白质等营养物质，都呈不溶解状态，不能被胚吸收利用。而这些物质的转化和运输都需要充足的水分才能进行。

不同植物种子萌发时的需水量不同，一般种子要吸收其本身重量 25%～50% 或更多的水分才开始萌发。如水稻为 40%，小麦为 56%，油菜为 48%，花生为 40%～60%，大豆为 120%，豌豆为 186%。各种植物种子萌发时的需水量不同，是由于它们所含的主要成分不同。大豆、豌豆种子含蛋白质较多，蛋白质具有强烈的亲水性，要吸附较多的水分子才能被水饱和。油菜、花生含脂肪较多，而脂肪是疏水性物质，其吸水量也较少。足够的水分是种子萌发的必要条件，因此，播种前后要保证水分供应，以促进种子的萌发。

（2）足够的氧气 种子萌发需要大量的能量，而这些能量来源于呼吸作用。因此，种子萌发时呼吸强度会显著增加，这就需要足量的氧气供应。如果氧气供应不足，呼吸作用就会受到影响，胚就不能生长。因此，在播种、浸种和催芽过程中，要加强人工管理，控制和调节氧气的供应，使种子萌发顺利进行。

（3）适宜的温度 种子萌发是一个复杂的生物化学变化，需要多种酶催化。而酶的催化活动需要一定的温度范围。温度低时，酶活性变低，催化反应减慢或停止。随着温度的升高，反应加快。但如果温度过高，酶就会变性，失去催化功能。

多数植物种子萌发所需要的最低温度为 0～5℃，最高温度为 35～40℃，最适温度为 25～30℃。最低温度、最适温度和最高温度称为温度三基点。一般来说，原产南方的植物，如水稻的籽实，萌发所需的温度较高些；原产北方的植物，如小麦的籽实，萌发所要求的温度较低一些。种子萌发温度三基点是农业生产适时播种的重要依据。

种子萌发所需要的水分、氧气、温度三要素是互相联系、互相制约的。如温度、氧气可以影响呼吸作用的强弱，水分可影响氧气供应的多少等。因此，应根据不同种子的萌发特点，适当调节三者的关系，使种子萌发正常进行。

除上述种子萌发的三个条件外，有些植物种子萌发还需要光照，如芹菜、烟草等；而有些植物种子需要在黑暗条件下才能萌发，如苋菜；大多数植物种子，无论在光照下或黑暗中都能正常萌发。

2. 种子萌发的过程

发育正常的种子，在适宜的条件下开始萌发。通常是胚根首先突破种皮向下生长，形成主根，接着，胚芽突破种皮向上生长，露出土面形成茎和叶，逐渐形成幼苗。种子萌发时先发根，可以使幼苗及早固定在土壤中，及时从土壤中吸收水分和养料，尽快独立生活。

小麦籽实萌发时，首先露出的是胚根鞘（露白），以后胚根突破胚根鞘形成主根。不久从胚轴上又生出数条与主根同样粗细的不定根，它与主根合称为"种子根"。同时，胚芽鞘和胚芽也向上生长，伸出土面后，胚芽鞘纵向裂开，第一片真叶长出，形成幼苗（图 2-6）。

种子萌发和初期的幼苗（没有出现绿叶前）生长，主要依靠种子内贮藏的营养物质作为养料，因此，在农业生产中，选用粒大、饱满、粒重的种子来播种，是保证壮苗的重要基础。

（四）幼苗的类型

种子萌发后，胚开始生长，由胚长成的幼小植株叫做幼苗。常见的幼苗主要有两种类型：子叶出土的幼苗和子叶留土的幼苗。

子叶能否出土，主要取决于胚轴的生长特性。从子叶着生处到第一片真叶之间的一段胚轴称为上胚轴；子叶着生处到根之间的一段胚轴称为下胚轴。下胚轴能否伸长，决定子叶能否出土。

1. 子叶出土的幼苗

双子叶植物如大豆、花生、棉花、瓜类、蓖麻、向日葵、苹果及葡萄等种子，在萌发

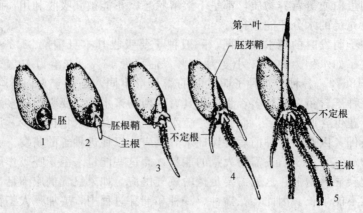

图 2-6　小麦籽实的萌发过程

时，胚根首先伸入土中形成主根，接着下胚轴伸长，将子叶和胚芽推出土面，是子叶出土的幼苗（图 2-7）。幼苗子叶下的一部分主轴是由下胚轴伸长而成的；子叶以上和第一真叶之间的主轴是由上胚轴形成的。通常子叶出土后见光变为绿色，可以暂时进行光合作用。以后胚芽发育成地上部分的茎和真叶，子叶内营养物质耗尽后即枯萎脱落。

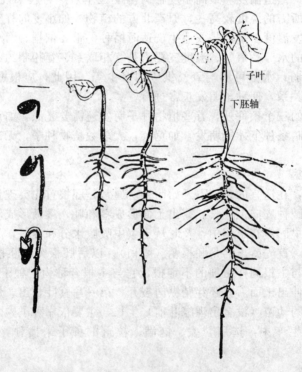

图 2-7　棉花种子子叶出土萌发情况

2. 子叶留土的幼苗

双子叶植物无胚乳种子如豌豆、蚕豆、柑橘和单子叶植物的小麦、水稻、玉米等有胚乳种子萌发时，下胚轴并不伸长，子叶留在土中，上胚轴和胚芽伸出土面。这类幼苗是子叶留土的类型（图 2-8）。

花生种子的萌发，兼有子叶出土和子叶留土的特点。它的上胚轴和胚芽生长较快，同时下胚轴也能伸长，但有一定的限度。所以，播种较深时，则不见子叶出土；播种较浅时，则可见子叶露出土面。这种情况也可称为"子叶半出土幼苗"。

在农业生产上要注意不同幼苗类型种子的播种深度。一般来讲，子叶出土幼苗的种子播种要浅一些，否则子叶出土困难；子叶留土幼苗的种子，播种可以稍深。但还要根据种子大小、土壤湿度、下胚轴顶土力等因素综合考虑决定播种措施。

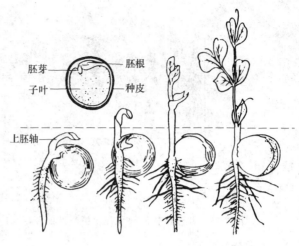

图 2-8　豌豆种子萌发过程，示子叶留土

二、营养器官的形态

（一）根的形态

1. 根的来源与种类

根据根发生部位的不同，可分为主根、侧根和不定根。由种子的胚根发育形成的根称为主根，主根上产生的各级分枝都称为侧根。由于主根和侧根发生于植物体固定的部位（主根来源于胚根，侧根来源于主根或上一级侧根），所以又称为定根。有些植物可以从茎、叶、老根或胚轴上产生根，这种发生位置不一定的根，统称为不定根。生产中常利用植物产生不定根的特性，利用扦插、压条等方法进行营养繁殖。

2. 根系的种类

一株植物地下部分所有根的总体，称为根系。根系分为直根系和须根系两种类型（图 2-9）。主根发达粗壮，与侧根有明显区别的根系称为直根系。大部分双子叶植物和裸子植物的根系属于此类型，如大豆、向日葵、蒲公英、棉花、油菜等。主根不发达或早期停止生长，由茎的基部生出许多粗细相似的不定根，主要由不定根群组成的根系称为须根系。如禾本科的稻、麦，以及鳞茎植物如葱、韭、蒜、百合等单子叶植物的根系。

3. 根系在土壤中的生长与分布

根系在土壤中的分布状况和发展程度对植物地上部分的生长、发育极为重要。植物地上部分必需的水分和矿质养料几乎完全依赖根系供给，枝叶的发展和根的发展常常保持一定的平衡。一般植物根系和土壤接触的总面积，通常超过茎叶面积的 5～15 倍。果树根系在土壤中的扩展范围，一般超过树冠范围的 2～5 倍。

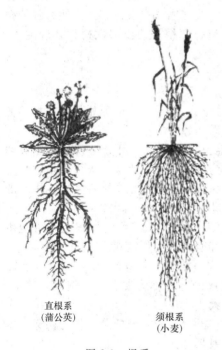

直根系
（蒲公英）

须根系
（小麦）

图 2-9　根系

依据根系在土壤中的分布深度，可分为深根系和浅根系两类。深根系主根发达，向下垂直生长，深入土层可达 3～5m，甚至 10m 以上，如大豆、蓖麻、马尾松等。浅根系主根不发达，侧根或不定根向四面扩张，并占有较大面积，根系主要分布在土壤的表层，如小麦、水稻等（图 2-10）。

根系在土壤中的分布深浅，决定于植物遗传本性，还受环境条件的影响。同一作物的根系，生长在地下水位较低、通气良好、肥沃的土壤中，根系就发达，分布较深；反之，根系

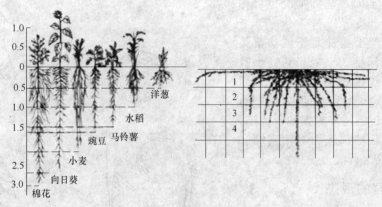

图 2-10 几种作物的根系在土壤腹部的深度与广度（单位：m）（郑湘如，2001）

就不发达，分布较浅。

此外，人为因素也能改变根系的深度。如植物苗期的灌溉、苗木的移栽、压条和扦插等易形成浅根系。种子繁殖、深层施肥易形成深根系。因此，农、林工作中应掌握各种植物根系的特性，并为根系的发育创造良好的环境，促使根系健全发育，为地上部分的繁茂和稳产高产打下良好基础。

树种的根系特性也是选择造林树种的依据之一。选择防护林带的树种，一般应选深根性树种，这样才能具有较强的抗风力；营造水土保护林，一般宜用侧根发达、固土能力强的树种；营造混交林时，除考虑地上部分的相互关系外，要选择深根性与浅根性树种合理配置，以利于根系的发育及水分养分的吸收利用。

（二）茎的形态

1. 芽的概念及类型

植物的枝条和花都是由芽发育形成的，因此，芽是枝条、花或花序的原始体。根据芽的着生位置、性质、结构、生理状态等不同，可将芽分为以下各种类型。

（1）定芽和不定芽　定芽是指着生在枝条上有固定位置的芽，又可分为顶芽和侧芽两种。着生在枝条顶端的芽称为顶芽；着生在叶腋的芽称为侧芽，又叫腋芽。大多数植物一个叶腋内只有一个腋芽，但也有植物一个叶腋内生有数个腋芽。如桃有三个腋芽并生，中间的叫主芽，一般较小，为叶芽；两边的叫副芽，较大，为花芽。

不定芽是指在根、叶或老茎上形成的芽。如枣、苹果的根上，红薯的块根上，落地生根、秋海棠的叶上，桑、柳受伤或被砍伐后在伤口周围都能够形成不定芽。

（2）叶芽、花芽和混合芽　萌发后形成枝条的芽，称为枝芽（叶芽）；萌发后形成花或花序的芽，称为花芽；既能形成枝条，又能形成花或花序的芽，称为混合芽。例如，苹果、梨都具有混合芽。一般情况下，花芽和混合芽较叶芽肥大。

（3）鳞芽和裸芽　外面有芽鳞包被的芽，称为鳞芽；没有芽鳞包被的芽，称为裸芽。木本植物秋冬季节形成的芽多为鳞芽，而草本植物的芽一般都是裸芽，芽鳞是一种变态叶，包在芽的外面，可起到保护芽的作用。

（4）活动芽和休眠芽　在生长季节能够萌发的芽，称为活动芽；虽保持萌发能力，但暂时甚至长期不萌发的芽，称为休眠芽。一般来说，顶芽的活动力最强，即最容易萌发。离剪口较近的一些腋芽容易转变为活动芽。果树修剪和树木整形就是根据这一原理。

2. 枝条及形态特征

着生叶和芽的茎称为枝条。枝条是以茎为主轴，其上生有多种侧生器官——叶、芽、侧枝、花或果，此外，还有以下形态特征。

（1）节和节间　茎上着生叶的部位为节，节与节之间的部位为节间。一般植物的节不明显，只在叶着生处略有突起，而禾本科植物的节比较显著，如甘蔗、玉米和竹的节形成环状结构。节间的长短因植物和植株的不同部位、生长阶段或生长条件而异。如水稻、小麦、萝卜、油菜等在幼苗期各个节间很短，多个节密集植株基部，使其上着生的叶呈丛生状或莲座状。进入生殖生长时期上部的几个节间才伸长，如禾本科植物的拔节和萝卜、油菜的抽薹。

（2）长枝和短枝　银杏、苹果、梨等的植株上有两种节间长短不一的枝——长枝和短枝（图 2-11）。节间较长的枝称为长枝。节间极短，各节紧密相接的枝条，称为短枝。如银杏，长枝上生有许多短枝，叶簇生在短枝上。苹果、梨长枝上多着生叶芽，又称为营养枝；短枝上多着生混合芽，又称为结果枝。因此，在果树修剪中可根据长枝与短枝的数量及发育状况来调节树体的营养生长和生殖生长，达到优质高产的目的。

（3）皮孔　是遍布于老茎节间表面的许多稍稍隆起的微小疤痕状结构，是茎与外界进行气体交换的通道。皮孔的形状常因植物种类而不同，在果树栽培中是鉴别果树种类的依据之一。

（4）叶痕、叶迹、枝痕、芽鳞痕　是侧生器官脱落后留下的各种痕迹。叶痕是多年生木本植物的叶脱落后在茎上留下的痕迹；在叶痕中有茎通往叶的维管束断面，称为叶迹；枝迹是花枝或小的营养枝脱落留下的痕迹；芽鳞痕是鳞芽展开生长时，芽鳞脱落后留下的痕迹（图 2-12）。

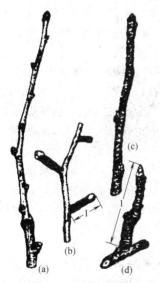

图 2-11　长枝和短枝
(a) 银杏的长枝；(b) 银杏的短枝；
(c) 苹果的长枝；(d) 苹果的短枝
1—短枝

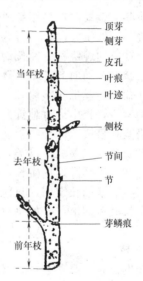

图 2-12　胡桃冬枝的外形

根据上述枝的一些形态特征，可作枝龄和芽的活动状况的推断。图 2-12 所示的枝是由主茎截下的一个完整的分枝，是由主茎的一个腋芽进行伸长生长所形成的。第 1 年它的活动形成"前年枝"，进入休眠季节前，随气温的逐渐降低，它的生长速度逐渐放慢，形成的节间愈来愈短，顶部靠近生长锥的几个幼叶也因此渐渐聚拢，最后，外方又发育出几片芽鳞将它们紧紧包住成为休眠芽。翌年春季该芽再次成为活动芽，活动开始时芽鳞脱落，在茎上留下第一群芽鳞痕，继而生长形成第二段枝，即"去年枝"，秋末冬初又形成休眠芽。第 3 年这个芽再次活动，留下第二群芽鳞痕和第三段枝，即"当年枝"。所以，根据这个枝条上两群芽鳞痕和以其分界而成的三段茎，可推断这段枝条已生长了 3 年，或者说这段枝条最下方的一段已生长了 3 年，依次向上为生长 2 年和 1 年的茎段。对于枝与芽特征的识别在农、林、园艺的整枝、修剪技术中具有重要的指导意义。

3. 茎的生长习性

不同植物的茎在长期进化过程中，有各自的生长习性，以适应各自的环境条件。按照茎的生长习性，可分为直立茎、缠绕茎、攀援茎、平卧茎、匍匐茎五种（图 2-13）。

图 2-13 茎的生长习性
1—直立茎；2—缠绕茎；3—攀援茎；4—平卧茎；5—匍匐茎

（1）直立茎 茎内机械组织发达，茎本身能够直立生长，这种茎称为直立茎。如杨、蓖麻、向日葵等。

（2）缠绕茎 茎幼时机械组织不发达，柔软，不能直立生长，但能够缠绕于其他物体向上生长。缠绕茎的缠绕方向，可分为右旋缠绕茎和左旋缠绕茎。按顺时针方向缠绕为右旋缠绕茎，按逆时针方向缠绕称为左旋缠绕茎，如牵牛花、菟丝子、菜豆等。

（3）攀援茎 茎幼时较柔软，不能直立生长，以特有的结构攀援在其他物体上向上生长。如黄瓜、葡萄、丝瓜的茎以卷须攀援，常春藤、络石、薜荔以气生根攀援，白藤、猪殃殃的茎以钩刺攀援，爬山虎（地锦）的茎以吸盘攀援，旱金莲的茎以叶柄攀援等。

具有缠绕茎和攀援茎的植物，统称为藤本植物。藤本植物又可分为木质藤本（葡萄、猕猴桃等）和草质藤本（菜豆、瓜类）两种类型。

（4）平卧茎 茎平卧地面生长，节上一般不能产生不定根，如蒺藜、地锦草等。

（5）匍匐茎 茎细长柔弱，只能沿地面蔓延生长。匍匐茎一般节间较长，节上能产生不定根，芽会生长成新的植株，如草莓、甘薯等。栽培甘薯和草莓就是利用这一习性进行营养繁殖。

4. 茎的分枝

分枝是茎生长时普遍存在的现象，植物通过分枝来增加地上部分与周围环境的接触面积，形成庞大的树冠。园林树木通过分枝及人工定向修剪，可形成造型别致的园林景观。每种植物都有一定的分枝方式，这种特性既取决于遗传性，有时还受环境的影响。种子植物常见的分枝方式有单轴分枝、合轴分枝和假二叉分枝三种类型（图 2-14）。

（1）单轴分枝 又称总状分枝，具有明显的顶端优势，植物自幼苗开始，主茎顶芽的生长势始终占优势，形成一个直立而粗壮的主干，主干上的侧芽形成分枝，各级分枝生长势依级数递减，这种分枝方式称单轴分枝。如松、椴、杨等属于这种分枝类型，因主干粗大、挺直，是具有经济价值的木材；一些草本植物如黄麻，也是单轴分枝，因而能长出长而直的经济纤维。

（2）合轴分枝 合轴分枝没有明显的顶端优势，主茎上的顶芽只活动很短的一段时间后便停止生长或形成花、花序而不再形成茎段，这时由靠近顶芽的一个腋芽代替顶芽向上生长，生长一段时间后依次被下方的一个腋芽所取代，这种分枝方式称合轴分枝。这种分枝类型使主茎与侧枝呈曲折形状，而且节间很短，使树冠呈开展状态，有利于通风透光；另一方

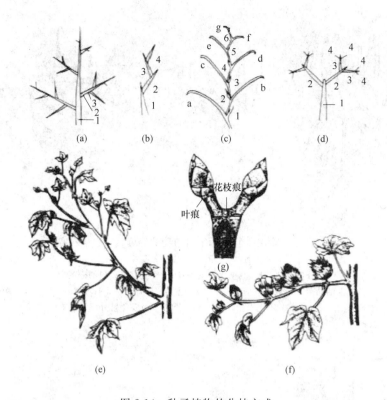

图 2-14　种子植物的分枝方式

(a)～(d) 分枝方式图解；(a) 单轴分枝；(b)、(c) 合轴分枝；(d) 假二叉分枝；
(e) 棉单轴分枝方式的营养枝；(f) 棉合轴分枝方式的果枝；(g) 七叶树的假二叉分枝

面能够形成较多的花芽，有利于繁殖，因此合轴分枝是进化的分枝方式。合轴分枝在植物中普遍存在，如马铃薯、番茄、柑橘、苹果及棉花的果枝等，茶树在幼年时为单轴分枝，成年时出现合轴分枝。

（3）假二叉分枝　是指具有对生叶的植物，当顶芽停止生长或分化形成花、花序后，由其下方的一对腋芽同时发育成一对侧枝。这对侧枝的顶芽、腋芽的生长活动又如前，这种分枝方式称假二叉分枝，如丁香、梓树、泡桐等。

有些植物在同一种植株上有两种不同的分枝方式，如玉兰、木莲、棉花，既有单轴分枝，又有合轴分枝。有些树木在苗期为单轴分枝，生长到一定时期变为合轴分枝。

5. 禾本科植物的分蘖

分蘖是禾本科植物特有的分枝方式，与其他植物比较，这类植物具有长节间的地上茎很少分枝，分枝是由地表附近的几个节间不伸长的节上产生，并同时发生不定根群。近地表的这些节和未伸长的节间称为分蘖节。禾本科植物分蘖节上由腋芽产生分枝，同时形成不定根群的分枝方式称为分蘖。由主茎上产生的分蘖称一级分蘖，由一级分蘖上产生的分蘖称二级分蘖（图 2-15）。

此外，分蘖还可细分为密集型、疏蘖型、根茎型三种类型，如图 2-16。

分蘖有高蘖位和低蘖位之分，所谓蘖位是指发生分蘖的节位。蘖位高低与分蘖的成穗密切相关，蘖位越低，分蘖发生越早，生长期越长，成为有效分蘖的可能性越大；反之高蘖位的分蘖生长期较短，一般不能抽穗结实，成为无效分蘖。根据分蘖成穗的规律，植物生产上常采用合理密植、巧施肥料、控制水肥、调节播种期等措施，以促进有效分蘖的生长发育，抑制无效分蘖的发生，使营养集中，保证穗多、粒重，提高产量。

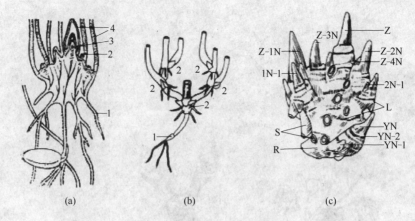

图 2-15　禾本科植物的分蘖

（a）小麦分蘖节纵切面：1—不定根；2—分蘖芽；3—主茎；4—叶

（b）分蘖图解：1—具初生根的谷粒；2—生有分蘖根的分蘖节

（c）有 8 个分蘖节的幼苗，示剥去叶的分蘖节：Z—主茎；Z-1N，Z-2N，Z-3N，Z-4N——级分蘖；

1N-1，2N-1—二级分蘖；L—叶痕；S—不定根；R—根茎；YN——级胚芽鞘分蘖；YN-1，YN-2—二级胚芽鞘分蘖

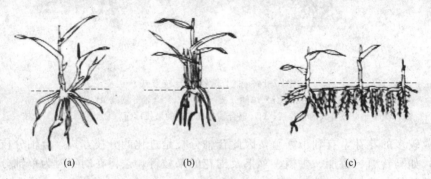

图 2-16　禾本科植物分蘖类型图解（郑湘如，2001）

（a）疏蘖型；（b）密集型；（c）根茎型

（三）叶的形态

1. 叶的组成

植物典型的叶由叶片、叶柄和托叶三部分组成（图 2-17）。具有叶片、叶柄和托叶三部分的叶，叫完全叶，如桃、梨、月季等。缺少其中一部分或两部分的叶为不完全叶，如丁香、茶等缺少托叶，荠菜、莴苣等缺少叶柄和托叶，又称为无柄叶。不完全叶中只有个别种类缺少叶片，如我国台湾的相思树，除幼苗时期外，全树的叶都不具叶片，但它的叶柄扩展成扁平状，能够进行光合作用，称为叶状柄。叶片通常为绿色，宽大而扁平，是叶的重要组成部分，叶的功能主要由叶片来完成。

叶柄是叶片与茎的连接部分，是两者之间的物质交流通道。叶柄支持着叶片，并通过自身的长短和扭曲使叶片处于光合作用的有利位置。托叶是叶柄基部两侧所生的小型叶状物，通常成对着生，形态因植物种类而异。

禾本科植物叶的组成与典型叶比较，存在显著差异，叶由叶片和叶鞘两部分组成（图 2-18），有些植物还存在叶舌、叶耳。叶片为带形；叶鞘包裹茎秆，具有保护和加强茎的支持作用；叶舌是叶片与叶鞘交界处内侧的膜状突起物；叶耳是叶舌两旁、叶片基部边缘处伸出的两片耳状小突起。叶舌和叶耳的有无、形状、大小和色泽等特征，是鉴别禾本科植物的依据，如水稻与稗草在幼苗期很难辨别，但水稻的叶有叶耳、叶舌，而稗草的叶没有叶耳、叶舌。

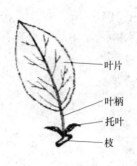

叶片
叶柄
托叶
枝

图 2-17　典型叶的组成

叶舌
叶片
叶耳
叶鞘
叶片
叶舌
叶耳
叶鞘
水稻叶
稗叶
小麦叶

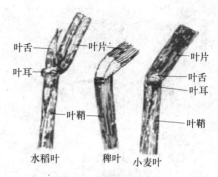

图 2-18　禾本科植物的叶

2. 叶片的形态

叶片的形态在很大程度上由植物遗传特性所决定，所以叶片是识别植物的主要依据之一。叶片的形态包括叶形、叶尖、叶基、叶缘、叶裂、叶脉等。

(1) 叶形　叶形是指叶片的形状。叶片的形状通常根据叶片长度和宽度的比值及最宽处的位置来确定（图 2-19），也可根据叶的几何形状来决定。图 2-20 所示的各种类型，如松针形叶，细长、尖端尖锐；麦、稻、玉米、韭菜等为线形叶，叶片狭长，全部的宽度约略相等，两侧叶缘近平行；桃、柳叶为披针形；唐菖蒲、射干的叶为剑形；莲的叶为圆形等。

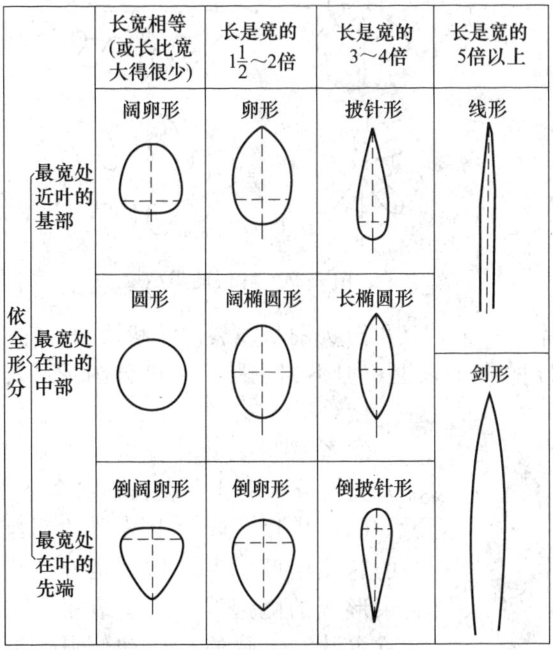

长宽相等(或长比宽大得很少)
长是宽的$1\frac{1}{2}$～2倍
长是宽的3～4倍
长是宽的5倍以上
依全形分
最宽处近叶的基部
阔卵形
卵形
披针形
线形
最宽处在叶的中部
圆形
阔椭圆形
长椭圆形
剑形
最宽处在叶的先端
倒阔卵形
倒卵形
倒披针形

图 2-19　叶片整体形状确定依据

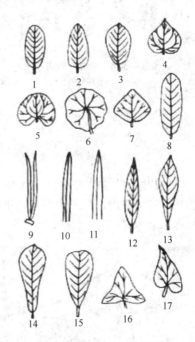

图 2-20　叶形（全形）的类型

1—椭圆形；2—卵形；3—倒卵形；4—心形；5—肾形；6—圆形（盾形）；7—菱形；8—长椭圆形；9—针形；10—线形；11—剑形；12—披针形；13—倒披针形；14—匙形；15—楔形；16—三角形；17—斜形

叶尖、叶基也因植物种类不同而呈现各种不同的类型，如图 2-21、图 2-22 所示。

(2) 叶缘　叶片的边缘叫叶缘，其形状因植物种类而异。叶缘的主要类型有全缘、锯齿、重锯齿、牙齿、钝齿、波状等（图 2-23）。如果叶缘凹凸很深，则称为叶裂，叶裂可分为掌状、羽状两种类型，每种类型又可分为浅裂、深裂、全裂等（图 2-24）。

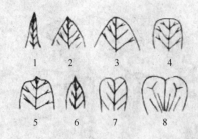

图 2-21　叶尖的类型

1—渐尖；2—急尖；3—钝形；4—截形；
5—具短尖；6—具骤尖；7—微缺形；8—倒心形

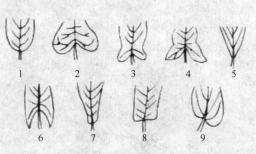

图 2-22　叶基的类型

1—钝形；2—心形；3—耳形；4—戟形；5—渐尖；
6—箭形；7—匙形；8—截形；9—偏斜形

全缘　锯齿　牙齿　钝齿　波状
（齿端向外）

图 2-23　叶缘的基本类型

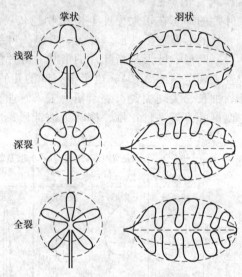

图 2-24　叶裂的类型

① 浅裂叶。叶片分裂深度不到半个叶片的一半，又可分为羽状浅裂和掌状浅裂。

② 深裂叶。叶片分裂深于半个叶片宽度的一半以上，但不到主脉，又可分为羽状深裂和掌状深裂。

图 2-25　叶脉的类型

1，2—网状脉（1—羽状网脉；2—掌状网脉）；
3～6—平行脉（3—直出脉；4—弧形脉；5—射出脉；
6—侧出脉）；7—叉状脉

③ 全裂叶。叶片分裂达中脉或基部，又可分为羽状全裂和掌状全裂。

（3）叶脉　叶片上分布的粗细不等的脉纹叫叶脉，实际上是叶肉中维管束形成的隆起线。其中最粗大的叶脉称主脉，主脉的分枝称侧脉。叶脉在叶片上的分布方式称脉序，主要有网状脉、平行脉、叉状脉三种类型（图 2-25）。

① 网状脉。叶片上有一条或数条主脉，由主脉分出较细的侧脉，由侧脉分出更细的小脉，各小脉交错连接成网状，这种叶脉称为网状脉。网状脉是双子叶植物的典型特征之一，又分为羽状网脉和掌状网脉。叶片具有一条主脉的网状脉

叫羽状网脉，如榆、桃、苹果等；叶片具数条主脉成掌状射出的网状脉叫掌状网脉，如棉、瓜类等。

② 平行脉。叶片上主脉和侧脉之间彼此平行或近于平行分布，这种叶脉称为平行脉。平行脉是单子叶植物的典型特征之一，平行脉又分为直出平行脉（水稻、小麦）、弧状脉（车前、玉簪）、侧出平行脉（香蕉、美人蕉）和射出脉（棕榈、蒲葵）等类型。

③ 叉状脉。叶脉作二叉状分枝，为较原始的叶脉，如银杏和蕨类植物。

3. 单叶与复叶

一个叶柄上所着生叶片的数目因植物种类而不同，可分为单叶和复叶两类。

（1）单叶　在一个叶柄上生有一个叶片的叶称为单叶，如桃玉米、棉等。

（2）复叶　一个叶柄上生有两个以上叶片的叶称为复叶，如月季、槐等。复叶的叶柄称为总叶柄（叶轴），总叶柄上着生的叶称为小叶，小叶的叶柄称为小叶柄。根据小叶在总叶柄上的排列方式可分为羽状复叶、掌状复叶、三出复叶、单身复叶四种类型（图2-26）。

① 羽状复叶。小叶着生在总叶柄的两侧，呈羽毛状，称为羽状复叶。根据羽状复叶中小叶的数目可分为：奇数羽状复叶，如月季、刺槐、紫云英等；偶数羽状复叶，如花生、蚕豆等。根据羽状复叶总叶柄分枝的次数，又可分为一回羽状复叶（月季）、二回羽状复叶（合欢）和三回羽状复叶（棟树）。

② 掌状复叶。在总叶柄的顶端着生多枚小叶，并向各方展开而成掌状，如七叶树、刺五加等。

③ 三出复叶。总叶柄上着生三枚小叶，称为三出复叶。如果三个小叶柄是等长的，称为掌状三出复叶（草莓）；如果顶端小叶较长，称为羽状三出复叶（大豆）。

④ 单身复叶。总叶柄上两个侧生小叶退化，仅留下顶端小叶，总叶柄顶端与小叶连接处有关节，如柑橘、柚等。

图 2-26　复叶的类型
1—奇数羽状复叶；2—偶数羽状复叶；3—大头羽状复叶；
4—参差羽状复叶；5—三出羽状复叶；6—单身复叶；
7—三出掌状复叶；8—掌状复叶；
9—三回羽状复叶；10—二回羽状复叶

4. 叶序和叶镶嵌

（1）叶序　叶在茎上的排列方式，称为叶序。叶序有四种基本类型，即互生、对生、轮生和簇生（图2-27）。每个节只生一个叶的叫互生，如向日葵、桃、杨等；若每个节上相对着生两个叶的称为对生，如丁香、芝麻、薄荷等；若每个节上着生三个或三个以上的叶称为轮生，如夹竹桃、茜草等；有些植物，其节间极度缩短，使叶成簇生于短枝上，称簇生叶序，如银杏和落叶松等植物短枝上的叶。

（2）叶镶嵌　叶在茎上的排列方式，不论是互生、对生还是轮生，相邻两个节上的叶片都不会重叠，它们总是利用叶柄长短变化或以一定的角度彼此相互错开排列，结果使同一枝上的叶以镶嵌状态排列，这种现象称为叶镶嵌，如烟草、车前、白菜、蒲公英等（图2-28）。叶的镶嵌有利于植物的光合作用。在园林中利用某些攀援植物叶的镶嵌特性，可在墙壁或竹篱上形成独具风格的绿色垂直景观，如五叶地锦、常春藤等。

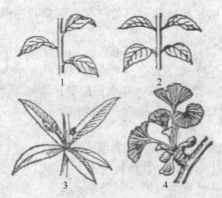

图 2-27 叶序
1—互生叶序；2—对生叶序；
3—轮生叶序；4—簇生叶序

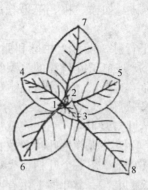

图 2-28 叶镶嵌
幼小烟草植株的俯视图，
图中数字显示叶的顺序

三、营养器官的变态

有些植物的营养器官在长期进化过程中，由于功能的改变，引起了形态、结构的变化，这种变化已经成为该植物的特征特性，并能遗传给下代，植物器官的这种变化称为变态，该器官称变态器官。器官的这种变态与器官病理上的变化存在根本的区别，前者是健康有益的变化，是植物主动适应环境的结果，能正常遗传；而后者是有害的变化，是在有害生物或不良环境影响下植物产生的被动反应，不能遗传。因此，不能把变态理解为不正常的病变。营养器官变态的类型很多，主要存在以下几种类型。

（一）根的变态

主要有贮藏根、气生根和寄生根三种类型。

1. 贮藏根

贮藏根是适应于贮藏大量营养物质功能的变态根。根据贮藏根的来源不同可以分为肉质直根和块根两类。

（1）肉质直根　由主根和下胚轴膨大而形成的肉质肥大的贮藏根，称为肉质直根。如胡萝卜、萝卜、甜菜等（图 2-29、图 2-30）。

（2）块根　植物的侧根或不定根因异常的次生生长，增生大量薄壁组织，形成肥厚块状的贮藏根，称为块根。一个植株上可以形成多个块根。块根的组成不含下胚轴和茎的部分，完全由根的部分构成。如甘薯、木薯和大丽花等。

2. 气生根

生长在空气中的根称为气生根。气生根因作用不同，又可分为支持根、呼吸根和攀援根等类型。

（1）支持根　一些禾本科植物，如玉米、高粱，在拔节至抽穗期，近地面的几个节上可产生几层气生的不定根，向下生长深入土壤，形成能够支持植物体的辅助根系，这种起支持作用的不定根，称为支持根（图 2-31）。此外，榕树等热带植物，其侧枝上常产生很多须状不定根，垂直向下生长，到达地面后，伸入土中，形成强大的木质支柱，犹如树干，起支持作用，这种不定根，也称支持根。

（2）攀援根　一些攀援植物，茎上生出无数短的不定根，能分泌黏液固着于它物表面使茎向上攀援生长，这种根称为攀援根，如常春藤。

（3）呼吸根　一些生长在沼泽或热带海滩地带的植物，如水松、红树等，由于土壤缺少氧气，部分根垂直向上生长，伸出土面暴露于空气中进行呼吸，这种根称为呼吸根。

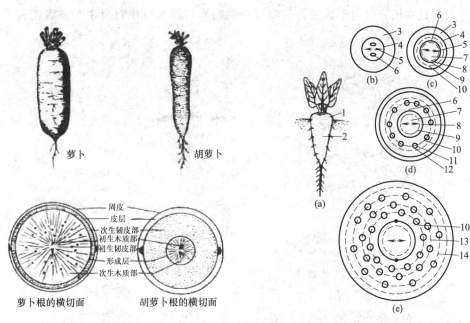

图 2-29　肉质直根

图 2-30　甜菜根的加粗过程图解

（a）甜菜贮藏根的外形；（b）具有初生结构的幼根；（c）具有初生结
构的根；（d）发展成三生结构的根；（e）发展成多层额外形成层的根

1—下胚轴；2—初生根；3—皮层；4—内皮层；5—初生木质部；
6—初生韧皮部；7—次生木质部；8—次生韧皮部；9—形成层；
10—额外形成层；11—三生木质部；12—三生韧皮部；
13—第二圈额外形成层；14—第三圈额外形成层

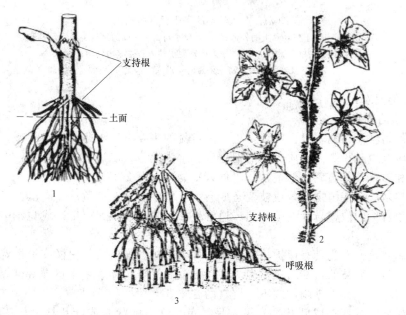

图 2-31　几种植物的气生根

1—玉米的支持根；2—常春藤的攀援根；3—红树的支持根和呼吸根

3. 寄生根

寄生植物如菟丝子、列当等，叶退化为鳞片状，不能进行光合作用制造营养，但茎上产生的不定根伸入到寄主植物体内形成吸器，吸取寄主的养料和水分供自身生长发育的需要，这种根称寄生根（图 2-32）。

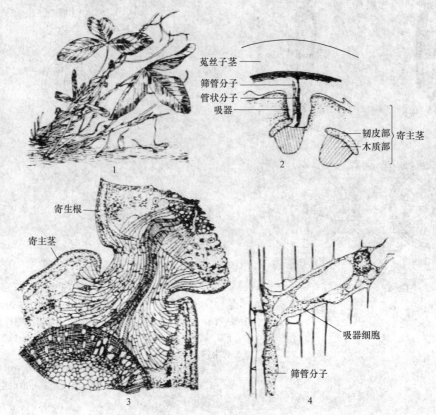

图 2-32　菟丝子的寄生根（吸器）

1—菟丝子寄生于三叶草上的外形；2—菟丝子与寄主之间的结构关系，示吸器
伸达寄主维管束；3—菟丝子产生寄生根伸入寄主茎内结构详图；
4—吸器细胞伸达寄主筛管时，形成"基足"结构

（二）茎的变态

1. 地上茎的变态

地上茎是指生活在地表以上的茎，生产上常见的主要有以下几种变态类型。

（1）肉质茎　是指肥大肉质多汁的地上茎。常为绿色，能进行光合作用，肉质部分贮藏大量的水分和养料，如莴苣、球茎甘蓝、仙人掌的茎（图 2-33）。

（2）茎卷须　有些植物的茎或枝变态成卷须，称茎卷须，如黄瓜、南瓜、葡萄等植物的卷须。茎卷须着生的位置与叶卷须不同，通常生于叶腋（黄瓜、南瓜）或与花序的位置相同（葡萄）（图 2-33）。

（3）茎刺　茎变态成具有保护功能的刺，称为茎刺。如山楂、柑橘、枸杞着生叶腋上的单刺、皂荚叶腋处分枝的刺都属于茎刺（图 2-33）。蔷薇、月季茎上的刺是由表皮形成的，与维管组织无联系，称为皮刺，它不是器官的变态。

（4）叶状茎　茎变态成叶状，扁平，呈绿色，称为叶状茎或叶状枝，如假叶树、竹节蓼。假叶树的侧枝叶片状，而侧枝上的叶退化为鳞片状不易识别，叶腋内可生小花，故人们常误认为"叶"上开花（图 2-33）。

除以上类型外，有些植物还存在小鳞茎（百合叶腋内）、小块茎（薯蓣、秋海棠叶腋内）等。

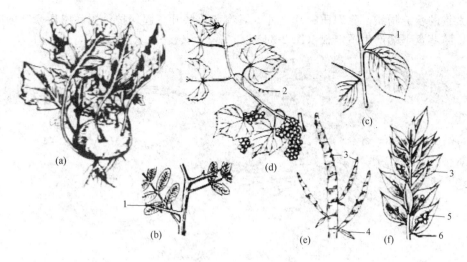

图 2-33　地上茎的变态

(a) 肉质茎（球茎甘蓝）；(b),(c)—茎刺[(b) 皂荚；(c) 山楂]；(d)—茎卷须（葡萄）；

(e),(f)—叶状茎[(e) 竹节蓼；(f) 假叶树]

1—茎刺；2—茎卷须；3—叶状茎；4—叶；5—花；6—鳞叶

2. 地下茎的变态

（1）根状茎　外形与根相似的地下茎称为根状茎，简称根茎。如莲、竹、芦苇，以及白茅等许多农田杂草都具有根状茎（图 2-34）。根状茎具有节和节间，在节上生有膜质退化的鳞叶和不定根，鳞叶的叶腋处着生有腋芽，顶端着生有顶芽。这些特征表明根状茎是茎，而不是根。根状茎贮存丰富的养料，腋芽可以发育成新的地上枝。竹鞭就是竹的根状茎，笋就是由竹鞭叶腋内伸出地面的腋芽。藕是莲的根状茎中先端较肥大、具有顶芽的部分。农田中具有根状茎的杂草，繁殖力很强，除草时杂草的根状茎如被割断，每一小段都能独立发育成新的植株，因而不易根除。

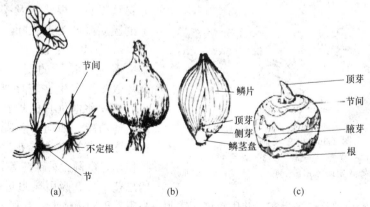

图 2-34　地下茎的变态

(a) 莲的根状茎；(b) 洋葱的鳞茎；(c) 荸荠的球茎

（2）块茎　地下茎的先端膨大成块状，称为块茎。如马铃薯、菊芋、甘露子等。马铃薯块茎上有许多螺旋状排列的凹陷部分，称为芽眼，它相当于节的部位，幼时有退化的鳞叶，后脱落。芽眼内有腋芽，块茎先端也具有顶芽（图 2-35）。

（3）鳞茎　节间极短，节上着生肉质或膜质鳞叶的扁平或圆盘状地下茎，称为鳞茎。如百合、洋葱、蒜等。洋葱的鳞茎呈圆盘状，又称鳞茎盘。在鳞茎盘上着生肉质鳞叶，鳞叶中贮藏着大量的营养物质。除肉质鳞片之外，具有膜质鳞叶，起保护作用。肉质鳞叶的叶腋处有腋芽，鳞茎盘下端产生不定根（图2-34）。

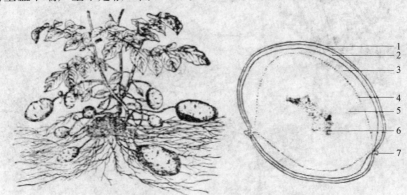

图2-35 马铃薯的块茎及其横切面

1—周皮；2—皮层；3—外韧皮部及贮藏薄壁组织；4—木质部束环；

5—内韧皮部及贮藏薄壁组织；6—髓；7—芽

（4）球茎 地下茎先端膨大成球形，并贮存大量营养物质，称为球茎，如荸荠、慈姑、芋等。球茎有明显的节和节间，节上具褐色膜质退化叶和腋芽，顶端具顶芽（图2-34）。

（三）叶的变态

叶的变态常见的有鳞叶、苞片和总苞、叶卷须、捕虫叶、叶刺，以及叶状柄等类型（图2-36）。

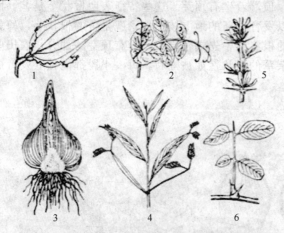

图2-36 叶的变态

1,2—叶卷须（1—菝葜；2—豌豆）；3—鳞叶（风信子）；

4—叶状柄（金合欢属）；5,6—叶刺（5—小檗；6—刺槐）

1. 鳞叶

叶的功能特化或退化成鳞片状称为鳞叶。如木本植物鳞芽外面的芽鳞片，具有保护作用；洋葱、百合、大蒜着生于鳞茎上的肉质鳞叶，贮藏丰富的营养；藕、竹的根状茎及荸荠、慈姑球茎上的膜质鳞叶为退化叶。

2. 苞片和总苞

着生在花下的变态叶，称为苞片。苞片数多而聚生在花序外围的，称为总苞。苞片和总苞有保护花和果实的作用或其他功能。如向日葵花序外围的总苞在花序发育初期包着花序中的小花起保护作用；珙桐、马蹄莲等具有白色花瓣状的总苞，具有吸引昆虫进行传粉的作用；

苍耳的总苞在果实成熟后包裹果实，并生有许多钩刺，易附着于动物体上，有利于果实的传播。

3. 叶卷须

由叶的一部分变成卷须状，称为叶卷须。如豌豆的卷须是羽状复叶上部的小叶变态而成。

4. 叶刺

由叶或叶的某一部分（如托叶）变态成刺状，称叶刺。如小檗长枝上的刺、仙人掌肉质茎上的刺等是叶变态而成；洋槐的刺是托叶变态而成，又称托叶刺。

5. 叶状柄

有些植物的叶，叶片不发达，而叶柄转变为叶片状，并具有叶的功能，称为叶状柄。我国广东、台湾的台湾相思树，只在幼苗时出现几片正常的羽状复叶，以后产生的叶，其小叶完全退化，仅存叶片状的叶柄。澳大利亚干旱区的一些金合欢属植物，初生的叶是正常的羽状复叶，以后产生的叶，叶柄发达，仅具少数小叶，最后产生的叶，小叶完全消失，仅具叶柄，叶柄叶片状。

6. 捕虫叶

有些植物具有能捕食小虫的变态叶，称为捕虫叶，具有捕虫叶的植物称为食虫植物或肉食植物。捕虫叶的形态有囊状（狸藻）、盘状（茅膏菜）、瓶状（猪笼草）等（如图 2-37）。

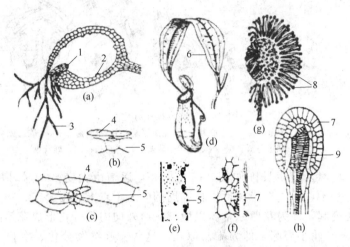

图 2-37　几种植物的捕虫叶

(a)~(c) 狸藻 [(a) 捕虫囊切面；(b) 囊内四分裂的毛侧面观；(c) 毛的顶面观]；

(d)~(f) 猪笼草 [(d) 捕虫瓶外观；(e) 瓶内下部分的壁，具腺体；(f) 壁的部分放大]；

(g)，(h) 茅膏菜 [(g) 捕虫叶外观；(h) 触毛放大]；

1—活瓣；2—腺体；3—硬毛；4—吸水毛（四分裂的毛）；5—表皮；6—叶；7—分泌层；8—触毛；9—管胞

狸藻是多年生水生植物，生于池沟中，叶细裂与一般沉水植物相似，但它的捕虫叶膨大成囊状，每囊有一开口，并由一活瓣保护。活瓣只能向内开启，外表面具硬毛。小虫触及硬毛时活瓣开启，小虫随水流入，活瓣关闭。小虫等在囊内经腺体分泌的消化液消化后，由囊壁吸收。

茅膏菜的捕虫叶呈半月形或盘状，上表面有许多顶端膨大并能分泌黏液的触毛，能粘住昆虫，同时触毛能自动弯曲，包裹虫体并分泌消化液将虫体消化吸收。

猪笼草的捕虫叶呈瓶状，结构复杂，顶端有盖，盖的腹面光滑而具蜜腺。通常瓶盖敞开，当昆虫爬至瓶口采食蜜液时，极易掉入瓶内，遂为消化液消化而被吸收。食虫植物一般具有叶绿体，能进行光合作用。在未获得动物性食料时仍能生存，但有适当动物性食料时，能结出更多的果实和种子。

以上植物变态器官，就来源和功能而言，可分为同源器官和同功器官。凡是来源相同，而形态和功能不同的变态器官称为同源器官。如茎刺和茎卷须、支持根和贮藏根等都属于同源器官。而形态相似，功能相同，但来源不同的变态器官则称为同功器官。如茎刺和叶刺、块根和块茎等属同功器官。

四、生殖器官的形态

（一）花的发生与组成

1. 花芽分化

花和花序来源于花芽，花芽和叶芽一样，也是由茎的生长锥逐渐分化而来。当植物生长发育到一定阶段，在适宜光周期和温度的条件下，由营养生长转入生殖生长，茎尖的分生组织不再产生叶原基和腋芽原基，而分化成花原基或花序原基，进而形成花或花序，这一过程称为花芽分化（图 2-38）。

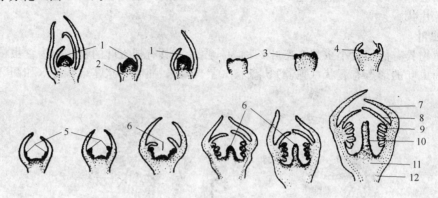

图 2-38　桃的花芽分化

1—生长锥；2—叶原基；3—花萼原基；4—花瓣原基；5—雄蕊原基；6—雌蕊原基；

7—花萼；8—花瓣；9—雄蕊；10—雌蕊；11—花托；12—维管束

当花芽分化开始时，使生长锥伸长，横径加大，逐渐由尖变平，这时可决定芽向花发展。在花芽分化过程中，首先在半球形生长锥周围的若干点上，由第二、第三层细胞进行分裂，产生一轮小的突起，即为花萼原基。以后依次由外向内再分化形成花瓣原基，在花瓣原基内侧相继产生 2～3 轮小突起，即为雄蕊原基。这些突起继续分化、生长，最后在花芽中央产生突起形成雌蕊原基。各部原基逐渐长大，最外一轮分化为花萼，向内依次分化出花冠、雄蕊和雌蕊。

花芽分化要求适宜的外界条件，充足的养分、适宜的温度和光照都有利于花芽的形成。在栽培管理过程中，通过修剪、水肥控制、生长调节剂的使用等技术措施，为花芽分化创造有利条件，这是最终获得优质、高产的基础。

2. 花的组成部分

一朵完整的花可以分为五个部分：花柄、花托、花被、雄蕊群和雌蕊群。花的各部着生在花梗顶部膨大的花托上。由于花中的各组成部分为变态叶，花托为节间极短的变态茎，因而，植物学家认为花是节间极短而不分枝的、适应于生殖的变态枝条（图 2-39）。

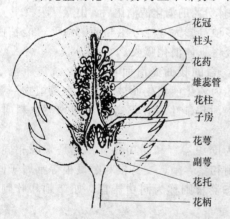

花冠
柱头
花药
雄蕊管
花柱
子房
花萼
副萼
花托
花柄

图 2-39　棉花的花的纵切面，示花的组成

（1）花柄与花托　花柄（花梗）是着生花的小枝，使花位于一定的空间，同时又是茎向花输送营养物质的通道。花柄有长有短，随着植物种类不同而有差异。花柄的顶端部分为花托，花托的形状因植物种类的不同而有多种，有的呈圆柱状，如木兰、含笑；有凸起呈圆锥形，如草莓；有的凹陷呈杯状，如桃、梅；有的膨大呈倒圆锥形，如莲。

（2）花被　花被是花萼和花冠的总称。花被着生于花托边缘或外围，具有保护作用，有些植物的花被还有助于传送花粉。很多植物的花被分化成内外两轮，称两被花。外轮花被多为绿色，称为花萼，由多片萼片组成；内轮花被有鲜艳的颜色，称花冠，由多片花瓣组成。像这样的花称为双被花，如木槿、豌豆、番茄、海棠等。有些植物的花只有一层花被，即只有花萼或花冠，称为单被花，如甜菜、大麻、桑等。有的完全没有花被，称为无被花，如杨、柳、核桃和板栗的雄花等。

① 花萼。花萼位于花的外侧，由若干萼片组成。一般呈绿色，其结构与叶相似，具有保护幼花和光合作用的功能。各萼片完全分离的称为离萼，如油菜、茶等；彼此连合的称为合萼，如丁香、棉等。合萼下端连合的部分称萼筒。有些植物萼筒伸长成一细长空管，称为距，如凤仙花、旱金莲等。花萼也可能具有两轮，外轮的花萼，称为副萼，如棉花、扶桑等。萼通常在开花后脱落，称落萼。但也有随果实一起发育而宿存的，称宿萼，具有保护幼果的作用，如番茄、茄子、辣椒等。有的花萼萼片变成冠毛，如菊科植物的蒲公英萼片变成毛状，称为冠毛。冠毛有利于果实种子借风力传播。

② 花冠。花冠位于花萼的内侧，由若干花瓣组成，排列成一轮或数轮，多数植物的花瓣，由于细胞内含有花青素和有色体，而使花冠呈现不同颜色，有的还能分泌蜜汁和产生香味。由于花冠呈现不同颜色并能分泌挥发油类，因此具有招引昆虫传粉的功能，还具有保护雌雄蕊的作用。

花冠可分为离瓣花冠与合瓣花冠两类（图 2-40）。

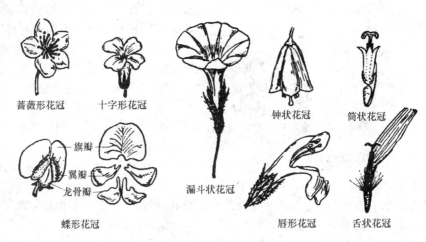

图 2-40　花冠的类型

a. 离瓣花冠。花瓣基部彼此完全分离，这种花冠称为离瓣花冠。常见以下几种。

Ⅰ. 蔷薇形花冠：由 5 个（或 5 的倍数）分离的花瓣排列成五星辐射状，如月季、桃、李、苹果、樱花等。

Ⅱ. 十字形花冠：由 4 个分离的花瓣排列成"十"字形，是十字花科植物的特征之一，如油菜、白菜、萝卜、甘蓝等。

Ⅲ. 蝶形花冠：花瓣 5 片离生，花形似蝶，最外面的一片最大，称旗瓣；两侧的两瓣称翼瓣；最里面的两瓣，顶部稍连合或不连合，叫龙骨瓣，如刺槐、大豆、花生、蚕豆等。

b. 合瓣花冠。花瓣全部或基部合生的花冠称为合瓣花冠。常见以下几种。

Ⅰ. 漏斗状花冠：花瓣连合成漏斗状，如牵牛、甘薯等。

Ⅱ. 钟状花冠：花冠较短而广，上部扩大成一钟形，如南瓜、桔梗等。

Ⅲ. 唇形花冠：花冠裂片是上下二唇，如芝麻、薄荷、一串红等。

Ⅳ. 筒状花冠：花冠大部分成一管状或圆筒状，花冠裂片向上伸展，如向日葵花序的盘花。

Ⅴ. 舌状花冠：花冠筒较短，花冠裂片向一侧延伸成舌状，如向日葵花序周边的边花、莴苣花序的花，全为舌状花。

Ⅵ. 轮状花冠：花冠简短，裂片由基部向四周扩展，如茄、常春藤、番茄等。

根据花被片的排列情况，凡是花中花被片的大小、形状相似，通过花的中心，可以切成两个以上对称面的，叫整齐花，如蔷薇型花冠、漏斗型花冠的花。如果花被片的大小、形状不同，通过花的中心，最多可以切成一个对称面的花，叫不整齐花，如蝶形花冠、舌状花冠的花。

（3）雄蕊群　雄蕊群是一朵花中雄蕊的总称，由多数或一定数目的雄蕊组成，是花的重要组成部分之一。雄蕊由花丝和花药两部分组成。花丝细长，顶端呈囊状；花药位于花丝顶端，常分为两个药室，每个药室具一个或两个花粉囊，花粉成熟时，花粉囊开裂，散出大量花粉粒。

雄蕊的数目及类型是鉴别植物的标志之一。雄蕊可分为离生雄蕊和合生雄蕊两类（图 2-41）。

① 离生雄蕊。花中雄蕊各自分离，如蔷薇、石竹等。其中含有特殊的雄蕊，数目固定，长短悬殊。典型的有以下几种。

a. 二强雄蕊。花中雄蕊 4 枚，2 长 2 短，如芝麻、益母草等。

b. 四强雄蕊。花中雄蕊 6 枚，4 长 2 短，如萝卜、油菜等十字花科植物。

② 合生雄蕊。花中雄蕊全部或部分合生，重要的有以下几种。

a. 单体雄蕊。花丝下部连合成筒状，

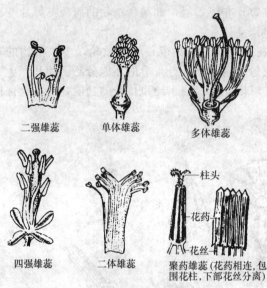

图 2-41　雄蕊的类型

花丝上部或花药仍分离，如木槿、蜀葵等。

b. 二体雄蕊。花丝 10 枚连合成两组，其中 9 枚花丝连合，另一枚单生，如大豆。

c. 多体雄蕊。雄蕊多数，花丝基部合生成多束，如蓖麻、金丝桃等。

d. 聚药雄蕊。花丝分离，花药合生，如向日葵、菊花和南瓜等。

（4）雌蕊群　雌蕊位于花的中央，由柱头、花柱和子房三部分组成。一朵花中所有的雌蕊称为雌蕊群。

雌蕊由心皮卷合而成。心皮是具有生殖作用的变态叶，心皮的边缘互相连结处，称为腹缝线，在心皮背面的中肋处也有一条缝线，称背缝线（图 2-42）。

雌蕊的柱头，位于雌蕊的顶部，是接受花粉粒的地方。花柱位于柱头和子房之间，是花粉萌发后花粉管进入子房的通道。子房是雌蕊下部膨大的部位，外部为子房壁，内具一至多个子房室，各室内着生胚珠，受精后，子房发育为果实，子房壁发育成果皮，胚珠发育成种子。

不同种类的植物其雌蕊的类型、子房的位置、胎座的类型常不相同。

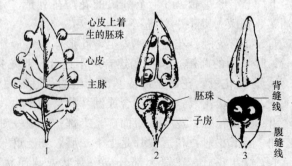

图 2-42　心皮卷合成雌蕊图解

① 雌蕊的类型。根据雌蕊中心皮的数目和离合，可分为以下几种。

a. 单雌蕊。一朵花中的雌蕊仅由一个心皮组成，称为单雌蕊，如大豆、豌豆、蚕豆等。

b. 离生雌蕊。一朵花中的雌蕊是由几个心皮组成的，但心皮彼此分离，每一心皮成为一个雌蕊，称为离生雌蕊。如莲、草莓、八角等。

c. 合生雌蕊。一朵花中由2个或2个以上心皮组合成的一个雌蕊，称为合生雌蕊，属复雌蕊，如棉花、番茄等。在不同植物中，合生雌蕊心皮的连合程度不同（图2-43）。

② 子房的位置。根据子房在花托上的着生位置和与花托的连合情况，可分为子房上位、子房下位和子房半下位三种类型（图2-44）。

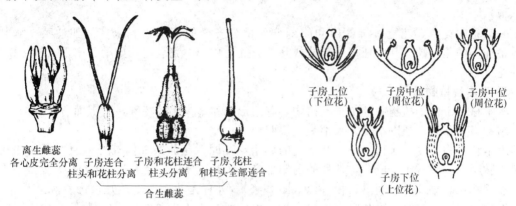

图 2-43　雌蕊的类型　　　　　　　图 2-44　子房在花托上着生的位置

a. 子房上位。子房仅以底部与花托相连，叫子房上位。子房上位分为两种情况：如果子房仅以底部与花托相连，而花被、雄蕊着生位置低于子房，称为子房上位下位花，如油菜、玉兰等；如果子房仅以底部和杯状花托的底部相连，花被与雄蕊着生于杯状花托的边缘，即子房的周围，称为子房上位周位花，如桃、李等。

b. 子房下位。子房埋于下陷的花托中，并与花托愈合，称子房下位，花的其余部分着生在子房的上面花托的边缘，称为上位花，如苹果、梨、南瓜、向日葵等。

c. 子房半下位。又叫子房中位，子房的下半部陷于杯状花托中，并与花托愈合，上半部仍露在外，花被和雄蕊着生于花托的边缘。其花称为周位花，如甜菜、马齿苋、菱角等。

③ 胎座的类型。胚珠通常沿心皮的腹缝线着生于子房内，着生胚珠的部位叫胎座。胎座有以下几种类型（图2-45）。

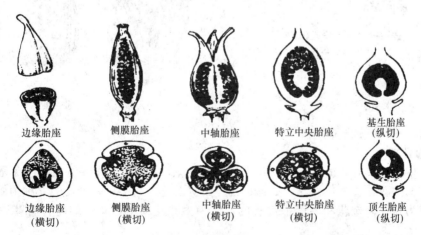

图 2-45　胎座的类型

a. 边缘胎座。单雌蕊，子房一室，胚珠生于心皮的腹缝线上，如豆类。

b. 侧膜胎座。合生雌蕊，子房一室或假数室，胚珠生于心皮的边缘，如油菜、黄瓜、西瓜等。

c. 中轴胎座。合生雌蕊，子房数室，各心皮边缘聚于中央形成中轴，胚珠生于中轴上，如苹果、柑橘、棉、茄、番茄等。

d. 特立中央胎座。合生雌蕊，子房一室或不完全的数室，子房室的基部向上有一个短的中轴，但不到达子房顶，胚珠生于此轴上，如石竹、马齿苋等。

e. 基生胎座和顶生胎座。胚珠生于子房室的基部（如菊科植物）或顶部（如桃、桑、梅）。

一朵花中花萼、花冠、雄蕊群和雌蕊群四部分齐全的花称为完全花，如油菜、海棠、桃、番茄等的花，缺少其中任何一部分或几部分的花称为不完全花，如桑、南瓜、柳、核桃等的花。

3. 禾本科植物的花

禾本科属于被子植物中的单子叶植物，花的形态和结构比较特殊，与上面所叙述的典型花的结构显著不同。现以小麦、水稻为例说明。

禾本科植物小麦、水稻的花，和上述的典型花不同，花的最外面有外稃及内稃各一枚，外稃中脉明显，并常延长成芒，外稃的内侧部有 2 枚鳞片（或称浆片），里边有 3 枚（小麦）或 6 枚（水稻）雄蕊，中间是一枚雌蕊（图 2-46）。外稃是花基部的苞片，内稃和鳞片是由花被退化而成，开花时，鳞片吸水膨胀，撑开内外稃，使花药和柱头露出稃外，有利于借助风力传播花粉。

禾本科植物的小花集生形成小穗，每个小穗的基部有一对颖片（护颖），颖片相当于花序外面的总苞片，下面的一片叫外颖，上面的一片叫内颖，许多小穗再集中排列为花序（穗）（图 2-47）。

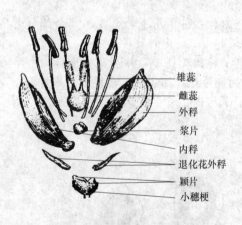

图 2-46　水稻小穗的结构　　　　　　图 2-47　小麦小穗的结构

（二）花与植物的性别

1. 花的性别

一朵花中同时具有雌蕊、雄蕊的花，称为两性花，如小麦、苹果、桃、油菜等的花。只有雄蕊或雌蕊的花，称为单性花，如杨、柳、桑等的花。其中只有雄蕊的，称为雄花；只有雌蕊的，称为雌花。雄蕊和雌蕊都没有的，称为无性花或中性花，如向日葵花序边缘的舌状花。

2. 植物的性别

单性花的植物，雌花和雄花生在同一植株上，称为雌雄同株，如玉米、南瓜、蓖麻等。雌花和雄花分别生在不同植株上，称为雌雄异株，如银杏、杨、柳、菠菜等。其中只有雄花的植株，称为雄株；只有雌花的植株，称为雌株；如果同一植株上，既有两性花，又有单性花或无性花，称为杂性同株，如柿、荔枝、向日葵等。

（三）花序

有些植物的花单独着生于叶腋或枝顶，称为单生花，如桃、芍药、荷花等。但多数植物的花是按照一定的方式和顺序着生在分枝或不分枝的花序轴上，花在花轴上有规律的排列方式，称为花序。花序轴亦称花轴。根据花轴长短、分枝与否、有无花柄及开花顺序，将花序分为无限花序和有限花序。

1. 无限花序

花由花轴的下部先开，渐及上部，花轴顶端可以继续生长；或花轴较短，自外向内逐渐开放的均属无限花序。常见有以下几种（图2-48）。

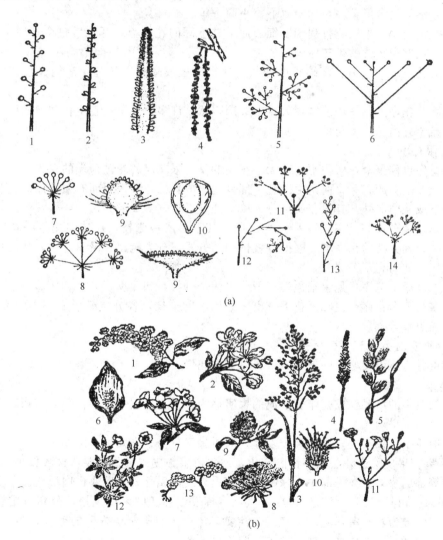

图 2-48　花序的类型

（a）花序图式：1—总状花序；2—穗状花序；3—肉穗花序；4—柔荑花序；5—复总状花序；
6—伞房花序；7—伞形花序；8—复伞形花序；9—头状花序；10—隐头花序；11~14—聚伞花序

（b）各种花的花序：1—稠李；2—梨；3—早熟禾；4—车前；5—黑麦草；6—水芹；
7—樱桃；8—胡萝卜；9—三叶草；10—牛蒡；11—石竹；
12—委陵菜；13—勿忘草

（1）总状花序　花轴单一，较长，自下而上依次着生有柄的花朵，各花的花柄长短相等，如油菜、萝卜、荠菜等。有些植物的花轴具有若干次分枝，如果每个分枝构成一个总状花序，叫复总状花序，又称圆锥花序，如水稻、丁香、烟草、葡萄等。

（2）穗状花序　花序长，花轴直立，其上着生许多无柄的两性花，如车前、马鞭草等。如果花轴分枝，每小枝均构成一个穗状花序，叫复穗状花序，如小麦、大麦等。若穗状花序的花轴膨大成棒状时，称为肉穗花序，花穗基部常为总苞所包围，如玉米的雌花序。

（3）伞房花序　花有柄但不等长，下部的花柄长，上部的花柄渐短，全部花排列近于一个平面，如梨、苹果、山楂等。

（4）伞形花序　花轴顶端集生很多花柄近于等长的花，全部花排列成圆顶状，形如张开的伞，开花顺序由外向内，如常春藤、人参、葱、韭等。如果花轴顶端分枝，每一分枝为一伞形花序，称为复伞形花序，如胡萝卜、小茴香等。

（5）柔荑花序　单性花排列于一细长而柔软下垂的花轴上，开花后整个花序一起脱落。如杨、柳、板栗和胡桃的雄花序等。

（6）头状花序　花轴极度缩短而膨大，扁形铺展或隆起，各苞叶常集成总苞，如菊科植物。

（7）隐头花序　花序轴顶端膨大，中央凹陷状，许多无柄小花着生在凹陷的腔壁上，几乎全部隐藏于囊内，如无花果。

2. 有限花序

有限花序也称聚伞花序，不同于无限花序的是有限花序的花轴顶端的花先开放，花轴顶端不再向上产生新的花芽，而是由顶花下部分化形成新的花芽，因而有限花序的花开放顺序是从上向下或从内向外。有限花序可分为以下几种类型（图 2-48）。

（1）单歧聚伞花序　主轴顶端先生一花，其下形成一侧枝，在枝端又生一花，如此反复，形成一合轴分枝的花序轴。根据分枝排列的方式，分为蝎尾状聚伞花序，如唐菖蒲；螺状聚伞花序，如勿忘草等。

（2）二歧聚伞花序　是主轴顶端花下分出两个分枝，如此反复分枝。

（3）多歧聚伞花序　主轴顶花下分出 3 数以上的分枝，各分枝又形成一小的聚伞花序，如大戟、猫眼草等。

（四）果实的类型

果实可分为三大类型，即单果、聚合果和聚花果。

1. 单果

由一朵花中的单雌蕊或复雌蕊形成的果实称为单果。根据果皮的性质与结构，单果又可分为肉质果与干果两大类。

（1）肉质果　果实成熟后，肉质多汁。肉质果又分为下列几种（图 2-49）。

① 浆果。果皮除最外层以外都肉质化，通常由多心皮的雌蕊形成，含数枚种子，葡萄、番茄、柿等都属浆果。在番茄中，除中果皮与内果皮肉质化外，胎座也肉质化。

② 柑果。由复雌蕊发育，外果皮革质，有挥发油腔，中果皮疏松，分布有维管束，内果皮薄膜状，分为若干室，室内生有多个汁囊，汁囊来自于子房内壁的毛茸，为可食部分，每瓣内有多个种子，如柑橘、柚、柠檬、橙等。

③ 核果。一般由单心皮的雌蕊发育而成，内有一枚种子。成熟的核果果皮明显分为三层：外果皮膜质，中果皮肉质多汁，内果皮木质化、坚硬。如桃、杏、李、樱桃等。

④ 梨果。由合生雌蕊的下位子房和花筒共同发育而成的假果。在形成果时，果的外层由花托发育而成，果内大部分由花筒发育而成，子房发育的部分位于果实的中央。由花筒发育的部分和外果皮、中果皮为肉质，内果皮木质化较硬，如苹果、梨、山楂等。

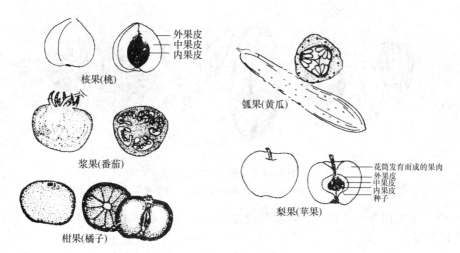

图 2-49 肉质果的类型

⑤ 瓠果。瓜类植物的果实，也属于浆果。这种浆果是由合生雌蕊下位子房形成的假果。花托和外果皮结合成坚硬的果壁，中果皮和内果皮肉质，胎座发达也肉质化。南瓜、冬瓜的可食部分主要是果皮，西瓜可食部分主要为肉质化的胎座。

（2）干果　果实成熟后，果皮干燥。干果又分为裂果和闭果两类。

① 裂果。果皮成熟开裂，散出种子。因心皮数目和开裂方式，又分为以下几种（图 2-50）。

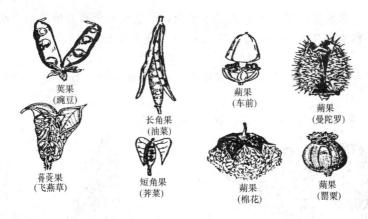

图 2-50 裂果的类型

a. 荚果。由单心皮发育形成，子房一室，成熟的果实多数开裂，其开裂方式是沿心皮背缝线和腹缝线同时开裂，如大豆、豌豆等。也有不开裂的，如花生、合欢等。

b. 蓇葖果。由单心皮或离生心皮发育而形成的果实，成熟时沿心皮背缝线或腹缝线纵向开裂，如飞燕草、芍药、牡丹等。

c. 蒴果。由两个以上心皮的合生雌蕊发育而成。子房一室或多室，每室多粒种子。成熟果实具多种开裂方式，如背裂（百合、棉花）、腹裂（烟草、牵牛）、孔裂（罂粟）、齿裂（石竹）和周裂（马齿苋、车前）等。

d. 角果。由两心皮组成，侧膜胎座，由心皮边缘子房室内生出一隔膜称假隔膜，将子房分成 2 室。成熟时果实沿 2 条腹缝线裂开，如白菜、萝卜、油菜等，称为长角果；如荠菜、独行菜，称为短角果。

② 闭果。果实成熟后不开裂，有下列几种类型（图 2-51）。

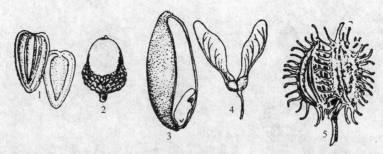

图 2-51 闭果的主要类型

1—向日葵的瘦果；2—栎的坚果；3—小麦的颖果；4—槭的翅果；5—胡萝卜的分果

   a. 瘦果。果实内含一粒种子，果皮与种皮分离。如 1 心皮的白头翁、2 心皮的向日葵、3 心皮的荞麦等。

   b. 颖果。由 2～3 心皮组成，1 室含 1 粒种子，果皮与种皮紧密愈合不易分离。如小麦、玉米等禾本科植物的果实。

   c. 翅果。果皮向外延伸成翅，如榆、槭树、枫杨等。

   d. 坚果。果皮木质化而坚硬，含 1 粒种子，如榛子、栗子、橡子等。

   e. 分果。由 2 个或 2 个以上心皮组成，每室各含 1 粒种子，成熟时，各心皮沿中轴分开，如芹菜、胡萝卜等伞形科植物的果实。

2. 聚合果

   一朵花中具有多数聚生在花托上的离生雌蕊，以后每一个雌蕊形成一个小果，许多小果聚生在花托上，称为聚合果，如草莓、莲、悬钩子等（图 2-52）。

3. 聚花果

   由整个花序形成的果实称为聚花果（复果），如菠萝、桑、无花果等（图 2-53）。

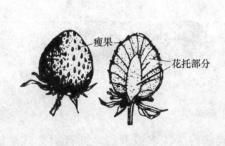

图 2-52 聚合果（草莓）

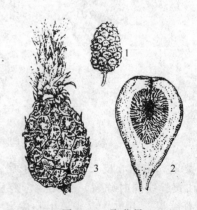

图 2-53 聚花果

1—桑；2—无花果；3—凤梨

【技能实训】

一、植物营养器官形态特征的观察

（一）根的形态

（1）根的类型　主根、侧根、不定根。

（2）根系类型　直根系、须根系（见图 2-9）。

（3）根的变态类型　贮藏根（块根、肉质根）、气生根（支持根、攀援根、呼吸根、寄生根）（见图2-29、图2-31、图2-32）。

（二）茎的形态

（1）茎的性质　木本植物（乔木、灌木）、草本植物（一年生草本、二年生草本、多年生草本）。

（2）茎的生长习性　直立茎、攀援茎、缠绕茎、匍匐茎、平卧茎（见图2-13）。

（3）茎的分枝方式　单轴分枝、合轴分枝、假二叉分枝（见图2-14），禾本科植物分蘖（见图2-15、图2-16）。

（4）茎的变态　地上茎的变态（肉质茎、茎卷须、茎刺、叶状茎）、地下茎的变态（根状茎、块茎、鳞茎、球茎）（见图2-33、图2-34）。

（三）叶的形态

（1）叶形　卵形、圆形、椭圆形、肾形、披针形、线形、针形、三角形、心形、扇形等（见图2-19、图2-20）。

（2）叶尖　急尖、渐尖、钝形、芒尖、尾尖、凹形、截形等（见图2-21）。

（3）叶基　心形、楔形、圆形、箭形、盾形、戟形、耳垂形、偏斜形等（见图2-22）。

（4）叶缘　全缘、锯齿缘（单锯齿、重锯齿）、牙齿缘、波状缘等（见图2-23）。

（5）叶裂　浅裂（三出、掌状、羽状）、深裂（三出、掌状、羽状）、全裂（三出、掌状、羽状）（见图2-24）。

（6）叶脉　网状脉（掌状、羽状）、平行脉（直出、横出、射出、弧状）、叉状脉（见图2-25）。

（7）复叶　羽状复叶、羽状复叶、三出复叶、单生复叶（见图2-26）。

（8）叶序　互生、对生、轮生、簇生、基生（见图2-27）。

（9）叶的变态　鳞叶、苞片和总苞、叶卷须、叶刺、叶状柄、捕虫叶（见图2-36、图2-37）。

二、植物生殖器官形态特征的观察

（一）花的形态

（1）花冠类型　蔷薇形花冠、十字形花冠、蝶形花冠、漏斗状花冠、钟状花冠、唇形花冠、筒状花冠、舌状花冠、轮状花冠等（见图2-40）。

（2）雄蕊类型　离体雄蕊、单体雄蕊、二体雄蕊、多体雄蕊、聚药雄蕊、二强雄蕊、四强雄蕊等（见图2-41）。

（3）雌蕊类型　单雌蕊、离生雌蕊、合生雌蕊（见图2-43）。

（4）胎座类型　边缘胎座、侧膜胎座、中轴胎座、特立中央胎座、顶生胎座、基生胎座（见图2-45）。

（5）子房位置类型　子房上位（子房上位下位花、子房上位周位花）、子房半下位（周位花）、子房下位（上位花）（见图2-44）。

（6）花的性别　两性花、单性花、中性花。

（7）花被种类　双被花、单被花、无被花（裸花）、重瓣花。

（8）花序类型

① 无限花序。总状花序、穗状花序、柔荑花序、肉穗花序、伞房花序、伞形花序、头状花序、隐头花序、圆锥花序、复穗状花序、复伞房花序、复伞形花序（见图2-48）。

② 有限花序。单歧聚伞花序、二歧聚伞花序、多歧聚伞花序（见图2-48）。

（二）果实的形态

1. 单果

（1）肉质果　浆果、柑果、核果、梨果、瓠果（见图2-49）。

（2）干果

① 裂果。蓇葖果、荚果、角果、蒴果（见图 2-50）。

② 闭果。瘦果、颖果、坚果、翅果、分果（见图 2-51）。

2. 聚合果

见图 2-52。

3. 聚花果

见图 2-53。

三、植物形态的描述

植物形态描述应用科学的术语、句式，按照一定的次序，基本规则介绍如下。

（一）形态观察和测量

植物形态描述建立在对实物实际观察的基础上。对数量形状要进行测量，肉眼不能分辨的性状要借助体视显微镜观察。为了更好地了解植物的形态变异，可能要对该植物的居群进行考察，或者要查阅多份植物标本。

（二）描述的次序

高等植物都有复杂的形态特征，形态描述要按一定的次序进行。总的顺序是：先整体后局部，由上而下，自外向内。先描述生活型和株高，再自上而下地依次叙述其根、茎、叶；先描述花的总体特征，再自外向内叙述其萼片、花瓣、雄蕊、雌蕊；描述雄蕊，则先陈述雄蕊的数目、排列方式、结合与否，然后自上而下说明其花丝和花药的特征。

（三）形态术语的运用

描述植物的形态特征只能应用科学语言，不能使用俗语，一般情况下也不应该使用自创的术语。

（四）句式的规范

描述植物要用最简洁的句子。对每一性状的描述，都要把性状（器官）名称放在句首，后面直接加上表示状态的形容词或数词。例如，叙述花的颜色为白色的句式为"花白色"，而不是"白花"；叙述雄蕊数目为 5 枚的句式为"雄蕊 5"，而不是"5 个雄蕊"。

（五）形态变异的处理

要正确把握形态变异的性质，区分正确的变异和畸变。描述植物尤其是描述数量、形状时要充分体现其正常的变化幅度。

【实际操作】

一、种子植物的形态学术语描述

（一）实训目标

1. 掌握种子植物外部形态的基本组成和多样性。

2. 掌握种子植物各器官基本形态的描述方法。

3. 能识别常见的营养器官变态。

4. 提高学生对植物形态的观察能力和对植物与环境相互适应关系的认识。

（二）实训材料与用品

放大镜、刀片、枝剪、采集袋、镊子、解剖针、铅笔、笔记本等。

（三）实训方法与步骤

观察不同种子植物的有关实物、标本或图片，了解种子植物外部形态的基本组成和类型。

（四）实训报告

观察校园内外植物，用植物形态术语记录器官的形态。

二、种子和果实类型及结构的观察

（一）实训目标

1. 掌握种子的基本形态结构。

2. 识别果实的主要类型，并了解其结构特征。

（二）实训材料与用品

1. 放大镜、培养皿、刀片、镊子、解剖针、碘液。

2. 豆类种子、禾谷类籽粒各1~2种，各种类型的果实。

（三）实训方法与步骤

1. 种子类型和结构的观察

（1）豆类种子的形态结构（无胚乳种子）　可选用蚕豆、大豆等种子作材料，于实验前1~2天将种子浸泡于清水中，让其充分吸涨与软化，以利于解剖观察。取一粒已吸水膨胀的豆类种子观察以下内容。

①种子形状。

②种皮。包括种皮质地、颜色及种脐、种孔等。

③胚。包括胚根、胚芽、胚轴、子叶。

（2）禾谷类籽粒的形态结构（有胚乳种子）　可选用小麦、水稻、玉米等籽粒作材料，于实验前1~2天置清水中浸泡。透过果皮与种皮可清楚地看到胚位于下部，用刀片沿种胚中央纵切成两半，用放大镜观察其纵切面。

①果皮与种皮。两者愈合不易分开。

②胚。胚根，外有胚根鞘；胚芽，外有胚芽鞘；子叶（位于胚芽和胚乳之间的盾片）；胚轴（胚芽与胚根之间和盾片相连的部分）。另外，在子叶与胚乳相连接处还有一层较大、呈柱状排列整齐的上皮细胞。

③胚乳。占籽粒的大部分体积。

然后，在籽粒切面上加一滴稀释的碘液，可见胚乳变成黑色，胚呈橘黄色。

2. 果实结构的观察

认真观察所提供的各种果实的主要特征。

（四）实训报告

1. 绘豆类种子、禾谷类籽粒的解剖结构各1种，并注明各部分结构名称。

2. 根据所提供的果实，填写下表（见表中举例：番茄）

植物种类	真果或假果	肉质果	干果	胎座类型	果实主要结构特征
番茄	真果	浆果		中轴胎座	外果皮薄,中、内果皮及胎座均肉质化,并充满汁液

【课外阅读】

种子植物的营养繁殖

（一）营养繁殖在林业及园林生产中的意义

营养繁殖通常也称无性繁殖，是利用植物营养器官的再生能力繁殖新植株。在自然界中有不少植物的根、茎、叶都具有再生能力，以根、茎、叶来繁殖植株的现象是常见的。例如，有些植物的根可以产生不定芽，形成地上部分，在母株四周产生大量植株，桑树、杨树都具有这种特性。番薯的块根产生不定芽和不定根，形成新植株，这些都是以根来繁殖的；用茎来繁殖的更为普遍，如竹类的根状茎，马铃薯的块茎，葱、蒜、水仙的鳞茎，以及一些植物的枝条，在节部与土壤接触后可以形成不定根，生根抽芽，形成新植株；有些植物能落地生根，如秋海棠的叶，能产生不定芽和不定根，形成新植株。营养繁殖是植物长期适应自然环境所产生的一种生物学特性。营养繁殖产生的新植株，具有亲本的遗传特性，可以用此法保持优良品种的特性；并可提早开花结实；对有性繁殖困难的植物，营养繁殖具有扩大种源，选育优良无性系的作用。因此，无性繁殖在生产上具有特殊意义。在林木、果树、园艺植物的栽培中，是一种重要的繁殖方法。

（二）常用的营养繁殖方法

营养繁殖的方法很多，用根来繁殖的有根插和根蘖。用茎来繁殖的有扦插、压条、嫁接等，不管哪一种方法，成活的基础是植物的再生能力。

1. 根插和根蘖

根插和根蘖是利用某些植物的根能产生不定芽和不定根的特性进行的营养繁殖。通常用于枝插不易成活或种源太少，或具有其他生物学特性的树种。例如楸树常常花而不实，种源缺乏；泡桐实生苗生长慢，用根插繁殖生长迅速，干形通直。根插后不久，一般根段的后端（近茎的一端）产生不定芽，前端产生不定根。

2. 枝插

枝插是利用植物的枝条能产生不定根的特性进行繁殖的一种方法，除扦插外，常用的压条、埋条法都是利用这种特性进行的。枝插繁殖是从母树上截取1～2年生带芽的枝条，以下端插入土中，以后，枝条上原有的芽萌发为茎，枝条的下端产生不定根。枝插是否成活，除管理等外因条件外，与树种特性、枝条年龄有关。一般情况下，嫩枝扦插比老枝扦插容易生根。枝插是林业生产中常用的营养繁殖法，因为它可以从母树上大量截取枝条，丰富了种源。

3. 嫁接

嫁接是利用植物创伤愈合的特性而进行的一种营养繁殖方法。嫁接通常用于果树及树木良种的繁育。例如果树栽培时，为了保持某种果树的品质特性，常取其枝条或芽作接穗，嫁接于同种植物的实生苗上或他种植物的苗木上，愈合为一植株。或以结果枝作接穗嫁接于实生苗上，以提早结果年龄。嫁接愈合的过程和创伤愈合一样，在接穗与砧木的切口上产生愈伤组织，填充在接穗与砧木之间的缝隙中，使砧木与接穗的组织连合起来，成为一新株。嫁接的成功与失败，一方面决定于嫁接技术，另一方面也决定于接穗与砧木间细胞内物质的亲和性，这种亲和性决定于植物的亲缘关系。因此选用砧木时，通常用同属植物，但也有少数在不同属的情况下嫁接愈合的。在林业生产中，嫁接是某些树种的重要繁殖方法，例如毛白杨扦插成活率低，可用加拿大杨作砧木进行繁殖。

（三）组织培养技术在种子植物营养繁殖方面的应用

组织培养技术是实验形态学的重要研究方法。近年来用组织培养方法，不仅对植物形态发生和建成方面，揭示和阐明了许多问题，同时在快速繁殖应用于生产实践方面，进展很快。大量研究结果表明：利用植物的器官、组织或细胞经过培养都有可能通过不同途径形成新个体。例如葡萄的常规方法繁殖，一个单株或一个小枝，每年能增加几倍到百倍，而用茎尖或茎段离体培养，在已做实验的几个品种中，可获得几十万到二百多万株苗；非洲菊的一个花蕾培养3个月可获1000株苗；在许多木本植物如松属、云杉、银杏、杉木、樟属、栎属、橡胶属、泡桐属、杨属，以及许多花卉、药用植物等，据不完全统计全世界通过组织培养成功的植物已有数百种，投入大规模生产的有几十种。近20多年来，应用组织培养技术进行工厂化育苗，在许多国家有很大发展，如兰花、康乃馨、百合等等。组织培养技术在繁育良种、快速大量繁殖种苗、获得无病毒植株、苗木生产工厂化等均取得显著作用，已成为农业、林业、园艺等方面研究和生产的一种重要手段。

【思考与练习】

1. 列表说明种子的基本结构及各部分的功能。
2. 种子的主要类型有哪些？举例说明。
3. 种子萌发的条件有哪些？
4. 常见幼苗的类型有哪些？举例说明。
5. 在农业生产中如何获得壮苗、齐苗？
6. 如何区别主根、侧根和不定根？植物的根系可分为几种类型，它们有何区别？说明根系在土壤中的分布与环境之间的关系。
7. 从外部形态上怎样区分根和茎？
8. 观察当地果树及园林树木的枝条，并根据芽在枝上的着生位置、性质和芽鳞的有无等将芽分为哪几种类型？不同类型的芽各有何特点？
9. 如何识别长枝和短枝、叶痕和芽鳞痕？了解这些内容在生产上有何意义？
10. 单轴分枝与合轴分枝有何区别？这两种分枝方式在生产上有何意义？
11. 植物典型的叶由哪几部分组成？举例说明完全叶与不完全叶。
12. 比较根与根茎、块根与块茎、叶刺与茎刺的区别。
13. 花的组成包括哪几部分？各有何特点？
14. 说明花冠的类型。
15. 举例说明雄蕊的类型。
16. 举例说明雌蕊的类型。
17. 以小麦、水稻为例，说明禾本科植物花的结构特点。
18. 什么叫雌雄同株、雌雄异株、杂性同株？
19. 什么叫花序？举例说明花序的类型及特点。
20. 果实有哪些类型？各有何特点？
21. 填写表中所列植物各自具有的器官变态类型。

植物	器官变态类型	植物	器官变态类型
葡萄		猪笼草	
马铃薯		小檗	
竹		荸荠	
黄瓜		玉米	
球茎甘蓝		莴苣	
向日葵		甘薯	
皂荚		五叶地锦	
豌豆		菟丝子	
洋葱		假叶树	

技能项目三　植物器官的结构

【能力要求】

　　知识要求：
- 了解高等植物根、茎、叶、花、果实等器官的内部解剖结构。
- 了解生活环境对植物器官结构的影响。

　　技能要求：
- 能够在光学显微镜下识别植物器官根、茎、叶、花的初生和次生结构。
- 能区分双子叶植物与单子叶植物的结构差异。

【相关知识链接】

一、根的结构

　　被子植物具有庞大的根系，其分布范围和入土深度与地上部分相适应，以支持高大、分枝繁多的茎叶系统，并把它牢牢地固着在陆生环境中。根也是植物重要的吸收器官，能够不断地从土壤中吸收水和无机盐，并通过输导作用，满足地上部分生长、发育的需要。如生产1kg 的稻谷需要 800kg 的水，生产 1kg 小麦需要 300～400kg 水，这些水绝大部分是靠根系从土壤中吸收。此外，根还能吸收土壤溶液中离子状态的矿质元素及少量含碳有机物、可溶性氨基酸和有机磷等有机物，以及溶于水中的 CO_2 和 O_2。根又可接受地上部分所合成的有机物，以供根的生长和各种生理活动所需，或者将有机物贮藏在根部的薄壁组织内。根还能合成多种有机物，如氨基酸、植物碱（如尼古丁）及激素等物质；当病菌等异物入侵植株时，根亦和其他器官一样，能合成被称为"植物保卫素"的一类物质，起一定的防御作用。根能分泌近百种物质，包括糖类、氨基酸、有机酸、固醇、生物素和维生素等生长物质，以及核苷酸、酶等。这些分泌物有的可以减少根在生长过程中与土壤的摩擦力；有的使根形成促进吸收的表面；有的对其他生物是生长刺激物或毒素，如寄生植物列当，其种子要在寄主根的分泌物刺激下才能萌发，而苦苣菜属（*Sonchus*）、顶羽菊属（*Acroptilon*）一些杂草的根能释放生长抑制物，使周围的植物死亡，这就是"异株克生"现象；有的可抗病害，如抗根腐病的棉根分泌物中有抑制该病菌生长的水氰酸，不抗病的品种则无；根的分泌物还能促进土壤中一些微生物的生长，它们在根际和根表面形成一个特殊的微生物区系，这些微生物对植株的代谢、吸收、抗病性等方面发挥作用。

（一）根尖及其分区

　　根尖是指从根的顶端到着生根毛的部分。不论是主根、侧根还是不定根都具有根尖，根尖是根生理活性活跃的部分，根的伸长生长、分枝和吸收作用主要是靠根尖来完成的。因此，根尖的损伤会影响根的继续生长和吸收作用的进行。根尖从顶端起，可依次分为根冠、分生区、伸长区和成熟区四部分。各区的生理功能不同，其细胞形态、结构都有相应不同（图 3-1）。

1. 根冠

　　根冠位于根尖的最前端，像帽子一样套在分生区外面，保护其内幼嫩的分生组织，使其不直接暴露在土壤中。根冠由许多薄壁细胞组成，外层细胞排列疏松，常分泌黏液，使根冠表面光滑，减轻根向土壤中生长时的摩擦和阻力。随着根系的生长，根冠外层的薄壁细胞与土壤颗粒摩擦而不断脱落死亡。但由于分生区的细胞不断分裂产生新细胞，其中一部分补充到根冠，因而使根冠始终保持一定的形状和厚度。根冠可以感受重力，参与控制根的向地性反应。根冠感受重力的地方是在中央部分的细胞，其中含有较多的淀粉粒，能起到平衡石的作用。在自然情况下，根垂直向下生长，平衡石向下沉积在细胞下部，水平放置后根冠中平衡石受重力影响改变了其在细胞中的位置，向下沉积，这种刺激引起了生长的变化，根尖细胞的一侧生长较快，使根尖发生弯曲，从而保证根正常的向地性生长。

2. 分生区

分生区位于根冠内侧，全长1~2mm，是分裂产生新细胞的主要部位，称生长点。分生区细胞的特点是体积较小，排列整齐，胞间隙不明显，壁薄，核大，质浓，具有较强的分裂能力，有少量的小液泡。分生区连续分裂不断增生新的细胞，其中一部分补充到根冠，以补充根冠中损伤脱落的细胞，大部分细胞经生长、分化，进入根后方的伸长区。

3. 伸长区

伸长区位于分生区的上方，细胞多已停止分裂，突出的特点是细胞显著伸长，成圆筒形，细胞质成一薄层，紧贴细胞壁，液泡明显，体积增大并开始分化；细胞伸长的幅度可为原有细胞的数十倍。由于伸长区细胞的迅速伸长，使得根尖不断向土壤深处延伸。因此，伸长区是根向土壤深处生长的动力。

4. 成熟区

成熟区位于伸长区上方，该区的各部分细胞停止伸长，分化出各种成熟组织。成熟区突出的特点是表皮密生根毛，因此又称根毛区。根毛由部分表皮细胞外壁突出而成，呈管状，不分枝，长度1~10mm，其数目因植物的种类而异。根毛的细胞壁薄软而胶黏，有可塑性，易与土粒紧密接触，因此能有效地进行吸收作用（图3-2）。

根毛的生长速度较快，但寿命很短，一般生活10~20天即死亡。然而随着幼根的向前生长，伸长区的上部又产生新根毛，所以根毛区的位置不断向土层深处推移，使根毛能与新土层接触，大大提高了根的吸收效率。生产实践中，植物移栽的，纤细的根毛和幼根难免受损，因而吸收水分的能力大大下降。因此，移栽后，必须充分灌溉和修剪枝叶，以减少植株内水分的散失，提高植株的成活率。

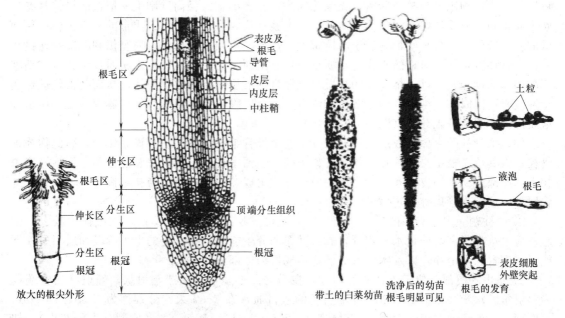

图 3-1　根尖的纵切面　　　　　　　　图 3-2　根毛的形成

（二）双子叶植物根的结构

1. 初生生长与初生结构

由根尖的分生区，即顶端分生组织，经过细胞分裂、生长和分化而形成根的成熟结构，这种生长过程，称为初生生长。在初生生长过程中所产生的各种成熟组织，都属于初生组织，它们共同组成根的结构，称为根的初生结构。因此，在根尖的成熟区作一横切面，就能看到根的初生结构，从外至内可划分为表皮、皮层、维管柱三个明显的部分（图3-3）。

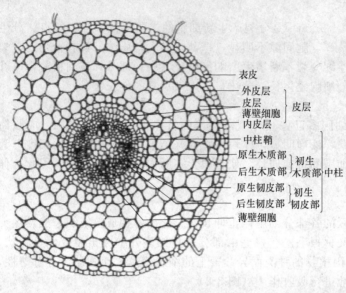

图 3-3　棉根初生结构横切面

（1）表皮　是根的最外一层细胞，由原表皮发育而来，细胞呈长方柱形，其长轴与根的纵轴平行，在横切面上呈近方形。表皮细胞的细胞壁薄，由纤维素和果胶质构成，水和溶质可以自由通过，许多表皮细胞的外壁向外突出伸长，形成根毛，扩大了根的吸收面积。所以，根毛区的表皮属于保护组织。

（2）皮层　表皮以内，维管柱以外的部分称为皮层。皮层来源于基本分生组织，由多层薄壁细胞组成，占幼根横切面的很大比例，是水分和溶质从根毛到维管柱的输导途径，也是幼根贮藏营养物质的场所，并有一定的通气作用。

皮层的最外一至数层细胞，形状较小，排列紧密，称为外皮层。当根毛死亡表皮细胞破坏后，外皮层细胞壁加厚并栓化，代替表皮细胞起保护作用。皮层最内一层特化的细胞为内皮层，内皮层细胞排列整齐紧密，无细胞间隙，在各细胞的径向壁和上下横壁的局部具有带状木质化和木栓化加厚区域，称为凯氏带。电镜观察表明，在紧贴凯氏带的地方，内皮层细胞的质膜较厚，并且牢固地附着于凯氏带上，甚至发生质壁分离时，质膜仍和凯氏带连接在一起。这种特殊结构对根的吸收有重要意义：它阻断了皮层与维管柱之间通过细胞壁、细胞间隙的运输途径，使进入维管柱的溶质只能通过内皮层细胞的原生质体，从而使根能进行选择性吸收，同时防止维管柱中的溶质倒流至皮层，以维持维管组织内的流体静压力，使水和溶质源源不断地进入导管（图3-4）。

（3）维管柱　由原形成层发展而来，主要由维管组织组成，执行输导作用，因此称为维管柱；因其位于根中央的柱状结构，又称中柱；包括中柱鞘、维管束和髓三部分。维管束由初生木质部、初生韧皮部和两者之间的薄壁细胞组成，初生木质部与初生韧皮部相间排列呈辐射形，这种维管束称为辐射型维管束（图3-5）。

① 中柱鞘。由维管柱的外围与内皮层紧接的一层或几层细胞组成。细胞体积较大，细胞壁薄，排列紧密，分化水平较低，具有潜在的分生能力，在特定的生长阶段和适当条件下能形成侧根、不定芽，以及木栓形成层和形成层的一部分。

② 初生木质部。位于中柱鞘的内方，在横切面上呈星芒状或辐射状，辐射状的尖端称为辐射角。双子叶植物初生木质部辐射角的数目通常在2～7束，分别称为二原型（2束）、三原型（3束）、四原型（4束）、五原型（5束）、六原型（6束）、多原型（大于6束）。如

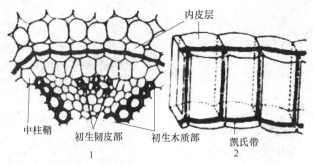

图 3-4　根内皮层的结构

1—根的部分横切面，示内皮层的位置，内皮层的壁上可见凯氏带；
2—三个内皮层的细胞的立体图解，示凯氏带在细胞壁上的位置

萝卜、油菜为 2 束，为二原型；豌豆、柳树为 3 束，为三原型；棉花、向日葵、蚕豆、刺槐一般为 4 束，为四原型。此外，初生木质部束数也常常发生变化，同种植物的不同品种或同株植物的不同根上，可出现不同束数的木质部，如茶树品种不同，则有 5 束、6 束、8 束，甚至 12 束之分。一般认为主根中的原生木质部束数较多，其形成侧根的能力较强。初生木质部组成比较简单，主要是导管和管胞，有的还含有木纤维和木薄壁细胞。

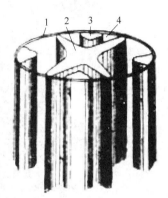

图 3-5　根的维管柱初生结构
的立体图解

1—中柱鞘；2—初生木质部；
3—初生韧皮部；4—薄壁组织

根的初生木质部是向心分化成熟的。辐射角的尖端最早分化成熟，故它的口径较小，壁较厚，为环纹导管和螺纹导管，这部分木质部称为原生木质部；接近中心部分的木质部，分化成熟较迟，导管口径较大，多为梯纹、网纹和孔纹导管，这部分木质部称为后生木质部。根中初生木质部这种由外向内逐渐分化成熟的发育方式，称为外始式。这是根初生木质部的发育特点。

③ 初生韧皮部。位于两个木质部辐射角之间，与初生木质部呈相间排列。因此，其束数与初生木质部的束数相同。它分化成熟的发育方式也是外始式。初生韧皮部由筛管、伴胞和韧皮薄壁组织组成，有时存在韧皮纤维，如锦葵科、豆科等。

此外，在初生韧皮部和初生木质部之间有 1 至多层薄壁细胞，在双子叶植物根中，这部分细胞可以进一步转化为维管形成层的一部分，由此产生次生结构。

④ 髓。少数双子叶植物根的中央为薄壁细胞，称为髓，如蚕豆、落花生等。但大多数双子叶植物根的中央部分常常发育为后生木质部而无髓。

2. 次生生长与次生结构

大多数双子叶植物和裸子植物的根，在完成初生生长后，由于次生分生组织——维管形成层和木栓形成层的产生和分裂活动，使根不断增粗，这种生长过程叫增粗生长，也称次生生长，由它们产生的次生维管组织和周皮共同组成的结构称次生结构。

（1）维管形成层的发生及其活动

① 维管形成层的发生和波浪状形成层环的形成。根部维管形成层产生于幼根初生韧皮部的内方，即由两个初生木质部脊之间的薄壁组织开始。当次生生长开始时，这部分细胞开始进行分裂活动，形成维管形成层的一部分。最初的维管形成层是片段的。这些片段形成层的数目与根的原数有关，即几原型的根就有几条形成层的片段。以后随着细胞的分裂各段维管形成层

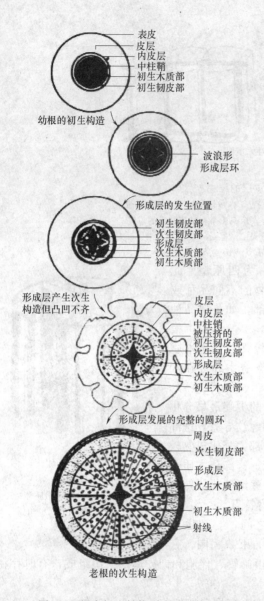

表皮
皮层
内皮层
中柱鞘
初生木质部
初生韧皮部

幼根的初生构造

波浪形
形成层环

形成层的发生位置

初生韧皮部
次生韧皮部
形成层
次生木质部
初生木质部

形成层产生次生构造但凸凹不齐

皮层
内皮层
中柱销
被压挤的初生韧皮部
次生韧皮部
形成层
次生木质部
初生木质部

形成层发展的完整的圆环

周皮
次生韧皮部
形成层
次生木质部
初生木质部
射线

老根的次生构造

图 3-6　根由初生结构到次生结构的转变

逐渐向其两端扩展，并向外推移，直达中柱鞘细胞。此时，与初生木质部辐射角相对的中柱鞘细胞也恢复分裂能力，将片断的形成层连接成完整的、连续的、呈波浪状的维管形成层环包围着初生木质部（图3-6）。

②维管形成层的活动及圆环状形成层的形成。维管形成层发生后，主要进行平周分裂，由于形成层发生的时间及分裂速度不同，通常位于初生韧皮部内侧的维管形成层最早发生，最先分裂，分裂速度快，产生的次生维管组织较多，而在初生木质部辐射角处的形成层活动较慢，所以形成的次生维管组织较少。这样，初生韧皮部内侧的维管形成层被新形成的次生组织推向外方，最后使波浪形的维管形成层环变成圆环状的维管形成层环。圆环状维管形成层环形成后，形成层各部分的分裂活动趋于一致，向内向外添加次生组织，并把初生韧皮部推向外方。维管形成层环，主要是进行平周分裂，向内分裂产生的细胞，分化出新的木质部，加在初生木质部的外方，叫次生木质部。向外分裂产生的细胞，分化出新的韧皮部，加在初生韧皮部的内方，称次生韧皮部。次生木质部和次生韧皮部合称次生维管组织，这是次生结构的主要部分。另外，在次生木质部和次生韧皮部内，还有一些径向排列的薄壁细胞群，统称维管射线，其中贯穿于次生木质部中的射线称为木射线，贯穿于次生韧皮部中的射线称为韧皮射线。维管射线是次生结构中新产生的组织，具有横向运输水分和养料的功能。根在增粗过程中，形成层的分裂活动，以及所产生的次生组织主要有以下特点：一是在次生维管组织内，次生木质部居内，次生韧皮部居外，为相对排列，这与初生维管组织中初生木质部与初生韧皮部两者相间排列是完全不同的；二是在维管形成层不断进行平周分裂的过程中，向内产生的次生木质部比向外产生的韧皮部多，随着根的不断增粗，维管形成层的位置也不断向外推移，所以形成层除进行平周分裂使根的直径加大外，也进行少量的垂周分裂和侵入生长，使维管形成层本身的周径不断增大，以适应根的增粗。

（2）木栓形成层的发生及活动　维管形成层的活动使根内增加了大量的次生组织，而使维管柱外围的皮层及表皮被撑破。在皮层破坏之前，中柱鞘细胞恢复分裂能力，形成木栓形成层。木栓形成层进行平周分裂，向外分裂产生木栓层，向内分裂产生栓内层，三者共同组成周皮。木栓层由数层木栓细胞组成，细胞扁平，排列紧密而整齐，无细胞间隙，细胞壁栓化，不透气，不透水，最后原生质体死亡，成为死细胞。木栓层以外的皮层和表皮因得不到水分和养料而死亡脱落，于是周皮代替表皮对老根发挥很好的保护作用，这是根增粗生长后形成的次生保护组织。多年生木本植物的根，维管形成层随季节进行周期性活动，使根不断增粗。而木栓形成层的活动通常有限，活动一个时期便失去再分裂的能力而本身栓化为木栓细胞。随着根的不断增粗，木栓形成层可由内侧的薄壁细胞恢复分裂重新产生。因此，木栓形成层的发生位置可逐年向根的内方推移，最终可深入到次生韧皮部，由次生韧皮部的薄壁组织发生，继续形成新的木栓形成层。

　　由于两种形成层（次生分生组织）的活动，形成了根的次生结构。自外而内依次为周皮（木栓层、木栓形成层、栓内层）、成束的初生韧皮部（常被挤毁）、次生韧皮部（含径向的韧皮射线）、形成层、次生木质部（含木射线）、初生木质部（辐射状）。辐射状的初生木质部仍保留在根的中央，成为识别老根的重要特征（图3-7）。

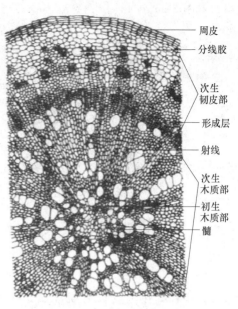

图3-7　棉根次生构造的横切面

（三）禾本科植物根的结构特点

　　禾本科植物属于单子叶植物，其基本结构与双子叶植物一样，亦分为表皮、皮层、维管柱三部分（图3-8）。但禾本科植物在下列几方面有所不同。

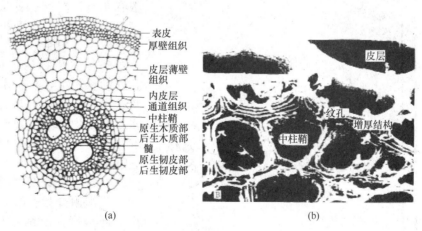

(a)　　　　　　　　　　　(b)

图3-8　小麦老根横剖面（a）及黑麦草内皮层细胞（b）（郑湘如，2001）
示内皮层细胞五面加厚的壁及其中的纹孔

　　（1）在植物一生中只具初生结构，一般不再进行次生的增粗生长，即不形成次生分生组织和进行次生生长。

　　（2）外皮层在根发育后期常形成木栓化的厚壁组织，在表皮和根毛枯萎后，替代表皮起保护作用。内皮层细胞在发育后期其细胞壁常呈五面壁加厚，在横切面上呈马蹄形，但与初生木质部相对处的内皮层细胞不增厚，保持薄壁状态，称为通道细胞。一般认为它们是禾本科植物根内外物质运输的唯一途径，但大麦根中无通道细胞，在电镜下发现其内皮层栓化壁上有许多胞间连丝，认为是物质运输的通道。水稻根在生长后期皮层的部分细胞解体形成通气组织（图 3-9）。

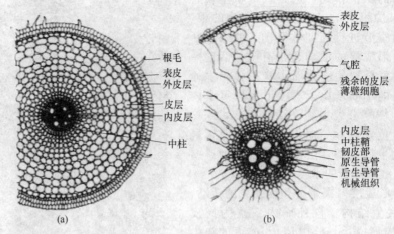

图 3-9　水稻的幼根（a）和老根（b）

（3）中柱鞘在根发育后期常部分（如玉米）或全部（如水稻）木化。维管柱为多原型——初生木质部束数多为 7 束以上。中央有发达的髓，由薄壁细胞组成，有的种类如水稻等发育后期可转化为木化的厚壁组织，以增强支持作用。

（四）侧根的形成

侧根起源于根毛区内中柱鞘的一定部位，侧根在维管柱鞘上产生的位置，常随植物种类而不同，在二原型根中，侧根发生于初生木质部和初生韧皮部之间或正对着初生木质部的中柱鞘细胞。在前一种情况下，侧根行数为原生木质部辐射角的倍数，如胡萝卜为二原型，侧根有 4 行；在后一种情况下，则侧根只有 2 行，如萝卜。在三原型或四原型根中，侧根多发生于正对初生木质部的中柱鞘细胞，在这种情况下，初生木质部辐射角有几个，常产生几行侧根。在多原型根中，侧根常产生于正对着原生韧皮部的中柱鞘细胞（图 3-10）。

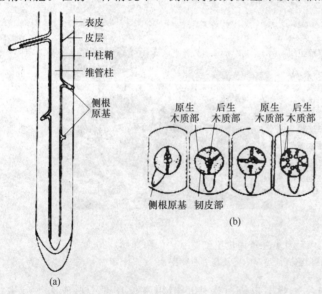

图 3-10　根尖纵剖面与根的初生结构横剖面简图

（a）根尖纵剖面；（b）根的初生结构横剖面，示侧根原基发生部位

当侧根开始发生时，中柱鞘的某些细胞开始分裂，最初为几次平周分裂，使细胞层数增加，并向外突起，以后再进行包括平周分裂和垂周分裂在内的各个方向的分裂，这就使原有的突起继续生长，形成侧根的根原基，这是侧根最早的分化阶段。以后随着侧根原基的分裂、生长，逐渐分化出生长点和根冠。最后，生长点的细胞继续分裂、增大和分化，逐渐深入皮层。此时，根尖细胞能分泌含酶的物质，将部分皮层和表皮细胞溶解，因而能够穿破表皮，顺利地伸入土壤之中形成侧根。

由于侧根起源于中柱鞘，因而发生部位接近维管组织，当侧根维管组织分化后，就会很快地和母根的维管组织连接起来。侧根的发生，在根毛区就已开始，但突破表皮，露出母根外，却在根毛区以后的部分。这样侧根的产生不会破坏根毛而影响吸收功能。

（五）根瘤与菌根

有些土壤微生物能侵入某些植物的根部，与之建立互助互利的并存关系，这种关系称为共生。被侵染的植物称为宿主，其被侵染的部位常形成特殊结构，根瘤和菌根便是高等植物的根部所形成的共生结构。

1. 根瘤

根瘤是由固氮细菌或放线菌侵染宿主根部细胞而形成的瘤状共生结构。自然界中有数百种植物能形成根瘤，其中与生产关系最密切的是豆科植物的根瘤（图 3-11）。豆科植物的根瘤是根瘤菌入侵后形成的。它与宿主的共生关系表现在：宿主供应根瘤菌所需的碳水化合物、矿物盐类和水，根瘤菌则将宿主不能直接利用的分子氮在其固有的固氮酶的作用下，形成宿主可吸收利用的含氮化合物。这种作用称为固氮作用。氮是植物必需的大量元素，由于氮是生命物质蛋白质的组成成分，所以又被称为"生命元素"。虽然空气中含氮量达 78% 左右，但植物不能吸收利用，通过人工合成或生物固氮作用才能被植物利用。

有人估计，全世界年产氮肥 0.5 亿吨左右，而通过生物固氮的氮素可达 1.5 亿吨，而且生物固氮不但量大，又不产生污染，并可节能，因此，生物固氮具有良好的应用前景。

图 3-11　几种豆科植物的根瘤
1—具有根瘤的大豆根系；2—大豆的根瘤；3—蚕豆的根瘤；4—豌豆的根瘤；5—紫云英的根瘤

豆科植物根瘤的形成过程如图 3-12 所示。豆科植物苗期根部的分泌物吸引了附近的根瘤菌，使其聚集在根毛附近大量繁殖。随后，根瘤菌产生的分泌物使根毛卷曲、膨胀，并使部分细胞壁溶解，根瘤菌即从壁被溶解处侵入根毛，在根毛中滋生成管状的侵入线。其余的根瘤菌便沿侵入线进入根部皮层并在该处繁殖，皮层细胞受此刺激也迅速分裂，致使根部形成局部突起，即为根瘤。根瘤菌居于根瘤中央的薄壁组织内，逐渐破坏其核与细胞质，本身变为拟菌体；同时该区域周围分化出与根部维管组织相连的输导组织。拟菌体通过输导组织从皮层吸收营养和水，进行固氮作用。现已发现自然界有一百多种非豆科植物也可形成能固氮的根瘤或叶瘤，可用于固沙改土。此外，也可通过遗传工程使谷类作物和牧草具备固氮能力，这已成为世界性的研究课题。

2. 菌根

菌根是高等植物根部与某些真菌形成的共生体。可分为外生菌根、内生菌根和内外生菌根三种。

（1）外生菌根　与根共生的真菌菌丝大都分长在幼根外表，形成菌丝鞘，少数侵入表皮和皮层的细胞间隙。菌根一般较粗，顶端分为二叉，根毛稀少或无。只有少数植物如杜鹃花科、松科、桦木科等植物形成这类菌根（图 3-13）。

（2）内生菌根　真菌侵入根的皮层细胞内，并在其中形成一些泡囊和树枝状菌丝体，故又名泡囊-丛枝菌根。大多数菌根属此种类型，如小麦、银杏等植物的菌根（图 3-14）。

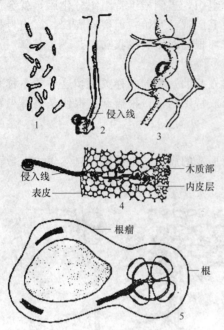

图 3-12　根瘤菌与根瘤

1—根瘤菌；2—根瘤菌侵入根毛；3—根瘤菌
穿过皮层细胞；4—根横切面的一部分，示根
瘤菌进入根内；5—蚕豆根通过根瘤的切面

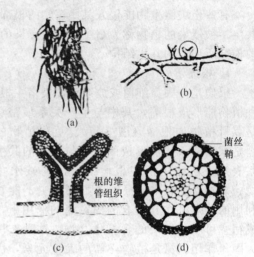

图 3-13　外生菌根（郑湘如，2001）

(a)栎树的外生菌根外形；(b)成为菌根的一些
侧根端部成分叉状；(c)为 B 部分放
大；(d)外生菌根的横剖面

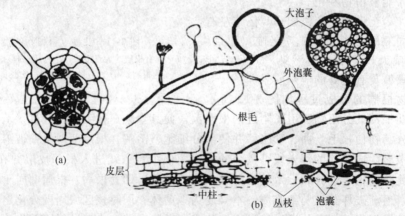

图 3-14　内生菌根

(a)小麦根横剖面，示内生真菌（郑湘如，2001）；(b)泡囊中一丛枝状的真菌在宿主根中的分布

（3）内外生菌根　指共生的真菌既能形成菌丝鞘，又能侵入宿主根细胞内的一类菌根，如草莓。

菌根中的菌丝从寄主组织中获取营养，同时也有利于寄主的生长发育：一是可提高根的吸收能力；二是能分泌水解酶促进根际有机物分解以便于根吸收；三是产生如 B 族维生素类的生长活跃物质，增加根部细胞分裂素的合成，促进宿主的根部发育；四是对于一些药用植物能提高药用成分；五是提高苗木移栽、扦插成活率等。另外，兰科菌根是兰科植物种子萌发的必要条件。

有些具有菌根的树种，如松、栎等，如果缺乏菌根，就会生长不良。所以在荒山造林或播种时，常预先在土壤内接种所需要的真菌，或事先让种子感染真菌，以使这些植物菌根发达，保证树木生长良好。但在某些情况下两者也发生矛盾，如真菌过旺生长会使根的营养消耗过多，树木生长受到抑制。

二、茎的结构

茎是地上部分的主轴，支持叶、芽、花、果，并使它们形成合理的空间布局，有利于叶的光合作用，以及花的传粉、果实或种子的传播。根部吸收的水、矿物质，以及在根中合成或贮藏的有机物通过茎运往地上各部分；叶的光合产物也要通过茎输送到植株各部分。另外，茎有贮藏功能，尤其是多年生植物，其贮藏物成为休眠芽春季萌动的营养来源；有些植物的茎还具有繁殖功能，如马铃薯的块茎、杨的枝条等。

（一）茎的伸长生长与初生结构

1. 茎尖分区及结构

茎的尖端称为茎尖。茎尖自上而下可分为分生区、伸长区和成熟区三部分（图 3-15）。

（1）分生区 位于茎尖前端，由原分生组织和初生分生组织组成。原分生组织呈半球形结构，即芽中的生长锥，这部分细胞是一群具有强烈而持久分裂能力的细胞群。

（2）伸长区 茎伸长区的细胞学特征基本与根相同，但该区长度常包含几个节与节间，远长于根的伸长区。其长度可随环境改变，二年生和多年生植物在进入休眠期时，伸长区逐渐变为成熟区而难以辨认。

（3）成熟区 与根相同，此处各种成熟组织已分化完成，成为茎的初生结构。

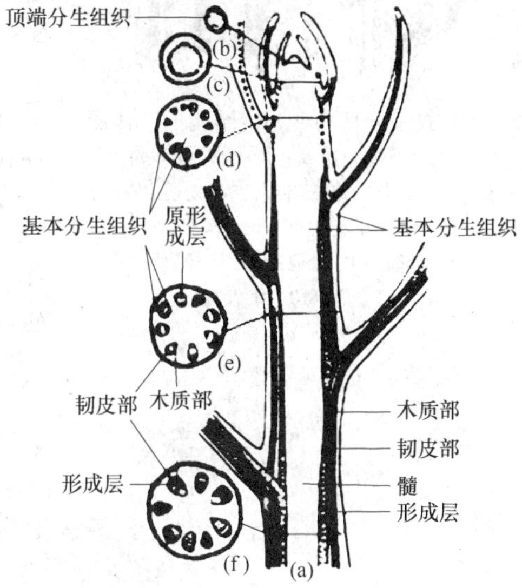

图 3-15　茎尖各区的大致结构
（a）茎尖（全图）；（b）分生区；
（c），（d）伸长区；（e），（f）成熟区

2. 茎的伸长生长

茎的伸长生长方式比较复杂，可分为顶端生长和居间生长。

（1）顶端生长 茎的顶端生长是指茎尖中进行的初生生长。通过顶端生长可不断增加茎的节数和叶数，同时使茎逐渐延长。

（2）居间生长 茎的居间生长是指遗留在节间的居间分生组织所进行的初生生长。禾本科、石竹科、蓼科、石蒜科植物在进行顶端生长时，开始所形成的茎的节间不伸长，而是在节间遗留下居间分生组织，待植株生长发育到一定阶段，这些居间分生组织才进行伸长生长，并逐渐全部分化为初生结构，使茎的节间迅速伸长。例如小麦、水稻等禾本科植物的拔节就是居间生长的结果。有些植物在茎以外的部位，如韭菜的叶基、花生的子房柄，也存在这种类型的生长方式。

3. 茎的初生结构

（1）双子叶植物茎的初生结构 茎通过初生伸长生长所形成的构造称为初生结构。与根相同，茎的初生结构也是由表皮、皮层和维管柱三大部分组成，但两者因功能与所处环境的不同，在结构上存在很大差异（图 3-16、图 3-17）。

① 表皮。表皮是幼茎最外面的一层细胞，为典型的初生保护组织。在横切面上表皮细胞为长方形，排列紧密，没有细胞间隙，细胞外壁较厚形成角质层，有的植物还具有蜡质（如蓖麻），能控制蒸腾作用并增强表皮的坚固性。在表皮上存在气孔器、表皮毛、腺毛等附

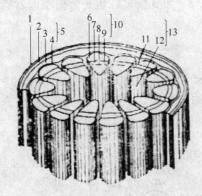

图 3-16 双子叶植物茎初生结构的立体图解
1—表皮；2—厚角组织；3—含叶绿体的薄壁组织；4—无色的薄壁组织；5—皮层；6—韧皮纤维；7—初生韧皮部；8—形成层；9—初生木质部；10—维管束；11—髓射线；12—髓；13—维管柱

属结构，表皮毛和腺毛能增强表皮的保护功能。

② 皮层。位于表皮的内方，整体远较根的薄，主要由薄壁组织所组成。细胞排列疏松，有明显的细胞间隙。靠近表皮的几层细胞常分化为厚角组织。薄壁组织和厚角组织细胞中常含有叶绿体，故使幼茎呈绿色。有些植物茎的皮层中还分布有分泌腔（棉、向日葵）、乳汁管（甘薯）或其他分泌结构；有的含有异型细胞，如晶细胞、单宁细胞（桃、花生），木本植物则常有石细胞群。

茎的内皮层分化不明显，皮层与维管柱没有明显的界限，只有一些植物的地下茎或水生植物的茎存在内皮层。少数植物如蚕豆，茎的内皮层细胞富含淀粉粒，故称为淀粉鞘。

③ 维管柱。皮层以内的中央柱状部分称为维管柱。双子叶植物茎的维管柱包括维管束、髓和髓射线三部分。

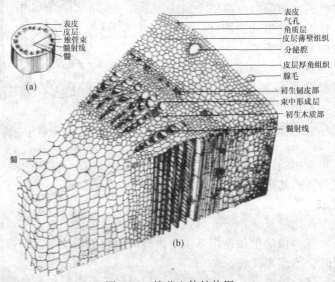

图 3-17 棉茎立体结构图
(a) 简图；(b) 部分结构图

a. 维管束。茎的维管束是由初生木质部与初生韧皮部共同组成的分离的束状结构。茎内各维管束作单环状排列，多数植物的维管束属于外韧维管束类型，即初生韧皮部（由筛管、伴胞、韧皮纤维和韧皮薄壁细胞组成）在外方，初生木质部（由导管、管胞、木纤维和木薄壁细胞组成）在内方，在木质部与韧皮部之间普遍有由原形成层保留下来的束内形成层，这种侧生分生组织能继续产生维管组织，因而这种维管束又称无限维管束或外韧无限维管束。甘薯、马铃薯、南瓜等植物的维管束，外侧和内侧都是韧皮部，中间是木质部，外侧的韧皮部和木质部之间有形成层，这种维管束称双韧维管束。

b. 髓。位于维管柱中央的薄壁组织称为髓，具有贮藏养料的作用。有的植物髓中含有石细胞、晶细胞、单宁细胞等异细胞；有的植物的髓在生长过程中被破坏形成髓腔，如南瓜；有些植物形成髓腔时还留有片状的髓组织，如胡桃、枫杨属植物。

c. 髓射线。是位于各维管束之间的薄壁组织，内连髓部，外接皮层，在横切面上呈放射状。具有横向运输养料的作用，同时也是茎内贮藏营养物质的组织。

（2）禾本科植物茎的初生结构　禾本科植物茎的初生结构在横切面上大体可分为表皮、基本组织和维管束三部分（图 3-18）。与双子叶植物茎的初生结构比较，禾本科植物茎的维管束数目多，并散生在基本组织中，所以没有皮层和维管柱之分；维管束内无形成层，属有限维管束，因此禾本科植物不能进行次生加粗生长，终生只有初生结构，没有次生结构。

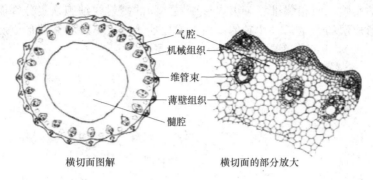

图 3-18　水稻茎横切面

① 表皮。是一层生活细胞，排列整齐，由长细胞、短细胞和气孔器有规律地交替排列而成。长细胞是角质化细胞，为表皮的基本组成成分；短细胞排列在长细胞之间，包括具栓化壁的栓化细胞和有硅化细胞壁、细胞腔内有硅质胶体的硅细胞。

② 基本组织。表皮以内为基本组织，主要由薄壁细胞组成。在靠近表皮处常有几层厚壁组织，彼此相连成一环，呈波浪形分布，具有支持作用。在厚壁组织以内为薄壁组织，充满在各维管束之间。水稻、小麦、竹等茎的中央薄壁组织解体形成髓腔；水稻茎的维管束之间还有裂生通气道。禾本科植物的茎幼嫩时，在近表面的部分薄壁细胞中含有叶绿体，呈绿色，能进行光合作用。

③ 维管束。维管束散生于基本组织中，整体亦呈网状。在具髓腔的茎（小麦、水稻）中，维管束大体分为内、外两环。外环的维管束较小，大部分分布在表皮内侧的机械组织中；内环的维管束较大，为薄壁组织包围。实心结构的茎中（如玉米），维管束散生于整个茎的基本组织中，由外向内维管束直径逐渐增大，各维管束束间的距离则愈来愈远。

禾本科植物茎中的维管束外围均由厚壁组织组成的维管束鞘包围。初生木质部在横切面上呈"V"形，其基部为原生木质部，包括 1~2 个环纹、螺纹导管和少量木薄壁细胞。在生长过程中这些导管常遭破坏，四周的薄壁细胞互相分离，形成气腔；"V"形的两臂处各有一个属于后生木质部的大型孔纹导管，其间或为木薄壁细胞，或有数个管胞。初生韧皮部在初生木质部外方。发育后期原生韧皮部常被挤毁，后生韧皮部由筛管和伴胞组成（图3-19）。

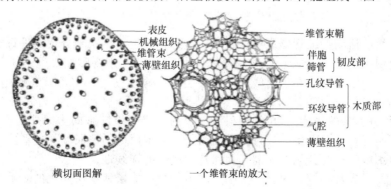

图 3-19　玉米茎横切面

（二）双子叶植物茎的加粗生长与次生结构

与根相同，茎的加粗也是由形成层和木栓形成层进行次生生长的结果，但这两种次生分生组织的发生和所形成的次生结构的某些特征方面，茎与根存在不同之处。

1. 形成层的发生与活动

（1）维管形成层的发生　茎的初生结构形成后，在维管束中保留有束内形成层，随着束内形成层活动的影响，使相邻维管束束内形成层之间的髓射线细胞恢复分裂能力，形成束间形成层。束间形成层的产生，将片断的束内形成层连接成完整的圆筒状形成层，在横切面上呈圆环状（图 3-20），称为维管形成层，简称形成层。

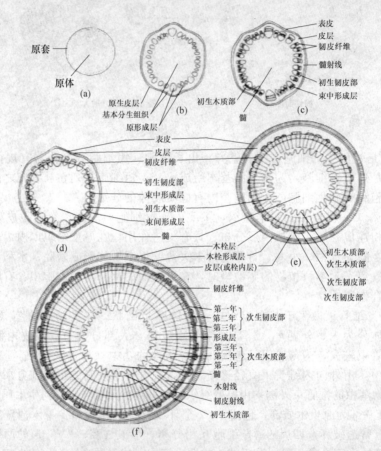

图 3-20　多年生双子叶植物茎的初生与次生生长图解（郑湘如，2001）
（a）茎生长锥原分生组织部分的横切面；（b）生长锥下方初生分生组织的部分；
（c）初生结构；（d）形成层环形成；（e），（f）次生生长和次生结构

（2）形成层的活动　维管形成层产生后通过细胞分裂、生长和分化而进行次生生长，形成次生维管组织。生长的方式和产物与根基本相同，向内分裂形成次生木质部（导管、管胞、木纤维、木薄壁细胞）和木射线，向外分裂形成次生韧皮部（筛管、伴胞、韧皮纤维、韧皮薄壁细胞）和韧皮射线。两种射线合称维管射线，维管射线与髓射线具有相同的功能（横向运输与贮藏养料的功能）。位于髓射线部位的射线原始细胞向内向外都产生薄壁细胞，而使髓射线不断延长。在次生生长过程中，由于次生木质部的不断增加，形成层随之向外推移，通过本身细胞的径向分裂扩大周径而保持形成层的连续性。

（3）年轮的形成及心材、边材　多年生木本植物形成层活动所产生的次生木质部就是木材。在其形成过程中可出现年轮、心材、边材等特征（图 3-21、图 3-22）。

在多年生木本植物茎的次生木质部中，可以见到许多同心圆环，这就是年轮，年轮的产生是形成层活动随季节变化的结果。在四季气候变化明显的温带，春季温度逐渐升高，形成层解除休眠恢复分裂能力，这个时期水分充足，形成层活动旺盛，细胞分裂快，生长也快，形成的次生木质部中导管和管胞大而多，管壁较薄，木材质地较疏松，颜色较浅，称为早材或春材；夏末秋初，气温逐渐降低，形成层活动逐

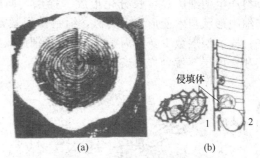

图 3-21　木材中的心材、边材和侵填体（郑湘如，2001）
（a）具 28 年树龄的红杉茎干横剖面，示心材（中央色
深处）及其外围的边材；（b）杨槐心材中的侵填体
1—横剖面；2—纵剖面

渐减弱，直至停止，产生的木材导管和管胞少而小，细胞壁较厚，木材质密色深，称为晚材或秋材。同一年的早材和晚材之间是逐渐转变的，没有明显的界限，但经过冬季休眠，前一年的晚材和第二年的早材之间形成了明显的界限，叫年轮界线，同一年内产生的早材和晚材

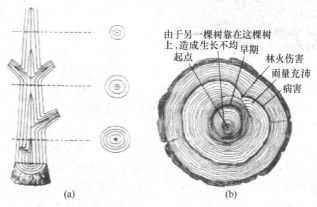

图 3-22　树木的生长轮（郑湘如，2001）
（a）具有 5 年树龄茎干的纵、横剖面简图，示不同高度生长轮数目的变化——基部是最早出现形成层进行次生生长处，
因而其生长轮数代表了树龄，形成层的出现依次减少；（b）树干的横剖面，示生态条件对生长轮生长状况的影响

就构成了一个年轮。没有季节性变化的热带地区，树木没有年轮的产生。而温带和寒带的树木，通常一年只形成一个年轮。因此，根据年轮的数目可推断出树木的年龄。很多树木，随着年轮的增多，茎干不断增粗，靠近形成层部分的木材颜色浅，质地柔软，具有输导功能，这部分木材称边材。木材的中心部分，常被树胶、树脂及色素等物质所填充，因而颜色较深，质地坚硬，这部分称心材。心材已经失去输导能力，但对植物体具有较强的支持作用。由于心材含水分少，不易腐烂，所以材质较好。心材与边材不是固定不变的，形成层每年可产生新的边材，同时靠近心材的部分边材继续转变为心材，因此边材的量比较稳定，而心材则逐年增加。边材与心材的比例及明显程度，各种树木不同。

2. 木栓形成层的产生与活动

茎在次生生长过程中，除形成层活动产生次生维管组织外，还形成木栓形成层产生周皮和树皮等次生保护结构以代替表皮起保护作用，以适应茎的不断增粗。茎中木栓形成层的来源较根复杂，最初的起源处因植物而异，有的起源于表皮（苹果、李等）；多数起源于皮层，可以在近表皮处皮层细胞（桃、马铃薯等），或皮层厚角组织（花生、大豆等），或皮层深处（棉等）；茶则由初生韧皮部中的韧皮薄壁细胞产生。木栓形成层产生后主要进行平周分裂，

向外分裂产生的细胞经生长分化形成木栓层，向内产生的细胞发育成栓内层。木栓层层数多，其细胞形状与木栓形成层类似，细胞排列紧密，成熟时为死细胞，壁栓质化，不透水、不透气；栓内层层数少，多为1～3层薄壁细胞，有些植物甚至没有栓内层。木栓层、木栓形成层和栓内层三者合称周皮。

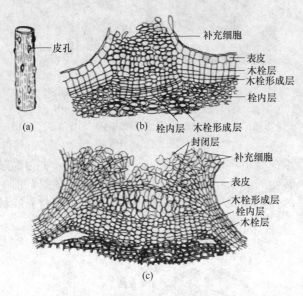

图 3-23 皮孔的结构
(a)一段茎，示皮孔的外形与分布；(b)皮孔的剖面示结构；
(c)李属植物茎的外周横剖面，示封闭层

木栓层形成后，由于木栓层不透水、不透气，所以木栓层以外的组织因水分和营养物质的隔绝而死亡并逐渐脱落。表皮上原来气孔的位置，由于木栓形成层向外分裂产生大量疏松的薄壁细胞，并向外突出形成裂口，称皮孔。皮孔是老茎进行气体交换的通道（图3-23）。

木栓形成层的活动期有限，一般只有一个生长季，第二年由其里面的薄壁细胞再转变成木栓形成层，形成新的周皮，这样多次积累，就构成了树干外面的树皮。植物学上将历年产生的周皮和夹于其间的各种死亡组织合称树皮或硬树皮。生产上习惯把形成层以外的部分称为树皮，而植物学上称为软树皮。

3. 双子叶植物茎的次生结构

双子叶植物由于形成层和木栓形成层的产生与活动，茎内形成大量次生组织，形成次生结构。茎的次生构造自外向内依次为周皮（木栓层、木栓形成层、栓内层）、皮层（有或无）、初生韧皮部（有或脱落）、次生韧皮部、形成层、次生木质部、初生木质部、维管射线和髓射线（图3-24、图3-25）。

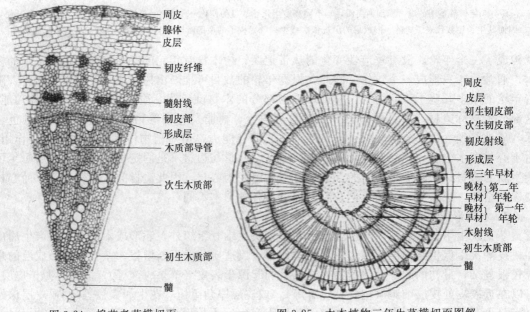

图 3-24 棉花老茎横切面　　图 3-25 木本植物三年生茎横切面图解

在双子叶植物茎的次生结构中，次生韧皮部的组成成分与初生韧皮部基本相同，但后者没有韧皮射线。在横切面上次生韧皮部的量比次生木质部少得多，这是因为：形成层向外产生次生韧皮部的量要比向内产生次生木质部的量少；筛管的输导作用只能维持1～2年，以后随着内侧次生木质部逐渐向外扩张逐渐被挤毁，并被新产生的次生韧皮部所代替；在多年生木本植物中，次生韧皮部又是木栓形成层发生的场所，此处周皮一旦形成，其外方的韧皮部就因水分、养料被隔绝而死亡，成为硬树皮的一部分。由此说明，次生韧皮部随着形成层的连续活动不断更新。

三、叶片的结构

叶是绿色植物进行光合作用的主要器官，通过光合作用，植物合成本身生长发育所需的葡萄糖，并以此作原料合成淀粉、脂肪、蛋白质、纤维素等。对人和动物界而言，光合作用的产物是食物的直接或间接来源，该过程释放的氧又是生物生存的必要条件之一。叶也是蒸腾作用的主要器官，蒸腾作用是根系吸水的动力之一，并能促进植物体内无机盐的运输，还可降低叶表温度，使叶免受过强日光的灼伤。因此，蒸腾作用可以协调体内各种生理活动，但过于旺盛的蒸腾对植物不利。叶还具有一定的吸收和分泌能力。此外，有些植物的叶还具有特殊的功能，如落地生根、秋海棠等植物的叶具有繁殖能力；洋葱、百合的鳞叶肥厚，具有贮藏养料的作用；猪笼草、茅膏菜的叶具有捕捉与消化昆虫的作用。

（一）双子叶植物叶片的结构

双子叶植物的叶片多具有背面（远轴面或下面）和腹面（近轴面或上面）之分，在横切面上可分为表皮、叶肉和叶脉三部分（图3-26）。

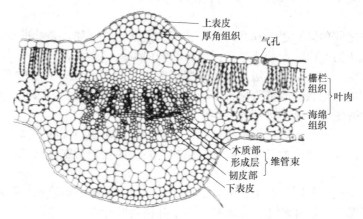

图 3-26　双子叶植物叶片横切面

1. 表皮

表皮覆盖于叶片的上下表面，叶片上面（腹面）的表皮称上表皮；叶片下面（背面）的表皮称下表皮。表皮通常由一层生活细胞构成，包括表皮细胞、气孔器、表皮毛、异形胞等。

表皮细胞是表皮的基本组成成分。表皮细胞通常呈扁平不规则形，侧壁（垂周壁）为波浪形，相邻表皮细胞的侧壁彼此凹凸镶嵌，排列紧密，没有细胞间隙。在横切面上，表皮细胞的形状比较规则，排列整齐，呈长方形，外壁较厚，常具角质层，有的还具有蜡质。角质层具有保护作用，可以控制水分蒸腾、增强表皮的机械性能，防止病菌侵入。上表皮的角质层一般较下表皮发达，发达程度因植物种类和发育年龄而异，幼嫩叶常不如成熟叶发达。表皮细胞一般不含叶绿体，但有些植物含有花青素，使叶片呈红色、紫色等颜色。

气孔器是由保卫细胞、气孔、孔下室或连同副卫细胞组成，是调节水分蒸腾和进行气体

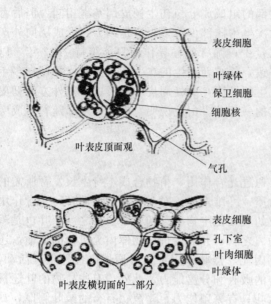

叶表皮顶面观

叶表皮横切面的一部分

图 3-27 双子叶植物叶的下表皮的一部分，示气孔

交换的结构。在叶的表皮上分布有许多气孔器，气孔器的类型、数目与分布因植物种类不同而有差异，如马铃薯、向日葵、棉花等植物叶的上下表皮都有气孔，而下表皮一般较多。但有些植物，气孔只限于下表皮，如苹果、旱金莲；或限于上表皮，如睡莲、莲；还有些植物的气孔只限于下表皮的局部区域，如夹竹桃的气孔仅在凹陷的气孔窝内。但多数双子叶植物气孔多分布于下表皮，这与叶片的功能及下表皮空间位置紧密相关。气孔分布密度比茎表皮大，大多数植物每平方毫米的下表皮气孔为 $100 \sim 300$ 个。双子叶植物的气孔是由两个肾形的保卫细胞围合而成的小孔（图 3-27），保卫细胞内含叶绿体，这与气孔的张开关闭有关。当保卫细胞从邻近细胞吸水而膨胀时，气孔张开；当保卫细胞失水而收缩时，气孔关闭。

叶的表皮上着生有数量不等、单一或多种类型的表皮毛，不同植物表皮毛的种类和分布状况也不相同。表皮毛的主要功能是减少水分的蒸腾，加强表皮的保护作用。此外，有的植物还有晶细胞（异形胞）；有的在叶缘具有排水器。

2. 叶肉

上、下表皮之间的同化组织称为叶肉，其细胞内富含叶绿体，是叶进行光合作用的主要场所。双子叶植物的叶肉一般分化为栅栏组织和海绵组织（图 3-26）。

（1）栅栏组织 由一层或几层长柱形细胞组成，紧接上表皮，其长轴垂直于叶片表面，排列整齐而紧密如栅栏状，故称为栅栏组织。细胞内含叶绿体较多，因此叶片的上表面绿色较深。栅栏组织的主要功能是进行光合作用。

（2）海绵组织 靠近下表皮，细胞形状不规则，排列疏松，细胞间隙大。细胞内含叶绿体较少，故叶片背面颜色一般较浅。海绵组织的主要功能是进行气体交换，同时也能进行光合作用。

大多数双叶子植物的叶片有上、下面的区别，上面（腹面或近轴面）深绿色，下面（背面或远轴面）淡绿色，这样的叶为异面叶。单子叶植物叶片在茎上基本呈直立状态，两面受光情况差异不大，叶肉组织中没有明显的栅栏组织和海绵组织的分化，叶片上、下两面的颜色深浅基本相同，这种叶叫等面叶，如小麦、水稻等禾本科植物。

3. 叶脉

叶脉贯穿于叶肉之中，是叶片中的维管束。叶脉的结构因其大小不同而存在差异。粗大的主脉，通常在叶背隆起，维管束外围有机械组织分布，所以叶脉不仅有输导作用，而且具有支持叶片的作用。维管束由木质部、韧皮部和形成层三部分组成。木质部在上方，由导管、管胞、薄壁细胞和厚壁细胞组成。韧皮部在下方，由筛管、伴胞、薄壁细胞组成。形成层在木质部和韧皮部之间，其活动期短而微弱，因而产生的次生组织不多。叶脉愈分愈细，其结构也愈简单，先是机械组织和形成层逐渐减少直至消失，其次是木质部和韧皮部也逐渐简化至消失。最后韧皮部只剩下短而狭的筛管分子和增大的伴胞，木质部只有 $1 \sim 2$ 个管胞而中断在叶肉组织中。

叶脉的输导组织与叶柄的输导组织相连，叶柄的输导组织又与茎、根的输导组织相连，

图中标注：
表皮细胞
叶绿体
保卫细胞
细胞核
气孔
表皮细胞
孔下室
叶肉细胞
叶绿体

从而使植物体内形成一个完整的输导系统。

（二）禾本科植物叶片的结构

禾本科植物叶片也分为表皮、叶肉和叶脉三部分。

1. 表皮

表皮也具有上表皮和下表皮之分，但与双子叶植物比较，上、下表皮除具有角质层、蜡质外，各细胞还发生高度硅化，水稻还形成硅质乳突，因而使叶片较坚硬（图3-28）。

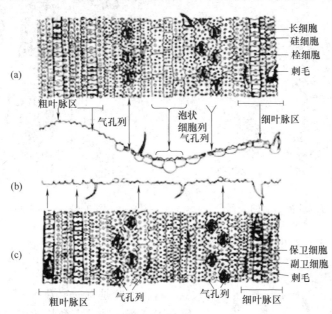

图 3-28　水稻叶表皮的结构
（a）上表皮顶面观；（b）上、下表皮横剖面示意图；（c）下表皮顶面观

表皮细胞的形状比较规则，排列成行，常包括两种细胞，即长细胞和短细胞。长细胞为长方形，外壁角质化并含有硅质；短细胞为正方形或稍扁，插在长细胞列之间，短细胞可分为硅细胞和栓细胞两种类型。禾本科植物叶脉之间的上表皮中分布着数列大型细胞，称为泡状细胞，泡状细胞的壁较薄，细胞内有较大的液泡，在横切面呈扇形排列。泡状细胞能贮积大量水分，在干旱时，这些泡状细胞因失水而缩小，使叶片向上卷曲成筒状，以减少水分蒸腾；当大气湿润，水分蒸腾减少时，泡状细胞吸水胀大，使叶片展开恢复正常，因此也称为运动细胞。如玉米、水稻等植物表现得非常明显（图3-29）。

禾本科植物气孔器由两个保卫细胞、两个副卫细胞及气孔组成，气孔在上、下表皮的分布数量近似相等，没有差异。保卫细胞呈哑铃形，两端膨大而壁薄，中部壁增厚。副卫细胞位于保卫细胞两旁，近似于菱形（图3-30）。

2. 叶肉

禾本科植物的叶肉，没有栅栏组织和海绵组织的分化，为等面叶。叶肉细胞排列紧密，胞间隙小，但每个细胞的形状不规则，其细胞壁向内皱褶，形成了具有"峰、谷、腰、环"的结构（图3-31），有利于更多的叶绿体排列在细胞的边缘，易于接受二氧化碳和光照，进行光合作用。当相邻叶肉细胞的"峰"、"谷"相对时，可使细胞间隙加大，便于气体交换。

3. 叶脉

叶脉由木质部、韧皮部和维管束鞘组成。木质部在上，韧皮部在下，维管束内无形成层。在维管束外面有维管束鞘包围，维管束鞘有两种类型：一类由单层薄壁细胞组成，如玉米、高粱、甘蔗等，其细胞壁稍有增厚，细胞较大，排列整齐，含有较大的叶绿体，而且在维管束周围紧密排列着一圈叶肉细胞，这种结构在光合碳同化过程中具有重要作用；另一类由两层细胞组成，如小麦、水稻等，其外层细胞壁薄，细胞较大，含有叶绿体，内层细胞壁厚，细胞较小，不含叶绿体。

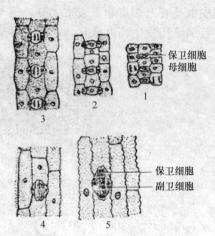

图 3-30　玉米叶的气孔器发育过程

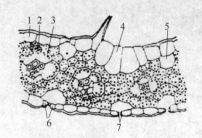

图 3-29　玉米叶横切面的一部分
1—表皮；2—机械组织；3—维管束鞘；
4—泡状细胞；5—胞间隙；6—副卫
细胞；7—保卫细胞

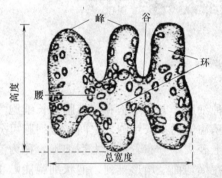

图 3-31　小麦叶肉细胞

（三）落叶和离层

　　植物的叶是有一定寿命的，生长到一定时期，叶便衰老脱落。叶的寿命长短因植物种类而不同。多年生木本植物如杨、榆、桃、李、苹果等的叶，生活期为一个生长季，春、夏季长出新叶，冬季来临时便全部脱落，这种现象称为落叶，这类树木称为落叶树；有的植物叶能生活多年，如松树的叶能生活 3～5 年，由于叶的寿命长，叶的脱落不是同时进行，每年不断有新叶产生，老叶脱落，就全树来看，四季常绿，这类树木称为常绿树，如松、柏等。实际上，落叶树和常绿树都是落叶的，只是落叶的情况有差异。多数草本植物，叶随着植株而死亡，但依然残留在植株上而不脱落。

　　落叶是植物正常的生命现象，是对环境的一种适应，对植物提高抗性具有积极意义。随着冬季的来临，气温持续下降，叶的细胞中发生各种生理生化变化，许多物质被分解运输到茎中；叶绿素被降解，而不易被破坏的叶黄素、胡萝卜素显现，叶片逐渐变黄。有些植物在落叶前形成大量花青素，叶片因而变成红色。与此同时靠近叶柄基部的某些细胞，由于细胞生物化学性质的变化，产生了离区。离区包括两部分，即离层和保护层（图 3-32），叶将落时，在离区内薄壁细胞开始分裂，产生几层小型细胞，这几层细胞胞间层中的果胶酸钙转化为可溶性果胶和果胶酸，导致胞间层溶解，细胞彼此分离，有的还伴有细胞壁甚至整个细胞的解体，支持力量变得异常薄弱，这个区域称为离层。离层产生后，叶在外力的作用下便自离层处折断脱落。脱落后，伤口表面的几层细胞木栓化，成为保护层。保护层以后又为下面发育的周皮所代替，并与茎的周皮相连。

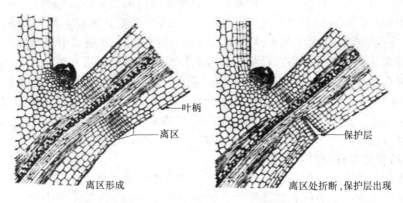

图 3-32 棉叶柄基部纵切面，示离区结构

四、雄蕊的发育与结构

雄蕊是被子植物的雄性生殖器官，由花药和花丝两部分组成。花丝一般细长，由一层角质化的表皮细胞包围着花丝的薄壁组织，其中央是维管束。花丝的功能是支持花药，使花药在空间伸展，有利于花药的传粉，并向花药转运营养物质。花药是雄蕊的主要部分，通常由 4 个花粉囊分为左右两半，中间由药隔相连。药隔中央有维管束，与花丝维管束相通。花粉囊是产生花粉粒的场所。花粉粒成熟时，花药壁开裂，花粉粒散出进行传粉。

（一）花药的发育与结构

幼小的花药是由一团具有分裂能力的细胞组成的（图 3-33）。随着花药的发育，逐渐形

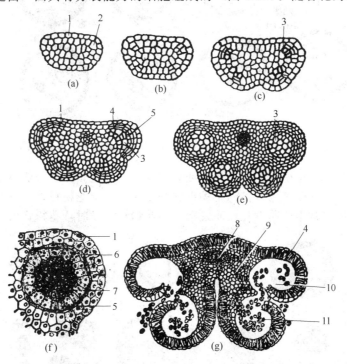

图 3-33 花药的发育与构造

（a）～（e）花药的发育过程；（f）一个花粉囊放大，示花粉母细胞；（g）已开裂的花药及构造

1—表皮；2—孢原细胞；3—造孢细胞；4—纤维层；5—绒毡层；6—中层；7—花
粉母细胞；8—药隔维管束；9—药隔基本组织；10—药室；11—花粉粒

成四棱形，其外为一层表皮细胞，在四角隅处的表皮以内形成4组孢原细胞。孢原细胞细胞核较大，细胞质浓。孢原细胞进行平周分裂，形成两层细胞，外层叫周缘细胞（也叫壁细胞），内层为造孢细胞。周缘细胞再经分裂，由外向内形成纤维层、中层和绒毡层，与表皮共同组成花粉囊的壁。以后，随花粉母细胞和花粉粒的发育，中层和绒毡层会逐渐解体，成为营养物质被吸收。在周缘细胞分化的同时，造孢细胞也进行分裂，形成大量花粉母细胞（小孢子母细胞），每个花粉母细胞经过减数分裂产生四个子细胞，每个子细胞染色体数目是花粉母细胞的一半。这四个子细胞起初是连在一起的，叫四分体。不久，这四个细胞分离，最后发育成单核花粉粒（小孢子）。单核花粉粒进一步发育为成熟的花粉粒。

（二）花粉粒的发育与形态结构

经过减数分裂产生的单核花粉粒，壁薄、质浓，核位于中央。它们从绒毡层细胞中不断吸取营养而增大体积，随着体积逐渐增大，细胞中产生液泡并逐渐形成中央大液泡，使核由中央移向一侧。接着进行一次有丝分裂，形成大小不同的2个细胞，大的为营养细胞，小的为生殖细胞。在营养细胞中含有部分细胞质和淀粉、脂肪等贮藏物质。生殖细胞为纺锤形，核大，只有少量的细胞质，游离在营养细胞和细胞质中。被子植物约有70%花粉粒成熟时只有营养细胞和生殖细胞，如大豆、百合，此时称为二核期花粉粒。还有一些被子植物花粉内形成生殖细胞后，接着又进行一次有丝分裂，由一个生殖细胞产生2个精细胞（雄配子）后成熟、散粉，如玉米、小麦、向日葵等，此时称为三核花粉粒（图3-34）。

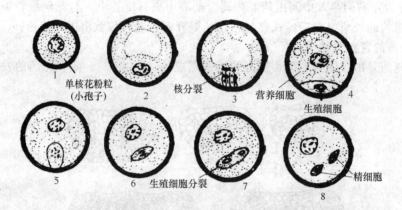

图 3-34　花粉粒的发育（图中数字显示花粉粒发育顺序）

成熟的花粉粒有两层壁，内壁较薄软而具有弹性，外壁较厚，一般不透明，缺乏弹性而较硬。不同植物花粉外壁表层常呈固定的形状和花纹。由于花粉粒外壁增厚不是均匀的，因此，没有加厚的地方常形成萌发孔或萌发沟，当花粉粒萌发时，花粉管由此伸出。

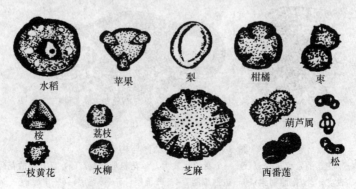

图 3-35　花粉粒的各种形状（陈忠辉，2001）

花粉粒的形状、大小、颜色、花纹和萌发孔的数目与排列各不相同（图 3-35），可作为鉴别植物的特征。如水稻、玉米等禾谷类作物的花粉粒为圆形或椭圆形，黄色，其上一般具有一个萌发孔；棉花花粉粒为球形，乳白色，其上有 8～10 个萌发孔，外壁具有钝刺状突起等。

花药与花粉发育过程见图 3-36。

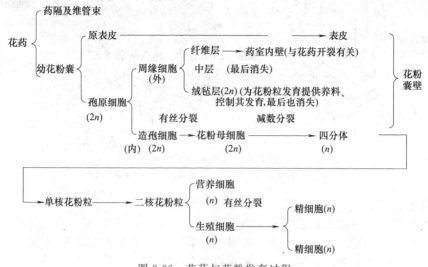

图 3-36 花药与花粉发育过程

五、雌蕊的发育与结构

（一）雌蕊发育

雌蕊可以由一个或几个心皮构成，心皮卷合成雌蕊，位于花的中央。每一雌蕊由柱头、花柱和子房三部分组成。

1. 柱头

柱头位于雌蕊的顶端，多有一定的膨大或扩展，是接受花粉的部位。柱头表皮细胞呈乳突状或各种形状的毛。柱头有湿型和干型两类。湿型柱头在传粉时表面有柱头分泌液，含有水分、糖类、脂类、酚类、激素和酶等，可黏附花粉，并为花粉萌发提供水分和其他物质，如烟草、棉、苹果等植物的柱头。干型柱头表面无分泌液，其表面亲水的蛋白质膜能从膜下的角质层中断处吸取水分，供花粉萌发需要，如油菜、石竹、棉、禾本科植物的柱头。

2. 花柱

花柱是连接柱头与子房的部分，分为空心和实心两种。空心花柱中空，中央是花柱道；实心花柱中央充满一种具有分泌功能的引导组织，花粉管则在引导组织的胞间隙中伸长。

3. 子房

子房是雌蕊基部膨大的部分，由子房壁、子房室、胚珠和胎座等部分组成。子房壁内外均有一层表皮，表皮上常有气孔或表皮毛，两层表皮之间有多层薄壁细胞和维管束。胚珠是种子植物在进化过程中产生的适应有性生殖的独特结构，被子植物的胚珠常着生于子房内的腹缝线上。胚珠着生的部位叫胎座。子房内的子房室数和胚珠数因植物种类而异，如桃是 1 心皮、1 个室、2 个胚珠，亚麻是 5 个心皮、5 室，每室具 2 个胚珠，而棉花则由 3～5 个心皮构成。

（二）胚珠的发育与结构

胚珠着生于子房内壁的胎座上，受精后的胚珠发育成种子。一个成熟的胚珠由珠心、珠被、珠孔、珠柄及合点等部分组成（图 3-37）。

随着雌蕊的发育，在子房内壁的胎座上产生一团突起，称为胚珠原基，其前端发育形成

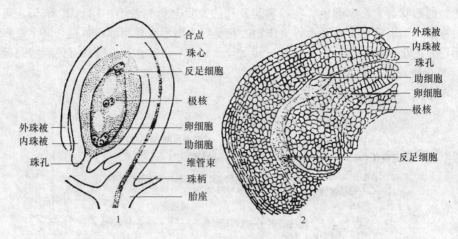

图 3-37　成熟胚珠的结构

1—胚珠结构模式图；2—油菜的成熟胚珠，示胚囊的结构

珠心，基部发育成珠柄。以后，由于珠心基部的细胞分裂较快，产生一环状突起，逐渐向上扩展将珠心包围，这一组织即为珠被，珠被仅在顶端留一小孔，称为珠孔，如向日葵、胡桃、辣椒等仅具有一层珠被，而小麦、水稻、油菜、百合等为两层珠被，内层为内珠被，外层为外珠被。在珠心基部，珠被、珠心和珠柄连合的部位称合点。

胚珠在发育的过程中，由于珠柄和其他各部分的生长速度不均等，使胚珠在珠柄上的着生方式也不同，因而形成了不同的胚珠类型（图 3-38）。

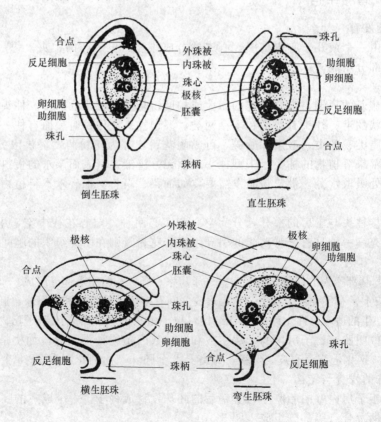

图 3-38　胚珠的结构和类型

1. 直生胚珠

胚珠直立，珠孔、合点和珠柄列成一直线，珠孔位于珠柄对立的一端，如荞麦、胡桃等。

2. 倒生胚珠

胚珠呈180°倒转，珠孔向下，接近胎座，珠心与珠柄几乎平行，并且珠柄与靠近它的珠被贴生，如百合、向日葵、稻、瓜等。

3. 弯生胚珠

珠孔向下，但合点和珠孔的连线呈弧形，珠心和珠被弯曲，如油菜、柑橘、蚕豆等。

4. 横生胚珠

胚珠全部横向弯曲，合点与珠孔在一条直线上，两者的连接线与珠柄垂直，如锦葵。

(三) 胚囊的发育与结构

胚囊发生于珠心组织中。胚珠发育的同时，珠心内部也发生变化。最初珠心是一团相似的薄壁细胞，以后，靠近珠孔端内的珠心表皮下，有一个迅速增大的细胞，核大、细胞质浓，称孢原细胞。孢原细胞的发育形式随植物而异。棉花等植物的孢原细胞经分裂成为两个细胞，靠近珠孔的是周缘细胞，内侧的称为造孢细胞。周缘细胞继续进行平周分裂，以增加珠心细胞层次；造孢细胞长大形成胚囊母细胞（又称大孢子母细胞）。而水稻、小麦、百合等，其孢原细胞直接长大形成胚囊母细胞。胚囊母细胞接着进行减数分裂，形成四分体，其染色体数目减半。四分体排成一纵行，其中靠近珠孔的三个子细胞逐渐退化消失，仅合点端的一个发育为单核胚囊。然后单核胚囊连续进行三次有丝分裂，第一次分裂形成两个子核，分别移向胚囊两极，再各自分裂两次，结果胚囊两端各有四个核。接着，两极各有一个核向胚囊中部靠拢，这两个核称为极核。近珠孔端的三个核，形成三个细胞，中间较大的一个是卵细胞（雌配子），两边较小的两个是助细胞，靠近合点端的三个核也形成三个细胞，叫反足细胞。至此，由单核胚囊发育成为具有 7 个细胞或 8 核的成熟胚囊（雌配子体）（图3-39）。

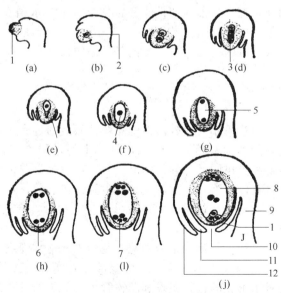

图 3-39　胚珠和胚囊的发育过程模式图

(a) 内珠被逐渐形成；(b) 外珠被出现；(c) ～ (e) 胚囊母细胞经过减数分裂成为四个细胞，其中三个开始消失，
一个长成胚囊；(f) 单核胚囊；(g) 二核胚囊；(h) 四核胚囊；(i) 八核胚囊；(j) 成熟胚囊

1—珠心；2—大孢子母细胞；3—大孢子四分体；4—具有作用的大孢子；5—二核胚囊；6—四核胚囊；

7—八核胚囊；8—成熟胚囊；9—珠柄；10—珠心；11—内珠被；12—外珠被

胚囊的发育过程见图 3-40。

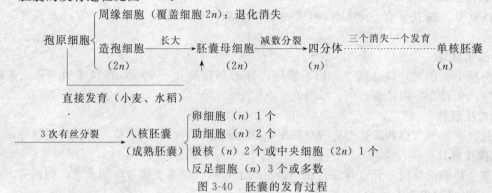

图 3-40 胚囊的发育过程

六、开花、传粉与受精

（一）开花

当雄蕊中的花药和雌蕊中的胚囊已经成熟，或者二者之一已经成熟时，花萼和花冠即行开放，露出雄蕊和雌蕊的现象称为开花。各种植物的开花习性各不相同。一般一、二年生植物，生长几个月后即能开花，一年中仅开花一次，花后结实产生种子，植株就枯萎死亡。多年生植物在达到开花年龄后，能每年按时开花，延续多年。一般多年生草本植物的开花年龄短，木本植物的开花年龄则比较长，如桃树需 3～5 年，桦属植物需 10～12 年，椴属植物为20～125 年。竹子虽是多年生植物，但一生往往只开一次花，花后便死亡。

一株植物，从第一朵花开放直至最后一朵花开完所经历的时间，称为开花期。各种植物的开花期长短不同，这与植物本身的特性和所处的环境条件有关。如小麦为 3～6 天，梨、苹果为 6～12 天，油菜为 20～40 天，棉花、花生和番茄等的开花期可持续 1 至几个月。

一朵花开放的时间长短，也因植物的种类而异。如小麦只有 5～30min，水稻为 1～2h，番茄 4 天。大多数植物开花都有昼夜周期性。在正常条件下，水稻在上午 7～8 时开花，小麦在上午 9～11 时和下午 3～5 时开花，玉米在上午 7～11 时开花等。研究掌握植物的开花习性，有利于栽培时采取相应的技术措施，提高其产品的数量和质量，也有助于进行人工杂交，创建新的品种类型。

（二）传粉和受精

1. 传粉

成熟的花粉粒从雄蕊的花粉囊借助外力传到雌蕊柱头上的过程，称为传粉。

（1）自花传粉 成熟的花粉粒落到同一朵花柱头上的过程称为自花传粉。在农业生产上，作物同株异花间传粉和果树同品种异株间的传粉，也称为自花传粉。如小麦、水稻、棉花、大豆、番茄等都以自花传粉为主，而豌豆、花生则是典型的自花传粉，花未开放时就已经完成受精作用，其花粉粒直接在花粉囊中萌发，产生花粉管，穿过花粉囊的壁，经柱头、花柱，进入子房，完成受精。

自花传粉植物具有以下特点：第一是两性花，花的雄蕊常常围绕雌蕊，而且两者挨得很近，所以花粉易于落在本花的柱头上；第二是雄蕊的花粉囊和雌蕊的胚囊必须是同时成熟的；第三是雌蕊的柱头对于本花的花粉萌发和花粉管中雄配子的发育没有任何阻碍。

（2）异花传粉 一朵花的花粉粒落在另一朵花柱头上的过程，称为异花传粉。它是一种普遍的传粉方式。异花传粉可发生在同一植物的各花之间，也可发生在不同植株的各花之间，如油菜、向日葵、苹果、玉米、瓜类等。

在自然界中，异花传粉植物比较普遍，而且在生物学意义上比自花传粉优越。因为异花传粉的精细胞、卵细胞分别来自不同的花朵或不同的植株，它们所处的环境条件差异较大，遗传性差异也较大，相互融合后，其后代具有较强的生活力和适应性。所以，在长期的进化过程中，异花传粉成为大多数植物的传粉方式。而自花传粉的精细胞、卵细胞来自同一朵花，它们产生的条件基本相似，其遗传性差异较小，所形成的后代生活力和适应性都较差。要让栽培作物长期连续进行自花传粉，将衰退成为毫无栽培价值的品种。可见，自花传粉有害，异花传粉有益，这是自然界一个较为普遍的规律。

异花传粉与自花传粉相比，虽是一种进化的传粉方式，但往往受自然条件的限制。如遇到长期低温、久雨不晴、大风和暴风雨等天气，风媒或虫媒传粉都会受到不利影响；再如雌、雄蕊的成熟期不一致时，会造成花期不遇，减少传粉机会，从而影响结实。而自花传粉是一种原始的传粉方式，不利于后代的生长繁殖，但在自然界仍被保留下来，这是植物在不具备异花传粉的条件下长期适应的结果，使其繁衍后代，种族得以延续。因此，在某种情况下，自花传粉仍然具有一定的优越性。况且自花传粉和异花传粉只是相对的，异花传粉植物在条件不具备时，仍可进行自花传粉；而自花传粉植物，也常有一部分进行异花传粉，例如，通常认为小麦、水稻是自花传粉植物，但常有 $1\%\sim3\%$ 的花朵进行异花传粉。当自花传粉植物的花朵，其异花传粉率达到 $5\%\sim50\%$ 时，叫做常异花传粉植物，如棉花、高粱等。因此，这种自花传粉的方式和自花传粉植物仍能在自然界长期存在。

异花传粉植物的花在结构和生理上形成了许多适应于异花传粉的特点。

① 单性花。具有单性花的植物必然是异花传粉。如雌雄同株的玉米、瓜类，雌雄异株的桑、菠菜、杨、柳等。

② 雌、雄蕊异熟。有些植物的花虽为两性花，但花中的雌蕊与雄蕊成熟时间不一致，有先有后，花期不遇。如油菜、苹果、向日葵等。

③ 雌、雄蕊异长。花虽为两性花，但在同一株上的花中雌、雄蕊的长度不同，造成自花授粉困难。如荞麦有两种花，一种是雌蕊花柱高于雄蕊，另一种是花柱短而雄蕊长，传粉时，常是长花丝的花粉传到长柱头上或短花丝的花粉落到短花柱的柱头上才能受精，这样减少了或避免了自花传粉的机会（图 3-41）。

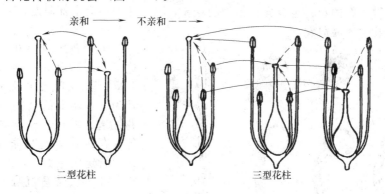

图 3-41　雌、雄蕊异长花的种内不亲和图解

④ 雌、雄蕊异位。花虽为两性，但雌、雄蕊的空间排列不同，也可避免或减少自花传粉的机会。

⑤ 自花不孕。指花粉粒落到同一朵花的柱头上不能结实。自花不孕有两种情况：一种是花粉粒落到同花柱头上，根本不萌发，如向日葵、荞麦等；另一种是花粉粒虽能萌发，但花粉管生长缓慢，不能达到子房进行受精，如番茄。

植物进行异花传粉，必须依靠各种外力的帮助，才能把花粉传播到其他花的柱头上。传送花粉的媒介有风力、昆虫、鸟和水，最为普遍的是风和昆虫。需不同外力传粉的花，产生了特殊的适应性结构，使传粉得到保证。

异花传粉植物根据传媒分为以下几种。

① 风媒花。靠风力传送花粉的方式称风媒。借助于这类方式传粉的花，称为风媒花。如大部分禾本科植物、杨、桦木等都是风媒植物。

风媒花一般花被小或退化，颜色不鲜艳，也无香味，但常具柔软下垂的花序或雄蕊花丝细长，易为风吹摆动散布花粉。每花产生的花粉粒多，小而轻，外壁光滑干燥，适于随风远播。雌蕊的柱头大，呈羽毛状，有利于接受花粉粒。

② 虫媒花。靠昆虫进行传粉的花叫虫媒花。多数被子植物依靠昆虫传粉。如油菜、向日葵和各种瓜类等。常见的传粉昆虫有蜂类、蝶类、蛾类等。这些昆虫来往于花丛之间，或是为了在花中产卵，或是采食花粉、花蜜作为食料，因而不可避免地与花接触，同时也把花粉传送出去。

虫媒花一般具有鲜艳的色彩和特殊的气味，常具蜜腺，能产生蜜汁，花粉粒较大，外壁粗糙而有花纹，有黏性，容易黏附在昆虫体上。虫媒花的大小、结构及蜜腺位置一般与传粉昆虫的体型、行为十分吻合，有利于传粉。

根据植物传粉规律，可在农业生产上有效地利用和控制传粉，大幅度提高作物产量和品质。如在花期不遇或雌雄异熟的情况下，可通过人工辅助授粉弥补授粉不足，提高结实率。另外，根据自花传粉虽引起后代衰退，但可使基因型纯合的特点，在育种工作中，利用自花传粉培育两个自交系，进而配制杂交种，具有显著的增产效益。

2. 受精

精细胞与卵细胞相互融合的过程，称为受精。被子植物的卵细胞位于子房内胚珠的胚囊中，而精子在花粉粒中，因此，精子必须依靠花粉粒在柱头上萌发，形成花粉管向下传送，经过花柱进入胚囊后，受精作用才有可能进行。

(1) 花粉粒的萌发和花粉管的生长　成熟的花粉粒落在柱头上，首先与柱头相互识别，在生理上两者亲和，则花粉粒可得到柱头的滋养并吸收水分和分泌物，内壁开始从萌发孔突出，继续伸长，产生花粉管，这个过程称花粉粒的萌发（图3-42）。但是落到柱头上的花粉粒很多，有本种植物的花粉也有异种植物的花粉，这些花粉不会全部萌发，一般只有雌蕊能识别亲和的花粉，才能萌发。

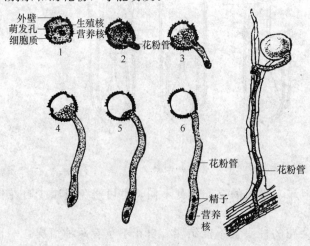

图 3-42　花粉粒的构造和萌发

不管花粉管在生长中取道哪一途径，最后总能准确地伸向胚珠和胚囊。这一现象产生的原因，一般认为是在雌蕊的某些组织如珠孔道、花柱道、胎座、子房内壁和助细胞等，存在着某些化学物质，能诱导花粉管定向生长。

(2) 双受精过程及其特点　当花粉管进入胚囊后，花粉管先端破裂，两个精子进入胚囊，这时，营养核已经逐渐解体，其中一个精子与卵细胞结合成为合子（受精卵），合子将来发育成胚，另一个精子与极核结合形成三倍体的初生胚乳核，

将来发育成胚乳。花粉管中的两个精子分别和卵细胞及极核融合的过程，称为双受精作用（图3-43）。

双受精是被子植物的共同特点，在生物学上具有重要意义。首先，精细胞与卵细胞融合，形成一个二倍体的合子，恢复了各种植物体原有的染色体倍数，保持了物种的相对稳定性。其次，精细胞、卵细胞融合将父母本具有差异的遗传物质重新组合，形成具有双重遗传性的合子。所以，合子发育的新一代植株，往往会发生变异，出现新的遗传性状，如对优良性状进行选择、培育使其稳定，即可育成新的品种。另外，精子与极核融合形成三倍体的初生胚乳核，同样兼有父母本的遗传性，生理活性更强，形成胚乳后为胚的发育提供营养物质，播种后利于出苗和苗期生长。双受精是植物界有性生殖中最进化、最高级的形式。

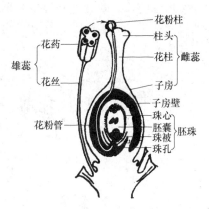

图 3-43 被子植物的受精过程

（三）影响传粉和受精的外界条件

在自然条件下，植物的生长情况与外界环境条件密切相关，尤其在开花、传粉和受精的过程中，对外界条件的影响更为敏感，只要其中某一环节遇到不良条件，都对传粉和受精不利，致使子房不能发育，导致空粒、秕粒增多或落花落果，从而降低产量。因此，了解外界条件对授粉、受精的影响，具有重要的实践意义。

1. 温度

温度对各种植物传粉受精的影响很大，一般来说，最适温度为 25～30℃之间。例如：水稻传粉受精的最适温度为 26～30℃，如果日平均气温低于 20℃，最低气温在 15℃以下时，就会妨碍其传粉和受精。因为低温会加剧卵细胞和中央细胞的退化，会使花粉粒的萌发和花粉管的生长速度减慢，致使受精作用不能进行。所以在我国双季稻产区，无论是早稻还是晚稻，如果在此期间受低温影响，都会产生大量的空粒秕粒。同样，高温干旱对传粉也是不利的，38℃的高温时，水稻的花药开裂少，花粉粒不能在柱头萌发，同样会形成空秕粒。

2. 湿度

湿度对传粉的影响是多方面的，例如玉米开花时遇上阴雨天气，雨水洗去柱头上的分泌物，花粉粒吸水过多而膨胀破裂，花柱及柱头得不到花粉，将继续伸长。由于花柱下垂，以致雌穗下侧面的花柱被遮盖，不易得到花粉，造成下侧面穗轴整行不结实。另外，在湿度低于30%或有风的情况下，如果此时温度超过 32～35℃，则花粉在 1～2h 内就会失去生活力，雌穗花柱也会很快干枯而不能接受花粉。水稻开花的最适湿度为 70%～80%，否则将影响传粉。

此外，光照强度、土壤肥料等也对传粉、受精有直接或间接影响。所以生产上的一个重要问题是要根据当地的气候条件，选用生育期合适的良种，适当调整栽培季节，加强田间管理，以保证各种植物在传粉、受精期间避免或减少不良环境条件的影响。

七、种子的发育

被子植物经过双受精以后，胚珠发育成种子，它包括胚、胚乳和种皮三部分。不同植物的种子虽然形态结构上差异很大，但发育过程基本相似。

（一）胚的发育

受精后的合子通常要经过一段休眠期才开始分裂，合子休眠期长短因种而异。有的较短，如水稻 4～6h，小麦 16～18h；有的较长，如苹果 5～6 天，茶树则长达 5～6 个月。

胚的发育是从合子的分裂开始（图 3-44）。合子横分裂为两个异质细胞，近珠孔端的一个较大，称为基细胞（柄细胞）；近合点端的一个较小，叫顶细胞（胚细胞）。顶细胞进行多次分裂形成胚体。基细胞分裂主要形成胚柄，或者部分参加胚体的形成。胚柄能将胚体推入胚乳，有利于从胚乳中吸收养分，它也能从外围组织中吸收养分和加强短途运输，此外胚柄还能合成激素。

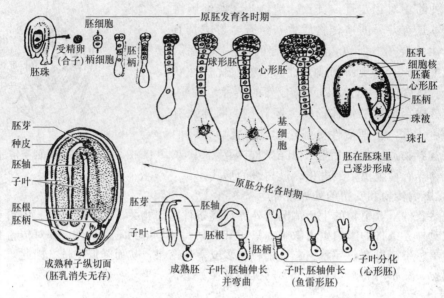

图 3-44　荠菜胚的发育

顶细胞首先进行两次相互垂直的纵分裂，形成四个细胞。然后每个细胞又各自进行一次横分裂，产生八分体。此后，八分体经各方面连续分裂，形成了多细胞的球形胚。球形胚以后的发育特点是顶端部分两侧细胞分裂快，形成两个突起，使胚呈心形，称为心形胚期。这两个突起以后发育成两片子叶，两片子叶中间凹陷部分逐渐分化成胚芽。与此同时，球形胚体基部细胞和与它相接的那个胚柄细胞，不断分裂共同分化为胚根。胚根与子叶间的部分为胚轴。此时完成幼胚分化。随着幼胚不断发育，胚轴伸长，子叶沿胚囊弯曲，最后形成马蹄形熟胚，胚柄逐渐退化消失。这样，一个具有子叶、胚芽、胚轴和胚根的胚就形成了。

单子叶植物和双子叶植物胚的发育有共同之处，也有很多不同。以小麦为例说明（图 3-45）。

小麦合子休眠后第一次分裂，常为倾斜的横分裂，形成顶细胞和基细胞。接着各自再分裂一次，形成四细胞原胚。以后四个细胞又各自不断地从各个方向分裂，增大了胚体的体积，进一步形成棒槌状，称为棒槌状胚。以后由棒槌状胚的一侧出现一个凹陷，此凹陷处形成胚芽。胚芽上面的一部分发育成盾片（内子叶），由于这一部分生长较快，所以很快突出在胚芽之上。在以后的发育中胚分化形成胚芽鞘、胚芽（它包括茎端原始体和几片幼叶）、胚根鞘和胚根。在胚上还有一外胚叶（外子叶），位于与盾片相对的一面。有的禾本科植物如玉米的胚，不存在外胚叶。

（二）胚乳的发育

被子植物的胚乳是由初生胚乳核发育而来，常具三倍染色体。初生胚乳核一般不经休眠很快开始分裂和发育，比胚的发育要早一些，为胚的发育供应养分。胚乳的发育主要分为核型、细胞型两种。

1. 细胞型胚乳

细胞型胚乳的特点是初生胚乳核分裂后，随即产生细胞壁，形成胚乳细胞。所以，胚乳自始至终没有游离核时期。如番茄、烟草、芝麻等大多数双子叶合瓣花植物的胚乳属此类型（图 3-46）。

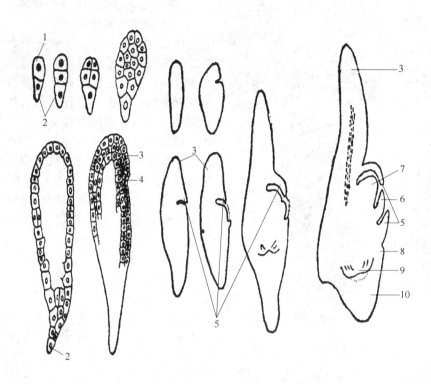

图 3-45　小麦胚的发育

1—胚细胞；2—柄细胞；3—盾片；4—胚；5—胚芽鞘；6—第一营养叶；
7—胚芽生长点；8—外子叶；9—胚根；10—胚根鞘

2. 核型胚乳

初生胚乳核第一次分裂和以后的核分裂均不伴随形成细胞壁，胚乳核呈游离状态分布在
胚囊中。随着核的增加和液泡的扩大，胚乳核常被挤到胚囊的周缘成一薄层。游离核的数目随植物种类而异。待胚乳发育到一定阶段，在胚囊周围的胚乳核之间，先出现细胞壁，此后由外向内逐渐形成胚乳细胞。这种核型胚乳是被子植物中最普遍的发育形式，多数单子叶植物和双子叶植物的胚乳发育属此类型（图 3-47）。

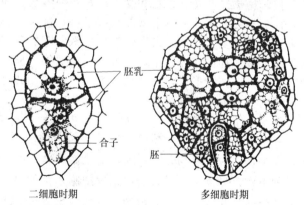

图 3-46　番茄细胞型胚乳形成的早期

（三）种皮的发育

在胚与胚乳发育过程中，胚珠的珠被发育成种皮，位于种子外面起保护作用。具有两层珠被的胚珠，常形成两层种皮，即外种皮和内种皮，如油菜、蓖麻。但也有一层珠被的，形成一层种皮，如向日葵、胡桃、番茄等。但有的植物虽有两层珠被，在形成种皮时仅由一层形成，另一层被吸收，如大豆、南瓜的种皮主要由外珠被发育而来；小麦、水稻等则主要由内珠被发育而成。有些植物的种皮外面还有假种皮。假种皮由珠柄或胎座等部分发育而成，如荔枝、龙眼的可食部分是珠柄发育而来的假种皮。

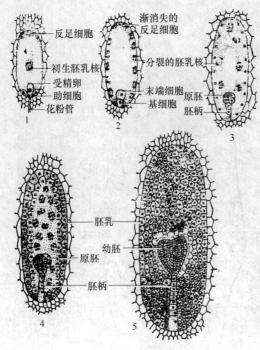

图 3-47 双子叶植物核型胚乳的发育过程

图中标注：反足细胞、初生胚乳核、受精卵、助细胞、花粉管（图1）；渐消失的反足细胞、分裂的胚乳核、末端细胞、基细胞、原胚、胚柄（图2、图3）；胚乳、幼胚、原胚、胚柄（图4、图5）

（四）无融合生殖及多胚现象

1. 无融合生殖现象

在正常情况下，被子植物的有性生殖是经过卵细胞和精子的融合而发育成胚，但是有些植物，不经过精子卵细胞融合，也能直接发育成胚，这类现象称无融合生殖。无融合生殖可以是卵细胞不经受精，直接发育成胚，如蒲公英、早熟禾等，这类现象称孤雌生殖；或是由助细胞、反足细胞、极核等非生殖细胞发育成胚，如葱、鸢尾、含羞草等，这类现象称无配子生殖；也有的是由珠心或珠被细胞直接发育成胚，如柑橘属，称无孢子生殖。

2. 多胚现象

一般被子植物的胚珠中只产生一个胚囊，种子内有一个胚，但有的植物种子中有一个以上的胚，称为多胚现象。产生多胚的原因很多，可能是胚珠中产生多个胚囊，或由珠心、助细胞、反足细胞等产生不定胚，这些不定胚还可以与合子胚同时存在，此外，受精卵也可能分裂成为几个胚。在柑橘中，多胚现象常见，多由珠心形成不定胚。

八、果实的形成与结构

植物经开花、传粉和受精后，在种子发育的同时，花的各部分都发生显著的变化。由花至果实和种子的发育过程如图 3-48 所示。

被子植物经开花、传粉和受精后，花的各部分随之发生显著变化。花萼、花冠枯萎或宿存，柱头和花柱枯萎，剩下来的只有子房。这时，胚珠发育成种子，子房也随着长大，发育成果实。花梗变为果柄。果实包括由胚珠发育的种子和由子房壁发育的果皮。由子房发育的果实叫真果，如桃、杏、小麦、大豆、柑橘等。也有些植物的果实，除子房外，还有花的其他部分参与果实的形成，如黄瓜、苹果、菠萝、梨等的果实，大部分是花托、花序轴参与发育形成的，这类果实称为假果。

真果的结构比较简单，外为果皮，内含种子。果皮可分为外果皮、中果皮和内果皮三层。外果皮上常有角质、蜡质和表皮毛，并有气孔分布。中果皮很厚，占整个果皮的大部分，在结构上各种植物差异很大，如桃、李、杏的中果皮肉质，刺槐的中果皮革质等。内果皮各种植物差异也很大，有的内果皮细胞木化加厚，非常坚硬，如桃、李、核桃；有的内果皮毛变为肉质化的汁囊，如柑橘；有的内果皮分离成单个的浆汁细胞，如葡萄、番茄等。

假果的结构比较复杂，除子房外，还有其他部分参与果实的形成。如苹果、梨的可食部分，主要由花托发育而来，而真正的果皮，即外果皮、中果皮、内果皮位于果实中央托杯内，仅占很少部分，其内为种子。

【技能实训】

本项目的技能实训与技能项目一中的技能实训相同，利用前面掌握的技能进行下面的实际操作。

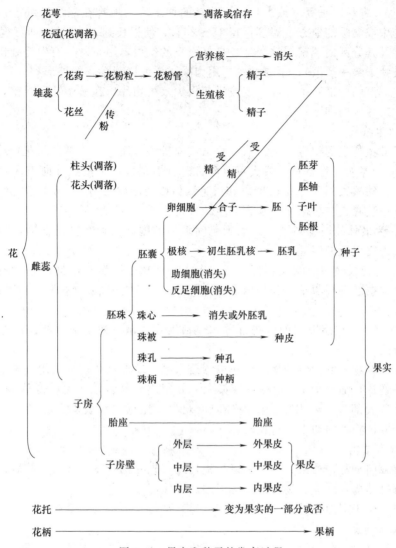

图 3-48 果实和种子的发育过程

【实际操作】

一、植物根解剖结构的观察

(一) 实训目标

1. 通过观察，进一步掌握根尖各区、根的初生结构和次生结构的特点。

2. 认识侧根的发生部位和形成过程。认识豆科植物根上的根瘤。

(二) 实训材料与用品

1. 显微镜、载玻片、盖玻片、擦镜纸、解剖刀、剪刀、镊子、培养皿、蒸馏水、1％番红溶液、盐酸、5％间苯三酚（用 95％乙醇配制）。

2. 小麦或洋葱根尖制片，大豆（或向日葵、油菜、苹果、棉花）、小麦（或水稻）幼根和老根横切片，小麦和棉花幼根，大豆（或绿豆）带根植株，玉米（或小麦、水稻）籽粒，蚕豆（或大豆、棉花）的种子，蚕豆侧根形成切片。

(三) 实训方法与步骤

1. 根尖及其分区

(1) 材料的培养 在实验前 5～7 天，用培养皿（或搪瓷盘），内铺滤纸，将吸涨的玉米

（或小麦、水稻）籽粒、蚕豆（或大豆、棉花）的种子均匀地排在潮湿滤纸上，并加盖。然后放入恒温箱中或温暖的地方，温度保持 15～25℃，使根长到 1～2cm，即可观察。

（2）根尖及其分区的观察　选择生长良好而直的幼根，用刀片从有根毛处切下，放在载玻片上（载玻片下垫一黑纸），不要加水，用肉眼或放大镜观察它的外形和分区。

（3）根尖分区的内部结构　取小麦或洋葱根尖永久切片，在显微镜下观察。由根尖向上辨认各区，比较各区的细胞特征。

2. 根的初生结构

（1）双子叶植物根的初生结构　取大豆（或向日葵、油菜、苹果、棉花）幼根永久切片或在实验前 10 天左右，将蚕豆（或大豆、向日葵、棉花）种子按照上面玉米发芽的方法进行催芽处理，待幼根长到 5～10cm 时，在根毛区做横切面徒手切片，加一滴 1％番红溶液染色，并制成简易装片，在显微镜下观察初生结构特征。

① 表皮。为最外一层排列紧密、无细胞间隙的细胞，细胞略呈长方形，细胞壁薄，有些细胞外壁向外突出形成根毛。

② 皮层。占幼根横切面的大部分，由许多大型薄壁细胞组成，具细胞间隙。皮层从外向内可分为外皮层、皮层薄壁细胞和内皮层三部分。注意内皮层细胞壁一定位置上有无点状增厚。

③ 维管柱。是内皮层以内的中央部分，包括维管柱鞘、初生木质部、初生韧皮部和薄壁细胞四部分。

（2）单子叶植物根的初生结构　取小麦（或水稻）幼根永久切片或用玉米根毛区的上部做横切面徒手切片，加一滴 1％番红溶液染色，并制成简易装片，先在低倍镜下区分表皮、皮层和维管柱三大部分，再用高倍镜由外向内观察。注意识别表皮、皮层、中柱的结构特征，并与双子叶植物根的初生构造比较。

3. 根的次生结构

取大豆（或向日葵、油菜、苹果）老根横切片，先在低倍镜下观察，然后转换高倍镜详细观察其各部分结构：周皮、韧皮部、形成层、木质部等。

（1）周皮　位于根的最外面，横切面细胞呈扁平长方形，排列整齐，无细胞间隙，注意周皮由哪几部分组成。

（2）次生韧皮部　位于周皮以内、维管形成层以外。有许多大型的薄壁细胞，在横切面上排列成漏斗状，这是射线扩大的部分，其中可见分泌腔。小而壁厚被染成蓝色的细胞是韧皮纤维，其他薄壁细胞为筛管、伴胞和韧皮薄壁细胞。还有放射状排列的细胞，为韧皮射线。

（3）维管形成层　位于次生木质部和次生韧皮部之间，为数层扁平的砖形薄壁细胞，排列紧密。

（4）次生木质部　位于维管形成层以内，占横切面的大部分。其中许多口径大而被染成红色的细胞是导管。导管常呈束存在，壁较厚，口径较小的细胞为木纤维。其中还有辐射排列、由 2～3 列细胞组成的木射线，其细胞充满营养物质。

（5）初生木质部　位于次生木质部以内，切片的中央部分，也被染成红色，导管的口径较小，排列成辐射状。

4. 侧根的形成

（1）肉眼观察　观察棉花幼苗的根，主根周围有 4～5 行侧根，萝卜和胡萝卜肉质根上的侧根为 2 行或 4 行。注意思考侧根行数与原生质的束数有何关系。

（2）显微镜观察　取蚕豆侧根横切片，在显微镜下观察，有的切片中可见从维管柱鞘向外产生一个或两个圆锥形突起物。即使侧根根尖的纵切面，有的切片中，侧根已突破皮层和表皮。注意侧根的发生处是否对着原生木质部辐射角。

5. 根瘤

观察蚕豆、落花生、大豆等豆科植物根上的瘤状突起，即为根瘤。注意各种植物根瘤的形状和大小。

（四）实训报告

1. 绘一双子叶植物幼根（蚕豆）或单子叶植物根横切面结构图，并注明各部分的名称。

2. 绘一老根次生结构横切面简图，并注明各部分的名称（约 1/4 扇行图）。

二、植物芽和茎解剖结构的观察

（一）实训目标

1. 掌握芽的类型和叶芽的结构特征。

2. 掌握茎的初生结构和次生结构的特点。

3. 了解禾本科植物茎的结构特征。

（二）实训材料与用品

1. 显微镜、载玻片、盖玻片、镜头纸、解剖刀、剪刀、镊子、培养皿、蒸馏水、1％番红溶液、盐酸、5％间苯三酚（用95％乙醇配制）。

2. 丁香（或杨树）的叶芽，桃的花芽，苹果（或丁香）混合芽，桃、忍冬、悬铃木、苹果等植物的枝条，大豆（或向日葵、椴树、苹果、棉花）幼茎和老茎横切片，小麦（或水稻、玉米）茎横切片。

（三）实训方法与步骤

1. 芽的类型和结构观察

（1）实验实训材料的制备　在实验田取一小面积地块，进行整地、做畦，在畦面上条播或撒播向日葵或玉米。播种时要加大播种量，使幼苗形成密集的群体，以获得粗度适宜的茎材料。待玉米拔节后或向日葵生长到 1～2 片叶时，切取玉米茎和向日葵幼茎、老茎，分别放入 50％～60％乙醇溶液中保存。为防止实训材料变脆，可加入少量甘油。浸泡材料的标本缸或广口瓶要盖紧瓶盖，防止保存液挥发，并及时贴好标签以备实验实训时使用。

（2）观察芽的结构　取杨树或忍冬的叶芽用刀片纵切后，在放大镜或解剖镜下观察，可看到芽轴顶端圆锥状突起为生长锥，其基部的侧生突起为叶原基，在叶原基的叶腋处又有小突起为腋芽原基。中央有一个轴称为芽轴，是未发育的茎，其上有幼叶，最外面是芽鳞（图 3-49）。

取桃的花芽用刀片纵切，置于放大镜或解剖镜下观察，可明显看到花冠和雄蕊原基（雌蕊等还小可能看不清）。

取苹果或丁香混合芽用刀片纵切，将芽的鳞片剥去，里面是毛茸茸的幼叶，用镊子将幼叶去掉，用解剖镜观察，可见到大小不等的突起，即小花突起。

（3）观察芽的类型　取桃、忍冬、悬铃木、苹果等植物的枝条，按照下面给出的依据进行观察记录，分析判断各类植物芽的类型（图 3-50）。

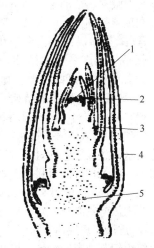

图 3-49　叶芽的结构
1—生长锥（顶端分生组织）；2—叶原基；3—腋芽原基（枝原基）；4—幼叶；5—芽轴

忍冬叠生芽   桃的并列芽   悬铃木的柄下芽

图 3-50　芽的类型（徐汉卿，1996）

① 定芽和不定芽。在茎、枝条上有固定着生位置的芽，称为定芽。定芽可分为顶芽和腋芽，着生在枝条顶端的芽称为顶芽，着生在叶腋处的芽称为腋芽（侧芽）。大多数植物每个叶腋只有一个腋芽，但有些植物生长多个叠生或并列的芽，位于并列芽中间或叠生芽最下方的一个芽称为主芽，其他的芽称为副芽，如桃的并列芽、忍冬的叠生芽等。悬铃木的腋芽生长位置较低并为叶柄所覆盖，称为柄下芽，这种芽直到叶子脱落后才显露出来。

除顶芽和腋芽外，在植物体其他部位发生的芽称为不定芽。如苹果、枣、榆的根，甘薯的块根，桑、柳等老茎，以及秋海棠、落地生根的叶上，均可生出不定芽。由于不定芽可以发育成新植株，生产上常利用不定芽进行营养繁殖，所以不定芽在农、林生产上有重要意义。

② 叶芽、花芽、混合芽。芽展开生长后形成茎和叶，亦称枝条，这种芽叫叶芽。芽发育后形成花或花序的芽为花芽，花芽是花或花序的原始体。如果芽展开后既生茎叶又有花或花序，这样的芽称为混合芽，混合芽是枝和花的原始体，丁香、苹果在春天既开花又长叶，几乎同时进行，是混合芽活动的结果。

③ 活动芽和休眠芽。芽形成后在当年或第二年春季就可以发育形成新枝、新叶、花和花序，这种芽称为活动芽。一般一年生草本植物的芽都是活动芽，而多年生木本植物，通常只有顶芽和近顶端的腋芽为活动芽。而下部的腋芽平时不活动，始终以芽的形式存在，称为休眠芽。休眠芽可以在顶芽受到损害而生长受阻后开始发育，亦可能在植物一生中都保持休眠状态。

④ 鳞芽和裸芽。大多数生长在寒带的木本植物，芽外部形成鳞片或芽鳞，包被在芽的外面保护幼芽越冬，称鳞芽。但有的草本植物和一些木本植物的芽没有芽鳞包被，这种芽叫裸芽，如油菜、枫杨、棉、蓖麻和核桃的雄花芽。

2. 双子叶植物茎的结构

（1）初生结构　取向日葵（或大豆、棉花）幼茎做横切面徒手切片，用 1‰ 番红溶液染色（在培养皿中滴入一滴蒸馏水，放入切好的材料后滴入一滴 1‰ 番红溶液染色），载玻片中央滴一滴蒸馏水，放入染色的材料，盖上盖玻片制成简易装片，或用红墨水染色（在载玻片中央滴一滴红墨水，放入切好的材料，盖上盖玻片），在显微镜低倍镜下可观察到茎的初生构造。

① 表皮。茎的最外一层细胞，细胞外壁可见有角质层，有的表皮细胞转化成表皮毛（有单细胞或多细胞）。

② 皮层。皮层由厚角组织及薄壁组织组成，若用新鲜的向日葵幼茎做徒手切片，可观察到厚角组织细胞内有叶绿体。厚角组织内侧是数层薄壁细胞，其中还可看到分泌腔（属分泌组织）。

③ 维管柱。包括维管束、髓射线和髓三部分。

（2）次生结构　取向日葵（或大豆、棉花）老茎和椴树三年生茎横切永久制片，置于显微镜下观察，由外向内可观察到下列各部分。

① 周皮。可分为木栓层、木栓形成层、栓内层。栓内层在有些切片中不易区分。

② 皮层。为薄壁组织，其外面数层常为厚角组织。

③ 韧皮部。略呈梯形排列在形成层的外面，包括初生韧皮部、次生韧皮部、韧皮射线。

④ 形成层。位于韧皮部与木质部之间，成一圆环，细胞较小而扁平，排列较整齐。

⑤ 木质部。位于形成层以内，包括次生木质部、初生木质部、木射线。椴树三年生茎

的次生木质部可看到年轮，注意早材与晚材的区别。

⑥ 髓及髓射线。贯穿在维管束之间，沟通皮层与髓。髓大部分是由薄壁细胞组成。

3. 单子叶植物茎的结构

（1）玉米茎的结构　取玉米幼茎，在节间做横切徒手切片，将切片材料置于载玻片上，加一滴盐酸，2～3min 后，吸去多余盐酸，再加一滴 5％间苯三酚，几秒钟后，可见材料中有红色出现，盖上盖玻片，在显微镜低倍镜下观察。由于用间苯三酚染色分色清楚，木质化细胞被染成红色，其余部分均不着色。玉米茎的横切面可分为表皮、厚壁组织、薄壁组织、维管束（散生）等部分。

（2）小麦（或水稻）茎的结构　取小麦（或水稻）茎横切永久片，置于镜下观察。也可选择拔节后的小麦茎，取正在伸长节间以下的一个节间，自它的上部（最先分化成熟部分）做横切，方法与玉米茎相同，用 5％间苯三酚染色并制作简易装片。将切片置于显微镜下可观察到表皮、厚壁组织和薄壁组织、维管束、髓腔等部分。

① 表皮。玉米表皮有明显的角质层。

② 基本组织。表皮以内为数层厚壁组织，厚壁组织以内为薄壁组织。

③ 维管束。小麦（或水稻）维管束排列成近似的两环；外环维管束较小，分布于厚壁组织中；内环维管束较大，分布于薄壁组织中。每个维管束中，可见到靠近维管束的外方是韧皮部，内方是木质部。木质部呈“V”字形，可见到两个大型孔纹导管，基部是 1～2 个较小的环纹和螺纹导管及气腔。玉米的维管束则散生在薄壁组织中。

（四）实训报告

1. 绘双子叶植物幼茎横切面结构图，并注明各部分结构名称（约 1/4 扇行图）。

2. 绘玉米茎横切面简图及一个维管束详图，并注明各部分结构名称。

3. 绘双子叶植物茎次生结构横切面简图，并注明各部分结构名称（约 1/4 扇行图）。

三、植物叶片解剖结构的观察

（一）实训目标

1. 识别双子叶植物、单子叶植物的叶片顶面观。

2. 了解双子叶植物和禾本科植物叶片的结构特点，进一步理解叶片结构与功能的关系。

（二）实训材料与用品

1. 显微镜、载玻片、盖玻片、擦镜纸、剪刀、镊子、培养皿、蒸馏水、1％番红溶液、吸水纸。

2. 大豆（或棉花）叶片、小麦（或水稻）叶片、大豆（或棉花）叶片横切片、水稻（或小麦）叶片横切片。

（三）实训方法与步骤

1. 观察表皮和气孔

撕取大豆或棉花叶下表皮一部分，做成简易装片，置于显微镜下观察。可看到表皮细胞不规则，细胞之间凸凹镶嵌，互相交错，紧密结合，其中有许多由两个半月形保卫细胞围合成的气孔。取小麦或水稻叶片，在载玻片上用解剖刀轻轻刮掉叶片的上表皮及叶肉，保留叶的下表皮并做成简易装片，置于显微镜下观察，可观察到表皮细胞分为长细胞和短细胞两种类型，表皮上的气孔是由两个哑铃形保卫细胞围合而成，存在副卫细胞。

2. 双子叶植物叶片的结构

取大豆或棉花的叶片，沿主脉做横切面徒手切片，用 1％番红稀释液（蒸馏水与 1％番红溶液按 1：5 混合）染色，做成简易装片；或取大豆及其他双子叶植物叶片横切面永久切片，置于显微镜下观察，可依次观察到表皮、叶肉、叶脉三部分。

（1）表皮　有上下表皮之分，通常各由一层排列紧密的细胞所组成，下表皮分布有较多的气孔器。

（2）叶肉　由薄壁细胞组成，可分为栅栏组织和海绵组织，内含叶绿体。

（3）叶脉　由木质部和韧皮部组成，木质部在上，韧皮部在下。在主脉中有的有形成层。

3. 单子叶植物叶片的结构

取小麦或水稻叶做徒手切片，或取水稻、小麦叶片横切永久切片，在显微镜下观察，并与双子叶植物叶的结构比较。单子叶植物叶片也分为表皮、叶肉、叶脉三部分。

（1）表皮　由上、下表皮组成，上表皮有运动细胞，呈扇形排列。注意气孔器的特征。

（2）叶肉　栅栏组织和海绵组织的分化程度是否明显。再看一下叶子上下的颜色深浅。

（3）叶脉　由木质部（在上）和韧皮部（在下）组成，外有维管束鞘。玉米叶脉外有一圈维管束鞘，水稻和小麦叶脉外有两圈维管束鞘，观察有无形成层。

（四）实训报告

1. 绘大豆（或棉花）叶片横切面结构部分图，注明各部分结构的名称。
2. 绘小麦（或水稻）叶片横切面结构部分图，注明各部分结构的名称。
3. 绘双子叶植物、单子叶植物的叶片表皮顶面观部分图，注明各部分名称。

四、花药和子房结构的观察

（一）实训目标

1. 观察认识花药的构造特征，掌握花药的结构及发育过程。
2. 观察认识子房和胚珠的构造特征，掌握子房、胚珠的结构。

（二）实训材料与用品

1. 显微镜、擦镜纸等。
2. 百合幼嫩花药横切片、百合成熟花药横切片、百合子房横切片。

（三）实训方法与步骤

1. 百合花药结构的观察

取百合幼嫩花药横切制片，先在低倍镜下观察，可见花药呈蝶状，其中有四个花粉囊，分左右对称两部分，其中间有药隔相连，在药隔处可看到由花丝通入的维管束。再用高倍镜仔细观察一个花粉囊的结构，由外至内有下列各层：表皮、纤维层、中层与绒毡层，内有花粉母细胞。

取百合成熟花药横切片，在低倍镜下观察，可看到每侧两个花粉囊之间的花粉囊壁已经开裂，花粉囊壁由表皮、纤维层组成，中层与绒毡层消失，花药内有许多二核或三核花粉粒（部分散出）。

2. 百合子房结构的观察

取百合子房横切片，在低倍镜下观察，可看到3个心皮围合形成3个子房室，胎座为中轴胎座，在每个子房室内有2个倒生胚珠，它们背靠背生在中轴上。移动载玻片，选择一个完整而清晰的胚珠，进行观察，可看到胚珠具有内、外两层珠被，以及珠孔、珠柄、珠心等部分，珠心内为胚囊，胚囊内可见到1～2个核或4个核或8个核（成熟的胚囊有8个核，由于8个核不是分布在一个平面上，所以在切片中，不易全部看到）。

（四）实训报告

1. 绘百合花药横切面结构图，并注明各部分结构名称。
2. 绘百合子房横切面结构图，注明各部分结构名称。

【课外阅读】

花粉粒的寿命

花粉粒的生活力，通常是指花粉在贮藏过程中维持受精能力的时限。花粉粒生活力的长短，一方面由遗传基因决定，另一方面也与环境因素有关。

大多数植物的花粉粒，在自然条件下只能存活几小时、几天或几个星期，一般木本植物花粉粒的寿命比草本植物长。亲缘关系相近的植物，花粉粒寿命的长短也较接近。在凉爽的条件下，苹果的花粉粒能存活 $10\sim70$ 天，柑橘为 $40\sim50$ 天，棉花的花粉粒在采下 24h 内，存活的有 65%，超过 24h，存活的就很少了。禾本科植物花粉粒的生活力最短，如水稻花粉粒在田间条件下，经 3min 就有 50% 失去生活力，5min 后几乎全部丧失生活力。

花粉粒的生活力除与上述植物类型、种类有关外，还与花粉粒的类型有关。通常三核花粉粒的生活力比二核花粉粒低，对外界不良条件的抵抗力较差，故不耐贮藏。

影响花粉粒生活力的环境因素主要是温度、相对湿度和空气质量。通常采用低温（$0\sim10$℃）、低湿（25%~50%相对湿度）、低氧分压等条件来保存花粉粒，以延长花粉粒的寿命。禾本科植物的花粉粒有些特殊，它们一般要求较高的相对湿度（70%~100%），如水稻的花粉粒在 2℃ 和 85% 相对湿度下可以存活 24h，玉米和甘蔗的花粉粒在 $4\sim5$℃ 和 90% 相对湿度下可存活 $8\sim10$ 天。

近年来，利用超低温、真空和冷冻干燥等技术保存花粉，大大延长了花粉粒的寿命。所谓超低温，通常是把花粉粒保存在真空瓶内的液态氮（-196℃）或液态空气（-192℃）中，贮藏前，要先降低花粉粒的含水量。如桃、梨的花粉粒在液态氮（-196℃）中贮藏 365 天后，离体萌发率和授粉结实率均接近新鲜花粉的水平；苜蓿的花粉粒在 -21℃ 和真空下，贮存 11 年尚有一定的生活力。

保存和延长花粉粒寿命的方法很多，但有一个基本原则，即最大限度地降低代谢水平，而又不损伤原生质，促使花粉粒进入休眠状态。

【思考与练习】

1. 什么叫根尖？根尖自顶端向后依次分为哪几部分？各部分的生理功能和细胞形态、结构有何不同？

2. 说明双子叶植物根的次生加粗生长及次生构造。

3. 侧根是怎样形成的？为什么萝卜和胡萝卜在生产上一般不进行移栽，而采用种子直播？

4. 举例说明禾本科植物根的结构特点。

5. 什么叫根瘤？豆科植物的根瘤是怎样产生的？它与寄主植物的共生关系表现在哪些方面？

6. 什么叫菌根？菌根可分为哪几种类型？菌根中的菌丝对寄主植物有何益处？菌根与根瘤有何区别？

7. 绘双子叶植物茎初生构造的简图，说明各部分的结构。

8. 什么叫年轮？年轮是怎样形成的？

9. 比较周皮、硬树皮、软树皮的区别。

10. 简述叶的一般生理功能。

11. 利用显微镜观察双子叶植物和禾本科植物的叶片解剖结构，比较两者在结构上的异同。

12. 叶是怎样脱落的？落叶对植物有何意义？

13. 说明花药和花粉粒的发育与结构。

14. 说明胚珠与胚囊的发育与结构。

15. 什么是传粉？为什么异花传粉具有优越性？植物对异花传粉具有哪些适应特点？为什么自花传粉植物仍能在自然界存在？

16. 说明双受精作用过程及双受精的生物学意义。

17. 什么叫无融合生殖？无融合生殖有哪些方式？

18. 掌握植物的开花习性在生产上有何意义？

19. 花是如何发育成果实和种子的？

技能项目四 植物的分类

【能力要求】

知识要求:

- 了解植物分类的方法、分类单位和植物的科学命名。
- 了解植物界的主要类群、植物界的演化规律。
- 掌握被子植物主要科的特征及代表植物。

技能要求:

- 能应用植物检索表检索主要科的代表植物,会鉴别常见植物类型。
- 能应用学到的操作方法进行植物标本的采集制作。
- 能区分双子叶植物与单子叶植物的形态结构差异。

【相关知识链接】

一、植物分类的基础知识

植物分类学是在人类认识植物和利用植物的社会实践中发展起来的一门古老的科学,它的任务不仅仅是识别物种、鉴别名称,而且要阐明物种之间的亲缘关系,并建立自然的分类系统。现在所知自然界的植物约有50余万种,为了更好地发掘、利用和改造它们,就必需学好植物分类的基础知识,对植物进行系统科学的分类。

(一)植物分类的方法

植物分类的方法可分为人为分类法和自然分类法两种。

(1)人为分类法 是按照人们的目的和需要,以植物的一个或几个特征或应用价值作为分类依据的分类方法。早在16世纪,我国明朝李时珍所著《本草纲目》,依照植物的外形和用途,把植物分为草、木、谷、果、菜5部。在现今的经济植物学中还将植物分为淀粉类植物、脂肪类植物、纤维类植物、丹宁类植物等。根据生态习性分为草本植物、木本植物;木本植物又分为乔木、灌木等。此种分类方法简单易懂,便于掌握,但不能反映植物类群的进化规律与亲缘关系。

(2)自然分类法 是以植物进化过程中亲缘关系的远近作为分类标准的分类方法。通常主要根据植物的形态、结构异同、化石特征和生态分布等特点判断亲缘关系的远近。例如小麦和水稻有许多相同点,因此认为它们亲缘关系较近,小麦与油菜相同点较少,所以它们亲缘关系较远。这种方法科学性较强,在生产实践中也有重要意义。例如,可根据植物亲缘关系,选择亲本以进行人工杂交,培育新品种;也可根据亲缘关系,探索植物资源。随着学科的发展,现代植物分类学还综合运用细胞学、植物化学、植物胚胎学、植物地理学、遗传学、分子生物学、生态学等其他学科的研究成果,这样更能准确反映植物间的进化和亲缘关系。

(二)植物分类的单位

种是生物分类的基本单位。所谓种,是指起源于共同的祖先,具有相似的形态特征,且能进行自然交配,产生正常后代(少数例外)并具有一定自然分布区域的生物类群。种间存在着生殖隔离。种是生物进化与自然选择的产物,也是各级单位的起点。集种成属,集属成科，集科成目，一直集合到界。因此，界、门、纲、目、科、属、种成为分类学的各级分类单位。在各级单位中，根据需要可再分成亚级，如亚门、亚纲、亚属、亚种等。现以水稻为例说明分类所用单位。

界：植物界（Vegetabile）
门：被子植物门（Angiospermae）
纲：单子叶植物纲（Monocotyledoneae）
亚纲：颖花亚纲（Glumifiorae）
目：禾本目（Graminales）
科：禾本科（Gramineae）
属：稻属（*Oryza*）
种：水稻（*Oryza sativa* L.）

每一种植物通过系统的分类，既可以显示出其在植物界的地位，也可以表示它与其他植物种间的关系。由于自然的演化发展，植物种之间的个体间产生差异，而出现亚种、变种和变型。

此外，在植物应用科学及生产实践中，通过人工培育而成的植物，原先不存在于自然界中，所以植物分类学家不把它们作为自然分类系统的对象，但这类植物却是园林、农业、园艺等应用学科的研究对象，被称为该种植物的"品种"、"变种"或"变型"。品种不是植物分类的单位，是栽培用语，如葡萄（*Vitis vinifera* L.）中玫瑰香、龙眼、巨峰都是品种。桃（*Prunus persica* L.）中的蟠桃与油桃都是变种。槐树（*Sophora japonica* L.）中的龙爪槐则是变型。

（三）植物的命名法则

每种植物在不同的国度和地区，其名称也不相同，因而就易出现同物异名或异物同名的混乱现象，造成识别植物、利用植物、交流经验等障碍。为了避免混乱和便于国际交流，国际植物学会统一规定，给每一种植物命名，均需按照《国际植物命名法规》，用拉丁文或拉丁化的文字进行命名，这样定出的名字叫做学名，它是世界范围内通用的唯一正式名称。

植物的学名，是以瑞典植物学家林奈（C. Linnaeus）所倡用的双名法给植物命名的。双名法是用两个拉丁单词作为一种植物的名称，第一个单词是属名，是名词，其第一个字母要大写；第二个单词为种加词（种名）；后边再写上定名人的姓氏或姓氏缩写（第一个字母要大写），便于考证。属名和种名应为斜体字。如稻的学名 *Oryza sativa* L.，第一个词是属名，是水稻的古希腊名，是名词；第二个字是种名形容词，是栽培的意思；后边大写"L."，是定名人林奈的首字母。

种以下的分类单位有亚种（subspecies）、变种（varietas）、变型（forma）等，这三个词的缩写为 subsp. 或 ssp.（亚种）、var.（变种）、f.（变型）。其命名是在原种的完整学名之后，加上拉丁文亚种或变种或变型的缩写，再加上亚种名、变种名或变型名，最后附以定名人姓氏或姓氏缩写。譬如是变种，其学名组成是：属名＋种加词＋命名人＋var.（变种的缩写）＋变种加词＋变种命名人。

如油桃的学名为：　*Prunus*　　　*persica*　　var.　　*nectarina*　　Maxin.
　　　　　　　李属（属名）桃（种加词）变种缩写 油桃（变种加词）命名人

二、植物界的主要类群

根据植物的形态结构、生活习性和亲缘关系等，可将植物界分为两大类15个门（见图4-1）。

（一）低等植物

低等植物是地球上出现最早、最原始的类群，它们的主要特征是：植物体结构简单，由

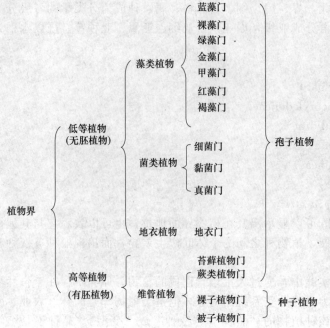

图 4-1 植物界各类群的划分及其关系

单细胞或多细胞组成，多细胞类型是丝状体或叶状体，没有根、茎、叶的分化；生殖器官常是单细胞，受精后，合子直接发育成新个体，不形成胚；常在水中或潮湿的地方生长。

低等植物分藻类、菌类和地衣三大类。

1. 藻类植物

藻类植物是细胞内含有光合色素、能进行光合作用的低等自养植物的统称，是植物界中形态和结构最简单的类群。目前已经发现和记载的藻类植物近 3 万种，包括蓝藻门、绿藻门等 7 门，绝大多数藻类植物的细胞中含有叶绿素与其他色素，而且由于各种色素的成分与比例的差异，使它们呈现出不同的颜色。藻类植物体形态结构差异很大，小球藻、衣藻等要用显微镜才能看到，而巨藻长度可达 100m 以上。藻类植物的分布和生态习性也是极其多样的，90％以上的种类生活在海水或淡水中，少数种类生活在潮湿的土表、岩石、墙壁、树干等表面，一些种类能专门生长在水温高达 80℃的温泉中，而另外一些种类可以生活在雪峰、极地等零下几十摄氏度的环境中。藻类植物繁殖方式也多样，有营养繁殖、孢子繁殖或配子繁殖等。衣藻的生殖及生活史见图 4-2。

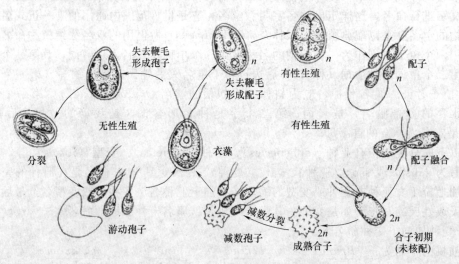

图 4-2 藻类植物（衣藻）的生殖及生活史

许多藻类可供食用，如地木耳（葛仙米）、发菜（已被列为国家重点保护野生植物）、海带、紫菜等。有些藻类有助于岩石的风蚀，其胶质能黏合沙土。有些藻类具有药用价值，如褐藻含有大量的碘（代表植物：海带），可治疗和预防甲状腺肿大。近年来开发利用的螺旋藻，是一种优良的保健食品。有些藻类有固氮作用，可增加土壤肥力。有的水生藻类能吸收和积累某些有毒物质，起到净化污水、消除污染的作用。藻类还可作工业原料，提取藻胶质、琼胶、乙醇、碘化钾等。有的藻类可作为鱼类、家畜或家禽的饲料。但有的藻类对栽培植物和鱼类、贝类有危害，如水绵可危害水稻，绿球藻可附生在鱼和贝的鳃部，使其生病死亡。裸藻在有机质丰富时，可以大量繁殖形成水华，污染水体。

2. 菌类植物

菌类植物是单细胞或丝状体，除极少数种类外一般无光合色素，不能进行光合作用，靠现成的有机物质生活，营养方式为异养，包括寄生和腐生。目前已被定名的菌类有 10 万余种，菌类植物分为细菌门、黏菌门、真菌门。菌类植物在形态、结构、繁殖和生活史上差异很大，分别介绍如下。

（1）细菌门　已经发现的细菌约 2000 多种，细菌是一群个体微小（其直径一般在 $1\mu m$ 左右）的单细胞原核生物，分布极广，水、空气、土壤及动植物体表或内部都有细菌存在。

从形态上看，细菌分为球菌、杆菌和螺旋菌三种基本类型（图 4-3）。

细菌结构简单，具有细胞壁、细胞膜和细胞质等，有核质但无核结构。有些细菌还生有鞭毛和荚膜，有利于细菌运动和保护细菌。有些细菌在环境不良时，如干旱、低温或高温时，可以通过细胞壁加厚形成芽孢，度过不良环境，待环境适宜时其细胞壁溶解消失，再形成一个正常的细菌，所以芽孢是细菌抵抗不良环境条件的休眠体。有的芽孢在 $-253℃$ 或 $100℃$ 下 30min 不死，故对医疗、生产和科研的灭菌、消毒要求比较严格。

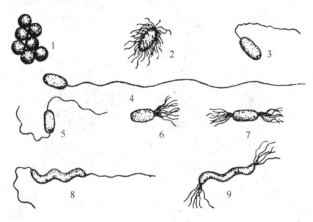

图 4-3　细菌的三种常见类型
1—球菌；2~7—杆菌；8,9—螺旋菌

大多数细菌不含叶绿体，营异养生活，少数细菌含有细菌叶绿素，如硫细菌、铁细菌等可进行自养。细菌通常以裂殖的方式进行繁殖，其繁殖速度很快，在适宜环境下，每 20~30min 可以分裂繁殖 1 代，理论上 24h 可以繁殖 47~71 代，故细菌引起的疾病传播速度很快，有时难以控制。

大多数细菌对人类是有益的，如利用乳酸杆菌制乳酸。细菌能使有机质分解，所以在自然界物质循环中起重要作用，在工农业其利用也很广泛，如制药、纺织、化工、固氮等都与细菌的作用分不开。但细菌也是许多动植物致病的病原菌，如人类结核、伤寒，家畜的炭疽，白菜的软腐病等均由细菌引起。

（2）黏菌门　是一群介于动物和植物之间的真核生物，它们在生活史的营养期是一团裸露的、没有细胞壁的多核原生质体团，能不断变形运动和吞食小的固体食物，与动物相似。在繁殖期能产生具有纤维素壁的孢子，所以又表现出了植物的性状。黏菌约 500 多种，多数生长在阴暗潮湿的地方。

（3）真菌门　真菌种类很多，已知道的约 1 万余属，7 万余种以上，是不含色素、异养生活的真核植物。多数植物体由一些分隔或不分隔的丝状体组成；其繁殖方式多样，可由菌丝断裂进行营养繁殖，也可产生各种孢子进行无性繁殖，还可进行多种多样的有性繁殖。

真菌分布极广，尤以土壤中最多。根据营养体的形态、生殖方式不同，可将真菌分为藻菌纲（代表植物：黑根霉、白锈菌）、子囊菌纲（代表植物：酵母菌、黄曲霉）、担子菌纲（代表植物：银耳、猴头）和半知菌纲（代表植物：稻瘟病菌）。

　　真菌与人类关系密切（图 4-4），很多真菌具有药用价值，如灵芝、冬虫夏草、茯苓等均可药用，抗生素中的青霉素、灰黄霉素也取自真菌。近年来还发现 100 多种真菌具有抗癌作用，如香菇等。一些真菌是美味的山珍，如口蘑、香菇、平菇、松茸、猴头、木耳、银耳等。同时真菌在酿造、皮革软化、羊毛脱脂等方面起着重大作用，酵母菌能将糖类在无氧条件下分解为二氧化碳与乙醇，在发酵工业上应用广泛，如常用于制造啤酒。但真菌对生物也有有害的一面，如某些伞菌有剧毒，误食后会中毒或死亡。很多真菌可使动植物致病，如稻瘟病、水稻纹枯病、棉花黄枯萎病、玉米黑粉病、苹果腐烂病等。真菌中的黑根霉常使蔬菜、水果和食物等腐烂。皮肤上的癣也是由真菌引起的。真菌中的黄曲霉所产生的黄曲霉素，毒性很大，能使动物致死和引起肝癌，所以被其感染的食物不能食用。

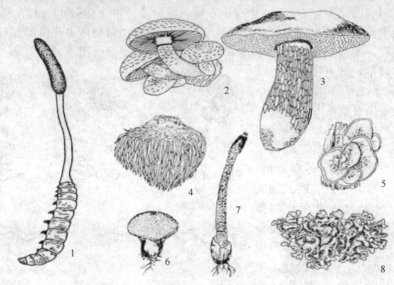

图 4-4　真菌植物

1—冬虫夏草；2—香菇；3—美味牛肝菌；4—猴头；5—木耳；6—网纹马勃；7—红鬼笔；8—银耳

3. 地衣植物

地衣是真菌和藻类共生复合体，两者关系密切，并有专一性关系。地衣中的菌类多为子

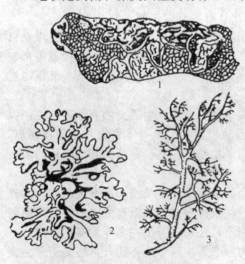

图 4-5　地衣的形态

1—壳状地衣；2—叶状地衣；3—枝状地衣

囊菌，少数为担子菌；藻类则为单细胞或丝状体的蓝藻或绿藻。一般菌类在地衣中占大部分，藻类则在共生体内成一层或若干团，数量较少。藻类为整个复合体制造养分，而菌类则吸收水和无机盐，为藻类提供原料，并围裹藻类防止其干燥。

　　地衣植物约 15500 种，分布极广，从平地到高山、从热带到寒带都有分布。它们生长在岩石、树皮、树叶、土壤和沙漠上。按照外部形态，地衣可分为三种类型。

　　（1）壳状地衣　生长在岩石、砖瓦、树皮或土上，形成薄层的壳状物，紧贴基物，难以分开。

　　（2）叶状地衣　扁平叶片状，只下面假根伸入基物，易于采下。

　　（3）枝状地衣　植物体向上起立，具分枝，类似一株小树，或倒悬在空中（图 4-5）。

地衣可进行营养繁殖，繁殖时叶状体断裂，或在体表形成一种粉末状的"粉芽"和"珊瑚芽"，它们脱离母体后再形成新个体。地衣也可进行有性生殖，以其共生的真菌独立进行，产生孢子后放出，在适宜的基质上，遇到一定的藻细胞，便萌发为菌丝，两者反复分裂，便形成新的地衣。

地衣是多年生植物，需要的土壤、营养和水湿条件很低，也能忍受长期的干旱和低温。地衣在岩石的表面生长后，对岩石风化、土壤形成具有促进作用，是植被形成的先锋植物。有些地衣可药用，如松萝、石蕊等。有的地衣具有抗菌作用，有的可作饲料，如著名的滇金丝猴的主要食物就是地衣。地衣对 SO_2 气体反应敏感，可用作对大气污染的监测指示植物。在工业，地衣可制作化妆品、香水、染料等。但地衣也可危害茶树、柑橘等植物。

（二）高等植物

高等植物较低等植物而言，具有以下主要特征：植物体结构复杂，具有根、茎、叶的分化；具有由多细胞组成的生殖器官；卵受精后先形成胚，再由胚形成新个体；生活史具有明显的世代交替（即有性世代和无性世代相互更迭的过程）；多为陆生；除苔藓植物外，都具有适应陆生环境的维管系统。高等植物包括苔藓植物门、蕨类植物门、裸子植物门和被子植物门。

1. 苔藓植物门

苔藓植物在生活史中具有明显的世代交替。配子体自养，体形相对显著，而且生活的时间较长，即配子体占优势；孢子体终身寄生在配子体上，不能独立生活。

配子体为小型多细胞绿色组织，体内无维管组织分化，属非维管植物，没有真根，只有假根，有的是叶状体，如地钱（*Marchantia polymorpha* L.）（图 4-6）；有的具有类似茎、叶的分化，称茎叶体或拟茎叶体，但是基本没有保护组织，各部分都可以吸取环境中的水分，也没有形成输导组织和机械组织。

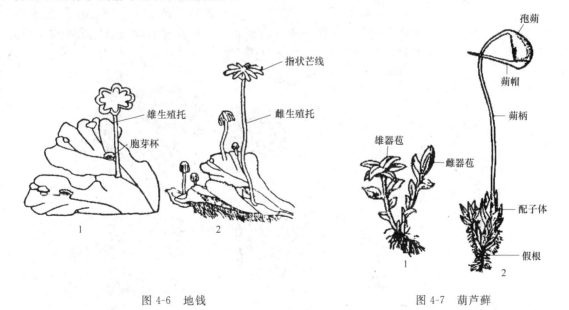

图 4-6　地钱　　　　　　　　　图 4-7　葫芦藓
1—雄株；2—雌株　　　　　　　1—配子体；2—孢子体

有性生殖时，配子体上产生多细胞的雌、雄生殖器官分别称为颈卵器和精子器，其内部分别产生卵细胞和精子。这两种生殖器官，都具有由多细胞构成的外壁。精子上有鞭毛，能游动，在有水的情况下游至颈卵器内与卵细胞结合。受精卵在颈卵器中发育成胚，由胚再发育成小型孢子体。孢子体生活的时间短，终身依赖于配子体生活。孢子体中孢子母细胞通过减数分裂形成孢子，孢子萌发后，先产生一个简单的丝状体，叫做原丝体，原丝体上再产生配子体。苔藓植物门分为苔纲和藓纲，藓纲中的葫芦藓（*Funaria hygrometrica* Hedw.）是常见的藓类植物（图 4-7）。

　　苔藓植物全世界约有 40000 余种，我国约有 2100 种。苔藓植物与蓝藻、地衣首先出现于荒漠、冻原地带或裸岩、峭壁上，是植物界的拓荒者之一。生长在岩石上的苔藓植物，能分泌一种酸性溶液，缓慢地溶解石面，逐渐形成土壤，同时，其死亡的残体不断堆积，能为其他高等植物创造生存条件。苔藓植物能储存大量水分，对于森林发育、沼泽变迁极有影响。苔藓植物对空气中 SO_2 和 HF 等有毒气体很敏感，可作为监测大气污染的指示植物。部分苔藓可作燃料、填充料、药棉及供药用等。如大金发藓，全株可入药，用于消炎、镇痛、止血、止咳。

2. 蕨类植物

　　蕨类植物是具有维管束的孢子植物。蕨类植物有世代交替，在生活史中，无性世代的孢子体远比配子体发达，有根、茎、叶的分化。维管束由木质部和韧皮部组成。木质部的主要成分是管胞和木薄壁细胞，而韧皮部的主要成分是筛胞和韧皮薄壁细胞。孢子体上产生孢子囊，孢子囊中产生大量孢子，孢子散落后，萌发成为配子体。蕨类植物配子体形小，结构简单，是一种具有背腹分化的叶状体，特称为原叶体；绿色，能独立生活。其腹面有精子器和颈卵器。精子大多具有鞭毛，受精作用必须以

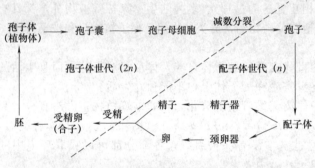

图 4-8　蕨类植物的生活史示意图

水为媒介才能进行。受精卵在配子体颈卵器中发育成胚，胚再发育形成独立生活的孢子体。蕨类植物的生活史、蕨类植物的孢子体与配子体见图 4-8、图 4-9。

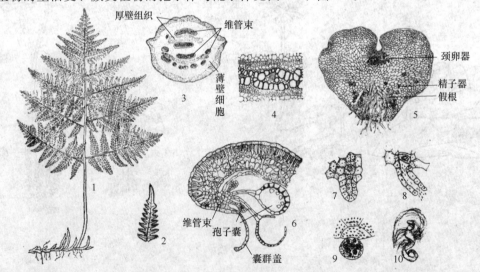

图 4-9　蕨类植物的孢子体及配子体图

1—孢子体外形；2—孢子体叶的一部分；3—根状茎的横切面轮廓图；4—茎部分横切面放大（示维管束构造）；
5—配子体腹面观；6—孢子叶横切面（示孢子囊及囊群盖）；7,8—颈卵器；9—精子器；10—精子

　　蕨类植物约有 12000 种，我国有 2600 余种。在地球上分布很广，以热带、亚热带和温带最多。在古代，气候温暖潮湿，蕨类植物曾盛极一时，今日所用煤炭，很多都是古代蕨类

植物死后的遗骸。现在的蕨类大多仍保留祖先的习性，多生在南方阴湿环境中。蕨类植物对植被环境的形成、水土保持和生态平衡具有重要作用。

现代蕨多为个体矮小的草本植物，数量也不太多，但其经济价值是多方面的。有近百种蕨是很好的药用植物，如海金沙、贯众（可治急、慢性肝炎）、木贼等；有很多蕨可供食用，如蕨、紫萁等；有些蕨可作饲料和绿肥，如满江红、槐叶萍等，有些蕨由于耐荫蔽可作为庭园居室观赏植物，如肾蕨、铁线蕨、巢蕨、凤尾蕨等；许多蕨类由于具有重要的研究价值、利用价值或珍稀或濒危等原因，被我国列为国家重点保护野生植物，如桫椤、鹿角蕨、金毛狗等。

3. 裸子植物门

裸子植物是介于蕨类植物和被子植物之间的一群维管植物。裸子植物其孢子体很发达，均为木本，而且多为常绿乔木。叶多为针形、条形、线形、鳞形；解剖构造上茎中维管束排成环状，具有形成层和次生结构。木质部中无导管和纤维，只有管胞，韧皮部中只有筛胞而无筛管和伴胞。主根发达。裸子植物无子房构造，胚珠裸露，生在大孢子叶上，因而种子也裸露，不形成果实，故名裸子植物。由于裸子植物是介于蕨类植物和被子植物之间的一种过渡类型，因此在生殖器官形态结构上常常并用或混用蕨类植物和种子植物的两套术语（表4-1）。

表 4-1　蕨类植物、裸子植物与种子植物术语对照表

蕨 类 植 物	裸 子 植 物	被 子 植 物
孢子叶球	孢子叶球或球花	花
小孢子叶球	小孢子叶球或雄球花	雄花
小孢子叶	小孢子叶	雄蕊
小孢子囊	小孢子囊或花粉囊	花粉囊
小孢子	小孢子或花粉粒（单细胞期）	花粉粒（单细胞期）
雄配子体	花粉粒（4细胞期）	花粉粒（2细胞或3细胞期）
大孢子叶球	大孢子叶球或雌球花	雌花
大孢子叶	大孢子叶（珠领、珠托、珠鳞等）	心皮
大孢子囊	珠心	珠心
大孢子	大孢子	单核胚囊
雌配子体	雌配子体（具颈卵器）	8核胚囊

我国是裸子植物种类最多、资源最丰富的国家，有41属，230余种。分为苏铁纲、银杏纲、松柏纲、红豆杉纲和买麻藤纲等。

裸子植物干直枝少，木材坚硬，大多为重要用材树种，以及生产纤维、树脂、单宁等的重要原料。麻黄、银杏子实可药用；红松、榧的种子可食用；圆柏（图4-10）、侧柏、南洋杉、雪松等因树型优美，叶常青，可作园林绿化观赏树种。银杏、水杉为中生代孑遗的、我国特有的活化石树种。裸子植物松树的生活史如图4-11所示。

4. 被子植物门

被子植物门是当今世界上种类最多、数量最大、进化地位最高的一大类植物，约25万余种；我国有3万余种。和裸子植物一样，它能产生种子。被子植物与人类关系十分密切，它是人类衣、食、住、行不可缺少的最基本的植物资源。如人们所吃的粮食、水果、蔬菜

图 4-10　圆柏

1—球果枝；2—雄球花枝；3—小枝一段（示刺叶）；

4—小枝一段（示鳞叶）；5—雄球花；6—雌球花；

7—球果；8—种子；9—刺叶的背腹面

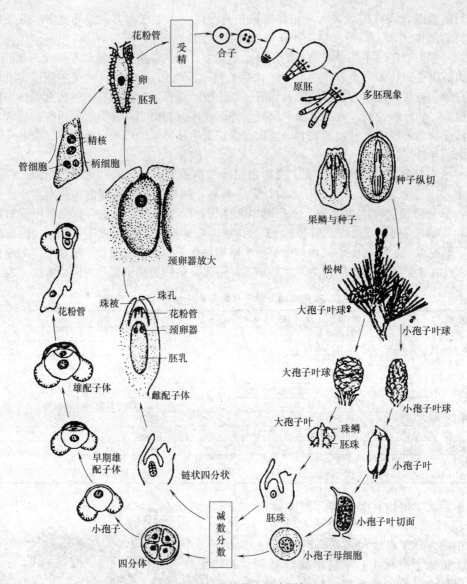

图 4-11　松属植物生活史图解

等，主要是被子植物。

被子植物的孢子体高度发达，内部结构分化更趋完善，其输导组织出现了导管、筛管和伴胞，比裸子植物的输导能力更强。被子植物出现了具有适应于有性生殖的最完善的花器官。胚珠包藏于子房之内，受精后种子便由果皮包被，更有利于种子的传播和萌发。配子体高度简化，并终生寄生在孢子体上。雄配子体简化为三核花粉粒，雌配子体多数为仅有 7 个细胞 8 个核的胚囊，在生物学上具有进化的意义。双受精现象是被子植物所特有的，除了胚是通过卵细胞受精发育而来外，其胚乳也是受精产物，此种胚乳使胚在发育过程中更富有生命力和适应环境的能力。被子植物的生活史如图 4-12 所示。

三、被子植物的主要分科简介

被子植物约为 300 多科，25 万种，我国约为 3 万种，可分为双子叶植物纲和单子叶植物纲。它们的主要区别见表 4-2。

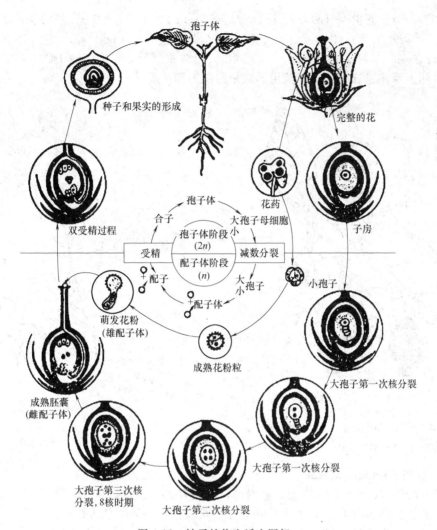

图 4-12　被子植物生活史图解

表 4-2　双子叶植物纲和单子叶植物纲的区别

区别项目	纲　别		区别项目	纲　别	
	双子叶植物纲	单子叶植物纲		双子叶植物纲	单子叶植物纲
子叶数	2 枚	1 枚	叶脉	网状脉	平行脉或弧形脉
根系	直根系	须根系	花基数	4 或 5	3
茎内维管束	环状排列,有形成层	散生,无形成层	花粉	具 3 个萌发孔	具 1 个萌发孔

（一）双子叶植物纲的主要科

1. 木兰科（Magnoliaceae）

本科约 15 属，250 多种，主要分布于热带与亚热带，我国有 12 属 136 种，集中分布在我国西南部、南部及中南半岛。

主要特征：木本，单叶互生，全缘，托叶早落，枝具环状托叶痕；花单生，常两性，辐射对称，常同被；雌雄蕊多数，分离、螺旋状排列于柱状花托的上下部，子房上位；聚合蓇葖果穗状，稀为翅果。种子有胚乳。

本科是现代被子植物中最原始的类群。常见的植物有玉兰（*magnolia denudata* Desr.）

（白玉兰、木兰）、紫玉兰（*Magnolia liliflora* Desr.）（辛夷）、广玉兰（*Magnolia grandiflora* L.）（荷花玉兰）（图 4-13）、含笑 [*Michelia figo*（Lour.）spreng]、鹅掌楸 [*Liriodendron chinense*（Hemsl）Sarg]（马褂木）、白兰花（*Michelia alba* DC.）等，均可作庭园观赏树种。厚朴、五味子均可药用，八角的果为调味品。

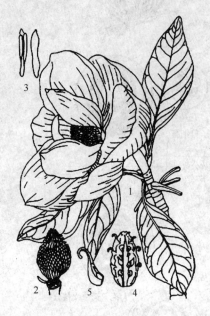

图 4-13　广玉兰
1—花枝；2—除去花被的花；3—1 枚雄蕊的背面
与侧面；4—雌蕊的纵切面；5—1 枚离生心皮

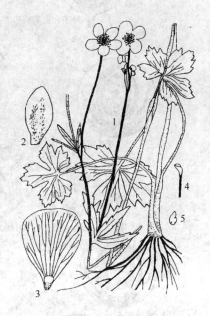

图 4-14　毛茛
1—植株；2—萼片；3—花瓣；
4—聚合果；5—种子

2. 毛茛科（Ranunculaceae）

本科 50 属，2000 种，主产温带和寒带，我国有 39 属，约 750 种，分布全国。

主要特征：多为草本；叶片分裂或复叶；花两性，整齐，5 基数，花萼和花瓣均离生；雌雄蕊多数、离生，螺旋状排列于膨大突起的花托上；子房上位；聚合瘦果或聚合蓇葖果。

本科植物含有各种生物碱，所以多为药用和有毒植物，如乌头（*aconitum carmichaeli*）、黄连（*Coptis chinensis*）、白头翁（*Pulsatilla chinensis*）、升麻（*Cimicifuga fotida* L.）为著名中药。牡丹（*P. suffruticosa* Andr.）、芍药（Paeonia lactiflora）均为著名花卉；毛茛（*R. japonicus*）（图 4-14）、回回蒜（*R. chinensis*）则为田间常见杂草。

3. 十字花科（Cruciferae）

本科 350 属，3200 种。广布世界各地，主产北温带，我国 102 属，410～424 种。全国自南往北逐渐增多。

主要特征：草本；总状花序，花两性，整齐，萼片 4，花瓣 4，具爪，排成十字形（十字形花冠）；雄蕊 6，2 短 4 长（四强雄蕊）；子房 1 室，有 2 个侧膜胎座，有假隔膜；角果。

本科植物有很高的经济价值，如油菜（*Brassica campestris*）是南方主要的油料作物；大白菜（*B. pekinensis*）、小油菜（*B. chinensis*）（青菜）、萝卜（*Rrassica campestris*）（图 4-15）、甘蓝（*Brassica caulorapa*）等均为栽培蔬菜；芥菜、白芥及黑芥的种子，称为"芥子"，可制芥末，作香辛料；荠菜为全国广布的山野菜；板蓝根可药用；桂竹香、紫罗兰（*Matthiola incana* R. Br.）、二月兰（*Orychophragmus violaceus* L.）（诸葛菜）是较常用的观赏植物。蔊菜（*rorippa indica*）、独行菜（*Lepidium apetalum*）、荠菜（*Capsella bursa-pastoris*）等均是田间常见杂草。

图 4-15 萝卜
1—植株；2—花；3—花的
纵剖面；4—果序

图 4-16 石竹
1—植株上部；2—花瓣；3—带有萼
下苞及萼的果实；4—种子

4. 石竹科 (Caryophyllaceae)

本科 70 属，2000 种。广布全球。我国 32 属，近 400 种。全国均有。

主要特征：草本；茎节部膨大；单叶对生，全缘，基部常横向相连；花两性，辐射对称；雄蕊常为花瓣 2 倍；特立中央胎座；蒴果。

本科观赏植物有：石竹（*Dianthus chinensis*）（图 4-16）、十样锦（*Dianthus barbatus*）、瞿麦（*D. superbus*）、香石竹（*Dianthus caryophyllus* L.）（康乃馨）等。常见的杂草有米瓦罐（*Silene conoidea*）、王不留行（*V. accariasegetalis*）等。

5. 蓼科 (Polygonaceae)

本科 32 属，1200 余种，全球分布，主产北温带。我国产 12 属，200 余种，分布南北各省区。

主要特征：多为草本，茎的节部膨大；单叶互生，全缘，具膜托叶鞘抱茎；花两性，单被，萼片花瓣状，子房上位；瘦果。

荞麦（*Fagopyrum esculentum*）种子营养价值高，我国各地栽培，可食用或饲用（图4-17）。本科药用植物较多，如何首乌（*Pclygonum multiflorum*）、虎杖（*P. cuspidatum*）、大黄（*Rheum offcinale*）、羊蹄（*Rumex japonicus*）等。本科中杂草亦多，如酸模叶蓼（*Polygonum lapathifolium* L.）、水蓼（*Polygonum hydropiper* L.）、萹蓄（*Polygonum aviculare* L.）等。

6. 藜科 (Chenopodiaceae)

本科 100 属，1500 余种，我国 39 属，186 种，各地分布，以西北荒漠地区居多。

主要特征：多为草本，植株体外常具粉粒状物；单叶互生，肉质，无托叶；花小，单被；花萼 3～5 裂，花后常增大宿存；无花瓣；雄蕊常与萼片同数而对生；子房上位，一室一胚珠；胞果（果皮薄，囊状，不开裂，内含一粒种子）。

本科许多植物可食用，最常见的有甜菜（*Betavulgare* L.）、菠菜（*Spinacia oleracea* L.）（图 4-18）。常见杂草有藜（*Chenopodium album* L.）、灰绿藜（*Chenopodium glaucum* L.）。本科中有许多特殊生境的指示性植物，如适于盐碱干旱环境的梭梭（*Haloxylon ammodendron* Bunge.）、碱蓬（*Suaeda glauca* Bge.）等。

图 4-17 荞麦

1—花枝的一部分；2—花；3—花的纵切；

4—雌蕊；5—瘦果

图 4-18 菠菜

1—将开的雄花；2—开放的雄花；3—雄花枝；

4—雌蕊；5—雌花包藏于萼状苞片内

7. 苋科 （Amaranthaceae）

主要特征：常草本，单叶，无托叶；花小，单被花，萼片 3～5，干膜质；雄蕊 1～5，与萼片对生；子房上位，1 室 1 胚珠；常为胞果。

本科中用作蔬菜的常见的有：苋 （*Amaranthus tricolor* L.）（图 4-19）、尾穗苋 （*Amaranthus caudatus* L.）等。反枝苋 （*Celosia cristata* L.）、凹头苋 （*Amaranthus lividus* L.）为常见农田杂草。鸡冠花 （*Celosia cristata* L.）、千日红 （*Gomphrena globosa* L.）为常见观赏植物。

8. 葫芦科 （Cucurbitaceae）

本科约 90 属，700 余种。主产热带和亚热带。我国产 20 属，130 种，引种约 30 种，南北均产。

主要特征：草质藤本，茎卷须侧生于叶腋；单叶互生，叶掌状分裂；花单性，五基数；花萼合生具萼管；聚药雄蕊，花丝两两结合，1 分离，花药折叠；雌蕊 3 心皮，下位子房，侧膜胎座；瓠果。

本科植物不少为重要蔬菜，如南瓜 ［Cucurbita moschata （Duch.）Poir.］、黄瓜 （Cucumis sativus L.）（图 4-20）、苦瓜 （Mo-mordica charantia L.）、丝瓜 ［Luffa cylindrical （L.）Roen.］、西葫芦 （Cucurbita pepo L.）（美洲南瓜）、冬瓜 ［Benincasa hispida （Thunb.）Cogn.］等。用作水果的有西瓜 ［Citrullus lanatus （Thunb.）Mansfeld］、甜瓜 （Cucumis melo L.）、哈密瓜（新疆）和白兰瓜（甘肃）为甜瓜中不同变种或品系。绞股蓝 ［Gynostemma pentaphyllum （Thunb.）Makino］全草含 50 多种皂苷，其中绞股蓝苷对肝癌、肺癌、子宫癌等细胞的增殖有抑制效果，临床可用于 20 多种癌症，有"南方人参"之称，开发价值高。

9. 山茶科 （Theaceae）

·本科 28 属，700 余种，主产东南亚，我国 15 属，400 余种，广布长江流域及南部各省的常绿阔叶林中。

图 4-19 苋
1—花果枝；2—雄花；3—雌花

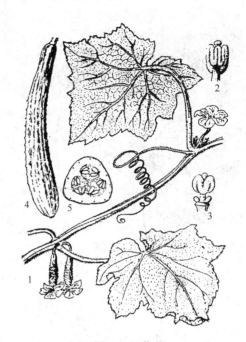

图 4-20 黄瓜
1—花枝；2—雄蕊；3—雌蕊；4—瓠果；5—果实横切面

主要特征：常绿木本；单叶互生，叶革质。花两性、整齐、五基数；雄蕊多数，多轮排列，常与花瓣基部连生；花萼宿存；子房上位，中轴胎座。常为蒴果。

本科主要经济植物有茶（*Camellia sinensis* O. Ktze）（图 4-21）、油茶（*Camelliaoleif-era* Abel）和山茶（*Camellia japonica* L.）等。茶是著名的饮料，是我国对外贸易的主要产物之一，种子还可榨油。油茶种子可榨油，供食用，亦可药用，可治癣疥，或作润滑剂及涂料。山茶为有名的庭园观赏植物，为我国十大名花之一，云南地区最为著名。金花茶 [*camellia chrysantha*（Hu）Tuyama] 的花为金黄色，国家一级保护植物，观赏价值极高。

10. 锦葵科（Malvaceae）

本科 75 属，约 1000 余种，主产热带和温带。我国 16 属，81 种，各地均有。

主要特征：纤维植物。单叶互生，常有星状毛，有托叶。花两性、整齐、五基数，具副萼（苞叶）；单体雄蕊，花药 1 室；心皮 3～20，合生或分离。子房上位，中轴胎座，每室具 1 至多胚珠；蒴果或分果。

本科中有著名的纤维植物，如苘麻（*Abu-tilon theophrasti* Medic.）、陆地棉（*Gossypiumhirsutum* L.）（棉花）（图 4-22）种子表皮细胞延伸成纤维，即棉织品的原料。锦葵（*Malva sinensis* Cav.）、蜀葵 [*Althaea rosea*（L.）Cav.] 均为观赏植物。木芙蓉（*Hibiscus mutabilis* L.）、木槿（*Hibiscus syriacus* L.）既可观赏，其根茎的韧皮纤维也可供纺织、造纸或作人造棉用。

11. 大戟科（Euphorbiaceae）

本科 300 属，8000 余种，主产热带。我国 66 属，360 余种，主要分布在长江以南。

主要特征：草本，乔木或灌木，多具乳汁。多单叶，少复叶，有托叶，叶基常具腺体；花单性多同株，常为聚伞花序或杯状聚伞花序，萼片常 5，花瓣常缺；雄蕊 1 至多数；雌蕊心皮 3，合生，蒴果 3 室。种子有胚乳（图 4-23）。

本科中很多为油料植物，如蓖麻（*Ricinus communis* L.）种子，含油量高达 69%～73%，可作飞机及高级器械的润滑油及印泥等原料。油桐 [*Vernicia fordii*（hemsl.）Airy-

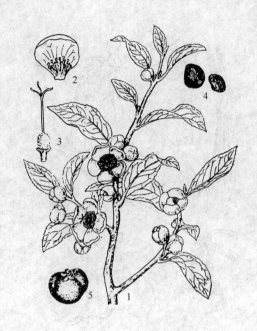

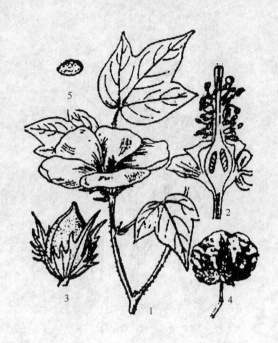

图 4-21 茶
1—花枝；2—雄蕊；3—雌蕊；4—种子；5—蒴果

图 4-22 陆地棉
1—花枝；2—花的纵切；3—蒴果；4—开裂的果；
5—去绒的种子

Shaw]种子含油量达 40%，著名的桐油是我国特产。乌桕 [Sapi-um sebiferum（L.）Roxb]种子可榨油，可作油漆原料。铁苋菜（Acalypha australis L.）、地锦（Euphorbia humifusa Willd）、大戟（Euphorbia perinensis Rupr）等可药用，橡胶树（Hevea brasiliensis Muell. Arg）是优良的橡胶植物。霸王鞭（Euphorbia nerifolia L.）可作行道树及观赏树。观赏植物有一品红（Euphor-bia pulcherrima willd）、猩猩草（Euphorbia heterophylla L.）等。

12. 蔷薇科（Rosaceae）

本科 124 属，约 3300 种。世界性分布，主产温带。我国 55 属，1100 种，各地均产。由于种类多，又分为 4 个亚科，即绣线菊亚科、蔷薇亚科、梨亚科（苹果亚科）和梅亚科，各亚科之间主要形态特征见表 4-3。

表 4-3　蔷薇科各亚科主要形态特征比较

亚科	绣线菊亚科	蔷薇亚科	苹果亚科	李亚科
叶	单叶，稀复叶；常无托叶	复叶，稀单叶，托叶发达	单、复叶，有托叶	单叶，有托叶
花	稀合生，花托平碟状，心皮 2～5 枚分离，子房上位	花托隆起成头状或凹下呈囊袋状，心皮多数，分离，子房上位	花托深凹，参与果实形成，心皮 2～5 枚连合，子房下位	花托凹陷呈杯状，心皮 1 枚，子房上位
果	聚合蓇葖果，稀蒴果	聚合瘦果、小核果	梨果	核果

主要特征：茎常有皮刺及皮孔。叶互生，常有托叶。花两性，整齐，五基数，轮状排列。花被与雄蕊基部常结合成杯状、盘形或壶形花筒；花托隆凸或凹陷。果为蓇葖果、核果、梨果、瘦果等。

本科为重要经济大科，盛产各种果树和观赏植物。栽培众多的果树有桃 [Prunus persica（L.）Batsch]、李（*Prunus salicina* Lindl）、杏（*Prunus armeniaca* L.）、樱桃（*Prunus pseudocerasus* Lindl）、白梨（*Pyrus bretschneideri* Rehd）（图 4-24）、苹果（*Malus pumila* Mill）、山楂（*Crataegus pinnatifida* Bge）、草莓（*Fragaria ananasa* Duch）等。观赏植物有梅 [*Prunus mume*（Sieb）Sieb. etZucc]、月季（*Rosa chinensis* Jacq）、玫瑰（*Rosa rugosa* Thunb）等。药用植物有地榆（*Sanguisorba officnalis* L.）、朝天委陵菜（*Potentilla supine* L.）等。蛇莓 [*Duchesnea indica*（Andr）Focke]、龙芽草（*Agrimonia pilosa*）等均为田间杂草。

图 4-23　大戟科

1—花枝；2—蓖麻雄花；3—石栗雄花（去花被）；
4—雄花；5—大戟属的杯状花序；6—果横切面；
7—果；8—雌花；9—雄花

图 4-24　白梨

1—花的纵切；2—花枝；3—果实的纵切

13. 豆科（Leguminosae）

本科 670 属，17600 种，广布全球。我国 157 属，1250 种，全国各地均有。本科为双子叶植物第二大科，被子植物中第三大科。由于种类多，常分为含羞草亚科、云实亚科（苏木亚科）和蝶形花亚科。三亚科形态特征比较见表 4-4。

表 4-4　豆科各亚科主要形态特征比较

亚科	含羞草亚科	云实亚科（苏木亚科）	蝶形花亚科
花冠	辐射对称	假蝶形花冠	蝶形花冠
花瓣	镊合状排列	上升覆瓦状排列	下降覆瓦状排列
雄蕊	多数或5,合生或离生	10,分离	10,常为9+1的二体雄蕊

主要特征：木本或草本。常具根瘤。羽状或三出复叶，稀单叶，互生，有托叶，叶枕发达。花两性，常两侧对称；萼 5 裂，花瓣 5，分离，花冠多为蝶形或假蝶形花冠，雄蕊多数至定数，常 10 枚，成二体雄蕊（9 枚合生，1 枚分离）；雌蕊 1 心皮，1 室，含多数胚珠或 1 胚珠。荚果，种子无胚乳。

本科植物具有重大经济价值。如落花生（*Arachis hypogaea*）、大豆（*Glycine max*）为主要油料作物；蚕豆（*Vicia faba*）、绿豆（*P. radiatus*）、豌豆（*Pisum sativum*）（图 4-25）均为杂粮作物；菜豆（*Phaseolus vulgris*）、豇豆（*Vigna sinensis*）等均为蔬菜作物；草木樨（*Melilotus suaveolens*）、紫云英（*Astra-gaslus sinicus*）、田菁（*Sesbania cannabina*）等

均为绿肥及饲料作物；甘草（*Glycyrrhiza uralensis*）、内蒙古黄芪（*A. mongholicus*）可药用；合欢（*Albizzia julibrissin* Durazz）、含羞草（*Mi-mosa pudica* L.）等均可作观赏植物；凤凰木［*Delonixregia*（Bojea）Raf］、槐树（*S. japonica*）为常见行道树。

14. 杨柳科（Salicaceae）

本科 3 属，约 620 种，主产北温带。我国 3 属均有，约 320 种，全国性分布。

主要特征：落叶乔木或灌木，单叶互生，有托叶。花单性，雌雄异株，柔荑花序，常先叶开放；无被花，有由花被退化而来的花盘或蜜腺；雄花具 2 至多数雄蕊；雌花子房上位，1 室，由 2 个合生心皮组成，侧膜胎座。蒴果，种子小且具柔毛；胚珠直生，无胚乳。

本科植物许多是林木树种或行道树，常用扦插繁殖，易生根，适应性强，如毛白杨（*Populus tomentosa*）、旱柳（*S. matsudana*）（图 4-26）和垂柳（*Salix babylonica*）等是护堤、固沙、防风的良好树种。杞柳（*S. integra*）枝条可编制各种器具。

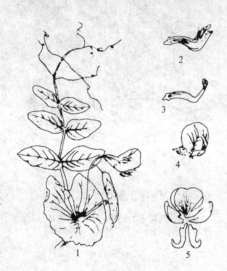

图 4-25 豌豆
1—花果枝；2—雄蕊及雌蕊；3—雌蕊；
4—花；5—花的解剖

图 4-26 旱柳
1—雌花枝；2—叶枝；3—雄花枝；4—雄花

15. 葡萄科（Vitaceae）

本科 12 属，700 余种，我国 8 属，112 种。我国南北均有分布。

主要特征：木质或草质藤本，茎卷须与叶对生，叶互生。花常两性，辐射对称，花序与叶对生；花瓣大，4～5，镊合状排列；雄蕊 4～5，和花瓣对生；心皮 2，合生，子房上位，常 2 室，中轴胎座，每室有胚珠 2 个。浆果。

葡萄（*V. itis vinifera*）（图 4-27）果可生食，又可制葡萄酒、葡萄干等，富有营养。同属植物中刺葡萄（*V. davidii*）、秋葡萄（*V. romanetii*）、野葡萄（*V. adstricta*）等，果实可食或酿酒。爬山虎（*Parthenocisissus*）为城市立体绿化优良树种。

16. 芸香科（Rutaceae）

本科约 150 属，1700 余种，分布于热带和亚热带。我国约 28 属，154 种，主要分布南方各省。

主要特征：多木本，茎常有刺，全体含挥发油，散发香气；羽状复叶或单身复叶，互生，具透明腺点。萼片和花瓣常 4～5；花盘发达，位于雄蕊内侧；雄蕊常 2 轮，外轮对瓣生；子房常 4～5 室，花柱单一；常为柑果或浆果。

本科中有多种重要的果树，如柑（*G. reticulata*）、橘（*Citrus madurensis* Lour）、橙（*Citrus sinensis*）、柚（*C. grandis*）、柠檬（*C. limon*）、酸橙（*C. medica*）（图 4-28）等，其中以广东的潮州柑、蕉柑、新会甜橙、广西容县沙田柚、湖南衡山湘橙、湖北秭归脐橙等最有名。黄皮（*Clausena lansium*）等均可药用。

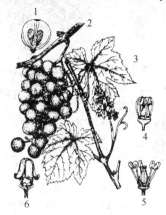

图 4-27 葡萄

1—果实纵切面；2—果枝；3—花枝；4—花（花瓣
已脱落）；5—花（雄蕊已张开）；6—花
（成帽状的花瓣）

图 4-28 酸橙

1—花枝；2—种子；3—果实的纵切；
4—花的纵切

17. 伞形科（Umbelliferae）

本科 275 属，2900 种。主产北温带。我国 90 属，600 种，南北均产。

主要特征：芳香性草本，叶互生，常有鞘状叶柄。典型复伞形花序，花 5 基数，子房下位，2 室；双悬果，常具 5 棱。每分果含 1 粒种子。

本科经济植物很多，如当归（*Angelica sinensis*）、防风（*Saposhnikovia divaricata*）、川芎（*Ligusticum wallichii*）、北柴胡（*Bupleurum chinensis*）、茴香（*Foeniculum vulgare*）等均为有名的药用植物。而芹菜（*Api-um graveolens* L.）、胡萝卜（*daucus carota var. sativus* Hoffm）（图 4-29）、芫荽（*Coriandrum sativum* L.）、茴香等均为菜用。破子草、蛇床 [*Cnidium monnieri*（L.）cuss]、水芹 [*Oenanthe javanica*（BL）DC.]、野胡萝卜等均为田间杂草。

18. 菊科（Compositae）

本科约 1000 属，25000 余种，是被子植物第一大科，广布全球，土产北温带，热带较少。我国约有 200 余属，2000 多种，占我国被子植物的 80% 左右。分为管状花亚科与舌状花亚科。

主要特征：常为草本，叶多互生。头状花序，有总苞，合瓣花冠（舌状、筒状），聚药雄蕊，子房下位，2 心皮 1 室，1 胚珠，连萼瘦果，常有冠毛。

本科中有很多经济植物。向日葵（*Helianthus annuus*）（图 4-30）是重要油料作物。红花（*Carthamus tinctorius*）、蒲公英（*Taraxacum mongolicum* Hand-Mazz）、牛蒡（*Arctium lappa* L.）、苍耳（*Xanthium sibiricum*）、一枝黄花（*Solidago serotina* Ait）等均是药用植物。菊花 [*Dendranthema morifolium*（Ramat.）Tzvel]、万寿菊（*Tagetes erecta* L.）、大丽菊（*Dahlia pinnata* Cav.）、金盏菊（*Calendula officinalis* L.）等是常见的观赏植物。莴苣（*Lactucasativa* L.）是主要蔬菜之一。刺儿菜（*Cirsium segetum* Bunge）、苦菜 [*Ixeris chinensis*（Thunb）Nakai] 等则是田间杂草。

19. 茄科（Solanaceae）

本科约 80 属，3000 种，主产温带和热带。我国 24 属，约 115 余种，分布全国。

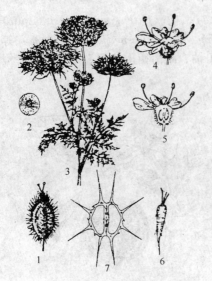

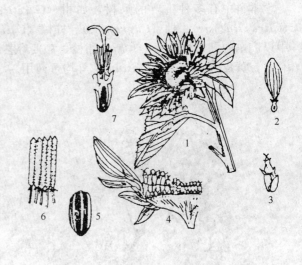

图 4-29 胡萝卜
1—果实；2—根的纵切；3—植株一部分；4—花；
5—花的纵切面；6—根；7—果实的横切

图 4-30 向日葵
1—花序；2—舌状花；3—管状花；4—花序的纵切；
5—果实；6—聚药雄蕊；7—管状花纵切

主要特征：常草本，茎直立，单叶互生，无托叶。花两性合瓣，整齐，五基数；花萼宿存花后增大；雄蕊与花冠裂片互生，花药常孔裂；上位子房 2 室，胎座偏斜；胚珠多数，浆果或蒴果。

本科包括许多经济植物，如马铃薯块茎兼有粮食和蔬菜的双重作用，茄子（*Solanum melongena*）（图 4-31）、番茄（*Lycopersicon esculentum*）、辣椒（*Capsicum frutescens*）为重要蔬菜。枸杞（*Lycium chinense*）、曼陀罗（*Datura stramonium*）是重要的药材。烟草叶为制烟原料，因含有尼古丁，是麻醉性毒剂。龙葵（*Solanum nigrum*）为田间杂草。夜来香、五色茉莉、朝天椒、珊瑚樱则为观赏植物。

20. 旋花科 （Convolvulaceae）

本科 50 属，1500 种，主产热带和亚热带。我国 22 属，125 种，南北均产。

本科特征：常为蔓生草木，常具乳汁。单叶互生，无托叶。花两性，辐射对称；萼片 5，常宿存；花冠漏斗状，5 裂，雄蕊 5，着生在花冠筒基部，常具环状或杯状花盘；心皮常 2，合生，子房上位，常 2 室，每室具 2 胚珠。常蒴果。

本科常见的栽培植物有甘薯（*Ipomoea batatas*）（图 4-32）为重要的粮食植物。蕹菜（*Ipomoea aquatica*）的茎叶可作蔬菜。茑萝 [*Quamoclit pennata* （Desr） Bojer]、圆叶牵牛 [*Pharbitis purpurea* （L.） Voigt] 等可作观赏植物。菟丝子（*Cuscuta chinensis* Lam）为寄生植物，可危害豆类作物，其种子可入药。马蹄金、牵牛可入药。小碗花（*Calystegia hader acea* Wall）（小旋花）为宿根性恶性杂草。

21. 唇形科 （Labiatae）

本科 22 属，3500 种，是世界性的大科，全球分布。我国 99 属，800 余种，全国均有。

主要特征：植物体含芳香油，具香气，四棱方茎，单叶对生，无托叶。轮伞花序，唇形花冠，花萼宿存；二强雄蕊，子房上位，花柱基生，小坚果 4 枚。

本科作蔬菜栽培的有地瓜儿苗（*Lycopuslucidus*）的根茎也可作凉菜用，其叶为妇科用药；裂叶荆芥 [*Schizonepeta tenuifolia* （Benth） Briq] 叶芳香，味鲜美，不招蝇，为夏季调味凉菜佳品。本科作药用的有 160 余种，如薄荷（*Mentha haplocalyx*）、益母草（*Leonurus artemisia*）、丹参（*Salvia miltiorrhiza* Bge）、黄芩（*Scutellaria baicalensis Georgi*）、夏

图 4-31　茄子
1—花枝；2—花；3—花冠及雄蕊；
4—花萼及雌蕊；5—果实

图 4-32　甘薯
1—块根；2—花枝；3—花的纵切

枯草（*Prunella vulgaris* L.）、藿香（*Agastache rugosa* O. Ktze）（图4-33）、紫苏（*Perilla frutescens* L.）等。藿香也是芳香油植物，鱼汤中加入其茎、叶共煮，味鲜。一串红（*Salvia splendens* Ker-Gawl.）、彩叶草（*Coleus blumei Benth*）是常见的观赏植物。水苏（*Stachys japonica* Miq）、宝盖草、夏至草等均为田间杂草。

图 4-33　藿香
1—花枝；2—花侧面观；3—花萼的纵剖内面观；
4—花冠纵剖内面观，兼示雄蕊；5—雌蕊；
6—小坚果腹面观

图 4-34　慈姑
1—球茎；2—叶；3—花枝；4—花；5—果实

（二）单子叶植物纲的主要科

1. 泽泻科（Alismataceae）

本科12属，约90种，广布于全球。我国5属，约13种，南北均有。

主要特征：水生或沼生草本。叶有长柄，基生，具叶鞘。花被显著，有花萼与花冠之分，花萼宿存；心皮多数离生，螺旋状排列于凸起花托上。聚合瘦果。种子无胚乳。

泽泻（*Alisma orientale*），多年生沼生草本，球茎供药用，有清热、利尿、渗湿之效，茎叶可作饲料。慈姑（*Sagittaria sagittifolia*）（图4-34）南方各省多栽培，球茎食用，或制淀粉。可药用。

2. 天南星科 （A reaceae）

本科约115属，2450种，主要分布于热带、亚热带。我国35属，200多种，主要分布于南方。

主要特征：草本，叶常基生。花聚集成肉穗花序，花两性或单性，通常雄花位于花序上方，雌花位于花序下方，中部为中性花，花序下或外有佛焰苞。浆果。

芋原产南美，现广泛栽培，块茎食用。魔芋块茎入药，也是重要的减肥保健食品资源。半夏 [*Pinellia ternata*（Thunb）Breit]（图4-35）、天南星（*Arisaema consanguineum Sreit*）等也是常用药材。马蹄莲（*Zantedeschia aethhiopica*）、红掌（*Anthurium andraeanum*）等是世界著名的观赏植物。本科中亦有众多室内观叶植物，如花叶芋（*Caladium bicolor*）、喜林芋（*Philodendron selloum*）、海芋（*Alocasia macrorrhiza*）等。

3. 百合科 （Liliaceae）

本科约240属，4000种，全球分布。我国60属，约600种，全国均有，以西南最盛。

主要特征：多年生草本，具根茎、鳞茎或块茎。单叶，花两性、整齐、3基数，花被片6，排成2轮，是典型的2轮3数花，雄蕊6枚与之对生，子房上位，3室；蒴果或浆果。

本科植物中的金针菜（*Hemerocallis citrina Baroni*）（黄花菜）、韭菜（*Allium tuberosum Rottl. ex Spreng*）、葱（*Allium fistulosum L.*）、石刁柏（*Asparagus officinalis L.*）、大蒜（*Allium sativum L.*）等均作为蔬菜用，百合（*Lilium brownii F. E. Br. var. viridulum*）既可食用又可药用。川贝母（*Fritillaria cirrhosa Don*）、玉竹 [*Polygonatum odoratum*（Mill）]、芦荟 [*Aloe vera L. var. chinensis*（Saw.）Berg] 等均为药用。而百合（图4-36）、萱草（*Hemerocallis fulva L.*）、郁金香（*Tulipa gesneriana L.*）、风信子（*Hyacinthus orientalis L.*）、万年青 [*Rohdea japonica*（Thunb）Roth] 等均可作观赏植物。

图 4-35 半夏
1—植株；2—佛焰苞纵切；3—幼块茎及幼叶；
4—雄蕊；5—佛焰苞中果序

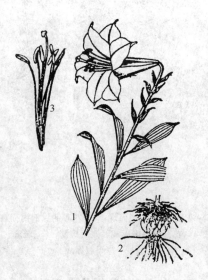

图 4-36 百合
1—植株；2—鳞茎与根；3—雄蕊与雌蕊

4. 莎草科 (Cyperaceae)

本科约96属，9300多种，广布全球，以温带、寒带为多，多生于潮湿沼泽环境。我国约31属，630余种，全国各地皆有。

主要特征：草本，常有根状茎。茎三棱、实心，少数中空，无节；叶基生或秆生，常3列互生，或仅具叶鞘，常闭合。花与鳞片组成小花，2至多朵小花和鳞片组成小穗，小穗组成各种花序，花序下具总苞；花被退化成下位刚毛或鳞片，雄蕊1~3枚，心皮2~3，坚果三棱形。

本科中栽培供食用的有荸荠 [*Eleocharis tuberosa* (Roxb) Roem. Schult]，其球茎可生食、熟食或药用。莎草 (*Cyperus rotundus* L.) （又名香附子）（图4-37）生活力强，为田间恶性杂草之一，其块茎亦可入药。牛毛毡 (*Eleocharis yokoscensis* Tang et Wang)、水葱等也为田间常见杂草。

5. 禾本科 (Gramineae)

本科约有750属，10000余种，广布全球。我国约有225属，1200多种。通常分为2个亚科，即竹亚科和禾亚科。

主要特征：草本或木本，地上茎称秆，秆圆柱形，中空，有节；叶2列互生，叶具叶片、叶鞘，叶片狭长，具平行脉，叶鞘开裂，常有叶舌、叶耳；小花组成小穗，再由小穗组成各种花序；颖果。

本科是经济价值最高的一科，如水稻 (*Oryza sativa* L.)、小麦 (*Triticum aestivum* L.)（图4-38）、大麦 (*Hordeum vul gare* L.)、玉米 (*Zea mays* L.)、高粱 (*Sorghum vulgare* Pers) 等是人类的主要粮食作物。甘蔗 (*Saccharum sinense* Roxb) 为重要的产糖作物。竹可供造纸、编制器具、造房等。芦苇 (*Phragmites communis* Trin) 是造纸的原料，也是优良固堤材料。本科有许多牧草和杂草，如看麦娘 (*Alopecurus aequalis* Sobol)、稗 [*Echinochloa crusgalli* (L.) Beauv]、马唐 [*Digitaria adscendens* (H. B. K) Hen]、狗尾草 (*Setaria viridis* Beauv) 等，还有结缕草 (*Zoysia japonica* Steud)、草地早熟禾 (*Poa pratensis* L.) 等常见草坪草种；佛肚竹 (*Bambusa ventricosa* Mcclure)、毛竹 (*Phyllostachys pubescens* Mazel) 等可作观赏竹类。

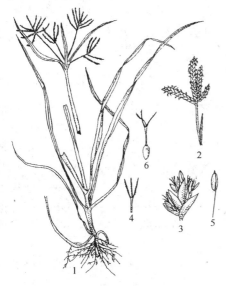

图 4-37 莎草
1—植株；2—穗状花序；3—小穗顶部一部分，示鳞片
内发育的两性花；4—雌蕊；5—雄蕊；6—幼果

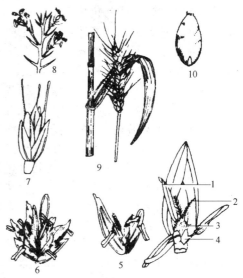

图 4-38 小麦
1—雄蕊；2—柱头；3—子房；4—浆片；5—小花；
6—开花小穗；7—小穗；8—小穗的模式图；9—植
株的一部分及花序；10—颖果

图 4-39　建兰
1—植株；2—花；3—唇瓣

6. 兰科 （Orchidaceae）

本科约 700 属，20000 余种，为被子植物第二大科。我国 166 属，1100 余种，主要分布于长江流域及其以南地区。

主要特征：草本，常有根状茎或块茎，附生或腐生。单叶互生，基部常具抱茎的叶鞘，有时退化为鳞片状。花被 2 轮，外 3 枚花萼状，内 3 枚花瓣状，中央近轴 1 枚特化为唇瓣；雄蕊与花柱、柱头合生成合蕊柱，具花粉块；下位子房，1 室，侧膜胎座。蒴果。

本科中有许多著名的观赏植物和名贵药材，经济价值很高。观赏植物有建兰 ［*Cymbidium ensifolium* （L.） Sw］ （图 4-39）、春兰 （*Cymbidium goeringii*） 等，药用植物有白及 （*Bletilla striata*）、石斛 （*Dendrobium nobile*）、天麻 （*Gastrodia elata*） 等。

【技能实训】

一、检索表的编制与使用

植物检索表是植物分类中识别、鉴定植物不可缺少的工具。检索表的编制是根据法国人拉马克 （Lamarck，1744～1829 年） 的二歧分类原则，把各植物类群的相对特征 （性状） 分成相对的两个分支，再把每个分支中的相对性状分成相对应的两个分支，依次下去直到编制到科、属或种检索表的终点为止。

检索表常用的有定距式 （等距式） 和平行式两种。

定距式检索表中，先在距书面左边同等距离处开始编上相同编号及一对相对性状特征，第一对相对性状特征之间包括第二对相对性状特征的描述，而第二对相对性状特征之间又包括第三对相对性状特征的描述，后出现的一对性状特征应向右低一个字格，依此类推，直到终点。这种检索表所检索植物的范围总是一定的，随着不断检索，范围不断缩小，直至查出所属的分类单元科、属或种的学名为止。

例如，植物界主要类群分类检索表

1. 植物体无根、茎、叶的分化，没有中柱，没有胚胎 ………………………… 低等植物
　2. 植物体不为藻类和菌类所组成的共生体
　　3. 植物体内含有叶绿素或其他光合色素，为自养生活方式 ……………… 藻类植物
　　3. 植物体不含有叶绿素或其他光合色素，为异养生活方式 ……………… 菌类植物
　2. 植物体为藻类和菌类所组成为共生生活方式 …………………………… 地衣植物
1. 植物体有茎叶的分化，有中柱，有胚胎 ………………………………… 高等植物
　4. 植物体有茎叶而无真根 …………………………………………………… 苔藓植物
　4. 植物体有茎叶有真根
　　5. 不产生种子 ……………………………………………………………… 蕨类植物
　　5. 产生种子 ………………………………………………………………… 种子植物
　　　6. 胚珠裸露，无子房 …………………………………………………… 裸子植物
　　　6. 胚珠包于子房之内 …………………………………………………… 被子植物
　　　　7. 具网状叶脉，胚有子叶 2 枚 ……………………………………… 双子叶植物

7. 具平行或弧形脉，胚有子叶 1 枚 ················· 单子叶植物

在平行检索表中，每一对相对性状特征平行排列，描述的末端为序号或名称，此序号将在下一项相对性状特征描述之间出现，依此类推，直到终点。以前检索表为例。

1. 植物体无根、茎、叶的分化，无中柱，无胚胎 ·········· 低等植物2
1. 植物体有根、茎、叶的分化，有中柱，有胚胎 ·········· 高等植物4
2. 植物体为藻类和菌类所组成，为共生生活方式 ·········· 地衣植物
2. 植物体不为藻类和菌类组成的共生体 ·············· 3
3. 植物体内含有叶绿素或其他光合色素，为自养生活方式 ······· 藻类植物
3. 植物体内不含叶绿素或其他光合色素，为异养生活方式 ······· 菌类植物
4. 植物体有茎叶，无真根 ···················· 苔藓植物
4. 植物体有茎叶，有真根 ···················· 5
5. 不产生种子 ·························· 蕨类植物
5. 产生种子 ··························· 种子植物
6. 胚珠裸露，无子房 ······················ 裸子植物
6. 胚珠包于子房之内 ······················ 被子植物
7. 具网状脉，胚有子叶 2 枚 ··················· 双子叶植物
7. 具平行脉，胚有子叶 1 枚 ··················· 单子叶植物

利用检索表鉴定植物时，一方面要注意要有性状完整的检索对象标本，另一方面，对检索表中使用的各种形态学术语及检索对象形态特征应有正确的理解和分辨，在检索过程中，必须十分细心，并要有足够的耐心。否则，容易出现偏差。

1. 编制植物检索表注意事项

（1）首先要决定做分科、分属还是分种的检索表，并认真观察和记录植物的特征，在掌握各种植物特征的基础上，列出相似特征和区别特征的比较表，同时要找出各种植物之间的突出区别，才有可能进行编制。

（2）在选用区别特征时，最好选用相反的特征，如单叶或复叶，木本或草本，或采用易于区别的特征。千万不能采用似是而非或不肯定的特征，如叶较大或叶较小。

（3）采用特征要明显，最好是选用手持放大镜就能看到的特征，防止采用难以看到的特征。

（4）检索表的编排号码只能用两个相同的号码，不能用三个甚至四个相同的号码并排。

（5）有时同一种植物，由于生长的环境不同，既有乔木也有灌木，遇到这种情况时，在乔木和灌木的各项中都编进去，这样保证可以查到。

为了证明编制的检索表是否正确，还应到实践中验证。如果在实践中可用，而且用的特征也都准确无误，就可确定所编制的检索表合格。

2. 植物标本的检索与鉴定注意事项

（1）根据需要鉴定植物的产地确定检索表　因为检索表包括的范围各有不同，有全国检索表，也有地方各省、市植物检索表；有枝叶检索表，也有花、果检索表及观赏植物冬态检索表等，在使用时，应根据不同的需要，利用不同的检索表。如果要鉴定的植物是从北京地区采来的，利用北京植物检索表或北京植物志则比较适合。

（2）用科学的形态术语来描述植物的特征　一般对营养器官进行检索，比较容易，只要掌握植物的枝、叶、皮、形、干等各部位形态特征，与检索表一一对照，就能很快检索出来。而通过生殖器官进行检索，就需要细致一些，特别对花的各部分构造，要作认真细致的解剖观察，如子房的位置、心皮和胚珠的数目等，都要弄清楚，一旦描述错了，就会错上加错，即使鉴定出来，也不会是正确的。

（3）鉴定时，要根据观察到的特征，从头按次序逐项往下查。在看相对的两项特征时，要看到底哪一项符合需要鉴定的植物特征，要顺着符合的一项查下去，直到查出为止。因此，在鉴定的过程中，不允许跳过一项而去查另一项，因为这样特别容易发生错误。

（4）检索表的结构都是以两个相对的特征编写的，而两项号码是相同的，排列的位置也是相对称的。故每查一项，必须对另一项也要看一看，然后再根据植物的特征确定符合的那一项，假若只看一项就加以肯定，极易发生错误，就会导致整个鉴定工作的错误。

（5）为了证明鉴定的结果是否正确，还应找有关专著或有关的资料（植物志、图鉴、图谱、分类手册等）进行核对，看是否完全符合该科、该属、该种的特征，植物标本上的形态特征是否和书上的图、文一致。如果全部符合，证明鉴定的结论是正确的，否则还需要加以研究，直至完全正确为止。

二、植物标本的采集

（一）采集前准备
1. 采集工具

采集铲、剪枝剪、标本夹、采集箱（袋）、剪刀、镊子、放大镜、标本瓶或广口瓶、标本记录册、采集标牌、采集记录纸（卡）、文具用品等。

2. 采集时间和地点的选择

采集时间一般在植物的花果期，地点尽量选择植被丰富，具有代表性的地区，同时注意不同环境植物的采集，使标本采集的数量和种类尽量多。

（二）标本采集

采集标本时，应以生长良好、发育完全，无病虫害，具备花、果、叶、根等器官的代表性植株为采集对象。每个标本的大小不超过 35cm×25cm。

草本植物：一般不超过 40cm 高，矮草应连根挖出，较大的草本最好也连根挖出，或折叠或截成代表性的上、中、下三段进行压制。

木本植物：应选择树冠外围中、上部有叶、花或果实的枝条，其他特殊特征（如具刺）一并采取。采剪的标本尽量有分枝和一年生、二年生枝，标本大小一般以长 45cm，宽 25cm 为宜。萌生枝、幼苗时期、畸形枝均不能采集。

如不能在同一时间采全同一标本的根、茎、叶、花、果实、种子等器官，可先采下植株或一部分，留下标记，记下采集地点，等花、果期再补采配齐。采集过程中如有些植物花果、种子、叶片已脱落，应就地拾起，用纸包起来，与标本放在一起。为了应用和交换，每种植物至少要采集 3～5 份。

野外初步鉴定与野外记录的填写如下。

（1）先填写采集标牌，所用采集标牌已事先设计，式样见图 4-40，然后拴好采集标牌。

（2）初步鉴定 据植物的外部形态，如植物的叶、花、果、枝及根的特征进行初步鉴定。

（3）填写野外标本采集记录（图 4-41） 编号与采集号一致。填写叶与花果的形态时应注意能尽可能反映植物的特征。记录时应注意下列事项。

① 胸径指从树干基部向上 1.3m 处的树干直径，一般草本和小灌木不填。

② 叶主要记载背腹面的颜色、毛的有无和类型、是否具乳汁等项。

③ 花主要记载颜色和形状、花被和雌雄蕊的数目。

④ 果实主要记载颜色和类型。

⑤ 树皮记载颜色和裂开的状态。

填写好标本采集记录后，将标本尽快放入采集箱或袋内。

植物标本采集记录

采集号：　　　　采集期：　　年　　月　　日　　采集人：

地点：　　　　　　　　　海拔：

生境：(如山坡、盐碱地等)　　生活型：(如常绿灌木等)

年龄：　　　高度：　　胸(基)径：　　　　冠幅：

形态：1.皮(根)：

　　　2.枝(茎)：

　　　3.芽：

　　　4.叶：

　　　5.花：

　　　6.果实(种子)：

附录：

中文名(俗名)：

学名：　　　　　　　科名：

图4-40　采集标牌式样

◯为穿孔线

采集号：

中文名：

采集日期：　　年　　月　　日

采集地：

采集人：

图4-41　植物标本采集记录卡式样

三、植物标本的制作

(一) 蜡叶标本的制作

将采集来的植物压干，装订在台纸上（38cm×27cm），贴上采集记录卡和标本签，就成了一份蜡叶标本。

1. 标本的整理和压制

把野外采来的标本进行修整，去除上部、背部、多余重叠的部分；如复叶过大，可沿主叶柄去除一侧的叶片。标本放在吸水纸上后，要将少部分叶片翻过去或将一分枝扭转，以便保证正、反叶片。如标本过长，可适当折成 V 形或 N 形。压制时先将标本夹放于平地上，放上 1cm 厚的吸水纸，然后放上一份标本，再放上一层吸水纸（3～5 张），再放上一层标本，如此下去，当达到一定厚度（20～30cm）时即可停止，用另一页木制标本夹压上去，用对角线方法用绳子将标本夹拴牢、拴实、压紧，放在通风处晾晒。

一般来说，标本干得越快，原色保存得越好。对于所采标本每天翻晒、换纸一次，每次都要仔细加工整理标本，使水分迅速蒸发。第一次换纸整理很重要，要用镊子把每一朵花、每一片叶展平，凡有折叠的部分，都要展开，多余的叶片，可从叶基上面剪掉，留下叶柄和叶基，用以表示叶序类型和叶基的形态。去掉多余的花，应留下花柄。

有些植物（如云杉）的叶子干后易脱落或有些植物（多肉多浆植物）不能速干，采回后用开水烫后压制即可。对于标本上鳞茎、球茎、块根等，可先用开水烫死细胞，然后再纵向切去 1/2 后进行压制。

2. 标本的装订

（1）标本的修整与放置　标本压干后，放在台纸

××××植物标本室

采集号：　　　　登记号数：

科　名：

打丁名：

中文名：

采集日期：　　年　　月　　日

采集者：　　　　采集地：

鉴定者：　　　　鉴定日期：　　年　　月　　日

图4-42　植物标本鉴定签

上，进行最后一次整形，首先应选定标本的正反面，使花、果等重要部位仰露向上，同时检查大小是否合适，剪口是否正确，各部分摆置是否恰当，特别是叶片正反面都有，放置标本时要稍有斜度，一般要留出左上角和右下角贴标本签和记录卡的复写单，全部合格后便进行装订。

（2）标本的装订　用刀片沿标本的各部在适当的位置，切出数对小纵口，把已准备好的大约 2mm 宽的玻璃纸，从纵口部位穿入，再将玻璃纸的两端呈相反方向，轻轻拉紧，用胶水粘在台纸背面，这种方法固定的标本美观又牢固。也可用针线进行固定，这种固定方法迅速，但不如前法美观牢固。

（3）标本的鉴定　标本固定后，要进行种类的鉴定，主要根据花果的形态特征鉴定。然后把鉴定结果写入鉴定签，再把它贴在台纸右下角处（图 4-42），将植物野外采集记录卡保管好。

（4）标本的包装和保存　装订后的标本每一份再用牛皮纸包装起来，便可放入标本室长期保存。如果为了陈列展览、实验或教学应用也可把标本放入标本盒，便可长期应用。制作完成的标本应放入专门的、干燥通风的标本室及封闭性良好的标本橱中保存，同时防止虫蛀。

（二）浸渍标本的制作

浸渍标本的方法很多，下面主要介绍几种。

1. 浸渍标本的一般方法

① 70％乙醇浸泡。

② 70％乙醇＋10％甲醛混合浸泡。

③ 5％～10％甲醛液浸泡。

2. 绿色保存法

在 50％的冰醋酸中加入醋酸铜结晶，直到饱和不溶为止，此溶液作为母液，将 1 份母液加 4 份水，加热到 85℃后，将植物放入，可见植物由绿变褐，再变绿（10～30min）。将再次变绿的植物取出，用清水冲洗，然后保存在 5％甲醛或 60％乙醇液中。

比较薄嫩的植物不宜加热，可直接放入下述配制的溶液中保存：50％乙醇 90ml＋市售甲醛液 5ml＋甘油 2.5ml＋冰醋酸（或普通醋酸）2.5ml(或 7.5ml)＋氯化铜 10g。

3. 黑色、紫色保存法

福尔马林 450ml 加乙醇 2800ml，加蒸馏水 20000ml，静置沉淀，过滤后保存标本。

4. 红色保存法

硼酸粉末 450g 溶于 200ml 福尔马林＋400ml 水中，全溶后加入 75％～90％乙醇 2000ml，亦可加入福尔马林 300ml，过滤使用。

5. 黄色保存法

把标本直接浸入由 6％的亚硫酸 268ml、80％～90％乙醇 568ml 和水 450ml 混合而成的溶液中。

6. 黄绿色果实标本保存法

先用 20％乙醇浸泡果实 4～5 天，当出现斑点后，再加 15％亚硫酸浸泡 1 天，取出洗净，再浸入 20％乙醇中硬化，漂白，直到斑点消失后，再加入 2％～3％亚硫酸和 2％甘油中，即可长期保存。

【实际操作】

一、常见植物的识别与鉴定

（一）实训目标

1. 学会运用已学的知识观察、分析、研究植物。

2. 掌握常见种子植物各科的主要特征及鉴定、识别常见植物的基本技能。

3. 巩固掌握种子植物形态描述及鉴定工具的使用。

（二）实训材料与用品

1. 放大镜、刀片、剪枝剪、镊子、铅笔、笔记本、高等植物分类检索表或图谱等。

2. 校园或实验基地各种类型的植物。

（三）实训方法与步骤

1. 实训内容（根据所学专业，选择 1～2 项内容）

（1）常见大田作物的观察与识别。

（2）常见果树、蔬菜的观察与识别。

（3）常见木本植物的观察与识别。

（4）常见观赏植物的观察与识别。

（5）常见中草药植物的观察与识别。

（6）常见草坪植物与地被植物的观察与识别。

（7）常见田间杂草的观察与识别。

2. 操作步骤

（1）方案设计　进行完整、正确的方案设计，并准备实验用品与材料。

（2）现场描述　选择校园内的某一区域，在规定的时间内调查出该区域内植物种类的数量，以及写出各种植物的中文名称，并挑选出 5 种以上带花或带果的植物，让学生对植株形态特征、分枝方式、单复叶、叶着生方式、叶型、叶色、叶缘、花果着生方式、花果的类型等内容进行描述，室外不便观察的，用剪枝剪取新鲜枝叶（尽量带花果），带回实验室进一步观察识别。

（3）室内观察与描述　剪取校园中 5 种以上常见的带花、果的植物枝条，带回实验室，用科学的术语对植物枝条的形态结构特征进行描述，并解剖植物的花或果，写出花、果的结构特征，并鉴别出胎座类型与果实类型。

（4）检索表的编制与植物标本的检索　从实验教师处领取 6～8 种植物材料，编制一个用于区分这些植物的定距检索表，在编制之前，先把这些植物的主要特征观察清楚并归纳比较，依据检索表的编制原则，确定各级检索特征后再编制检索表。用检索表、植物图鉴、植物志等"工具书"将植物检索到科、属、种。

（四）实训报告

1. 编制检索表，并鉴定所取植物标本的科、属、种名。

2. 正确描述所观察植物的形态特征，并记录观测结果。

3. 重点识别当地常见植物种类 100 种以上（识别种类由各校酌情确定）。

二、校园植物类型的调查

（一）实训目标

1. 通过对校园植物的调查研究使学生熟悉和了解植物的类型，进一步掌握分类的基本方法。

2. 认识校园内的常见植物。

（二）实训材料与用品

放大镜、镊子、铅笔、笔记本、植物检索表。

（三）实训方法与步骤

校园里栽培和自然生长的植物种类很多，为了保证实验的质量和效果，指导教师可根据学校的实际情况，在实验前把校园划分成几个区域，学生可分成多个小组对不同校园区域的植物（包括栽培植物和自然生长的植物）进行调查。

1. 校园植物形态特征的观察

植物种类的识别和鉴定必须在严谨、细致的观察后进行。观察时，首先要清楚每种植物的生长环境，然后再观察植物具体的形态特征。植物形态特征的观察应起始于根（或茎基部），结束于花、果实或种子。先用眼睛进行整体观察，细微且重要的部分需借助放大镜观察。特别是对花的观察要极为细致、全面，需从花柄开始，通过花萼、花冠、雄蕊，最后到雌蕊。必要时要对花进行解剖，分别横切和纵切观察，观察花各部分的排列、子房的位置、组成雌蕊的心皮数目、子房室数及胎座类型等。

2. 校园植物种类的识别和鉴定

在对植物观察清楚的基础上，识别、鉴定植物就会很容易。对校园内特征明显、自己又很熟悉的植物，明确无疑后可直接写下名称；对于生疏植株可借助于植物检索表等工具书进行检索、识别。

在把区域内的所有植物鉴定、统计后，写出名录并把各植物归属到科一级。

3. 校园植物的归纳分类

在对校园植物识别、统计后，为了全面了解、掌握校园内的植物资源情况，还需进行归纳分类。分类的方式可根据自己的研究兴趣和校园植物具体情况进行选择。对植物进行归纳分类时要学会充分利用有关的参考文献。下面是几种常见的校园植物归纳分类方式。

（1）按植物形态特征分类　如木本植物：乔木、灌木、木质藤本；草本植物：一年生草本、二年生草本、多年生草本。

（2）按植物系统分类　如苔藓植物、蕨类植物、裸子植物、被子植物（双子叶植物、单子叶植物）。

（3）按经济用途分类　如观赏植物、药用植物、食用植物、纤维植物、油料植物、淀粉植物、材用植物、蜜源植物、其他经济植物。

（四）实训报告

1. 将在校园调查到的植物种类列表整理，并注明每种植物所属的科、种。

2. 通过校园植物的调查，谈一下你对学校绿化现状的意见和建议。

【课外阅读】

植物的进化

地球上生物的生命史有30多亿年。当今地球生物圈的各种生境中生活的50多万种植物，都是在漫长的历史长河中由生命的低级形式逐渐演化而来的。

（一）植物界的发生阶段

植物化石是古代植物留下的痕迹，是过去曾经在地球上生存植物的直接证据，也是地球上植物发展进化的真实记录。经测定，地球的年龄约为46亿年。通常把地质史分为5个代：太古代、元古代、古生代、中生代与新生代，每代又分若干纪。人们根据各大类植物不同地质时期的繁盛期，把植物进化发展的历史划分为菌藻时代、裸蕨植物时代、蕨类植物时代、裸子植物时代和被子植物时代共5个时代。下面根据不同地层中出现的不同植物化石，列表（表4-6）说明植物界发生阶段与地质年代的关系。

（二）植物界的演化规律

1. 形态结构方面

植物是由简单进化到复杂，由单细胞到群体，再进而为多细胞个体，逐渐出现细胞的分工和组织的分化。随着环境条件的复杂化，形态构造也发展得更加完善、更加复杂。

2. 生态习性方面

植物由水生进化到陆生；适应陆地生活的结果，保护组织、机械组织和输导组织逐渐有了更高的发展，各器官之间有了明确的分工。

3. 生殖方式方面

植物由无性繁殖进化到有性繁殖。在有性繁殖中，又由同配生殖发展到异配生殖以至于卵式生殖，由简单的卵囊到复杂的颈卵器，由无胚到有胚。

4. 生活史方面

维管植物的孢子体逐渐发达，适应性逐渐增强，而配子体逐渐退化，最后完全寄生在孢子体上。

表 4-5　植物的主要发展阶段和地质年代

地质时代		距今时间/百万年	植物进化状况	优势植物
新生代	第四纪	0～2.5	被子植物占绝对优势,草本植物进一步发展	被子植物
	第三纪	2.5～65	被子植物占优势,大面积森林出现后又衰退,地方植物隔离,草本植物发生	
中生代	白垩纪	晚期 65～90	被子植物得到发展	裸子植物
		早期 90～136	裸子植物衰退,被子植物渐渐代替裸子植物	
	侏罗纪	136～190	裸子植物松柏类占优势,被子植物出现	
	三叠纪	190～225	真蕨类繁茂,裸子植物继续繁茂	
古生代	二叠纪	晚期 225～260	裸子植物苏铁类、银杏类、针叶类繁茂	蕨类植物
		早期 260～280	乔木类蕨类开始衰退	
	石炭纪	280～345	乔木类蕨类形成森林,出现矮小真蕨。种子蕨进一步发展	
	泥盆纪	345～390	裸蕨类植物繁盛并消失,种子蕨出现,苔藓植物出现	
	志留纪	390～435	水生向演化、出现裸蕨类植物	
	奥陶纪	435～500	海产藻类占优势	藻菌植物
	寒武纪	500～570	出现了真核细胞藻类,后期出现与现代藻类相似的类群	
元古代		570～1500		
太古代		1500～5000	原始生命起源,后期出现蓝藻和细菌	

植物界的演化趋向，粗略地说是由藻类植物演化为蕨类植物，由蕨类植物进一步演化为裸子植物，再由裸子植物演化为被子植物。这是植物界进化中的一条主干。菌类植物和苔藓植物则是进化系统中的侧支。菌类植物在形态、结构、营养和生殖等方面都与高等植物差别很大，难以看出它们和高等植物有直接的联系。苔藓植物虽有某些进化的特征，但孢子体尚不能独立生活，不能脱离水生环境，从而限制了它们向前发展。

【思考与练习】

1. 名词解释

人为分类法　自然分类法　种　世代交替　维管植物　种子植物

2. 植物的分类单位有哪些？哪个是基本单位？

3. 植物的学名由哪几个部分组成？书写中应注意什么？

4. 低等植物和高等植物的主要区别有哪些？

5. 被子植物和裸子植物的主要区别有哪些？为什么被子植物是地球上最进化、最发达的类群？

技能项目五 植物的新陈代谢

【能力要求】

知识要求：

• 了解植物根系吸水的原理，掌握水分在植物体内的运输及水分散失的过程。

• 掌握根系吸收矿质元素的特点、过程、运输途径。

• 了解光合作用的概念和生理意义。理解影响光合作用的因素，认识农业生产中提高光合速率的可行途径。掌握植物体内同化物的分配规律和影响因素。

• 了解植物呼吸作用的概念、生理意义和类型。理解主要外界因素对植物呼吸作用的影响。掌握在生产上正确运用呼吸作用知识的方法。

技能要求：

• 能观察植物细胞质壁分离现象。

• 学会用小液流法测定植物组织的水势。

• 能应用称重法测定植物的蒸腾强度。

• 能进行植物的溶液培养和缺素症状观察分析。

• 能进行叶绿体色素的提取、分离和叶绿素的定量测定。

• 能应用改良半叶法进行植物光合速率的测定。

• 能应用小篮子法测定植物的呼吸速率。

• 学会快速测定种子生活力的方法。

【相关知识链接】

一、植物的水分代谢

生命离不开水，没有水就没有生命。植物的一切生命活动只有在含有一定水分的条件下才能进行，否则，就会生长不良，甚至死亡。农谚说："有收无收在于水，收多收少在于肥"，由此可见，水在植物的生命活动中十分重要。

植物对水分吸收、运输、利用和散失的整个过程称为植物的水分代谢。植物水分代谢的基本规律是植物栽培中合理灌水的理论依据，合理灌水能为植物提供良好的生长环境，对植物优质、高产具有重要意义。

（一）水在植物生活中的重要性

1. 植物的含水量

植物的含水量因植物种类、器官和生活环境的不同而有很大差异。如水生植物（浮萍、满江红、轮藻等）的含水量可达鲜重的90%以上，在干旱地区生长的植物（地衣、藓类）含水量仅占其鲜重6%，草本植物的含水量占其鲜重的70%～80%，木本植物稍低于草本植物。根尖、嫩梢、幼苗和肉质果实（番茄、桃）含水量可达60%～90%，树干的含水量为40%～50%，干燥的谷物种子仅为10%～14%，油料植物种子含水量在10%以下。同一植物生长在荫蔽、潮湿环境中比在向阳、干燥的环境中含水量要高一些，生长旺盛的器官比衰老的器官含水量高。

2. 水在植物生命活动中的作用

水分在植物生命活动中的作用是多方面的，主要表现如下。

（1）水分是细胞质的主要成分　细胞质的含水量一般在70%～80%，使细胞质呈溶胶状态，有利于新陈代谢的正常进行，如根尖、茎尖；在含水量减少的情况下，细胞质变成凝胶状态，生命活动就大大减弱，如休眠的种子。

（2）水分是代谢作用过程的反应物质　在光合作用、呼吸作用、有机物质合成和分解的过程中，都有水分子的参与。植物细胞的正常分裂和生长都必须有充足的水分。

（3）水分是植物吸收和运输物质的溶剂　一般来说，植物不能直接吸收固态的无机物质和有机物质，这些物质只有溶解在水中才能被植物吸收。各种物质在植物体内的运输、分解、合成都需水作为介质。

（4）水分可以保持植物的固有姿态　由于细胞含有大量水分，维持细胞的紧张度（即膨压），使植物枝叶挺立，便于充分接受光照和交换气体，同时，在植物开花时使花瓣展开，有利于传粉和受精。

（5）水分可以调节植物的体温　水分有较高的汽化热，有利于通过蒸腾作用散热，保持植物适当的体温，可以避免在烈日下灼伤。

3. 植物体内水分的存在状态

水在植物生命活动中的作用，不但与数量有关，而且与其存在状态有密切关系。植物细胞的原生质、膜系统和细胞壁，由蛋白质、核酸和纤维素等大分子组成，他们有大量的亲水基（如$-NH_2$、$-COOH$、$-OH$等），这些亲水基有很大的亲和力，容易起水合作用。凡是被植物细胞的胶体颗粒或渗透物质吸附、不能自由移动的水分称为束缚水，干燥种子中含的水分是束缚水。而不被胶体颗粒或渗透物质所吸引，或吸引力很小，可以自由移动的水分称为自由水。实际上，这两种状态水分的划分也不是绝对的，它们之间有时界限并不明显。

植物细胞内的水分存在状态经常处在动态变化之中，随着代谢的变化，自由水/束缚水的比值也发生相应变化。自由水可直接参与植物的生理代谢过程。自由水/束缚水比值高时，植物代谢旺盛，生长速度快，但抗逆性差。反之，生长速度缓慢，抗逆性强。

（二）植物对水分的吸收

植物的生命活动是以细胞为基础的，一切生命活动都是在细胞内进行的，植物对水分的吸收最终决定于细胞之间的水分关系。细胞对水分的吸收有以下两种方式：①渗透性吸水，有液泡的细胞以渗透性吸水为主；②吸胀吸水，为干燥种子在未形成液泡之前的吸水方式。在这两种吸水方式中，渗透性吸水是细胞吸水的主要方式。

1. 植物细胞的吸水

（1）植物细胞的渗透性吸水

① 水势的概念。根据热力学原理，系统中物质的总能量可分为束缚能和自由能两部分。束缚能是不能转化为用于做功的能量，而自由能是在温度恒定的条件下用于做功的能量。在等温等压条件下，1mol物质，不论是纯的或存在于任何体系中所具有的自由能，称为该物质的化学势。水势是指每摩尔体积的纯水或溶液中水的自由能。通常用符号Ψ_w表示，其单位为帕斯卡，简称帕（Pa），一般用兆帕（MPa，$1MPa=10^6Pa$）来表示。过去曾用大气压（atm）或巴（bar）作为水势单位，它们之间的换算关系是：$1bar=0.1MPa=0.987atm$，1标准大气压（atm）$=1.013\times10^5Pa=1.013bar$。

水势的绝对值是无法测定的，现在人为规定，在标准情况下，纯水的水势值为零，其他任何体系的水势都是和纯水相比而来的，因此，都是相对值。溶液的水势全是负值，溶液浓度愈高，自由能愈少，水势也就愈低，其负值也就越大。例如在25℃下，纯水的水势为0MPa，荷格伦特（Hoagland）培养液的水势为$-0.05MPa$，1mol蔗糖溶液的水势为

－2.70MPa。一般正常生长的叶片的水势为－0.2～－0.8MPa。

水分的移动是沿着自由能减小的方向进行的，即水分总是由水势高的区域移向水势低的区域。

② 植物细胞的水势。植物细胞外有细胞壁，对原生质有压力，内有大液泡，液泡中有溶质，细胞中还有多种亲水胶体都会对细胞水势产生影响。因此，植物细胞水势比溶液的水势要复杂得多，至少要受到三个组分的影响，即溶质势（Ψ_s）、压力势（Ψ_p）、衬质势（Ψ_m），因而植物细胞的水势为上述三组分的代数和：

$$\Psi_w = \Psi_s + \Psi_p + \Psi_m$$

a. 渗透势（Ψ_s）。渗透势亦称溶质势，渗透势是由于溶质颗粒的存在，降低了水的自由能，因而使水势低于纯水的水势。溶液的渗透势等于溶液的水势，因为溶液的压力势为0MPa。植物细胞的渗透势值因内外条件不同而异。一般来说，温带生长的大多数作物叶组织的渗透势在－1～－2MPa，而旱生植物叶片的渗透势很低，仅有－10MPa。

b. 压力势（Ψ_p）。压力势是指细胞的原生质体吸水膨胀，对细胞壁产生一种作用力，于是引起富有弹性的细胞壁产生一种限制原生质体膨胀的反作用力。压力势是由于细胞壁压力的存在而增加的水势，因此是正值。草本植物的细胞压力势，在温暖的午后为0.3～0.5MPa，晚上下降到1.5MPa，在质壁分离的情况下为零。

c. 衬质势（Ψ_m）。细胞的衬质势是指细胞胶体物质（蛋白质、淀粉和纤维素等）的亲水性和毛细管对自由水的束缚而引起的水势降低的值，以负值表示。未形成液泡的细胞具有一定的衬质势，干燥的种子衬质势可达－100MPa左右，但已形成液泡的细胞，其衬质势仅有－0.01MPa左右，占整个水势的很少一部分，通常可省略不计。

因此，有液泡的细胞水势的组成公式可简化为：

$$\Psi_w = \Psi_s + \Psi_p$$

③ 植物细胞的渗透作用。渗透作用是水分进出细胞的基本过程。为了弄清楚什么是渗透作用，先做一个试验：把种子的种皮（或猪膀胱等）紧缚在漏斗上，注入蔗糖溶液，然后把整个装置浸入盛有清水的烧杯中，漏斗内外液面相等。由于种皮是半透膜（水分子能通过而蔗糖分子不能透过），所以整个装置成为一个渗透系统。在一个渗透系统中，水的移动方向决定于半透膜两侧溶液的水势高低。水势高的溶液流向水势低的溶液。实质上，半透膜两侧的水分子是可以自由通过的，可是清水的水势高，蔗糖溶液的水势低，从清水到蔗糖溶液的水分子比从蔗糖溶液到清水的水分子多，所以在外观上，烧杯中的水流入漏斗内，漏斗玻璃管内的液面上升，静水压也开始升高。随着水分逐渐进入玻璃管内，液面逐渐上升，静水压力越大，压迫水分从玻璃管内向烧杯的移动速度就越快，膜内外水分进出速度越来越接近。最后，液面不再上升，停滞不动，实质是水分进出的速度相等，呈动态平衡（图5-1）。水分从水势高的一方通过半透膜向水势低的一方移动的现象，称为渗透作用。

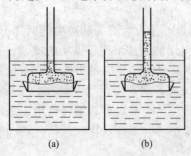

图5-1 渗透现象

（a）实验开始时；（b）经过一段时间

具有液泡的细胞，主要靠渗透性吸水。当与外界溶液接触时，细胞能否吸水，取决于两者的水势差，当外界溶液的水势大于植物细胞的水势时，细胞正常吸水；当外界溶液的水势小于植物细胞的水势时，植物细胞失水；当植物细胞和外界溶液的水势相等时，植物细胞不吸水也不失水，暂时达到动态平衡。

当外界溶液的浓度很大，细胞严重失水时，液泡体积变小，原生质和细胞壁收缩，但由于细胞壁的伸缩性有限，当原生质继续收缩而细胞壁已停止收缩时，原生质便慢慢脱离细胞壁，这种现象叫质壁分离（图5-2）。把发生质壁分离的细胞放在水势较高的清水中，外面的水分便进入细胞，液泡变大，使整个原生质慢慢恢复原来的状态，这种现象叫质壁分离复原。

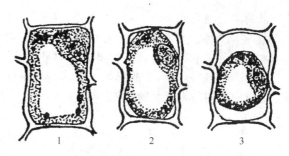

图 5-2　植物细胞的质壁分离现象
1—正常细胞；2—初始质壁分离；3—原生质体与壁完全分离

④　细胞间的水分移动。植物相邻细胞间水分移动的方向取决于细胞之间的水势差，水总是从水势高的细胞流向水势低的细胞（图5-3）。

细胞 A 的水势高于细胞 B，所以水从细胞 A 流向细胞 B。当多个细胞连在一起时，如果一端的细胞水势较高，依次逐渐降低，则形成一个水势梯度，水便从水势高的一端移向水势低的一端。水势高低不同不仅影响水分移动方向，而且也影响水分移动速度。两细胞间水势差异越大，水分移动越快。植物叶片由于蒸腾作用不断散失水分，所以水势较低，根部细胞因不断吸水水势较高，所以，植物体内的水分总是沿着水势梯度从根输送到叶。

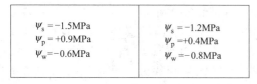

$\psi_s =-1.5MPa$	$\psi_s =-1.2MPa$
$\psi_p =+0.9MPa$	$\psi_p =+0.4MPa$
$\psi_w =-0.6MPa$	$\psi_w =-0.8MPa$

细胞A———→细胞B

图 5-3　相邻两细胞之间水分移动图解

（2）植物细胞的吸胀吸水　植物细胞的吸胀吸水就是靠吸胀作用吸水，主要发生在无液泡的细胞。所谓吸胀作用，是指细胞原生质及细胞壁的亲水胶体物质吸水膨胀的现象。这是因为在细胞内的纤维素、淀粉粒、蛋白质等亲水胶体含有许多亲水基团，特别是干燥种子的细胞中，细胞壁的成分纤维素和原生质成分蛋白质等生物大分子都是亲水性的，它们对水分的吸引力很强，蛋白质类物质亲水性最大，淀粉次之，纤维素较小。因此，大豆及其他富含蛋白质的豆类种子吸胀现象比禾谷类淀粉质种子要显著。

吸胀吸水是未形成液泡的植物细胞吸水的主要方式。果实和种子形成过程的吸水、干燥种子在细胞形成中央液泡之前阶段的吸水、刚分裂完的幼小细胞的吸水等，都属于吸胀吸水。这些细胞吸胀吸水能力的大小，实质上就是衬质势的高低，一般干燥种子衬质势常低于－100MPa，远低于外界溶液（或水）的水势，因此吸胀吸水很容易发生。

2. 植物根系对水分的吸收

植物根系吸水是陆生植物吸水的主要途径。根系在地下形成一个庞大的网络结构，在土壤中的分布范围比较广，因此，根系在土壤中的吸收能力相当强。

（1）根部吸水的区域　根系是植物吸水的主要器官，根系吸水主要在根尖进行。根尖可分为根冠、分生区、伸长区和根毛区四部分，由于前三个区域细胞原生质浓，对水分移动阻力大，吸水能力较弱。根毛区有密集的根毛，吸水量多，另外根毛区分化的输导组织发达，对水分的移动阻力小，所以，根毛区是根系吸水的主要区域。

（2）植物根系吸水的方式　植物根系吸水主要有以下两种方式：一是被动吸水，二是主动吸水。

①　被动吸水。当植物进行蒸腾作用时，水分便从叶子的气孔和表皮细胞表面蒸腾到大气中，其 ψ_w 降低，失水的细胞便从邻近水势较高的叶肉细胞吸水，接近叶脉导管的叶肉细胞向叶脉导管、茎的导管、根的导管和根部吸水，这样便形成了一个由低到高的水势梯度，使根系再从土壤中吸水。这种因蒸腾作用所产生的吸水力量，叫做"蒸腾拉力"。由于吸水的动力来源于叶的蒸腾作用，故把这种吸水称为根的被动吸水。蒸腾拉力是蒸腾旺盛季节植

物吸水的主要动力。

② 主动吸水。根的主动吸水可由"伤流"和"吐水"现象说明。小麦、油菜等植物在土壤水分充足、土温较高、空气湿度大的早晨，从叶尖或叶缘水孔溢出水珠的现象称为"吐水"（图5-4）。在夏季晴天的早晨，经常看到植物叶尖和叶缘有吐水现象，吐水的多少可作为鉴定植物苗期是否健壮的标志。

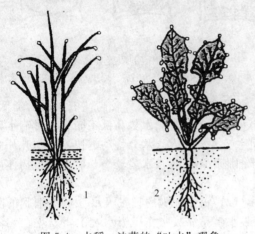

图 5-4 水稻、油菜的"吐水"现象
1—水稻；2—油菜

葡萄在发芽前有伤流期，表现为大量的溶液从伤口流出（修剪时留下的剪、锯口或枝蔓受伤处）。这种从受伤或剪断的植物组织茎基部伤口溢出液体的现象称为伤流，流出的汁液叫伤流液。若在切口处连接一压力计，可测出一定的压力，这是由根部活动引起的，与地上部分无关。这种靠根系的生理活动，产生使液流由根部上升的压力称为根压。以根压为动力引起的根系吸水过程，称为主动吸水。

伤流是由根压引起的。葡萄及葫芦科植物伤流液较多，稻、麦等植物较少。同一种植物，根系生理活动强弱、根系有效吸收面积的大小都直接影响根压和伤流量。因此，根系的伤流量和成分，是反映植物根系生理活性强弱的生理指标之一。

(3) 影响根系吸水的因素　根系通常分布在土壤中，所以土壤条件和根自身因素都可影响植物根系的吸水。

① 根系自身因素。根系吸水的有效性决定于根系密度及根表面的透性。根系密度通常指每立方厘米土壤内根长的厘米数（cm/cm^3）。根系密度越大，占土壤体积越大，吸收的水分就越多。根系的透性也影响到根系对水分的吸收，一般初生根的尖端透水能力强。而次生根失去了表皮和皮层，被一层栓化组织包围，透水能力差。根系遭受土壤干旱时透性降低，供水后透性逐渐恢复。

② 土壤条件

a. 土壤水分状况。土壤中的水分可分为束缚水、毛管水和重力水三种类型。束缚水是吸附在土壤颗粒外围的水，植物不能利用；毛管水是植物能够利用的有效水；重力水在干旱的农田为无效水，在稻田是可以利用的水分。根部有吸水的能力，而土壤也有保水的能力，假如前者大于后者，植物则吸水，否则植物失水。

b. 土壤通气状况。在通气良好的土壤中，根系吸水性很强，若土壤透气性差，则吸水受抑制。试验证明，用CO_2处理根部，以降低呼吸代谢，小麦、玉米和水稻幼苗的吸水量降低$14\%\sim15\%$，尤以水稻最为显著；如通以空气，则吸水量增大。

c. 土壤温度。土壤温度不但影响根系的生理生化活性，也影响土壤水分的移动。因此，在一定的温度范围内，根系中水分运输加快，反之，则减弱。温度过高或过低，对根系吸水均不利。

d. 土壤溶液的浓度。土壤溶液浓度过高，其水势降低。若土壤溶液水势低于根系水势，植物不能吸水，反而造成水分外渗。一般情况下，土壤溶液浓度较低，水势较高；盐碱地土壤溶液浓度过高，造成植物吸水困难，导致生理干旱。如果水的含盐量超过0.2%，就不能用于灌溉植物。

(三) 植物体内水分的运输

陆生植物根系从土壤中吸收的水分，必须运到茎、叶和其他器官，供植物生理活动的需要或蒸腾到体外。

1. 水分运输的途径和速度

（1）水分运输的途径　水分从被植物吸收到蒸腾到体外，大致需要经过下列途径：首先水分从土壤溶液进入根部，通过皮层薄壁细胞，进入木质部的导管和管胞中；然后水分沿着木质部向上运输到茎或叶的木质部（叶脉）；接着，水分从叶的木质部末端细胞进入气孔下腔附近的叶肉细胞壁的蒸发部位；最后水蒸气通过气孔蒸腾出去（图5-5）。由此可见，土壤-植物-空气三者之间的水分具有连续性。

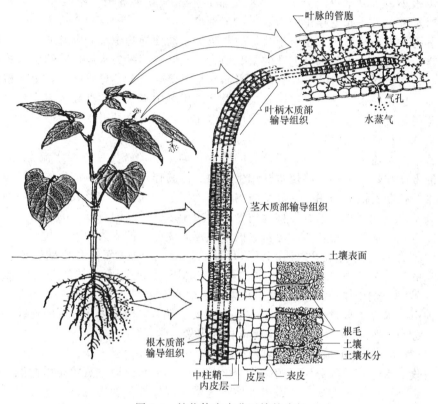

图 5-5　植物体内水分运输的途径

水分在茎、叶细胞内的运输有以下2种途径。

① 经过死细胞。导管和管胞都是中空无原生质体的长形死细胞，细胞和细胞之间都有孔，特别是导管细胞的横壁几乎消失殆尽，对水分运输的阻力很小，适于长距离的运输。裸子植物的水分运输途径是管胞，被子植物是导管和管胞，管胞和导管的水分运输距离依植株高度而定，由几厘米到几百米。

② 经过活细胞。水分由叶脉到气孔下腔附近的叶肉细胞，都要经过活细胞。这部分在植物体内的间距不过几毫米，距离很短，因为细胞内有原生质体，以渗透方式运输，所以阻力很大，不适于长距离运输。没有真正输导系统的植物（如苔藓和地衣）生长不高。在进化过程中出现了管胞（蕨类植物和裸子植物）和导管（被子植物），才有可能出现高达几米甚至几百米的植物。

（2）植物体内水分运输的速度　水分通过活细胞的运输主要靠渗透传导，距离虽短，但运输阻力大，运输速度一般只有 10^{-3} cm/h。另一部分是通过维管束中的死细胞（导管或管胞）和细胞间隙进行长距离运输。由于导管是中空而无原生质的长形死细胞，阻力小，运输速度快，一般为 $3\sim45$ m/h。而管胞中由于两管胞分子相连的细胞壁未打通，水分要经过纹孔才能在管胞间移动，所以运输阻力较大，运输速度一般不到 0.6m/h，比导管慢得多。水分在木质部导管或管胞中的运输占水分运输全部途径的 99.5% 以上。

2. 水分运输的动力

水分沿导管或管胞上升的动力有两种：一是根压，二是蒸腾拉力。

(1) 根压　由于根系的生理活动，使液流从根部上升的压力，称为根压。多种植物的根压大小不同，大多数植物的根压一般不超过 0.2MPa，0.2MPa 的根压可使水分沿导管上升到 20.4m 的高度。在热带雨林区乔木能长成参天大树，高度在 50m 以上，在蒸腾作用比较旺盛时根压很小，所以水分上升的动力不是靠根压。只在早春树木刚发芽，叶子尚未展开时，根压对水分上升才起主导作用。

(2) 蒸腾拉力　蒸腾拉力是由于叶片的蒸腾失水而使导管中水分上升的力量。对于高大的乔木而言，蒸腾拉力才是水分上升的主要动力。当叶片蒸腾失水后，叶细胞水势降低，于是从叶脉导管中吸水，同时叶脉导管因失水而水势下降，就向茎导管吸水，由于植物体内导管互相连通，这种吸水力量最后传递到根，根便从土壤中吸水。这种吸水完全是由蒸腾失水而产生的蒸腾拉力所引起的，只要蒸腾作用一停止，根系的这种吸水就会减慢或停止，所以它是一个被动过程，称之为被动吸水。

在导管中的水流，一方面受蒸腾拉力的驱动，向上运动；另一方面水流本身具有重力，这两种力的方向相反，上拉下坠使水柱产生张力。蒸腾作用很快时所产生的蒸腾拉力能否将导管中的水柱拉断？试验证明，水分子的内聚力能使水分在导管中形成连续不断的水柱。我们把相同分子之间相互吸引的力量称为内聚力。由于水分子之间有强大的内聚力，水分子与导管壁之间有强大的附着力，所以导管中的水柱能忍受强大的张力而不会断裂，也不会与管壁脱离。内聚力学说是爱尔兰人迪克森 (H. H. Dixon, 1914 年) 和伦纳 (Renner, 1912 年) 提出来的。据测定，水分子的内聚力可达 30MPa 以上，而水柱的张力一般为 0.5～3.0MPa，可见水分子的内聚力远远大于张力，可以保证水柱连续不断，水分能不断沿导管上升。这种由于水分子蒸腾作用和分子间内聚力大于张力，使水分在导管内连续不断向上运输的学说，称为蒸腾-内聚力-张力学说，也称为内聚力学说。

(四) 植物体内水分的散失——蒸腾作用

植物吸收的水分除少部分用于植物代谢之外，大部分水分通过蒸腾作用而散失。水分从植物体散失到外界有两种形式：一是以液体形式散失到体外，如伤流、吐水；二是以气态散失，即蒸腾作用，后者是植物水分散失的主要形式。

蒸腾作用是指水分以气体状态通过植物体表面（主要是叶子），从体内散失到大气中的过程。蒸腾作用和水分的蒸发有本质的区别，这是因为蒸腾作用受植物代谢和气孔的调节。

1. 蒸腾作用的部位和方式

幼小的植物体地上部分都能进行蒸腾。木本植物长成以后，其茎干与枝条表面发生栓质化，只有茎枝上的皮孔可以蒸腾，称为皮孔蒸腾，皮孔蒸腾仅占全部蒸腾的 0.1%，因此，植物的蒸腾作用是通过叶片进行的。叶片蒸腾作用有两种方式：一是通过角质层的蒸腾，叫角质蒸腾；另一种是通过气孔的蒸腾，叫做气孔蒸腾。这两种蒸腾方式在蒸腾中所占的比重，与植物种类、生长环境、叶片年龄有关。如生长在潮湿环境中的植物，其角质蒸腾往往超过气孔蒸腾，幼嫩叶子的角质蒸腾可占总蒸腾量的 1/3～1/2。但一般植物的功能叶片，角质蒸腾量很小，只占总蒸腾量的 5%～10%，因此，气孔蒸腾是一般中生植物和旱生植物叶片蒸腾的主要形式。

2. 蒸腾作用的生理意义

蒸腾作用尽管是散失水分的过程，但它对植物正常的生命活动具有积极的意义。

(1) 蒸腾作用是植物吸水和水分运输的主要动力　如果没有蒸腾作用产生的拉力，植物较高部位就得不到水分的供应，矿质盐类也不可能随蒸腾液流而分布到植物体的各个部位，蒸腾拉力对高大乔木尤其重要。

（2）蒸腾作用能降低植物的温度　据测定，夏天在直射光下，叶面温度可达 $50\sim60℃$，由于水的汽化热比较高，在蒸腾过程中把大量的热量带走，从而降低了叶面的温度，使植物免受高温伤害。

（3）蒸腾作用有利于促进木质部汁液中物质的运输　蒸腾作用有助于根部吸收的无机离子及根中合成的有机物转运到植物体的多个部分，满足植物生命活动的需要。

（4）蒸腾作用使气孔张开，有利于气体交换　气孔张开有利于光合原料二氧化碳的进入和呼吸作用对氧的吸收等生理活动的进行。

3. 蒸腾作用的数量指标

常用的蒸腾作用指标有以下 3 种。

（1）蒸腾速率　植物在一定时间内单位叶面积上散失的水量称为蒸腾速率，又叫蒸腾强度，常用 $g/(dm^2·h)$ 来表示。大多数植物通常白天的蒸腾速率是 $0.15\sim2.5g/(dm^2·h)$，晚上是在 $0.01\sim0.2g/(dm^2·h)$ 之间。

（2）蒸腾效率　植物每消耗 1kg 水所形成干物质的克数，或者说在一定时间内干物质的累积量与同期所消耗的水量之比，称为蒸腾效率或蒸腾比率。野生植物的蒸腾效率是 $1\sim8g$，而大部分作物的蒸腾效率是 $2\sim10g$。

（3）蒸腾系数　植物制造 1g 干物质所消耗的水量（g）称为蒸腾系数（或需水量）。一般野生植物的蒸腾系数是 $125\sim1000g$，而大部分作物的蒸腾系数是 $100\sim500g$，不同作物蒸腾系数也存在一定差异（表 5-1）。

表 5-1　几种主要农作物的蒸腾系数（需水量/g）

作　物	蒸腾系数	作　物	蒸腾系数	作　物	蒸腾系数
水稻	$211\sim300$	高粱	$204\sim298$	马铃薯	$167\sim659$
小麦	$257\sim774$	油菜	277	甘薯	$248\sim264$
大麦	$217\sim755$	大豆	$307\sim368$		
玉米	$174\sim406$	蚕豆	230		

植物在不同生育期的蒸腾系数是不同的，在旺盛生长期，由于干重增加快，所以蒸腾系数小，在生长较慢、温度较高时，蒸腾系数变大。研究植物的蒸腾系数或需水量，对植物合理灌溉有重要的指导意义。

4. 蒸腾作用的过程和机理

（1）气孔的大小、数目及分布　气孔是植物叶表皮上由保卫细胞所围成的小孔，它是植物叶片与外界进行气体交换的通道，直接影响光合、呼吸、蒸腾作用等生理过程。不同植物气孔的数目、大小和分布有明显差异（表 5-2）。气孔一般长 $7\sim30\mu m$，宽 $1\sim6\mu m$，每平方毫米叶面少则有 100 个气孔，最高可达 2230 个。大部分植物的叶上、下表面都有气孔，但不同植物的叶上、下表面气孔数量不同，不同的生态环境气孔的分布也有明显差异。如浮水植物气孔仅分布在上表面，禾谷类作物上、下表面气孔数目较为接近，双子叶植物棉花、蚕豆、番茄等，下表面气孔比上表面多。近期研究证明，气孔数目对环境中 CO_2 浓度很敏感，CO_2 浓度高时，气孔密度低。

表 5-2　不同植物气孔的数目、大小和分布

植物种类	1mm² 叶面气孔数		下表皮气孔大小（长/μm）×（宽/μm）	植物种类	1mm² 叶面气孔数		下表皮气孔大小（长/μm）×（宽/μm）
	上表皮	下表皮			上表皮	下表皮	
小麦	33	14	$38×7$	向日葵	58	156	$22×8$
野燕麦	25	23	$38×8$	番茄	12	130	$13×6$
玉米	52	68	$19×5$	苹果	0	400	$14×12$

(2) 气孔蒸腾过程　气孔蒸腾分两步进行：第一步是水分在叶肉细胞壁表面进行蒸发，水汽扩散到细胞间隙和气室中；第二步这些水汽从细胞间隙、气室经气孔扩散到大气中。

叶片上气孔的数目虽然很多，但是所占面积比较小，一般只占叶面积的 $1\% \sim 2\%$，但蒸腾量比同面积的自由水面高出 50 倍。因为气孔的孔隙很小，当完全张开时，长度只有 $7 \sim 30\mu m$，宽 $1 \sim 6\mu m$，但水分子的直径只有 $0.000454\mu m$，比它更小。根据小孔扩散原理，即气体通过小孔扩散的速度不与小孔的面积成正比，而与孔的周长成正比，这就是所谓的小孔扩散律，孔越小，其相对周长越长，水分子扩散速度越快。这是因为在小孔周缘处扩散出去的水分子相互碰撞的机会少，所以扩散速度就比小孔中央水分子扩散的速度快，这种现象叫边缘效应（图 5-6）。

图 5-6　水分通过多孔的表面（1～3）和自由水面（4）蒸发情况的比较
1—小孔分布很稀；2—小孔分布很密；3—小孔分布适当；4—自由水面

另外，小孔间的距离对扩散的影响也很重要，小孔分布太密，边缘扩散出去的水分子彼此碰撞，发生干扰，边缘效应不能充分发挥。据测定小孔间距离约为小孔直径的 10 倍，才能充分发挥边缘效应。

(3) 气孔开闭的机理　保卫细胞的吸水和失水是由什么原因引起的？气孔运动的机理是什么？这一直是植物生理学研究的热点之一，关于气孔开闭的机理主要有以下三种学说。

① 淀粉与糖转化学说。在光照下，光合作用消耗了 CO_2，于是保卫细胞细胞质 pH 增高到 7，淀粉磷酸化酶催化正向反应，使淀粉水解为糖，引起保卫细胞渗透势下降，从周围细胞吸取水分，保卫细胞膨大，因而气孔张开。

在黑暗中，保卫细胞光合作用停止，而呼吸作用仍进行，产生的 CO_2 积累使保卫细胞 pH 下降，淀粉磷酸化酶催化逆向反应，使糖转化成淀粉，溶质颗粒数目减少，细胞渗透势亦升高，细胞失去膨压，导致气孔关闭。

$$\text{淀粉} + H_3PO_4 \underset{pH=5}{\overset{pH=7}{\rightleftharpoons}} \text{葡萄糖-1-磷酸}$$

该学说可以解释光和 CO_2 的影响，也符合观察到的淀粉白天消失、晚上出现的现象。然而近几年来的研究发现，在一部分植物保卫细胞中并未检测到糖的累积。有些植物的气孔运动不依赖光合作用，与 CO_2 可能无关，这些研究表明，用该学说解释气孔运动具有一定的局限性。

② K^+ 积累学说。在 20 世纪 70 年代，观察到当气孔保卫细胞内含有大量的 K^+ 时，气孔张开，气孔关闭后 K^+ 消失。K^+ 积累学说认为，在光照下保卫细胞的叶绿体通过光合磷酸化作用合成 ATP，活化了质膜 H^+-ATP 酶，把 K^+ 吸收到保卫细胞中，K^+ 浓度增高，水势降低，促进保卫细胞吸水，气孔张开。相反，在黑暗条件下，K^+ 从保卫细胞扩散出去，细胞水势提高，水分流出细胞，气孔关闭。

③ 苹果酸代谢学说。20 世纪 70 年代初，人们发现苹果酸在气孔开闭中起着某种作用，于是提出了苹果酸代谢学说。在光照下，保卫细胞内的部分 CO_2 被利用时，pH 上升到 $8.0 \sim 8.5$，从而活化 PEP 羧化酶（磷酸烯醇式丙酮酸羧化酶），它可催化由淀粉降解产生的 PEP 与 HCO_3^- 结合形成草酰乙酸，并进一步被 NADPH 在苹果酸还原酶作用下还原为苹果酸。

$$PEP+HCO_3^- \xrightarrow{\text{PEP 羧化酶}} \text{草酰乙酸}+\text{磷酸}$$

$$\text{草酰乙酸}+NADPH（\text{或 } NADH）\xrightarrow{\text{苹果酸还原酶}} \text{苹果酸}+NADP（\text{或 } NAD）$$

苹果酸解离为 2 个 H^+ 与 K^+ 交换，保卫细胞内 K^+ 浓度增加，水势降低；苹果酸根进入液泡和 Cl^- 共同与 K^+ 保持保卫细胞的电中性。同时，苹果酸也可作为渗透物质降低水势，促使保卫细胞吸水，气孔张开（图 5-7），当叶片由光下转入暗处时该过程逆转。近期研究证明，保卫细胞内淀粉和苹果酸之间存在一定的数量关系，即淀粉、苹果酸与气孔开闭有关。

5. 影响蒸腾作用的因素

影响蒸腾作用的环境因子主要是温度、大气湿度、光照强度、风速和土壤条件。

（1）温度 在一定范围内温度升高蒸腾加快，因为在较温暖的环境中，水分子汽化及扩散加快。

（2）大气湿度 大气湿度对蒸腾的强弱影响极大。大气湿度愈小，叶内外蒸汽压差愈大，叶内水分子很容易扩散到大气中去，蒸腾加快。反之，大气湿度大，叶内外蒸汽压差小，蒸腾受到抑制。

（3）光照强度 光照加强，蒸腾加快，因为光可促进气孔的开放，并提高大气与叶面的温度，加速水分扩散。

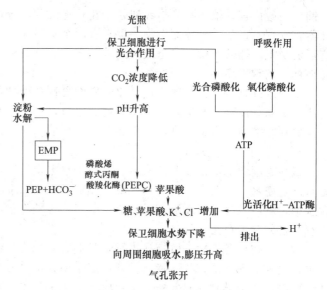

图 5-7　气孔运动机制图解（李合生，2004）

（4）风速 风速对蒸腾的影响比较复杂，微风能把叶面附近的水汽吹散，并摇动枝叶，加快叶内水分子向外扩散，从而促进蒸腾作用；但强风会使气孔关闭和降低叶温，减少蒸腾。

（5）土壤条件 因植物地上部的蒸腾与根系吸水有密切关系，因此，各种影响根系吸水的土壤条件，如土壤温度、土壤通气、土壤溶液的浓度等，均可间接影响蒸腾作用。

总之，影响蒸腾作用的环境因素是多方面的，且各因素之间相互制约、相互影响。如光照影响温度，温度影响湿度。但在一般自然条件下，光照是影响蒸腾作用的主导因子。

（五）合理灌溉的生理基础

植物根系从土壤中不断吸收水分，叶片通过气孔蒸腾失水，这样就在植物生命活动中形成了吸水与失水的连续运动过程。一般把植物吸水、用水、失水三者之间的和谐动态关系称为水分平衡。

在园艺和农业生产中，应根据不同植物的需水规律合理灌溉，才能保持植物体内的水分平衡，达到植物高产、稳产的目的。

1. 植物的需水规律

（1）不同植物对水分的需要量不同 植物的蒸腾系数就是需水量，植物种类不同需水量有很大差异（表 5-1）。如小麦和大豆需水量较大，高粱和玉米需水量较少。以生产等量的干物质而言，需水量少的植物比需水量大的植物所需水分少，因此在水分较少的情况下，需水量少的植物能制造较多的干物质，因而受干旱影响比较小。生产上常以植物的生物产量乘以蒸腾系数作为理论最低需水量。但植物实际需要的灌溉量要比理论值大得多，因为土壤保水能力、降雨及生态需水的多少等都会对植物的吸水造成影响。

（2）同一植物不同生育期对水分的需求量不同　植物在整个生育期中对水分的需求有一定的规律，一般在苗期需水较少，在开花前旺盛生长期需水量大，开花结果后需水量逐渐减少。例如早稻在苗期，由于蒸腾面积较小，水分消耗量不大；进入分蘖期后，蒸腾面积扩大，气温也逐渐转高，水分消耗量也明显加大；到孕穗开花期耗水量达最大值，进入成熟期后，叶片逐渐衰老脱落，耗水量又逐渐减少。

（3）植物的水分临界期　植物一生中对水分缺乏最敏感、最易受害的时期，称为水分临界期。一般而言，植物水分临界期处于花粉母细胞四分体形成期。这个时期如缺水，就会使性器官发育不正常。禾谷类作物一生中有两个临界期：一是拔节到抽穗期，如缺水可使性器官形成受阻，降低产量；二是灌浆到乳熟末期，这时缺水，会阻碍有机物质的运输，导致籽粒糠秕，粒重下降。

植物水分临界期的生理特点是原生质的黏性和弹性都显著降低，因此，忍受和抵抗干旱的能力减弱，此时，原生质必须有充足的水分，代谢才能顺利进行。因此，在农业生产上必须采取有效措施，满足作物水分临界期对水分的需求，这是取得高产的关键。

2. 合理灌溉的生理指标

（1）土壤含水量指标　植物灌水一般是根据土壤含水量进行灌溉，即根据土壤墒情决定是否需要灌水。一般作物生长较好的土壤含水量为田间持水量的 $60\%\sim80\%$，如果低于此含水量，就应及时进行灌溉。但该值不固定，常随许多因素的改变而变化。此值在农业生产中有一定的参考意义。

（2）植物形态指标　植物缺水时，其形态表现为：幼嫩的茎叶在中午发生暂时萎蔫，导致生长速度下降，茎、叶变暗、发红，这是因为干旱时生长缓慢，叶绿素浓度相对增大，使叶色变深，在干旱时糖的分解大于合成，细胞中积累较多的可溶性糖并转化成花青素，花青素在弱酸条件下呈红色，因此茎叶变红。形态指标易于观察，当植物在形态上表现受旱或缺水症状时，其体内的生理生化过程早已受到水分亏缺的危害，这些形态症状不过是生理生化过程改变的结果。因此，更为可靠的灌溉指标是生理指标。

（3）生理指标

① 叶水势。叶水势是一个灵敏反映植物水分状况的生理指标。当植物缺水时，水势下降。当水势下降到一定程度时，就应及时灌溉。不同作物发生干旱危害的叶水势临界值不同，表 5-3 列出了几种作物光合速率开始下降时的叶水势值。

表 5-3　光合速率开始下降时的叶水势值

作物	引起光合下降的叶水势值/MPa	气孔开始关闭的叶水势值/MPa	作物	引起光合下降的叶水势值/MPa	气孔开始关闭的叶水势值/MPa
小麦	−1.25	—	豇豆	−0.40	−0.40
高粱	−1.40	—	早稻	−1.40	−1.20
玉米	−0.80	−0.480	棉花	−0.80	−1.20

② 植物细胞汁液的浓度。干旱情况下植物细胞汁液浓度比水分供应正常情况下高，当细胞汁液浓度超过一定值时，就应灌溉，否则会阻碍植株生长。

③ 气孔开度。水分充足时气孔开度较大，随着水分的减少，气孔开度逐渐缩小；当土壤可利用水耗尽时，气孔完全关闭。因此，气孔开度缩小到一定程度时就要灌溉。

④ 叶温-气温差。缺水时叶温-气温差加大，可以用红外测温仪测定作物群体温度，计算叶温-气温差，确定灌溉指标。目前已利用红外遥感技术测定作物群体温度，指导大面积作物灌溉。

植物灌溉的生理指标因栽培地区、时间、植物种类、植物生育期的不同而异，甚至同一植株不同部位的叶片也有差异。因此，在实际运用时，应结合当地的情况，测出不同植物的生理指标阈值，以指导合理灌溉。在灌水时尤其要注意看天、看地、看作物苗情，不能用某一项生理指标生搬硬套。

3. 合理灌溉增产的原因

合理灌水对植物的生长发育和生理生化过程有重要影响，合理灌水增产的生理原因主要是改善了植物的光合性能，光合性能包括光合面积、光合时间、光合速率、光合产物的消耗、光合产物的分配利用五个方面。下面从以下四个方面说明合理灌水增产的原因。

（1）增大光合面积和光合速率 合理灌水能显著促进作物生长，尤其是扩大了光合面积，光合面积主要是指叶面积，在生产实际中作物的实际光合面积要比叶面积大一些，作物的幼茎、果实，如黄瓜、豆角等都能进行光合作用，棉花的苞叶、玉米的苞叶、小麦的穗和穗下节间也能进行光合作用。在一定的范围内作物的叶面积与光合速率呈正相关。在接近水分饱和状态下，叶片能充分接受光能，气孔张开，有利于 CO_2 的吸收，促进光合作用。

（2）延长光合时间 合理灌水能延长叶片的功能期，延缓衰老，从而延长光合时间。小麦在灌浆期保证水分供应十分重要，合理灌水可使叶片落黄好，合理灌水可以降低呼吸强度，减少午休现象，提高千粒重，同时也为下茬作物的播种奠定基础。

（3）促进有机物质运输 合理灌水有利于有机物质的运输，光合作用合成的有机物质都是在水溶状态下运输的，尤其是作物后期灌水，能显著促进有机物运向结实器官，提高作物产量和经济系数。

（4）改善生态环境 合理灌水不但能满足作物各生育期对水分的需求，而且还能满足作物需求的农田土壤条件和气候条件，如降低作物株间气温、提高相对湿度等。合理灌水可以改善农田小气候，对作物的生长发育十分有利，在盐碱地合理灌水还有洗盐压碱作用。

二、植物的矿质营养

在植物生长过程中，不仅需要从外界环境中吸收水、光、氧、二氧化碳，还必须从土壤中吸收所需的矿质元素，才能维持其正常的生长发育。我们把植物对矿质元素的吸收、运转和同化，称为矿质营养。了解矿质元素的生理作用、植物对矿质元素的吸收、运输及利用规律，对于指导合理施肥、提高产量、改进品质等具有非常重要的意义。

（一）植物体内的必需元素

1. 植物必需元素的标准及种类

植物体内含有许多化合物，同时也含有许多有机离子和无机离子。无论是化合物还是离子，它们都由各种元素组成。在 105℃ 下将植物烘干，即得到占植物体鲜重 5%～90% 的干物质。再将干物质置于 600℃ 下处理，有机物中的碳、氢、氧和氮便以气态化合物的形式（如 CO_2、水蒸气、N_2、NH_3 等）散失，硫也有一部分以 SO_2 或 H_2S 的形式散失，只剩下少量灰分。灰分中的元素称为灰分元素或矿质元素。一般灰分中不含氮，但氮的来源和吸收方式与矿质元素相似，主要以离子状态被植物根系从土壤中吸收，农业上均作为肥料应用。所以，习惯上把氮素归在矿质元素之中。

植物体内的矿质元素种类很多，据分析，地壳中存在的元素几乎都可在不同植物中找到。现在已发现 70 种以上的元素存在于不同植物中，但并不是每一种元素都是植物必需的。

所谓必需元素，是指植物生长发育必不可少的元素。国际植物营养学会规定的鉴定植物必需元素的三条标准如下。

（1）完全缺乏某种元素，植物不能正常的生长发育，即不能完成生活史。

（2）完全缺乏某种元素，植物出现的缺素症状是专一的，不能被其他元素替代（即不能由于加入其他元素而消除缺素症状），只有加入该元素之后植物才能恢复正常。

（3）某种元素的功能必须是直接的，绝对不是由于改善土壤或培养基的物理、化学和微生物条件所产生的间接效应。

因此，对于某一种元素来说，如果完全符合上述三条标准，就是植物的必需元素。否则，即使该元素能改善植物的营养，也不能列为必需元素，如硅、硒、钠、钴等。

2. 植物必需元素的确定方法

在研究方法上，为了确定哪些矿质元素是植物的必需元素，必须人为控制植物赖以生存的介质成分。由于土壤条件很复杂，其中所含的各种矿质元素很难人为控制，此外，还有微生物的活动，又使土壤养分处于不断的变化中。所以，无法通过土培试验来确定哪些矿质元素是植物必需的。19 世纪 60 年代，植物生理学家萨克斯（J. Sachs）和克诺普（W. Knop）将植物培养在含有适量元素的水溶液中，结果证明 K、Mg、Ca、Fe、P，以及 S 和 N 是植物的必需矿质元素，这叫溶液培养（无土栽培）。目前，用来研究与植物营养有关的溶液培养方法有以下几种。

（1）水培法 就是用含有全部或部分营养元素的溶液栽培植物的方法。适宜于植物正常生长发育的培养液叫完全溶液。这种溶液中含有植物所必需的所有矿质元素且各元素可利用的浓度和元素间的比例以及溶液 pH 都适当。表 5-4、表 5-5 是几种常用的培养液配方。

表 5-4 适于培养各种植物的 Amon and Hoagland 培养液（pH6.0~7.0）

试 剂	浓度/(g/L)	试 剂	浓度/(g/L)
大量元素		微量元素	
$Ca(NO_3)_2 \cdot 4H_2O$	0.95	H_3BO_3	2.86
KNO_3	0.61	$MnCl_2 \cdot 4H_2O$	1.81
$MgSO_4 \cdot 7H_2O$	0.49	$ZnSO_4 \cdot 7H_2O$	0.22
$NH_4H_2PO_4$	0.12	$CuSO_4 \cdot 5H_2O$	0.08
酒石酸铁	0.005	H_2MoO_4	0.02

表 5-5 适于培养水稻的培养液

Espino 培养液		国际水稻所配方（贮备液）		
试剂	浓度/(g/L)	试剂	浓度/(g/L)	
$Ca(NO_3)_2 \cdot 4H_2O$	89	NH_4NO_3	914	
$MgSO_4 \cdot 7H_2O$	250	$NaH_2SO_4 \cdot 2H_2O$	403	
$(NH_4)_2SO_4$	49	K_2SO_4	714	
KH_2PO_4	34	$CaCl_2$	886	
$FeCl_2$	0.03	$MgSO_4 \cdot 7H_2O$	3240	
H_3BO_3	2.86	$MnCl_2 \cdot 4H_2O$	15.0	
$ZnSO_4 \cdot 7H_2O$	0.22	$(NH_4)_6 \cdot Mo_7O_{24} \cdot 4H_2O$	0.74	
$MnCl_2 \cdot 4H_2O$	1.81	H_3BO_3	9.34	分别溶解后加 500ml
$CuSO_4 \cdot 5H_2O$	0.08	$ZnSO_4 \cdot 7H_2O$	0.35	浓 H_2SO_4 然后再加
$H_2MoO_4 \cdot H_2O$	0.02	$CuSO_4 \cdot 5H_2O$	0.31	蒸馏水到 10ml
		$FeCl_2 \cdot 6H_2O$	77.0	
		柠檬酸（水合物）	119	

水培试验时，培养液的成分和状态特别重要。培养液中各种盐类的阴、阳离子总量之间必须平衡。在进行溶液培养时，由于植物对离子的选择吸收，以及对水分的蒸腾会改变溶液的浓度，导致溶液中离子间的比例失调，引起溶液 pH 的改变，所以要经常调节溶液的 pH 和定期更换培养液。另外，由于水溶液的通气较差，因此每天要给溶液通气。这些问题在现代的流动溶液培养中已得到解决。

（2）砂培法 是用洁净的石英砂、珍珠岩、小玻璃球等作为固定基质，再另加入培养液来栽培植物的方法。实际上砂培法仍属于水培法，砂只起固定植物的作用，植物所需养分仍由溶液提供。

（3）气栽法　是将根系悬于培养箱中，定时用营养液向根部喷淋。该方法实际上也是一种改良水培法。目前，已可以进行电脑控制，广泛用于蔬菜与花卉的工厂化生产。

借助营养液培养法及鉴定必需元素的三条标准，现已确定植物必需的矿质元素有 13 种，它们是氮（N）、磷（P）、钾（K）、钙（Ca）、镁（Mg）、硫（S）、铁（Fe）、铜（Cu）、硼（B）、锌（Zn）、锰（Mn）、钼（Mo）、氯（Cl）；加上从空气和水中得到的碳（C）、氢（H）、氧（O），植物必需的元素共有 16 种。根据植物对各必需元素的需要量及其在植物体内的含量，可将其分为大量元素和微量元素两大类：其中 C、H、O、N、P、K、Ca、Mg、S 9 种元素是植物需要量大的元素，称为大量元素，占植物体干重的 0.1%；Fe、Mn、Zn、Cu、B、Mo、Cl 7 种元素植物需要量少，称为微量元素，占干重的 0.01% 以下。

除 16 种必需元素外，植物体内还有许多其他元素的含量也较高，例如镍、钠、钴、硒、硅、钒等元素，这些元素对植物的正常生长有影响，但对整个植物界来讲，并不是大多数植物所必需的。

3. 植物必需元素的生理作用及其缺素症

（1）必需元素的一般生理作用　总体来说，必需元素在植物体内有以下作用。

① 细胞结构物质的组分。例如，碳、氢、氧、氮、磷、硫等是组成糖类、脂类、蛋白质和核酸等有机物的组分。

② 生命活动的调节者。一方面，许多金属元素参与酶的活动，或者是酶的组分（以一种螯合的形式并入酶的辅基中），通过自身化合价的变化传递电子，完成植物体内的氧化还原反应（如铁、铜、锌、锰、钼等）；或者是酶的激活剂，提高酶的活性，加快生化反应的速度（如镁）。另一方面，必需元素还是生理活性物质（如内源激素和其他生长调节剂）的组分，调节植物的生长发育。

③ 电化学作用。例如，某些金属元素能维持细胞的渗透势，影响膜的透性，保持离子浓度的平衡和原生质的稳定，以及电荷的中和等，如钾、镁、钙等元素。

（2）大量元素的生理作用及缺素症　多数大量元素都是植物细胞结构物质和生命活动调节物质（酶、激素等）的组成成分。当缺乏某种必需元素时，就会出现特有的病症，称为缺素症。

① 碳（C）、氢（H）、氧（O）。植物有机体除去水分之后剩下的干物质中，90% 是有机化合物，其中 C 占 45%，O 占 45%，H 占 6%。碳原子是组成有机化合物的骨架，并与 O、N、H 等其他元素以各种各样的方式结合，从而决定了有机化合物的多样性。

② 氮（N）。植物主要通过根从土壤中吸收氮素，其中以无机氮为主，即铵态氮（NH_4^+）和硝态氮（NO_3^-），也可吸收一部分有机氮，如尿素等。氮在植物体内所占分量不大，一般只占干重的 1%～3%，尽管含量少，但对植物的生命活动却起着重要的作用。

氮是蛋白质、核酸、磷脂的主要成分，而这三者又是原生质、细胞核和生物膜的重要组分。氮还是植物激素（如生长素、细胞分裂素）、维生素（维生素 B_1、维生素 B_2、维生素 PP 等）、酶及许多辅酶和辅基（如 NAD^+、$NADP^+$、FAD）的成分，它们在生命活动中起调节作用。此外，氮还是叶绿素的组成元素，与光合作用有密切关系。由此可见，氮在生命活动中占有首要的地位，所以被称为生命元素。

当氮肥供应充足时，植株高大，分蘖（分枝）能力强，枝繁叶茂，叶大而鲜绿，籽粒中蛋白质含量高。

氮过多时，营养体徒长，叶大而深绿，柔软披散，植物体内含糖量相对不足，茎部机械组织不发达，易造成倒伏和被病虫侵害；花果少，产量低。

缺氮时，植物生长黄瘦、矮小、分蘖（分枝）减少，花、果易脱落，导致产量降低。由于氮在体内可以移动，老叶中的氮化物分解后可运到幼嫩组织中重复利用，所以缺氮时的症状通常从老叶开始，逐渐向幼叶扩展，下部叶片黄化后提前脱落（禾本科作物的叶片例外）。

③ 磷（P）。磷在土壤中以 $H_2PO_4^-$ 和 HPO_4^{2-} 的形式被植物的根所吸收，在植物幼嫩组织和种子、果实中含量较多。

磷是核酸、核蛋白和磷脂的主要成分，它与蛋白质合成、细胞分裂及生长有密切的关系；磷是许多辅酶如 NAD^+、$NADP^+$ 的成分，它们参与光合、呼吸过程；磷是 AMP、ADP 和 ATP 的成分，所以与细胞内能量代谢有密切关系；磷还参与碳水化合物、蛋白质及脂肪的代谢和运输。

施磷能使植物生长发育良好，促进早熟，并能提高抗旱性与抗寒性。缺磷时代谢过程受阻，株体矮小，茎叶由暗绿渐变为紫红；分枝或分蘖减少，成熟延迟，果实与种子小且不饱满；但施磷过多影响植物对其他元素的吸收，如施磷过多阻碍硅的吸收，使水稻易患稻瘟病；水溶性磷酸盐可与锌结合，从而减少土壤中有效锌的含量，故施磷过多的植物易产生缺锌症。

磷在体内可移动，故能重复利用。所以缺磷时，病症首先出现在老叶并逐渐向上发展。

④ 钾（K）。钾在土壤中以 KCl、K_2SO_4 等盐的形式存在。被植物吸收后，以离子（K^+）状态存在于细胞内。植物体内的钾主要集中在生命活动最旺盛的部位，如生长点、形成层、幼叶等。

钾的生理功能是多方面的。第一，调节水分代谢。钾在细胞中是构成渗透势的主要成分。在根内钾从薄壁细胞运至导管，降低其水势，使水分从根表面沿水势梯度向上运转；钾能影响气孔运动，从而调节蒸腾作用。第二，酶的激活剂。目前已知钾可作为 60 多种酶的激活剂，如谷胱甘肽合成酶、琥珀酰 CoA 合成酶、淀粉合成酶、琥珀酸脱氢酶、苹果酸脱氢酶、果糖激酶、丙酮酸激酶等，因而在糖类与蛋白质代谢，以及呼吸作用中具有重要功能。第三，能量代谢。这是一种间接作用。在线粒体中 K^+ 与 Ca^{2+} 作为 H^+ 的对应离子作反向移动，使 H^+ 从衬质向膜外转移，造成膜内外 H^+ 浓度差，促进氧化磷酸化；在叶绿体中 K^+ 与 Mg^{2+} 作为 H^+ 的对应离子，使 H^+ 从叶绿体间质向类囊体转移，促进光合磷酸化。第四，提高抗性。在钾的作用下原生质的水合度增加，细胞保水力提高，抗性也提高。第五，参与物质运输。钾不仅促进新生的光合产物的运输，而且对贮藏物质（如贮于茎叶中的蛋白质）的运转也有影响。

钾供应充足，糖类合成加强，纤维素和木质素含量提高，茎秆坚韧，抗倒伏。由于钾能促进糖分转化和运输，使光合产物迅速运输到块茎、块根或种子，故栽培马铃薯、甘薯、甜菜时增产显著。供钾不足的症状是：最初生长速率下降，以后老叶出现缺绿症，叶尖与叶缘先枯黄，继而整个叶片枯黄，即所谓缺钾赤枯病。缺钾时抗逆性降低，易倒伏，严重缺钾时蛋白质代谢失调，导致有毒胺类（腐胺与鲱精胺）生成。供钾过多，果实出现灼伤病等，并且在贮藏过程中易腐烂。

钾很容易从成熟的器官移向幼嫩器官，因此当植株缺钾时，症状首先出现在老叶上。

由于植物对氮、磷、钾的需要量大，且土壤中通常缺乏这三种元素，所以在农业生产中经常需要补充这三种元素。因此，氮、磷、钾被称为"肥料三要素"。

⑤ 钙（Ca）。植物从土壤中吸收 $CaCl_2$、$CaSO_4$ 等盐中的 Ca^{2+}。它主要分布在老叶或其他老组织或器官中。

钙是胞间层中果胶酸钙的组分，缺钙时，细胞壁形成受阻，细胞分裂停止或不能正常完成，形成多核细胞。钙能作为磷脂中的磷酸与蛋白质的羧基间联结的桥梁，具有稳定膜结构的作用。钙可提高植物的抗病性，至少有 40 多种水果和蔬菜的生理病害是由低钙引起的。钙还可以与草酸形成草酸钙结晶，消除过多草酸对植物的毒害。钙也是一些酶的活化剂，如由 ATP 水解酶、磷脂水解酶等催化的反应都需要 Ca^{2+} 参与。

钙是一个不易移动的元素，缺乏时，病症首先出现在上部的幼嫩部位，幼叶呈淡绿色，叶尖出现典型的钩状，随后坏死。如大白菜缺钙时，心叶呈褐色。

⑥ 镁（Mg）。镁主要存在于幼嫩的器官和组织中，成熟时则集中在种子中。

镁是叶绿素的成分，又是 RuBP 羧化酶、5-磷酸核酮糖激酶等的活化剂，为叶绿素形成及光合作用所必需。镁能活化某些酶，如磷酸激酶等，在碳水化合物的代谢中占有重要地位。此外，镁还能促进氨基酸的活化，有利于蛋白质的合成。

镁是一个可移动的元素，缺乏时，病症首先从下部叶片开始。缺镁时叶片失绿，叶肉变黄，而叶脉仍保持绿色，能见到明显的绿色网状特征，这是与缺氮症状的主要区别。缺镁严重时，可引起叶片的早衰与脱落。

⑦ 硫（S）。硫是以 SO_4^{2-} 的形式被植物吸收。硫是含硫氨基酸如胱氨酸、半胱氨酸、蛋氨酸等的组成成分，参与蛋白质的组成。辅酶 A 和一些维生素如维生素 B_1 中也含有硫，且辅酶 A 的硫氢基（—SH）具有固定能量的作用。硫还是硫氧还蛋白、铁硫蛋白与固氮酶的组分，因而在光合、固氮等反应中起重要作用。

硫不易移动，缺乏时一般在幼叶出现缺绿症状，且新叶均匀失绿，呈黄白色并易脱落。缺硫情况在农业上少见，因为土壤中有足够的硫供给植物需要。

微量元素 Fe、Mn、Zn、Cu、B、Mo、Cl 的主要生理作用详见表 5-6。

表 5-6   微量元素的主要生理作用及缺乏症状

元素名称	被根吸收形式	主要生理作用	缺乏症状
铁	二价离子螯合形式	促进光合、呼吸作用的电子传递,利于叶绿素的合成	叶脉间失绿黄化,以至整个幼叶黄白色
铜	二价离子	参与植物体内某些氧化还原反应及光合作用的电子传递	幼叶萎蔫,出现白色叶斑,果、穗发育不正常
锌	二价离子	利于生长素合成,促进光合、呼吸作用的进行	叶小簇生,主脉两侧出现斑点,生育期推迟
锰	二价离子	促进新陈代谢,稳定叶绿体构造,参与光合放氧	脉间失绿,出现细小棕色斑点,组织易坏死
硼	可能是不解离的硼酸	促进花粉管萌发、生长和受精作用,促进碳水化合物运输、代谢	茎叶柄变粗、脆、易开裂,花器官发育不正常,生育期延长
钼	钼酸根	促进豆科植物固氮,参与磷酸代谢	叶片生长畸形,斑点散布在整个叶片
氯	一价氯离子	加速水的光解放氧,影响渗透势,并与钾离子一起参与气孔运动	叶片萎蔫,缺绿坏死,根变得短粗而肥厚,顶端呈棒状

（二）植物对矿质元素的吸收和运输

1. 根系对矿质元素的吸收

（1）根部吸收矿质元素的区域   根部是植物吸收矿质元素的主要器官。而根尖的根毛区是吸收矿质元素最活跃的区域。这是因为根毛区的吸收面积大，其表皮细胞未被栓质化，透水性好，该区域又有发达的输导组织，吸收的离子积累的少，大部分被运走。放射性同位素（如 ^{86}Rb、^{32}P）实验表明，根毛区累积的离子很少，但根毛区吸收 K^+ 的速度高出分生区 80%。

（2）根系吸收矿质元素的特点   植物对矿质元素的吸收是一个复杂的生理过程，一方面与吸水有关系，另一方面又有其独立性，同时对离子的吸收还具有选择性。植物吸收矿质元素的特点如下。

① 根系对水和矿质元素的吸收不成比例。无机盐只有溶于水后才能被根所吸收，并随水流一起进入根部的自由空间。但吸水主要是因蒸腾而引起的被动过程，而吸收无机盐则主要是经载体运输、消耗能量的主动吸收过程，其吸收离子数量因外界溶液浓度而异，所以吸

水量和吸无机盐量不成比例。

② 根对离子的吸收具有选择性。离子的吸收具有选择性，是指植物对同一溶液中的不同离子或同一盐分中的阴阳离子吸收的比例不同的现象。如土壤中的硅（Si），水稻较棉花吸收得多；施用 $(NH_4)_2SO_4$ 时，因植物对氮的需求量大于硫，所以 NH_4^+ 的吸收量多于 SO_4^{2-}，NH_4^+ 与根细胞表面吸附的 H^+ 置换，从而使土壤中 SO_4^{2-} 和 H^+ 浓度加大，使土壤 pH 下降，故称这类盐为生理酸性盐；施用 $NaNO_3$ 时，根吸收 NO_3^- 多于 Na^+，在吸收 NO_3^- 时，NO_3^- 与根细胞表面的 HCO_3^- 交换，结果使土壤中 OH^- 增多（$HCO_3^- + H_2O \Longrightarrow H_2CO_3 + OH^-$），使土壤 pH 升高，因此称这类盐为生理碱性盐；再如硝酸盐，施用 NH_4NO_3 时，植物对 NO_3^- 和 NH_4^+ 几乎等量吸收，根部代替下来的 H^+ 与 OH^- 相等，不会使土壤 pH 发生变化，故这类盐称为生理中性盐。可见根对离子的吸收具有选择性，所以，在农业生产中，不宜长期在土壤中施用某一类化肥，否则可能使土壤酸化或碱化，从而破坏土壤结构，因此要科学合理用肥。

③ 单盐毒害与平衡溶液。任何植物长期培养在单一的盐类溶液中会渐渐死亡的现象，称为单盐毒害。即使是需要量大的元素也会如此。如将小麦的根浸入钙、镁、钾等任何一种单盐中，根系都会停止生长，分生区细胞壁黏液化，细胞被破坏，最后死亡。

若在单盐中加入少量其他元素，单盐毒害就会减弱或消除，这种离子间能相互消除毒害的现象，称为离子拮抗。如在 KCl 溶液中加入少量的 $CaCl_2$，就不会产生毒害（图 5-8）。所以，植物只有在含有适当比例的多盐溶液中才能正常生长，这种溶液称为平衡溶液。对海藻来说，海水就是平衡溶液，对陆生植物来讲，土壤溶液一般也是平衡溶液。

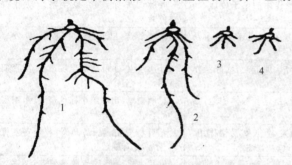

图 5-8 小麦根在单盐溶液和盐混合液中的生长情况
1—$NaCl + KCl + CaCl_2$；2—$NaCl + CaCl_2$；3—$CaCl_2$；4—$NaCl$

（3）根吸收矿质元素的过程

① 根系吸收矿质元素的方式。植物吸收矿质元素主要有两种方式，即被动吸收和主动吸收。

a. 被动吸收。是指植物利用扩散作用或其他物理过程进行的吸收，不需要消耗代谢能量，所以又称为非代谢吸收。当外界溶液中某种离子的浓度大于根细胞内的浓度时，外界溶液中的离子就会顺着浓度梯度扩散到根细胞内，并迅速使根内外溶液浓度相同。决定吸收的主要因素是根内外离子的浓度差。

b. 主动吸收。是指植物利用呼吸作用所提供的能量逆浓度梯度吸收矿质元素的过程。它是根系吸收矿质元素的主要方式。

② 根系吸收矿质元素的过程。根系吸收矿质元素的过程分为两步：第一步是土壤胶体颗粒上或土壤溶液中的矿质元素通过某种方式到达根的表面或根皮层的质外体，这是不需消耗代谢能量的物理过程；第二步是矿质元素通过细胞膜进入共质体，这是耗能的主动吸收过程，然后通过内皮层进入中柱的导管进行长距离运输。

a. 离子的交换吸附。根部细胞呼吸作用放出的 CO_2 和土壤中的 H_2O 生成 H_2CO_3，解离成 H^+ 和 HCO_3^-。

$$CO_2 + H_2O \Longrightarrow H_2CO_3$$
$$H_2CO_3 \Longrightarrow H^+ + HCO_3^-$$

这些离子吸附在根系细胞的表面，并和土壤中的无机离子进行"同荷等价"交换。交换的方式有两种。

Ⅰ．通过土壤溶液进行交换。根表面吸附的 H^+ 和 HCO_3^- 与溶于土壤溶液中的离子如 K^+、Cl^- 等进行交换，结果，土壤中的 K^+、Cl^- 换到了根表面，而根表面的 H^+ 和 HCO_3^- 则换到了土壤溶液中（图 5-9）。

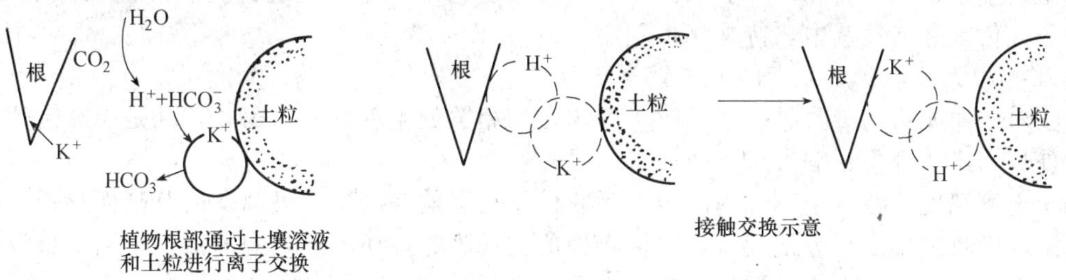

植物根部通过土壤溶液
和土粒进行离子交换

接触交换示意

图 5-9　离子交换吸附示意图

Ⅱ．接触交换。当根系和土壤胶粒接触时，土壤表面所吸附的离子与根直接进行交换，因为根表面和土壤颗粒表面所吸附的离子，是在一定吸附力的范围内振动着，当两个离子的振动面部分重合时，便可相互交换。由于呼吸作用可不断产生 H^+ 和 HCO_3^-，它们与周围溶液和土壤颗粒的阴、阳离子迅速交换，因此，无机离子就会被吸附在根表面。

b. 吸附在根表面的离子转移到细胞内部。此过程目前常用"载体学说"来解释。该理论认为：离子是通过膜上某种物质载体运进去的，这种载体就是膜上一些特殊的蛋白质，它们具有专门运输物质的功能，称为运输酶或透过酶。运输酶与物质结合具有专一性，而且结合的专一性很强，一种运输酶常只能与一定的离子结合。它对所结合的离子或分子具有高度的亲和力，因此其吸收是有选择性的。当膜外存在新结合的物质时，质膜上的运输酶能分辨出这种物质并与之结合，形成复合体。然后复合体旋转 $180°$，从膜外转向膜内，由于其消耗能量，运输酶的亲和力变弱则把物质释放到细胞内。当运输酶再次获取能量时，则运输酶恢复原状，亲和力提高，结合位置又转向膜外。如此往复，就把膜外的物质不断运到膜内，积累于细胞内。

进入原生质内的矿质元素，其中少数参与细胞的各种代谢活动或积累到液泡中，大部分则通过胞间连丝在细胞间移动，最后进入导管随蒸腾流上升，运向植物各个部位。

2. 矿质元素在植物体内的运输

（1）矿质元素的运输形式　根吸收的氮素，绝大部分在根内转变成氨基酸和酰胺，如天冬氨酸、天冬酰胺、谷氨酸、谷氨酰胺等，然后再向上运输。磷酸盐主要以无机离子形式运输，但可能有少量先在根内合成磷酰胆碱和 ATP、ADP、AMP、6 磷酸葡萄糖等化合物后再向上运输。金属元素以离子如 K^+、Ca^{2+} 等形态运输，非金属元素既可以离子也可以小分子有机物的形式运输。

（2）矿质元素的运输途径　根吸收的大部分矿质元素，经根系的质外体运至中柱的导管，而后随蒸腾液流向上运输。与此同时，也进行横向运输，运向正在生长的幼茎、幼叶和果实等器官。

矿质元素向上运输时，在植物体内积累最多的部位，并不是蒸腾最强的部位，而是生长最旺盛的部位——生长中心，如生长点、嫩叶和正在生长的果实等。

（3）矿质元素的利用　矿质元素运到生长部位后，大部分与体内的同化物合成复杂的有机物质，如由氮合成氨基酸、蛋白质、核酸、磷脂、叶绿素等；由磷合成核苷酸、核酸、磷脂等；由硫合成含硫氨基酸、蛋白质、辅酶 A 等；再由上述有机物进一步形成植物的结构物质。未形成有机物的矿质元素，有的作为酶的活化剂，如 Mg^{2+}、Mn^{2+}、Zn^{2+} 等；有的作为渗透物质，调节植物细胞对水分的吸收。

已参加生命活动的矿质元素，经过一个时期后也可分解并运到其他部位被重复利用。必需元素被重复利用的情况不同，N、P、K、Mg易重复利用，其缺乏症状从下部老叶开始。Cu、Zn有一定程度的重复利用，S、Mn、Mo较难重复利用，Ca、Fe不能重复利用，其症状首先出现于幼嫩的茎尖和幼叶。N、P可多次重复利用，能从衰老部位转移到幼嫩的叶、芽、种子、休眠芽或根茎中，待来年再利用。

3. 影响根系吸收矿质元素的外界因素

植物对矿质元素的吸收是一个和呼吸作用密切相关的生理过程，因此，凡是能影响呼吸作用的外界因子，都能影响根对矿质元素的吸收。

(1) 土壤温度　在一定范围内，根系吸收矿质元素的速度随土壤温度的升高而加强。因为土壤温度影响根部的呼吸强度，从而影响根的主动吸收，还可影响酶的活性。当土壤温度低时，根系生长缓慢，吸收面积小，酶活性低，呼吸强度下降，各种代谢减弱，矿质元素的需求量减少，吸收减慢。同时原生质黏滞性加强，膜的透性降低，增加了离子进入根细胞内部的阻力，所以影响根的吸收。当温度过高时，根系易老化，根系吸收面积减少；酶钝化，影响吸收和代谢；同时高温会破坏原生质的结构，使其透性增加，引起物质外漏；温度过高还会加速根的木质化进程，降低根系吸收矿质元素的能力。

(2) 土壤通气状况　由于呼吸作用为根系的吸收作用提供能量，所以土壤通气状况直接影响根系的吸收。通气良好时，有利于根系呼吸、生长，促进根系对离子的主动吸收。如果土壤板结或积水而造成通气性差时，则根系生长缓慢，呼吸减弱，从而影响根对矿质元素的吸收。另一方面，通气不良，土壤中的还原性物质增多，对根系产生毒害作用。此外，土壤的通气状况还会影响矿质元素的形态和土壤微生物的活动等，从而间接影响植物对养分的吸收。

(3) 土壤溶液浓度　在一定范围内，随着土壤溶液浓度的增加，根部吸收量也增多。但土壤溶液浓度过高时，会引起水分的反渗透，使根细胞脱水甚至产生烧苗现象。所以在农业生产上，施肥要采取"勤施薄施"的原则。

(4) 土壤pH　土壤的pH影响根对矿质元素的吸收。首先在酸性条件下，根吸收阴离子多，而在碱性条件下，根吸收阳离子多。因为蛋白质为两性电解质，在酸性环境中，氨基酸带正电，所以易吸收外液中的阴离子；反之，在碱性条件下，易吸收阳离子。其次，pH还影响无机盐的溶解度。在碱性条件下，铁、磷、钙、镁、铜、锌易形成不溶性化合物，因而根对这些元素的吸收少。盐碱地植物往往缺铁而失绿，就是因碱性太大影响对铁吸收的缘故。在酸性环境中，镁、钾、磷、钙等溶解度增加，植物来不及吸收就随水流失，所以在酸性红壤中常缺乏这些元素。当酸性过大时，铁、铝、锰等溶解度加大，植物也会因吸收过量而中毒。因此，土壤过酸或过碱，对植物都不利，一般植物生长的最适pH为6~7。但有些植物，如烟草、马铃薯等，喜微酸环境，有些植物，如甜菜喜偏碱性环境等。

(5) 土壤水分　土壤水分过少，矿质元素的溶解释放减少，蒸腾速率降低，养分向上运输受阻。所以，我们可以通过降低或增加土壤的含水量来控制或促进植物对矿质元素的吸收，从而达到控制或促进植物生长的目的。在农业生产上"以水调肥，以水控肥"就是这个道理。

4. 叶片对矿质元素的吸收

植物除了根系以外，地上部分的茎叶也能吸收矿质元素。生产中常把肥料配成溶液直接喷洒在叶面上以供植物吸收，这种施肥方式，叫根外施肥或叶面施肥。

喷洒在叶片上的肥料，可以通过气孔和湿润的角质层进入叶脉韧皮部，也可横向运输到木质部，而后再运往各处。

根外施肥具有肥料用量少、见效快的特点，有利于不同生育期的使用，特别是植物生长后期，根系生活力降低，吸收机能衰退时效果更佳。当土壤缺水，土壤施肥难以发挥效益时，叶面施肥的意义更大。另外，根外施肥还可避免肥料（如过磷酸钙）被土壤固定失效和随水流失的弊端。

（三）施肥的生理基础

施肥的目的是为了满足植物对矿质元素的需要，要想植物增产，不仅要有足够的肥料，而且还要合理施用。因此，首先应了解植物的需肥规律，适时、适量按需施肥，才能达到预期的目的。

1. 植物需肥特点

（1）不同植物或同一植物的不同品种需肥不同　油菜对氮、磷、钾需要量较大，要充分供给；禾谷类如水稻、玉米等除需氮肥外，还需一定的磷、钾肥；叶菜类如小白菜、大白菜等应多施氮肥，使叶片肥大，质地柔嫩；而豆科作物如大豆因根瘤能固氮，而需磷、钾较多；薯类如马铃薯需磷、钾较多，也需一定的氮；另外，油料作物对镁有特殊需要。

（2）植物不同，需肥形态不同　烟草既需铵态氮，也需硝态氮，因为硝态氮能使烟叶形成较多的有机酸，可提高燃烧性。而铵态氮有利于芳香挥发油的形成，增加香味，所以烟草施用硝酸铵最好。水稻根内一般缺乏硝酸还原酶，所以不能还原硝酸，宜用铵态氮而不适宜施用硝态氮。马铃薯和烟草等忌氯，因为氯可降低烟叶的可燃性和马铃薯的淀粉含量，所以用草木灰做钾肥比氯化钾好。

（3）同一作物不同生育期需肥不同　植物对矿质元素的需要量与植物生长量有密切关系。萌发期因主要利用种子中贮藏的养分，所以不吸收矿质营养。幼苗期吸收也较少，开花结实期吸收量达到高峰，以后随着植株各部分逐渐衰老而对矿质元素的需量亦逐渐减少，以至根系完全停止吸收，甚至向外"倒流"。

（4）植物营养临界期　植物在生长发育过程中，常有一个时期对某种养分需求的绝对数量虽然不多，但在需要程度上很敏感，此时如果不能满足植物对该种养分的需求，将会严重影响植物的生长发育和产量，也就是说错过这个时期，即使以后再大量补给含有这种养分的肥料，也难以弥补此时由于养分不足所造成的损失，这个时期称为植物的营养临界期。

植物营养临界期一般出现在植物生长的早期阶段。不同养分的临界期不同。大多数植物需磷的临界期在幼苗期；植物需氮的临界期稍晚于磷，一般在营养生长的转向生殖生长的时期；植物需钾的临界期，一般不易判断，因为钾在植物体内流动性大，有高度被再利用的能力。

（5）植物营养最大效率期　在植物生长发育过程中，对养分的需求还存在一个不论是在绝对数量上还是在吸收速率上都是最高的时期，此时施用肥料所起的作用最大，增产效率也最显著，这个时期称为植物营养最大效率期。植物营养最大效率期一般是植物营养生长的旺盛期或营养生长与生殖生长并进的时期，此时追肥往往能取得较大的经济效益。如强调施用小麦的拔节肥、水稻的穗肥、玉米的大喇叭口肥等，道理就在于此。应当注意的是，同一作物不同营养元素其最大效率期是有差异的。

植物营养临界期和植物营养最大效率期是植物需肥的两个关键时期，保证关键时期有充足的养分供应，对提高作物产量有重要意义。但是，植物需肥的各个阶段是互相联系、彼此影响的，除了上述两个关键时期外，也不可忽视植物吸收养分的连续性，在其发育阶段根据苗情或长势适当供给养分也是必要的。所以，在施用肥料时应根据植物的需肥特性和规律，做到施足基肥、重视种肥、适时追肥。

2. 合理施肥的指标

合理施肥包含两层意思：一是满足作物对必需元素的需要，二是使肥料发挥最大的经济效益。确定作物是否需要施肥，施什么肥，施多少肥，有各种指标。比如，土壤的营养水平、植物的长势、植物体内某些物质的含量，均可作为施肥指标。

（1）形态指标 能反映植株需肥情况的外部形态（主要是植物的长势长相），称为追肥的形态指标。

① 相貌。植物的相貌是指植物的外部形态。如氮肥多，植物生长快，株型松散，叶长而软；氮不足，植物生长缓慢，株型紧凑，叶短而直。因此，可以把植物的相貌作为追肥的一种指标。

② 叶色。叶色能灵敏地反应植物体内的营养状况（尤其是氮）。含氮量高时，叶色深绿，反之，叶色浅黄。所以生产上，常用叶色作为施用氮肥的形态指标。

（2）生理指标 生理指标是指根据植物的生理活动与某些养分之间的关系，确定一些临界值，作为是否追肥的指标。它一般以功能叶为测定对象，其指标主要有以下几种。

① 体内营养元素。一般通过对叶的营养分析，找出不同组织、不同生育期、不同元素最低临界值用于指导施肥工作。

② 叶绿素含量。在植物体内叶绿素含量与含氮量一致，所以可用叶绿素含量作为诊断指标。

③ 淀粉含量。水稻体内含氮量与淀粉含量成负相关，氮不足时，淀粉在叶鞘中积累，所以鞘内淀粉愈多，表示缺氮愈严重。测定时，将叶鞘劈开，浸入碘液中，如被染成蓝黑色，颜色深，且占叶鞘面积比例大，表明缺氮。

植物施肥的生理指标还很多，如测定酶的活性、植株体内天冬酰胺的含量等，值得注意的是，任何一种生理指标都要因地制宜，多加实践，才具有指导意义。

3. 发挥肥效的措施

（1）以水调肥，肥水配合 水与矿质的关系很密切。水是矿质的溶剂和向上运输的媒介，对生长具有重要作用。水还能防止肥过多而产生"烧苗"现象。所以水直接或间接地影响着矿质的吸收和利用。施肥时，适量灌水或雨后施肥，能大大提高肥效，这就是以水促肥的道理。相反，如果氮肥过多，往往造成植物徒长，这时可适当减少水分供应，限制植物对矿质的吸收，从而达到以水控肥的效果。

（2）适当深耕，改良土壤环境 适当深耕，使土壤容纳更多的水和肥，从而促进根系生长，增大根的吸收面积，有利于根系对矿质的吸收。

（3）改善光照条件，提高光合效率 施肥能改善光合性能，提高植物光合效率。所以，为了发挥肥效，应该合理密植，通风透气，以利于改善光照条件，增加植物产量，反之，密度太大，田间荫蔽，株间光照不足，肥水虽足，不但起不到增产的效果，相反还会造成植物徒长、倒伏、病虫害增多，最后导致减产。

（4）改变施肥方法，促进作物吸收 改表层施肥为深层施肥。表层施肥，氧化剧烈，氮、磷、钾易流失，植物的吸收率很低。据测算，水稻对氮、磷、钾的利用率，只有一半左右。而深层施肥（根系周围 5～10cm 的土层），肥料挥发、流失少，供肥稳定，由于根的趋肥性，促进了根系的下扎，有利于根的固着和吸收，促进作物增产。

另外，根外施肥可起到肥少功效大的作用，是一种非常经济的用肥方法。

三、植物的光合作用

绿色植物是地球上分布最广泛的自养植物，其最基本的功能是能够利用光能进行光合作用，制造有机物质。它是地球上最大的有机物质生产者，是人类和其他生物生存的物质基础。

（一）光合作用及其生理意义

1. 光合作用的概念

绿色植物吸收太阳光的能量，同化二氧化碳和水，制造有机物质并释放氧气的过程，称为光合作用。光合作用所产生的有机物质主要是糖类，贮藏能量。光合作用的过程，可用下列方程式来表示：

$$CO_2 + H_2O \xrightarrow[\text{绿色细胞}]{\text{光能}} (CH_2O) + O_2$$

式中的（CH_2O）代表碳水化合物。光合作用的产物中，有近 40% 的成分是碳素，因此光合作用也被称为碳素同化作用。

2. 光合作用的生理意义

由上述方程式可见光合作用的意义主要有下列三个方面。

（1）把无机物变成有机物 植物通过光合作用制造有机物的规模是非常巨大的。据估计，每年光合作用约固定 2×10^{11} t 碳素，合成 5×10^{11} t 有机物，这是世界上任何其他物质的生产所无法比拟的。绿色植物合成的有机物既满足植物本身生长发育的需要，又为生物界提供食物来源，人类生活所必需的粮、棉、油、菜、果、茶、药和木材等都是光合作用的产物。

（2）蓄积太阳能量 绿色植物通过光合作用将无机物转变为有机物的同时，将光能转变为贮藏在有机物中的化学能。以上述合成 5×10^{11} t 有机物计算，相当于贮存 3.2×10^{21} J 能量。目前，工农业生产和日常生活所利用的主要能源如煤、石油、天然气、木材等，也都是古代或现代的植物光合作用所贮存的能量。

（3）环境保护 微生物、植物和动物等生物种类，在呼吸过程中吸收氧气、呼出二氧化碳，工厂中燃烧各种燃料，也大量消耗氧气、排出二氧化碳，这样推算，大气中的氧气终有一天会用完。然而，事实上绿色植物广泛分布在地球上，不断进行光合作用，吸收二氧化碳和放出氧气，使得大气中的氧气和二氧化碳含量比较稳定，因此绿色植物被认为是一个自动的空气净化器。

由此可知，光合作用是地球上一切生命存在、繁荣和发展的根本源泉。对光合作用的研究在理论和生产实践上都具有重要意义。作物、果树、蔬菜、花卉和树木等农林产品的产量和品质都直接或间接地依赖于光合作用。各种农林业生产的耕作制度和栽培措施，都是为了使植物更大限度地进行光合作用，以达到增加产量和改善品质的目的，所以，光合作用是农业生产中技术措施的核心。当今世界范围内要迫切解决的粮食、能源和环境问题都与光合作用密切相关。

（二）叶绿体及其色素

叶片是进行光合作用的主要器官，而叶绿体是进行光合作用的重要细胞器。试验证明，植物对光能的吸收、二氧化碳的固定和还原、同化产物淀粉的合成，以及氧气的释放等，都是在叶绿体中进行的。叶绿体具有特殊的结构，并含有多种色素，这与其光合作用相适应。

1. 叶绿体的形态结构

在显微镜下可以看到，高等植物的叶绿体大多呈扁平椭圆形，一般直径为 $3 \sim 6 \mu m$，厚为 $2 \sim 3 \mu m$。据统计，每平方毫米的蓖麻叶就含有 $3 \times 10^7 \sim 5 \times 10^7$ 个叶绿体。这样，叶绿体总的表面积就比叶面积大得多，这对太阳光能和空气中 CO_2 的吸收和利用都有好处。在电子显微镜下，可以看到叶绿体由三部分组成：叶绿体膜、基质和类囊体（图5-10）。叶绿体膜由两层薄膜构成，分别称为外膜和内膜，内膜具有控制代谢物质进出叶绿体的功能，是叶绿体的选择性屏障。叶绿体内膜以内的基础物质称为基质。基质成分主要是水、可溶性蛋白质（酶）和其他代谢活跃物质，呈高度流动状态。基质中的1,5-二磷酸核酮糖羧化酶/加氧酶占基质总蛋白质50%以上，具有固定二氧化碳的能力，所以光合产物淀粉是在基质中形成和贮藏起来的。类囊体是由单层膜围成的扁平小囊，囊腔空间约10nm，类囊体内是水溶液。由 2 个以上的类囊体垛叠在一起（像一叠镍币一样，从上看下去则呈小颗粒状）构成的颗粒叫基粒，基粒中的类囊体称为基粒类囊体，又称基粒片层，分布着许多光合作用色素；而连接两个基粒之间的类囊体称为基质类囊体，又称基质片层。由于光合作用的光能吸收和转化主要在基粒类囊体膜上进行，所以类囊体膜亦称为光合膜。一般而言，基粒类囊体数目越多，光合速率越高。一个叶绿体中有 40～80 个基粒。

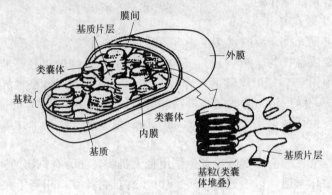

图 5-10　叶绿体结构示意图

2. 叶绿体的成分

叶绿体约含 75％ 的水分。在干物质中以蛋白质、脂类、色素和无机盐为主。蛋白质是叶绿体的结构和功能基础，一般占叶绿体干重的 30％～45％，蛋白质在叶绿体中的重要功能有：①作为代谢过程中的酶；②起电子传递作用；③所有色素都与蛋白质结合成为复合体。

叶绿体含有占干重 20％～40％ 的脂类，它是组成膜的主要成分之一。叶绿体的色素占干重 8％ 左右，参与光能的吸收、传递和转化。

叶绿体中还含有 10％～20％ 的贮藏物质（糖类等）、10％ 左右的灰分元素（铁、铜、锌、钾、磷、镁等）。

此外，叶绿体还含有核苷酸（如 NAD^+ 和 $NADP^+$）和醌（如质体醌），它们在光合过程中起着传递质子（或电子）的作用。

3. 叶绿体色素

（1）叶绿体色素的种类及理化性质　在高等植物的叶绿体中，含有两类色素，即绿色的叶绿素和黄色的类胡萝卜素。叶绿素包括叶绿素 a 和叶绿素 b，类胡萝卜素包括胡萝卜素和叶黄素。所有这些色素都不溶于水，而易溶于乙醇、丙酮、石油醚等有机溶剂中，但在不同的溶剂中，四种色素的溶解度各不相同，利用这一性质可将四种色素从植物中提取出来，并且彼此分开。叶绿体的四种色素及其分子式见表 5-7。

表 5-7　叶绿体的四种色素及其分子式

色素	分子式	呈现颜色	色素	分子式	呈现颜色
叶绿素 a	$C_{55}H_{72}O_5N_4Mg$	蓝绿色	胡萝卜素	$C_{40}H_{56}$	橙黄色
叶绿素 b	$C_{55}H_{70}O_6N_4Mg$	黄绿色	叶黄素	$C_{40}H_{56}O_2$	黄色

叶绿素分子中的镁原子不能自由移动，但容易被 H^+、Cu^{2+} 和 Zn^{2+} 等所取代，改变叶绿素的颜色和稳定性。如植物叶片受伤后，液泡中的 H^+ 渗入细胞质，取代了叶绿素分子中的镁原子而形成褐色的去镁叶绿素，所以叶片常变成褐色；叶绿素分子中的镁原子被 Cu^{2+} 取代后形成铜代叶绿素，呈鲜亮的绿色且更稳定，根据这一原理用醋酸铜溶液处理绿色组织保存标本或用于食品加工。

（2）叶绿体色素的光学性质　叶绿体色素的光学性质中，最主要的是它能有选择地吸收光能并具有荧光和磷光现象。

① 色素的吸收光谱。我们知道太阳光不是单一的光，到达地表的光波长约从 300nm 的紫外光到 2600nm 的红外光，其中只有波长 390～770nm 之间的光是可见光。当光束通过三棱镜后，可把白光分为红、橙、黄、绿、青、蓝、紫 7 色连续光谱，这就是太阳光的连续光谱（图 5-11）。

叶绿素吸收光的能力极强。如果把叶绿素溶液放在光源和分光镜的中间，就可以看到光谱中有些波长的光被吸收，因此，在光谱上出现黑线或暗带，这种光谱称为吸收光谱。叶绿素吸收光谱的最强吸收区有两个：一个在波长为 640～660nm 的红光部分，另一个在波长为 430～450nm 的蓝紫光部分。在光谱的橙光、黄

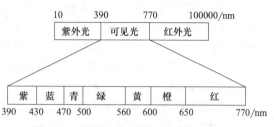

图 5-11　太阳光的光谱（潘瑞炽，2004）

光和绿光部分只有不明显的吸收带，其中尤以对绿光的吸收最少。由于叶绿素对绿光吸收最少，所以叶绿素的溶液呈绿色。叶绿素 a 和叶绿素 b 的吸收光谱很相似，但略有不同，其中叶绿素 a 在红光部分的吸收高峰偏向长波光方向，在蓝紫光部分则偏向短波光方向。

胡萝卜素和叶黄素的吸收光谱表明，它们只吸收蓝紫光，吸收带在 400～500nm 之间，而且在蓝紫光部分吸收的范围比叶绿素宽一些（图 5-12）。类胡萝卜素基本不吸收红光、橙光和黄光，从而呈现橙红色或黄色。

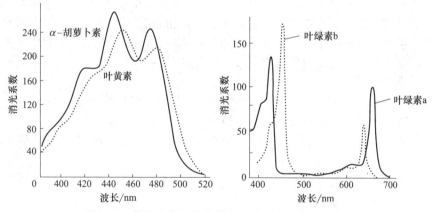

图 5-12　主要光合色素的吸收光谱（李合生，2006）

太阳的直射光含红光较多，散射光含蓝紫光较多。因此在阴天或背阴处，植物可以利用散射光进行光合作用。类胡萝卜素能吸收较多的蓝紫光，把能量转给叶绿素，使植物在较弱的光下，仍然能够进行一定强度的光合作用，这是植物在长期进化过程中所形成的一些特性。

② 荧光现象和磷光现象。叶绿素溶液在透射光下呈绿色，而在反射光下呈暗红色，这种现象称为荧光现象。类胡萝卜素没有荧光现象。荧光的寿命很短，只有 $1 \times 10^{-8} \sim 1 \times 10^{-10}$ s。当去掉光源后，叶绿素还能继续辐射出极微弱的红光（用精密仪器测知），这种光称为磷光。磷光的寿命较长（1×10^{-2} s）。

荧光现象产生的原因：因为叶绿素分子吸收光能后，就由最稳定的、最低能量的基态（像未上弦的机械青蛙）提高到不稳定的、高能状态的激发态（上满弦的机械青蛙）。由于激

发态极不稳定，迅速向较低能状态转变，能量有的以热形式消耗，而以光形式消耗的部分就是我们看到的荧光（机械青蛙则以运动的形式消耗能量）。

叶绿素的荧光和磷光现象都说明叶绿素能被光所激发，而叶绿素分子的激发是将光能转变为化学能的第一步。

（3）叶绿素的形成及其条件　叶绿素也和植物体内其他有机物质一样，经常不断更新。据测定，燕麦幼苗72h后，叶绿素几乎全部被更新，而且受环境条件影响很大。

① 叶绿素的生物合成。叶绿素的生物合成是比较复杂的，其合成过程大致可分两个阶段。第一阶段是合成叶绿素的前身物质原叶绿素酸酯，该过程与光无关，为酶促反应过程。第二阶段是原叶绿素酸酯在叶绿体中与蛋白质结合，通过吸收光能被还原成叶绿素酸酯 a，再与叶绿醇结合生成叶绿素 a。叶绿素 b 是由叶绿素 a 转化而来的。所以，第二阶段是光还原阶段，需要光的催化。

② 叶绿素形成条件及叶色。植物叶子呈现的颜色是叶子各种色素的综合表现。一般来说，正常叶子叶绿素和类胡萝卜素的分子比例约为 3：1，叶绿素 a 和叶绿素 b 之比也约为 3：1，叶黄素和胡萝卜素之比约为 2：1。由于绿色的叶绿素比黄色的类胡萝卜素多，占优势，所以正常的叶子总是呈现绿色。秋天、条件不正常或叶片衰老时，叶绿素较易被破坏或降解，数量减少，而类胡萝卜素较稳定，所以叶片呈现黄色。至于红叶，因秋天降温，体内积累较多糖分以适应寒冷，体内可溶性糖多了，就形成较多的花青素（红色），叶子就呈红色。枫树叶子秋季变红就是这个道理。花色素苷吸收的光不传递到叶绿素，不能用于光合作用。

许多环境条件影响叶绿素的生物合成，从而影响叶色的深浅。

a. 光是影响叶绿素形成的主要因素。缺光原叶绿素酸酯不能转变成叶绿素酸酯，故不能合成叶绿素，但类胡萝卜素的合成不受影响，这样植物就表现橙黄色。这种因缺乏某些条件而影响叶绿素形成，使叶子发黄的现象，称为黄化现象。光线过弱，不利于叶绿素的生物合成，所以，栽培密度过大或由于肥水过多而贪青徒长的植株，上部遮光过甚，植株下部叶片叶绿素分解速度大于合成速度，叶片变黄。

b. 叶绿素的生物合成过程，绝大部分都有酶的参与。温度影响酶的活动，也影响叶绿素的合成。一般来说，叶绿素形成的最低温度是 2～4℃，最适温度是 30℃上下，最高温度是 40℃。秋天叶子变黄和早春寒潮过后水稻秧苗变白等现象，都与低温抑制叶绿素形成有关。

c. 矿质元素对叶绿素形成也有很大的影响。植株缺乏氮、镁、铁、锰、铜、锌等元素时，就不能形成叶绿素，呈现缺绿病。

（三）光合作用的机理概述

光合作用是自然界中十分特殊又极其重要的生命现象，人类对其研究已经历了两个多世纪，近年来又有新的进展。光合作用是一个极其复杂的生理过程，它至少包含几十个反应步骤，相互交叉错杂在一起。根据现代资料，整个光合作用大致可分为下列三大步骤：①原初反应，包括光能的吸收、传递和转换过程；②电子传递和光合磷酸化，即电能转变为活跃的化学能的过程；③碳同化，即活跃的化学能转变为稳定的化学能的过程。其中第一、第二两个步骤需要在有光的情况下才能进行，所以称为光反应，它们是在叶绿体的光合膜上进行的；第三步骤则在光下或暗中进行，为了和光反应相区别，一般称为暗反应，是在叶绿体的基质中进行的。

1. 原初反应

原初反应是光合作用中最初的反应，是指叶绿体色素分子对光能的吸收、传递与转换过程，是光合作用的第一幕，速度非常快，且与温度无关。究竟叶绿素等分子吸收光能后如何进行光反应的呢？人们通过一系列研究，提出了光合单位的概念。光合单位＝聚光色素系统＋光合反应中心。

根据功能来区分，叶绿体类囊体上的色素可分为两类：①反应中心色素，又称作用中心色素，少数特殊状态的叶绿素 a 分子属于此类，它具有光化学活性，既是光能的"捕捉器"，又是光能的"转换器"（把光能转换为电能）。②聚光色素，又称天线色素，它没有光化学活性，只有收集光能的作用，像漏斗一样把光能聚集起来，传到反应中心色素，绝大多数色素（包括大部分的叶绿素 a 和全部的叶绿素 b、胡萝卜素、叶黄素）都属于聚光色素。

光合反应中心是指在类囊体中进行光合作用原初反应的最基本的色素蛋白复合体，它至少包括 1 个反应中心色素分子（P）、1 个原初电子受体（A）和 1 个原初电子供体（D）。

当光照射到绿色植物时，聚光色素分子就吸收光子而被激发，光子在色素分子之间传递，最后传给反应中心色素分子。这样，聚光色素就像凸透镜把光束集中到焦点一样，把大量的光能吸收、聚集，最后传递到反应中心色素分子。当反应中心色素分子（P）被聚光色素传递的光能激发后，立即放出电子而成氧化态（P^+）；原初电子受体（A）接受电子而被还原；反应中心色素分子（P）又从原初电子供体（D）夺得电子而复原，这样就产生了电子的流动。

2. 电子传递和光合磷酸化

激发了的反应中心色素分子把电子传递给原初电子受体，将光能变为电能，电子再经过一系列电子传递体的传递，引起水的光解放氧和 $NADP^+$ 还原，并通过光合磷酸化形成 ATP，把电能转化为活跃的化学能，贮存在 ATP 和 $NADPH＋H^+$ 中。由于两种物质含有很高的能量，属高能化合物，$NADPH＋H^+$ 还具有很强的还原能力，两者用于暗反应中 CO_2 固定和还原形成碳水化合物。因此，人们把叶绿体在光合作用中形成的 ATP 和 $NADPH＋H^+$ 两者合称为"同化力"。

3. 碳同化

二氧化碳同化简称碳同化，是指植物利用光反应中形成的同化力（ATP 和 $NADPH＋H^+$），将 CO_2 转化为糖类的过程。二氧化碳同化是在叶绿体的基质中进行的，有多种酶参与反应。首先一个 CO_2 与植物体内的一种五碳化合物相结合，形成两个三碳化合物分子，三碳化合物在 ATP 和多种酶的作用下，接受光反应时水分解产生的氢，被氢还原，然后经过一系列复杂的变化，形成葡萄糖。这样，ATP 中的能量就释放出来，并且贮存在葡萄糖中。

（四）光呼吸

植物的绿色细胞在光下吸收氧气，放出二氧化碳的过程称为光呼吸。这种呼吸仅在光下发生，且与光合作用密切相关。一般生活细胞的呼吸在光照和黑暗中都可以进行，对光照没有特殊要求，称为暗呼吸。

从生化过程可见，光呼吸是一个消耗光合中间产物的过程，将光合固定的 CO_2 部分释放掉，使有机物质的积累减少；从能量利用上看，光呼吸是一种能量消耗过程。因此，表面上光呼吸显然是一种浪费，光呼吸强的植物，其光合效率往往较低，但是目前推测光呼吸在回收碳素、消除乙醇酸毒害、维持低 CO_2 浓度条件下 C_3 途径的运转和防止强光对光合机构的破坏等方面有着重要的生理意义。

（1）碳素回收　在有氧条件下，光呼吸的发生，虽然会损失一部分有机碳，但通过 C_2 循环还可回收 75％的碳，避免了碳的过多损失。

（2）消除乙醇酸毒害　乙醇酸的产生在代谢中是不可避免的。光呼吸具有消除乙醇酸的代谢作用，避免了乙醇酸的积累，使细胞免受伤害。

（3）维持 C_3 途径的运转　在干旱和高辐射胁迫下，叶片气孔关闭或外界 CO_2 浓度降低、CO_2 进入受阻时，光呼吸释放的 CO_2 能被 C_3 途径再利用，以维持 C_3 途径的运转。

（4）防止强光对光合机构的破坏　因为光呼吸消耗了多余能量，避免过剩同化力对光合细胞器的损伤，平衡同化力与碳同化之间的需求关系。

但在不影响植物正常生长发育的条件下，控制光呼吸发生，增加光合产物积累，对增加产量和改善品质有一定实践意义。

（五）光合速率及影响光合作用的因素

植物光合作用经常受到外界环境因素和内部因素的影响而发生变化。而要了解这些因素对光合作用影响的大小，首先要了解光合作用的指标。表示光合作用变化的指标有光合速率和光合生产率。

1. 光合速率和光合生产率

光合速率是指单位时间、单位叶面积吸收 CO_2 的量或放出 O_2 的量。以国际制（SI）计量单位 $\mu mol/(m^2 \cdot s)$（以 CO_2 计）表示：$1\mu mol\ CO_2/(m^2 \cdot s)=1.584mg\ CO_2/(dm^2 \cdot h)$。对于叶面积不易测定的植物，可改用叶的干重来代替叶面积。

一般测定光合速率的方法都没有把叶子的呼吸作用考虑在内，所以测定的结果实际是光合作用减去呼吸作用的差数，叫做表观光合速率或净光合速率。如果同时测定其呼吸速率，把它加到表观光合速率中，则得到真正光合速率：

$$真正光合速率＝表观光合速率＋呼吸速率$$

光合生产率又称净同化率，是指植物在较长时间（一昼夜或 1 周）内，单位叶面积生产的干物质量。常用 $g/(m^2 \cdot d)$ 表示。由于测定时间较长，存在着夜间的呼吸作用和光合作用产物从叶片向外运输等的消耗，因此，测得的光合生产率低于短期测得的光合速率。

2. 影响光合作用的因素

（1）影响光合作用的内部因素

① 不同部位。由于叶绿素具有接受和转换能量的作用，所以，植株中凡是绿色的、具有叶绿素的部位都进行光合作用，在一定范围内，叶绿素含量越多，光合越强。如抽穗后的水稻植株，叶片、叶鞘、穗轴、节间和颖壳等部分都能进行光合作用。但一般而言，叶片光合速率最大，叶鞘次之，穗轴和节间很小，颖壳甚微。在生产上尽量保持足够的叶片，制造更多的光合产物，为高产提供物质基础。

就叶子而言，最幼嫩的叶片光合速率低，随着叶子成长，光合速率不断加强，达到高峰，后来叶子衰老，光合速率下降。

② 不同生育期。一株植物不同生育期的光合速率，一般都以营养生长中期为最强，到生育末期则下降。以水稻为例，分蘖盛期的光合速率最快，以后随生育期的进展而下降，特别在抽穗期以后下降较快。但从群体来看，群体的光合量不仅决定于单位叶面积的光合速率，而且很大程度上受总叶面积及群体结构的影响。水稻群体光合量有两个高峰：一个在分蘖盛期，另一个在孕穗期。从此以后，下层叶片枯黄，单株叶面积减小，因此光合量急剧下降。

（2）影响光合作用的外部因素

① 光照。光是光合作用的能源，所以光是光合作用必需的。光的影响包括光质（光谱成分）及光照强度。自然界中太阳光的光质完全可以满足光合作用的需要。而光照强度则常常是限制光合速率的因素之一（图 5-13）。

在黑暗时，光合作用停止，而呼吸作用不断释放 CO_2，呼吸速率大于光合速率。随着光照增强，光合速率逐渐增加，逐渐接近呼吸速率，最后光合速率与呼吸速率达到动态平衡。同一叶子在同一时间内，光合过程中吸收的 CO_2 和光呼吸与呼吸过程放出的 CO_2 等量时的光照强度，称为光补偿点。植物在光补偿点时，有机物的形成和消耗相等，不能积累干物质，而夜间还要消耗干物质，因此从全天来看，植物所需的最低光照强度，必须高于光补偿点，才能使植物正常生长。一般来说，阳生植物的光补偿点为 $9 \sim 18\mu mol$ 光子$/(m^2 \cdot s)$，而阴生植物的则小于 $9\mu mol/(m^2 \cdot s)$。

当光照强度在光补偿点以上继续增加时，光合速率就呈比例地增加，但超过一定范围之后，光合速率的增加却转慢，当达到某一光照强度时，光合速率就不再增加，这种现象称为光饱和现象，刚出现光饱和现象时的光照强度称为光饱和点。此时的光合速率达到最大值。

多数植物的光饱和点为 $500 \sim 1000\mu mol/(m^2 \cdot s)$，但不同植物的光饱和点也有很大差异，一般阳生植物的光饱和

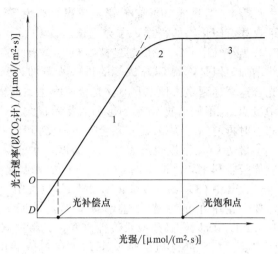

图 5-13　光强度-光合速率曲线模式图
1—比例阶段；2—过渡阶段；3—饱和阶段

点高于阴生植物，C_4 植物的光饱和点高于 C_3 植物。在一般光照下，C_4 植物没有明显的光饱和现象，这是由于 C_4 植物同化 CO_2 需要消耗更多的同化力，而且可充分利用较低浓度的 CO_2；而 C_3 植物的光饱和点仅为全光照的 $1/4 \sim 1/2$。所以在高温高光强下，C_3 植物的光合速率到一定程度后就不再增加，出现光饱和现象，而 C_4 植物仍保持较高的光合速率。因此，在利用日光能方面 C_4 植物优于 C_3 植物。

掌握植物光补偿点和光饱和点的特性，在生产实践中具有指导作用。例如，间作与套种时作物种类的搭配，林带树种的选择，合理密植的程度，树木修剪、采伐、定植等，都要以植物光合作用对光强的要求为依据。冬季或早春的光强低，在温室管理上避免高温，则可以降低光补偿点，并且减少夜间呼吸消耗。在大田作物的生长后期，下层叶片的光强往往处于光补偿点以下，生产上除了强调合理密植和调节水肥管理外，整枝、去老叶等措施都能改善下层叶片的通风透光条件。去掉部分处于光补偿点以下的枝叶，则有利于增加光合产物的积累。

② 二氧化碳。二氧化碳是光合作用的原料，对光合速率的影响很大。陆生植物光合所

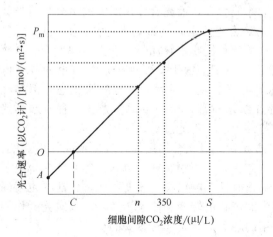

图 5-14　CO_2-光合作用曲线
模式图（王宝山，2006）

需的二氧化碳主要来源于空气。CO_2 通过叶表面的气孔进入叶内，经过细胞间隙到达叶肉细胞的叶绿体。

CO_2 浓度与光合速率的关系，类似于光强与光合速率的关系，既有 CO_2 的补偿点，也有 CO_2 的饱和点（图 5-14）。在光下 CO_2 浓度等于零时，光合作用器官只有呼吸作用释放 CO_2（图中的 A 点）。随着 CO_2 浓度的增加光合速率增加，当光合作用吸收的 CO_2 等于呼吸作用放出的 CO_2 量时，即光合速率与呼吸速率相等时，外界的 CO_2 浓度叫做 CO_2 的补偿点。各种植物的 CO_2 的补偿点不同。据测定，玉米、高粱、甘蔗等 C_4 植物的 CO_2 的补偿点很低，为 $0 \sim 10\mu l/L$。小麦、

大豆等 C_3 植物的 CO_2 的补偿点较高,约为 $50\mu l/L$。植物必须在高于 CO_2 的补偿点的条件下,才有同化物的积累,才会生长。

当空气中 CO_2 浓度超过植物 CO_2 的补偿点后,随着空气 CO_2 浓度的提高,光合速率直线增加。但是随着 CO_2 浓度的进一步增加,光合速率变慢,当 CO_2 浓度达到某一范围时,光合速率达到最大值(P_m),光合速率达到最大值时的 CO_2 浓度被称为 CO_2 的饱和点(图中 S 点)。不同植物 CO_2 的饱和点相差很大,C_3 植物的 CO_2 的饱和点较 C_4 植物高。超过饱和点时再增加 CO_2 浓度,光合作用便受抑制。

最适 CO_2 浓度也随着光强、温度、水分等条件的配合情况而变化。如光强加强,植物就能吸收利用较高浓度的 CO_2,CO_2 饱和点提高,光合作用加快。

大气中 CO_2 约为 $350\mu l/L$(即 1L 空气中含 $0.69mg\ CO_2$),一般不能满足植物对 CO_2 的需要。在中午前后光合速率较高时,株间 CO_2 浓度更低,可能降低至 $200\mu l/L$,甚至 $100\mu l/L$。所以,必须有对流性空气,让新鲜空气不断通过叶片,才能满足光合作用对 CO_2 的需要。在平静无风的情况下,或在密植的田块,空气流动受阻,中午或下午常会出现 CO_2 的暂时亏缺。因此,作物栽培管理中要求田间通风良好,原因之一就是为了保证 CO_2 的供应。在温室栽培中,加强通风,增施 CO_2,可防止出现 CO_2 "饥饿";在大田生产中,增施有机肥,经土壤微生物分解释放 CO_2,能有效地提高作物的光合效率。

目前,由于人类的活动,地球上空气中的 CO_2 浓度持续上升,这虽然可能减轻由于 CO_2 缺乏对植物光合作用的限制,但也导致了温室效应,温度升高会给地球的生态环境及人类活动带来一系列严重的问题。

③ 温度。光合作用的暗反应是由酶催化的化学反应,而温度直接影响酶的活性,因此,温度对光合作用的影响也很大。除少数外,一般植物可在 $10\sim35℃$ 下正常地进行光合作用,其中以 $25\sim30℃$ 最适宜,在 $35℃$ 以上时光合作用开始下降,$40\sim50℃$ 时即完全停止。植物的光合作用温度的三基点因植物种类的不同而不同。一般而言,耐寒植物光合作用的最低温度和最适温度低于喜温植物,而最高温度相似。

光强不同,温度对光合作用的影响有两种情况:在强光条件下,光合作用受酶促反应限制,温度成为主要影响因素。但是,在弱光条件下,光合作用受光强限制,提高温度无明显效果,甚至促进呼吸而减少有机物积累。如温室栽培管理,应在夜间或阴雨天气适当降温,以提高净光合速率。

④ 水分。水分是光合作用的原料之一,缺乏时可使光合速率下降。水分在植物体内的功能是多方面的,叶子要在含水量较高的条件下才能生存,而光合作用所需的水分只是植物所吸收水分的一小部分(1% 以下)。因此,水分缺乏主要是间接影响光合作用。具体来说,缺水使气孔关闭,影响二氧化碳进入叶内;缺水使叶片淀粉水解加强,糖类堆积,光合产物输出缓慢,这些都会使光合速率下降。试验证明,由于土壤干旱而处于永久萎蔫的甘蔗叶片,其光合速率比正常叶片下降 87%。再灌水,叶子在数小时后可恢复膨胀状态,但净光合速率在几天后仍未恢复正常。由此可见,叶片缺水过甚,会严重损害光合进程。水稻烤田,棉花、花生炼苗时,要认真控制烤田(炼苗)程度,不能过头。

⑤ 矿质元素。植物生命活动所需的各种矿质元素,对光合作用都有直接或间接的影响。如氮、镁、铁、锰等是叶绿素生物合成所必需的矿质元素;铜、铁、硫和氯等参与光合电子传递和水裂解过程;钾、磷等参与糖类代谢,缺乏时便影响糖类的转变和运输,这样也就间接影响了光合作用;同时,磷也参与光合作用中间产物的转变和能量传递,所以对光合作用的影响很大。因此,合理施肥,对保证光合作用的顺利进行是非常重要的。

⑥ 光合速率的日变化。影响光合作用的外界条件时时刻刻变化着,所以光合速率在一天中也有变化。在温暖的天气,如水分供应充足,太阳光照成为主要矛盾,光合过程一般与

太阳辐射进程相符合：从早晨开始，光合作用逐渐加强，中午达到高峰，以后逐渐降低，到日落则停止，成为单峰曲线。这里是指无云的晴天而言。如果云量变化不定，则光合速率随着到达地面的光强度的变化而变化，成不规则曲线。但晴天无云而太阳光照强烈时，光合进程便形成双峰曲线：一个高峰在上午，一个高峰在下午，中午前后光合速率下降，呈现"午休"现象。为什么会出现这种现象呢？a. 水分在中午供给不上，气孔关闭；b. CO_2 供应不足；c. 光呼吸增加。这些都表现为光合速率的下降。

由于光合"午休"造成的损失可达光合生产的 30%，所以在生产上应通过适时灌溉、选用抗旱品种等措施，增强植株的光合能力，避免或减轻光合"午休"现象，提高产量。

（六）植物体内同化物质的运输与分配

高等植物的所有个体都是由多种器官（根、茎、叶、花、果实）组成的，这些器官之间分工明确、相互依存。叶片是产生同化物质的主要器官，所合成的同化物质能不断地向根、茎、芽、果实和种子中运输，为器官的生长发育和呼吸消耗提供能量或作为贮藏物质加以积累。就是贮藏器官中的同化物也会在某一时期被调运到其他器官，供生长需要。如果某一作物的叶片光合能力很强，能形成大量的同化物质，即生物学产量很高，但由于运输不畅或分配不合理，很少将同化物质运输或转移到种子内部，形成人类所要的经济产量（通常所说的作物产量），就不可能达到高产，实现人们的预期目的。因此，从农业实践来说，同化物质的运输与分配，无论对植物的生长发育，还是对农作物的产量、品质都十分重要。

1. 植物体内同化物质的运输系统

植物体内同化物质的运输与分配十分复杂，运输的形式和机理亦不同。就运输而言，主要有短距离运输和长距离运输两种。

（1）短距离运输

① 胞内运输。胞内运输主要指细胞内、细胞器间的物质交换。主要有分子扩散推动原生质的环流、细胞器膜内外的物质交换，以及囊胞的形成与囊胞内含物的释放等。

② 胞间运输。胞间运输是指细胞间通过质外体、共质体及质外体与共质体之间的短距离运输。由细胞间连丝把原生质体连成一体的体系称为共质体，将细胞壁、质膜与细胞壁间的间隙，以及细胞间隙等空间称作质外体。

a. 质外体运输。物质在质外体中的运输称质外体运输。由于质外体中液流的阻力小，所以物质在质外体中的运输速度较快。但质外体内没有外围的保护，运输物质容易流向体外，同时运输速率也受外力的影响。

b. 共质体运输。物质在共质体中的运输称共质体运输。与质外体运输相比，共质体中原生质的黏度大，运输阻力大，但共质体中的物质有质膜的保护，不易流失体外，一般而言，细胞间的胞间连丝多，孔径大，存在的浓度梯度大，有利于共质体的运输。

c. 质外体与共质体间的运输。即物质通过质膜的运输。它包括三种形式：一为顺浓度梯度的被动转运，包括自由扩散和通过信道或载体的协助扩散；二为逆浓度梯度的主动转运，包括一种物质伴随另一种物质进出质膜的伴随运输；三为以小囊泡方式进出质膜的膜动转运，包括内吞、外排和出胞等。

（2）长距离运输

① 同化物运输信道——韧皮部。植物体内的维管束是由：以导管为中心，富有纤维组织的木质部；以筛管为中心，周围有薄壁组织伴联的韧皮部；穿插与包围木质部和韧皮部的多种细胞；维管束鞘组成。但木质部和韧皮部是进行长距离运输的两条途径，同时实验证明，同化物的运输途径是由韧皮部完成的。

环割试验（图5-15）：在植物的枝条或树干上近根部环割一圈，深度至形成层为止。剥去圈内的韧皮部。经过一定时间后环割上部的树枝照常生长，并在环割的上端切口处聚集许

(a)   (b)

图 5-15　木本枝条的环割

（a）刚环割；（b）环割后一段时间形成瘤状

多有机物，形成粗大的愈伤组织，有时形成瘤状物。再过一段时间，地上部分就会慢慢枯萎直至整个植株死亡。该处理主要是切断了叶片形成的光合产物在韧皮部的向下运输信道，导致光合同化物在环割上端切口处积累而引起膨大，而环割下端，尤其是根系的生长得不到同化物质，也包括一些含氮化合物和激素等，时间一久根系就会死亡，这就是所谓的"树怕剥皮"。

环割处理在实际生产试验中多有应用。例如对苹果、枣树等果树的旺长枝条进行适度环割，使环割上方枝条积累较多的糖分，提高 C/N 比，促进花芽分化，对控制旺长、提高坐果率有一定的作用。再如在进行花卉苗木的高空压条繁殖时，可在欲生根的枝条上环割，在环割处敷上湿土并用塑料纸包裹，由于该处理能使养分和一些激素集中在切口处上端，再加上有一定水分，故能够在环割处促进生根。

证明有机物质运输途径更准确的方法是同位素示踪法，目前使用比较多的是在根部标记 ^{32}P、^{35}S 等盐类，以便跟踪根系吸收的无机盐类的运输途径，在叶片上使用 $^{14}CO_2$，可追踪光合同化物的运输方向。

② 韧皮部中运输的主要物质。韧皮部运输的物质因植物的种类、发育阶段、生理生态环境等因素的变化表现出很大差异。一般来说，典型的韧皮部汁液样品其干物质含量占 10%～25%，其中多数为糖类，其余为蛋白质、氨基酸、无机和有机离子（表 5-8）。

表 5-8　蓖麻幼苗和成年株韧皮部汁液主要成分和含量

化　合　物	浓度/(mmol/L)		化　合　物	浓度/(mmol/L)	
	幼苗	成年株		幼苗	成年株
蔗糖	270	259	中性	119	86.5
葡萄糖	1.8	痕量	碱性	32.4	2.7
果糖	0.6	痕量	酸性	5.9	23.8

化　合　物	浓度/(mmol/L)		化　合　物	浓度/(mmol/L)	
	幼苗	成年株		幼苗	成年株
氨基酸	158	113	K^+	25	68.1
Na^+	3	3.9	SO_4^{2-}	2.5	25.8
Mg^{2+}	4	4	NO_3^-	0.1	3.6
Ca^{2+}	0.1	3.5	苹果酸	0.5	7
Cl^-	6	6.4	其他有机阴离子	—	13.2
BO_3^{2-}	5	17.8	磷酸糖	3	—

2. 植物体内同化物分配及其控制

（1）源与库的概念　人们在研究有机物分配方面提出了源与库的概念。源（代谢源）是指能制造养料并向其他器官提供营养物质的部位或器官。如绿色植物的功能叶。库（代谢库）指消耗或贮藏同化物的部位或器官。如植物的幼叶、茎、根，以及花、果、种子等。

（2）源与库的关系　源器官同化物形成和输出的能力称源强。它与光合速率、丙糖磷酸从叶绿体向细胞质的输出速率，以及叶肉细胞蔗糖合成速率有关。源强能为库提供更多的光合产物，所以植物生产上往往把不同时期叶面积指数的大小作为高产栽培、合理施肥的重要指标。

库器官接纳和转化同化物的能力称库强。根据同化物到达库以后的用途不同可将库分为代谢库和储藏库两类。前者指代谢活跃、正在迅速生长的器官或组织。如顶端分生组织、幼叶、花器官。后者指一些同化物贮藏性器官，如块根、块茎、果实和种子。

实践证明，源是库的供应者，而库对源具有一定的调节作用，源、库两者相互依赖、相互制约。同时认为源强有利于库强潜势的发挥，而库强则有利于源强的维持，在实际生产中，必须根据植物生长的特点，以及人们对植物的要求，提出适宜的源、库量。栽培技术上采用去叶、提高二氧化碳浓度、调节光强等处理可以改变源强；而采用去花、疏果、变温、使用呼吸控制剂等处理可以改变库强。

(3) 同化物的分配规律　植物体内同化物分配的总规律是由源到库，具体归纳为以下几点。

① 优先供应生长中心。生长中心是指正在生长的主要器官或部位。其特点：代谢旺盛，生长速度快。各种植物在不同的生育期都有其不同的生长中心。这些生长中心既是矿质元素的输入中心，也是同化物分配中心。如稻、麦类植物前期主要以营养生长为主，因此根、新叶和分蘖是生长中心；孕穗期是营养生长和生殖生长共生阶段，营养器官的茎秆、叶鞘和生殖器官的小穗是生长中心；灌浆结实期，籽粒是生长中心。

不同的器官对同化产物吸收能力有较大的差异。在根、茎、叶营养器官中，茎、叶吸收能力大于根，因此当光照不足、同化产物较少时，优先供应地上部分器官，往往影响根系生长；在生殖器官中，果实吸收养料能力大于花，所以当养分不足，同化产物分配矛盾的情况下，花蕾脱落增多，果树、棉花、豆科植物表现特别明显。因此人们在农业生产中，对该类植物采取摘心、整枝、修剪等技术，调节有机养分的分配，提高坐果率和果实产量。

② 就近供应。根据源-库单位理论，一个库的同化产物来源主要依靠附近源的供应，随着库源间距离的加大，相互间的供应能力明显减弱。一般来说，植物上部叶片的同化产物主要供应茎顶端嫩叶的生长，而下部叶的同化产物主要供应根和分蘖的生长，中间的叶片同化产物则向上、下部输送。例如，大豆、蚕豆在开花结荚时，本节位叶片的同化产物供给本节的花荚，棉花也同样如此，因此，保护果枝上的正常光合作用，是防止花荚、蕾铃脱落的方法之一。

③ 纵向同侧供应。纵向同侧供应是指同一方位的叶制造的同化产物主要供应相同方位的幼叶、花序和根。如叶序为 1/2 的稻、麦等禾本科植物，奇数叶在一侧，偶数叶在另一侧，由于同侧叶间的维管束相通，对侧叶间维管束联系较少，因此幼嫩叶，包括其他的库所需的同化产物主要来源于同侧功能叶的提供。换句话说，第三叶和第一、第五叶联系密切，第四叶与第二、第六叶联系密切。

(4) 同化物的再分配与再利用　所有生物在其生命活动中，都存在合成、分解的代谢过程，该过程循环往复，直至生命终止。植物体除了已经构成植物骨架的细胞壁等成分外，其他的各种细胞内含物在该器官或组织衰老时都有可能被再度利用，即被转移到另外一些器官或组织中去。植物种子在适宜的温度、水分、氧气条件下，就能生根、发芽，这一自养阶段的过程就是同化物再分配与再利用的过程。

许多植物的器官衰老时，大量的糖及可再度利用的矿质元素如氮、磷、钾都要转移到就近新生器官中。在生殖生长时期，营养体细胞内的内含物向生殖器官转移的现象尤为突出。小麦籽粒在达到 25% 最终饱满时，植株对氮、磷的吸收已达 90%，籽粒最后充实期，叶片原有的 85% 的氮和 90% 的磷将转移到穗部。就是在生殖器官内部，许多植物的花在完成受精后，花瓣细胞中的内含物也会大量转移到种子中，以致花瓣迅速凋谢。另外，植物器官在离体后仍能进行同化物的转运。如已收获的洋葱、大蒜、大白菜、萝卜等植物，在贮藏过程中其磷茎或外叶已枯萎干瘪，而新叶甚至新根照常生长。这种同化物质和矿质元素的再度利用是植物体营养物质在器官间进行再分配、再利用的普遍现象。

细胞内含物的转移与生产实践密切相关，只要明确原理，采取一定的调控手段，就能得到良好的效果。如小麦叶片中细胞内含物过早转移，会引起该叶片早衰；而过迟转移则会造成贪青迟熟。小麦在灌浆后期，如遇干热风的突然袭击，不仅叶片很快失水枯萎，同时该叶片的大量营养物质不能及时转移到籽粒中。再如突然的高湿或低温也会发生类似现象。所有这些都与施肥、灌溉、整枝、打顶、抹赘芽、打老叶、疏花疏果等栽培措施及其进行时间的早晚有十分重要的关系。农产品的后熟、催熟、贮藏保鲜等与物质再分配同样关系密切。

生产上应用同化物质的再分配与再利用这一特点的例子已有很多。例如北方农民为了减少秋霜危害，在严重霜冻来临之际，把玉米连秆带穗一同拔起并堆在一起，大大减轻植株茎叶的冻害，使茎、叶的有机物继续向籽粒转移，这种被人们称为"蹲棵"的措施一般可增产5%～10%。水稻、小麦、芝麻、油菜等收割后堆在一起，并不马上脱粒，对提高粒重效果同样比较明显。

探讨细胞内含物再分配的模式，寻找促控的有效途径，不但在理论研究方面，而且在生产实践上都十分重要。

3. 影响与调节同化物运输的因素

同化物在植株内的运输过程十分复杂，同样受植物体内外因素的影响。

（1）内因

① 蔗糖浓度和蔗糖裂解酶活力。蔗糖是许多植物光合产物的主要运输形式。叶片光合作用所同化的矿质元素转变为蔗糖的数量调节着蔗糖装载到叶脉韧皮部的速率。叶片蔗糖浓度存在输出阈值，当蔗糖浓度低于某阈值时，蔗糖属非运输态，很难输出。因此提高库内蔗糖浓度是提高输出的基础。但是蔗糖进入库细胞之前必须先转化为己糖磷酸酯，目前已经清楚蔗糖合成酶和转化酶活力往往与库组织输入蔗糖的速率紧密相关。

② 无机磷。无机磷是调节同化产物向蔗糖与淀粉转化的物质。一般功能叶内无机磷含量高时有利于同化产物的向外运输。

③ 植物激素。吲哚乙酸是具有吸引光合产物输入效应的植物激素。

（2）外因　植物体内同化物质的运输和分配受温度、水分、光照和矿质元素的影响。

① 温度。温度显著影响同化产物的运输速度。气温与土温的差异，对同化产物分配方向有一定的影响。当土温高于气温时，有利于同化产物向根部运输，反之则利于同化产物向地上部运输。因此气温昼夜温差大时有利于块根、块茎的生长。

② 水分。水分的缺乏将直接影响植物的光合强度，同时对同化物在植物不同库间的分配产生明显影响。

③ 矿质元素。影响同化物质运输的元素主要有磷、钾、硼。

磷参与同化物的形成，它以高能磷酸键的形式贮存和利用能量，广泛参与植物的代谢，促进光合速度。所以磷有促进同化物质运输的作用。因此，在作物产量形成后期，适当追施磷肥有利于同化产物向经济器官内运输，提高产量，在棉花开花期喷施磷肥，也能达到减少蕾铃脱落的目的。钾能促进蔗糖转化为淀粉。因此禾谷类作物在籽粒灌浆期、薯类植物在块根膨大期施用钾肥，一方面有利于籽粒、块根内蔗糖转化成淀粉，同时造成库、源间膨压的差异，从而促进叶片内的有机物质不断运输到籽粒和块根中。硼能和糖结合形成复合物，容易通过质膜，从而促进糖在植物体内的运输。试验证明，棉花花铃期喷施 0.01%～0.05%的硼酸溶液，能促使同化物质向幼蕾、幼铃运输，显著减少蕾、铃的脱落。

（七）光合作用和植物产量

高等植物一切有机物质的形成最初都源于光合作用。光合作用制造的有机物，占植物总干重的90%～95%。植物产量的形成主要靠叶片的光合作用，因此，如何提高植物的光能利用率，制造更多的光合产物，是农业生产的一个根本性问题。

1. 植物产量构成因素

人们栽种不同植物有其不同的经济目的。人们把直接作为收获物的这部分的产量称为经济产量。如禾谷类的籽粒、甘薯的块根、棉花的皮棉、叶菜的叶片、果树的果实等。而植物一生中合成并积累下来的全部有机物质的干重，称为生物产量。经济产量与生物产量之比称为经济系数或收获指数。

不同植物的经济系数相差很大，一般禾谷类作物为 $0.3 \sim 0.5$，棉花为 $0.35 \sim 0.5$，薯类为 $0.7 \sim 0.85$，叶菜类近 1.0。同一植物的经济系数，也随栽培条件而变化，如肥水不足、生长衰弱或过度密植等都会使经济系数变小；肥水过多，发生徒长时，经济系数也会变小。要提高经济系数，首先应使植物生长健壮，在制造较多的有机物质的基础上，采取合理的田间管理措施，促进有机物质分配到经济器官中。在生产上，推广矮秆、半矮秆品种，可提高经济系数，并且能增加密度，防止倒伏；果树采用矮化砧，且便于果园管理。如果从光合角度来剖析生物产量与经济产量的关系便可看出：

生物产量＝光合产量－光合产物消耗

光合产量＝光合面积×光合速率×光合时间

经济产量＝生物产量×经济系数

＝（光合面积×光合速率×光合时间－光合产物消耗）×经济系数

可见，构成植物经济产量的因素有五个：光合面积、光合时间、光合速率、光合产物消耗和经济系数。通常把这五个因素合称为光合性能。光合性能是产量形成的关键。因此，提高光合速率、适当增加光合面积、尽量延长光合时间和减少呼吸消耗、器官脱落及病虫害等，以及提高经济系数，是提高植物产量的根本途径。农业生产的一切技术措施，主要是通过改善这几个方面来提高产量和品质的。概括起来有 3 个方面：开源——增加光合生产；节流——减少光合产物的消耗；控制光合产物的运输分配——提高经济系数。

2. 植物对光能的利用率

（1）光能利用率的概念　光能利用率是指单位面积植物光合作用形成的有机物中所贮存的化学能与照射到该地面上的太阳能之比率，可用下列公式计算：

$$光能利用率 = \frac{单位面积作物总干物质重折算含热能}{同面积入射太阳总辐射能} \times 100\%$$

在太阳总辐射中，波长为 $390 \sim 770nm$ 的可见光为光合有效辐射，约占 40%。然而，作物对有效辐射也并不能全部利用，因为只有被叶绿体色素吸收的光能，在光合作用中才能转化为化学能。即使是一个非常茂密的作物群体，也不能将照射在它上面的光全部吸收，这里至少包括两方面的损失：一是叶片的反射；二是群体漏光和透射的损失，约占总辐射 8%；此外，散热损失占 8%；其他代谢能耗损失约占 19%，最终只有 5% 的光能被光合作用转化贮存在糖类中（图5-16）。

生产中作物光能利用率远低于此值，一般为 $1\% \sim 2\%$。如大面积单产超过 $7500kg/hm^2$ 的小麦在整个生长季节生物产量的光能利用率为 $1.46\% \sim 1.89\%$。世界上单产较高的国家如日本（水稻）、丹麦（小麦）光能利用率也只有 $2\% \sim 2.5\%$。这说明目前作物生产水平仍然比较低，农业生产还有较大的增产潜力。

（2）光能利用率低的主要原因

① 漏光损失。植物生长初期，生长缓慢，叶面积小，日光的大部分直接照射到地面上而损失。据估计，一般稻、麦田间平均漏光损失达 50% 以上，这是光能利用率低的一个重要原因。

② 光饱和现象的限制。群体上层叶片虽处于良好的光照条件下，但这些叶片不能利用超过光饱和点的光能来提高光合速率，稻、麦等 C_3 植物的光饱和点为全日照的 $1/4 \sim 1/2$，

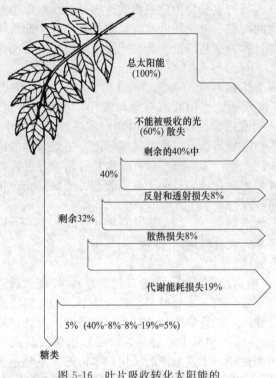

总太阳能
(100%)

不能被吸收的光
(60%) 散失

剩余的40%中

40%

反射和透射损失8%

剩余32%

散热损失8%

代谢能耗损失19%

5% (40%-8%-8%-19%=5%)

糖类

图 5-16　叶片吸收转化太阳能的
能力（张继澍，2006）

由于光饱和现象而影响群体光能利用率是明显的。

③ 其他因素。如温度过高或过低、水分不足、某些矿质元素的缺乏、二氧化碳供应不足及病虫危害等外因，都可限制光合速率。

3. 提高植物光能利用率的途径

主要是通过延长光合时间、增加光合面积和提高光合效率等途径提高光能利用率。

（1）延长光合时间　延长光合时间就是最大限度地利用光照时间，提高光能利用率。延长光合时间的措施有以下几种。

① 提高复种指数。复种指数就是全年内农作物的收获面积与耕地面积之比。提高复种指数就是增加收获面积，延长单位土地面积上作物的光合时间。可通过轮种、间种和套种等栽培技术提高复种指数，在一年内巧妙地搭配各种作物，从时间和空间上更好地利用光能，缩短田地空闲时间，减少漏光率。

② 补充人工光照。在小面积的温室或塑料棚栽培中，当阳光不足或日照时间过短时，还可用人工光照补充。日光灯的光谱成分与日光近似，而且发热微弱，是较理想的人工光源。但是人工光源耗电太多，使成本增加。

（2）增加光合面积　光合面积即植物的绿色面积，主要是叶面积。它是对产量影响最大，同时又是最容易控制的一个因素。但叶面积过大，又会影响群体中的通风透光而引起一系列矛盾，所以，光合面积要适当。

① 合理密植。合理密植是指使作物群体得到合理发展、群体具有最适的光合面积和最高的光能利用率，并获得高产的种植密度。因此，合理密植是提高植物光能利用率的主要措施之一。因为，种得过稀，个体发展较好，但群体得不到充分发展，光能利用率低。种得过密，下层叶子光照少，在光补偿点以下，变成消费器官，光合生产率减弱，也会减产。

② 改变株型。最近培育出比较优良的高产新品种（如水稻、小麦和玉米等），株型都具有共同特征，即秆矮，叶直而小、厚，分蘖密集。株型改善，就能增加密植程度，改善群体结构，增大光合面积，耐肥、不倒伏，利用光能充分，提高光能利用率。

（3）提高光合效率　光、温度、水、肥和二氧化碳等都可以影响单位绿叶面积的光合效率。这里重点讲两种主要措施。

① 增加二氧化碳浓度。空气中的 CO_2 含量一般占体积的 0.035%，即 $350\mu l/L$，该浓度与多数作物最适 CO_2 浓度（$1000\sim1500\mu l/L$）相差太远，尤其是随着密植栽培、肥水多，需要的 CO_2 量更多，空气中的 CO_2 量不能满足需求。因此，增加空气中的 CO_2 量会显著提高光合速率。在自然条件下增加 CO_2 浓度难以控制。但是，增加室内（如塑料大棚等）环境的 CO_2 浓度还是易行的，如燃烧液化石油气、用干冰（固体 CO_2）等。问题是怎样增加大田中的 CO_2 浓度、这个问题目前还在试验阶段。

② 降低光呼吸。水稻、小麦、大豆等 C_3 植物的光呼吸显著，消耗光合新合成的有机物总量的 $20\%\sim27\%$。为了提高这些植物的光合能力，要设法降低它们的光呼吸，可以利用光呼吸抑制剂抑制光呼吸，提高光合效率。例如，用乙醇酸氧化酶抑制剂（α-羟基磺酸类化合物），抑制乙醇酸变成乙醛酸。我国也有人试将亚硫酸氢钠用于水稻、小麦、棉花等，亦可提高光合效率。

四、植物的呼吸作用

呼吸作用是植物的重要生理功能。呼吸作用停止，就意味着生物体的死亡。呼吸作用将植物体内的物质不断分解，为植物提供体内各种生命活动所需的能量和合成重要有机物质的原料，还可增强植物的抗病力。呼吸作用是植物体内代谢的中心。植物生活细胞无时不在进行呼吸作用，掌握植物呼吸作用的规律，对调节和控制植物的生长发育、提高产量、改善品质具有十分重要的意义。

（一）呼吸作用的概念和生理意义

1. 呼吸作用的概念及类型

植物的呼吸作用，是指植物的生活细胞在一系列酶的作用下，把某些有机物质逐步氧化分解，并释放能量的过程。呼吸作用的产物因呼吸类型不同而有差异。依据呼吸过程中是否有氧参与，可将呼吸作用分为有氧呼吸和无氧呼吸两大类。

（1）有氧呼吸　有氧呼吸是指生活细胞利用分子氧（O_2），将某些有机物质彻底氧化分解，形成二氧化碳和水，同时释放能量的过程。呼吸作用中被氧化的有机物称为呼吸底物，碳水化合物、有机酸、蛋白质、脂肪都可以作为呼吸底物。一般来说，淀粉、葡萄糖、果糖、蔗糖等碳水化合物是最常利用的呼吸底物。如以葡萄糖作为呼吸底物，则有氧呼吸的总反应可用下式表示：

$$C_6H_{12}O_6 + 6O_2 \longrightarrow 6CO_2 + 6H_2O + 能量（2871.6kJ）$$

上列总反应式表明，在有氧呼吸时，呼吸底物被彻底氧化分解为二氧化碳和水，氧被还原为水。有氧呼吸总反应式和燃烧反应式相同，但是在燃烧时底物分子与氧反应迅速激烈，能量以热的形式释放；而在呼吸作用中氧化作用则分为许多步骤进行，能量是逐步释放的，其中一部分转移到 ATP 和 $NADH+H^+$ 分子中，成为随时可以利用的储备能，另一部分则以热的形式放出。

有氧呼吸是高等植物呼吸的主要形式，通常所说的呼吸作用，主要是指有氧呼吸。

（2）无氧呼吸　无氧呼吸是指生活细胞在无氧条件下，把某些有机物分解成为不彻底的氧化产物，同时释放能量的过程。微生物的无氧呼吸通常称为发酵，例如酵母菌，在无氧条件下分解葡萄糖产生乙醇，这种作用称为乙醇发酵，其反应式如下：

$$C_6H_{12}O_6 \longrightarrow 2C_2H_5OH + 2CO_2 + 226kJ$$
$$乙醇$$

高等植物也可发生乙醇发酵，例如甘薯、苹果、香蕉贮藏久了，稻种催芽时堆积过厚，都会产生乙醇，这便是乙醇发酵的结果。此外，乳酸菌在无氧条件下产生乳酸，这种作用称为乳酸发酵，其反应式如下：

$$C_6H_{12}O_6 \longrightarrow 2CH_3CHOHCOOH + 197kJ$$
$$乳酸$$

高等植物也可以发生乳酸发酵，例如马铃薯块茎、甜菜块根、玉米胚和青贮饲料在进行无氧呼吸时就会产生乳酸。

呼吸作用的进化与地球大气成分的变化有密切关系。地球上本来是没有游离氧气的，生物只能进行无氧呼吸。由于光合生物的问世，大气中氧含量提高，生物体的有氧呼吸才相伴而生。现今高等植物的呼吸类型主要是有氧呼吸，但也仍保留着无氧呼吸的能力。如种子吸水萌动，胚根、胚芽等在未突破种皮之前，主要进行无氧呼吸；成苗之后遇到淹水时，可进行短时期的无氧呼吸，以适应缺氧条件。

2. 呼吸作用的生理意义

呼吸作用是植物物质代谢和能量代谢的中心，植物体内进行的物质代谢与能量代谢与呼吸作用密不可分，在植物的生命活动中，呼吸作用具有重要的生理意义。

（1）为植物生命活动提供所需的能量　在呼吸作用的过程中，植物把贮藏在有机物中的能量通过一系列的生物氧化反应逐步释放出来，供给植物生命活动需要。例如，细胞原生质的流动、更新，活细胞对水分和矿质的吸收，有机物质的合成与运输，细胞的分裂，器官的形成，植物的开花与受精等，无一不需要呼吸作用提供能量。生命活动所需能量依赖于呼吸作用。呼吸作用将有机物质生物氧化，使其中的化学能以 ATP 的形式贮存。当 ATP 在 ATP 酶作用下分解时，再把贮存的能量释放出来，未被利用的能量转化为热能而散失掉。呼吸放热，可以提高植物体温，有利于种子萌发、幼苗生长、开花传粉、受精等。另外，呼吸作用还为植物体内有机物质的生物合成提供还原力（$NADPH+H^+$、$NADH+H^+$）。任何活细胞都在不停地进行呼吸。一旦呼吸停止，生命也就停止。

（2）为植物体有机物的合成提供原料　呼吸作用的底物氧化分解需经历一系列的中间过程，产生许多中间产物，这些中间产物可以成为合成其他各种重要化合物的原料。例如，有些中间产物可以转化为氨基酸，最后可合成蛋白质；有些中间产物可以转化为脂肪酸和甘油，最后合成脂肪；蛋白质和脂肪也可以通过这些中间产物参加到呼吸作用过程中。因此，呼吸作用与植物体各种有机物的合成、转化有着密切的联系，成为物质代谢的中心。活跃的呼吸作用是植物生命活动旺盛的标志。

（3）呼吸作用可以增强植物的抗病能力　植物受伤时，受伤部位的细胞呼吸作用迅速增强，有利于伤口愈合，防止病菌侵害。植物染病时，病菌分泌毒素，危害植物，但染病组织呼吸作用提高，促使毒素氧化分解，消除毒素。因此，植物受伤或染病部位的呼吸增强，是一种保护性反应，对提高植物的抗病力有一定作用。

3. 呼吸作用的场所

进行呼吸代谢的部位是细胞质和线粒体，但与能量转换关系更为密切的一些步骤（三羧酸循环和氧化磷酸化过程）是在线粒体中进行的，所以线粒体犹如植物细胞的能量供应站。所有高等植物细胞内都有线粒体（图 5-17），一个典型的植物细胞有 500～2000 个线粒体。代谢微弱的衰老细胞或休眠细胞线粒体较少。线粒体一般呈线状、颗粒状，直径 $0.5～1.0\mu m$，长度变化很大，一般为 $1.5～3\mu m$，长的可达 $7\mu m$。线粒体有两层膜，外膜平滑，内膜向内突起形成许多形状不同的嵴，增加内膜表面，也就是有效增大了酶分子附着的表面积。其内部空间充满透明的胶体状态的基质，基质中含有大量蛋白质、脂和催化三羧酸循环的酶类。

高等植物呼吸代谢的特点：一是复杂性，呼吸作用的整个过程是一系列复杂的酶促反应；二是物质代谢和能量代谢的中心，它的中间产物又是合成多种重要有机物的原料，起到物质代谢的枢纽作用；三是呼吸代谢的多样性，表现在呼吸途径的多样性。如植物呼吸代谢并不只有一种途径，不同的植物、同一植物的不同器官或组织在不同的生育时期、不同环境条件下，呼吸底物的氧化降解具有不同的途径。并且当一种代谢途径受阻时，可通过另一条代谢途径，继续维持正常的呼吸作用，这是植物长期进化过程中所形成的适应现象。

（二）呼吸作用的生理指标及影响因素

1. 呼吸作用的生理指标

（1）呼吸速率　呼吸速率又称呼吸强度，是最常用的生理指标。通常以单位时间内单位植物材料（鲜重、干重、面积）释放的二氧化碳或吸收氧的数量（毫升或毫克）来表示。常

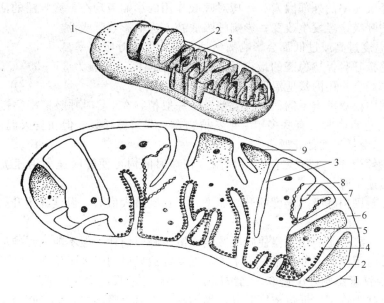

图 5-17　线粒体的超微结构

1—外膜；2—内膜；3—嵴；4—电子传递粒；5—核糖体；6—膜间腔；7—嵴内空间；8—DNA；9—基质

用单位是：（以 CO_2 计）$\mu mol/(g \cdot h)$ 或（以 O_2 计）$\mu mol\ O_2/(g \cdot h)$。

　　植物的呼吸速率随植物的种类、年龄、器官和组织的不同有很大的差异。如不同植物的呼吸速率（以 CO_2 计）大麦种子为 $0.003\mu mol/(g \cdot h)$，而番茄根尖达 $300\mu mol/(g \cdot h)$，海芋佛焰花序可高达 $2000\mu mol/(g \cdot h)$。

　　用小篮子法测定植物的呼吸速率时，以吸氧量或 CO_2 释放量计均可，常用的单位是：$ml/[100g（鲜重）\cdot h]$。

　　（2）呼吸商　呼吸商（RQ）又称呼吸系数，指同一植物组织在一定时间内所释放的 CO_2 量与所吸收的 O_2 的量（体积或摩尔数）的比值。它是表示呼吸底物的性质及氧气供应状态的一种指标。

$$RQ＝释放的 CO_2 量/吸收 O_2 的量$$

　　呼吸底物不同，RQ 不同：糖彻底氧化时 RQ＝1；以富含氢的脂肪、蛋白质为呼吸底物时吸收的氧多，RQ＜1；棕榈酸（$C_{16}H_{32}O_2$）转变为蔗糖时 RQ＝0.36；富含氧的有机酸（氧含量高于糖）氧化时，RQ＞1；苹果酸（$C_4H_6O_5$）氧化时 RQ＝1.33。

　　环境的氧供应对 RQ 影响很大。如糖在无氧时发生乙醇发酵，只产生 CO_2，无 O_2 的吸收，则 RQ 远大于 1。如不完全氧化时吸收的氧保留在中间产物中，放出的 CO_2 量相对减少，RQ 会小于 1。

　　2. 影响呼吸作用的因素

　　（1）影响呼吸速率的内部因素　植物种类不同，呼吸速率不同。一般生长快的植物呼吸速率高于生长慢的植物。同一植株不同器官，因代谢不同、非代谢组成成分的相对比重不同等，呼吸速率也有较大差异。如生长旺盛、细嫩部位呼吸速率较高，生殖器官比营养器官呼吸速率高；生殖器官中雌蕊呼吸速率较雄蕊高，雄蕊中花粉的呼吸速率最高。

　　同一器官不同组织的呼吸速率不同。同一器官在不同的生长发育时期呼吸速率也有所差异。呼吸速率与植物的年龄有关，幼嫩部位呼吸速率比衰老部位高。呼吸速率也表现出周期性变化，与外界环境、体内的代谢强度、酶活性、呼吸底物的供应情况等有关。呼吸底物充足时呼吸强度高。水分含量高时呼吸增强。

（2）影响呼吸速率的外部因素　环境对呼吸作用的影响表现在：影响酶的活性，进而影响呼吸速率；使呼吸途经发生改变；影响呼吸底物，进而影响呼吸商。

① 温度。温度过高或过低都会影响酶活性，进而影响呼吸速率。

最适温度是指呼吸保持稳态的最高呼吸强度时的温度，一般为 $25 \sim 35 ℃$（温带植物），稍高于同种植物光合作用的最适温度。

最低温度则因植物种类不同而有很大差异。一般植物在 $0 ℃$ 时呼吸速率很慢，但冬小麦在 $0 \sim -7 ℃$ 仍可进行呼吸。有些多年生越冬植物在 $-25 ℃$ 仍呼吸，但在夏天温度低于 $-4 \sim -5 ℃$ 时则不能忍受低温而停止呼吸。

最高温度一般为 $35 \sim 45 ℃$ 之间。最高温度在短时间内可使呼吸速率迅速提高，但随时间延长，呼吸迅速下降。

在一定温度范围内呼吸随温度的升高而增强，达到最大值后，温度继续升高则呼吸速率下降。

种子的低温贮藏就是利用低温使呼吸减弱以减少呼吸消耗，但不能低到破坏植物组织的程度。早稻浸种时用温水淋冲翻堆是为了控制温度、通风以利于种子萌发。

② 氧气。氧浓度影响呼吸速率。当浓度低于 20% 时呼吸速率开始下降。

氧浓度影响呼吸类型。低氧浓度时逐渐增加氧，无氧呼吸随之减弱，直至消失；无氧呼吸停止时组织周围空气中的最低氧含量称为无氧呼吸的消失点。水稻和小麦无氧呼吸的消失点约为 18%，苹果果实无氧呼吸的消失点约为 10%。在组织内部，由于细胞色素氧化酶对 O_2 的亲和力极高，当内部氧浓度为大气氧浓度的 0.05% 时有氧呼吸仍可进行。

随着氧浓度的增高，有氧呼吸也增加，此时呼吸速率也增加，但氧浓度增加到一定程度时则对呼吸作用没有促进作用，此氧浓度称为呼吸作用的氧饱和点。在常温下许多植物在大气氧浓度（21%）下即表现饱和。一般温度升高，氧饱和点也提高。氧浓度过高，对植物生长不利，这可能与活性氧代谢形成自由基有关。氧浓度低时，直接影响呼吸速率和呼吸性质，长期处于低氧甚至无氧环境，植物生长受到损害甚至死亡，这是因为：无氧呼吸增强，产生酒精中毒；过多消耗体内营养，使正常合成代谢缺乏原料和能量；根系缺氧会抑制根系生长，影响对矿质营养和水分的吸收；没有丙酮酸的氧化过程，许多由这个过程形成的中间产物无法继续合成。

③ CO_2。环境中 CO_2 浓度增高时脱羧反应减慢，呼吸作用受到抑制。当 CO_2 浓度高于 5% 则呼吸作用明显受到抑制，达 10% 时可使植物死亡。因此果蔬贮藏时可适当提高 CO_2 浓度。

④ 水分。整体植物的呼吸速率一般是随着植物组织含水量的增加而升高。干种子呼吸很微弱，当其吸水后呼吸迅速增加。当植株受干旱接近萎蔫时呼吸速率有所增加，而在萎蔫时间较长时呼吸速率则会下降。

⑤ 机械损伤。机械损伤。可明显促进组织的呼吸作用。在正常情况下，氧化酶与其底物在结构上是隔开的，机械损伤使原来的间隔破坏，如损伤使一些细胞脱分化为分生组织或愈伤组织，比原来休眠或成熟组织的呼吸速率快得多。

（三）呼吸作用知识的应用

1. 呼吸作用与种子成熟、贮藏

呼吸作用影响种子的发芽、幼苗生长。如水稻的浸种、催芽、育苗是通过对呼吸作用的控制达到幼苗生长健壮。经常换水和翻动，目的是为了补充 O_2，使有氧呼吸正常进行。否则无氧呼吸增加，酒精积累，温度升高，造成酒精中毒，或出现"烧苗"现象。早稻浸种时用温水淋冲以增加温度，保证呼吸作用所需温度条件。

种子形成过程中呼吸速率逐步升高，灌浆期呼吸速率达到最大，此后灌浆速率降低，呼吸

速率也相应减弱。可能是由于种子内干物质积累增加，含水量下降，线粒体结构受破坏所致。

种子内部发生的呼吸作用强弱和所发生的物质变化，将直接影响种子的生活力和贮藏寿命。呼吸作用快时，消耗较多的有机物，放出水分，使湿度增加。湿度增加反过来促进呼吸作用。放出的热使温度升高，也可促进呼吸和微生物活动，导致种子霉变和变质。

一般油料种子安全含水量在 $8\%\sim9\%$，淀粉种子安全含水量在 $12\%\sim14\%$ 时，风干种子内的水都是束缚水，呼吸酶的活性降到最低，呼吸微弱，可以安全贮藏。种子含水量偏高时呼吸作用显著增加。因为含水量增加后，种子内出现自由水，酶活性增加。

种子安全贮藏措施：种子要晒干；防治害虫；仓库通风以散热散湿；低温；或密闭保藏；可适当增加 CO_2 量和降低 O_2 含量，如脱氧保管法、充氮保管法。

2. 呼吸作用与植物栽培

（1）通过栽培管理措施可以调节植物群体呼吸作用。

（2）改善土壤通气条件　增加氧的供应，分解还原物质，使根系呼吸作用旺盛，生长良好，根系发达。如植物生长过程中的中耕松土、水稻移栽后的露田和晒田等，可改善土壤通气条件；地下水位较高时挖深沟（埋暗管），可降低地下水位，以增加土壤中的氧气。

（3）调节温度　寒潮来临时及时灌水保温；早稻灌浆成熟期正处高温季节，可以灌"跑马水"降温，以减少呼吸消耗，有利于种子成熟。蔬菜、花卉保护地栽培时，阴雨天要适当降温，以降低呼吸消耗，保证植物正常生长。

（4）呼吸作用与植物产量　呼吸作用与产物关系复杂。一方面呼吸消耗有机物，在玉米、燕麦等作物中观察到降低叶呼吸作用时，其产物增加；但也观察到呼吸下降后产量也下降。因此，生产上只有将呼吸调整到合适的范围，才有利于植物生长，增加产物积累。

3. 呼吸作用与果实、蔬菜贮藏

果实和蔬菜与种子贮藏不同，需要保持一定的水分，使果实、蔬菜呈新鲜状态。某些果实成熟到一定时期，其呼吸速率会突然增高，然后又突然下降，此时果实成熟。果实成熟前呼吸速率突然升高的现象称为呼吸跃变现象（也叫呼吸高峰）。它与果实内乙烯释放有关，因为乙烯可增加细胞透性，使 O_2 进入，加快细胞内有机物的氧化分解，促进果实成熟。呼吸跃变可改善品质，如使果实变软、酸度下降、变甜等。呼吸跃变明显的果实有苹果、梨、香蕉、番茄等，呼吸跃变不明显的有柑橘、葡萄、瓜类、菠萝等。

呼吸跃变的出现与果实中贮藏物质的水解是一致的，达到呼吸跃变时，果实进入完全成熟阶段，此时，果实的色、香、味俱佳，是食用的最佳时期。过了此时期，果实将腐烂而失去食用价值。因此，推迟呼吸跃变就能延长果实的贮藏期限。肉质果实贮藏保鲜时，可适当降低温度以推迟呼吸跃变的出现，从而推迟成熟，以延长保鲜期。降低氧浓度和贮藏温度，增加 CO_2 浓度（但不能超过 10%，否则果实中毒变质），以减少呼吸作用，可促进果实长期保存。如苹果、梨、柑橘等果实在 $0\sim1$℃ 贮藏可达几个月；如番茄装箱用塑料布密封，抽去空气，充以氮气，把氧气浓度降至 $3\%\sim6\%$，可贮藏 3 个月以上。采取"自体保藏法"，在密闭环境中贮藏果蔬，由于其自身不断呼吸放出 CO_2，使环境中的 CO_2 浓度增高，从而抑制呼吸作用，可稍微延长贮藏期。

【实际操作】

一、快速称重法测定植物蒸腾速率

（一）实训目标

通过实验操作，学会用快速称重法测定植物蒸腾速率的过程。

（二）实训材料与用品

分析天平、剪刀、秒表、镊子、叶面积仪（或透明方格纸）、白纸及扭力天平等；不同植物（或同一植物不同部位）的新鲜叶片。

（三）实训方法与步骤

1. 在测定植株上选一枝条（重 20g 左右），剪下后立即放在扭力天平上称重，记录重量及起始时间，并把枝条放回原来的环境中。

2. 过 3～5min 后，取枝条进行第二次称重，准确记录 3min 或 5min 内的蒸腾失水量和蒸腾时间。

注意：称重要快，要求两次称的质量变化不超过 1g，失水量不超过 10%。

3. 用叶面积仪（或透明方格纸、质量法）测定枝条上的总叶面积（cm²），按下式计算蒸腾速率：

$$\text{蒸腾速率}[g/(m^2 \cdot h)] = \frac{\text{蒸腾失水量}(g)}{\text{叶面积}(m^2) \times \text{测定时间}(h)}$$

质量法测定叶片面积：选择一张各部分布均匀的白纸（纸的质量与纸的面积成正比），测定其单位面积的质量（m_1/S_1），将枝条上叶片的实际大小描在白纸上，并沿线剪下，然后称其总质量（m），则叶的总面积为：

$$S = \frac{S_1}{m_1} \times m$$

4. 不便计算叶面积的针叶树类等植物，可以鲜重为基础计算蒸腾速率。即于第二次称重后摘下针叶，再称枝条重，用第一次称得的重量减去摘叶后的枝条重，即为针叶（蒸腾组织）的原始鲜重，可用下式计算蒸腾速率（1g 叶片每小时蒸腾水分的质量）：

$$\text{蒸腾速率}[mg/(g \cdot h)] = \frac{\text{蒸腾失水量}(mg)}{\text{组织鲜重}(g) \times \text{测定时间}(h)}$$

（四）实训报告

记录实验结果，计算所测植物的蒸腾速率（表 5-9）。

表 5-9　蒸腾速率记录表

植物名称	取材部位	重复	开始时间	叶面积/cm²	测定时间/min	蒸腾水量/g	蒸腾速率	当时天气	备注

二、小液流法测定植物组织水势

（一）实训目标

1. 学会用小液流法测定植物组织水势的方法。

2. 了解水势高低是水分移动方向的决定因素。

（二）实验原理

水势梯度是植物组织中水分移动的动力，水分总是顺水势梯度移动。当植物组织与外液接触时，如果植物组织的水势低于外液的渗透势（溶质势），组织吸水，重量增大而使外液浓度变大；反之，则组织失水，重量减小而使外液浓度变小；若两者相等，则水分交换保持动态平衡，组织重量及外液保持不变。根据组织重量或外液的变化情况即可确定与植物组织相同水势的溶液浓度，然后根据公式计算溶液的渗透势，即植物组织的水势。溶液渗透势的计算：

$$\Psi_s = -iRTC$$

式中　Ψ_s——溶液的渗透势，MPa；

　　　R——普适气体常量 [0.008314L·MPa/(mol·K)]；

T——热力学温度（K），即 $273+t$，t 为实验室温度（℃）；

C——溶液的浓度，mol/L；

i——溶液的等渗系数（具体参见表 5-10）。

表 5-10 不同物质的量浓度下各种盐的等渗系数（i 值）

电解质	0.02	0.05	0.1	0.2	0.5
$MgCl_2$	2.708	2.667	V2.658	2.679	2.896
$MgSO_4$	1.393	1.302	1.212	1.125	—
$CaCl_2$	2.673	2.630	2.601	2.573	2.680
LiCl	1.928	1.912	1.895	1.884	1.927
NaCl	1.921	—	1.872	1.843	—
KCl	1.919	1.885	1.857	1.827	1.784
KNO_3	1.904	1.847	1.748	1.698	1.551

（三）实训材料与用品

1. 实验试剂

甲烯蓝粉末装于青霉素小瓶中，1mol/L $CaCl_2$ 溶液（也可用蔗糖溶液）

2. 实验器具

10ml 试管（附有软木塞）8 支、指形试管（附有中间插橡皮头弯嘴毛细管的软木塞）8 支、特制试管架 1 个、面积 $0.5cm^2$ 的打孔器 1 个、镊子 1 把、解剖针 1 支、5ml 移液管 8 支、1ml 移液管 8 支及特制木箱 1 个（可将上述用具装箱带到田间应用）等。

3. 实验材料

菠菜、油菜、丁香或其他植物新鲜叶片。

（四）实训方法与步骤

1. 浓度梯度液的配制

取 8 支干洁试管，编号（为甲组），按实验表 5-11 配制 0.05～0.40mol/L 的等差浓度的 $CaCl_2$ 溶液，必须振荡均匀。

表 5-11 $CaCl_2$ 浓度梯度液的配制表

试管号	1	2	3	4	5	6	7	8
溶液浓度/(mol/L)	0.05	0.10	0.15	0.20	0.25	0.30	0.35	0.40
1mol/L $CaCl_2$溶液体积/ml	0.5	1.0	1.5	2.0	2.5	3.0	3.5	4.0
蒸馏水体积/ml	9.5	9.0	8.5	8.0	7.5	7.0	6.5	6.0

另取 8 支干洁的指形试管（或小瓶），编号（为乙组），与甲组各试管对应排列，分别从甲组试管中用相应序号的移液管吸取 1ml 溶液放入相应的乙组指形试管中。

2. 样品水分平衡

选取数片叶子，洗净，擦干，用同一打孔器切取叶圆片若干，混匀，每个指形试管中放 8～10 片，浸入 $CaCl_2$ 溶液内，塞紧软木塞，平衡 20～30min。期间多次摇动试管，以加速水分平衡。到预定时间后，取出叶圆片，用解剖针蘸取少许甲烯蓝粉末，加入各指形试管中，摇匀，溶液变为浅蓝色。

3. 检测

取干洁的移液管 8 支，编号，分别吸取少量蓝色溶液，插入相应序号的甲组试管中。将滴管先端插至溶液中间，轻轻压出一滴蓝色乙液，然后小心抽出滴管，观察蓝色液滴移动方向，将结果记录在表 5-12 中，找出等渗浓度。如果找不出等渗溶液，小液流一个为上升，另一个为下降，可以取两个浓度的平均值进行计算。

表 5-12　实验现象观察与分析

试管号	1	2	3	4	5	6	7	8
液流方向 (↑↓)								
原因								

4. 计算

计算被测植物组织水势。

5. 注意事项

（1）加入指形试管的甲烯蓝粉末不宜过多，以免影响相对密度。

（2）移液管、胶头毛细吸管要各溶液专用。

（3）指形试管、试管要干洁，不能沾有水滴。

（4）释放蓝色液滴速率要缓慢，防止冲力过大影响液滴移动方向。

（5）所取材料在植株上的部位要一致，打取叶圆片要避开主脉和伤口。

（6）取材及打取圆片的操作过程要迅速，以免失水。

（五）实训报告

1. 计算所测植物组织的水势。

2. 记录实验结果，分析各种现象发生的原因。

三、植物的溶液培养和缺素症状的识别

（一）实训目标

学习溶液培养的方法，证实氮、磷、钾、钙、镁、铁等元素对植物生长发育的重要性和缺素症状。

（二）实训材料与用品

1. 培养缸（瓷质、玻璃、塑料均可）、试剂瓶、烧杯、移液管、量筒、黑纸、塑料纱网、精密 pH 试纸（pH5～6）、天平、玻璃管、棉花（或海绵）、通气装置；硝酸钙、硝酸钾、硫酸钾、磷酸二氢钾、硫酸镁、氯化钙、磷酸二氢钠、硝酸钠、硫酸钠、乙二胺四乙酸二钠、硫酸亚铁、硼酸、硫酸锌、氯化锰、铝酸、硫酸铜。

2. 玉米、棉花、番茄、油菜等植物种子。

（三）实训方法与步骤

1. 育苗

选大小一致、饱满成熟的植物种子，放在培养皿中萌发。

2. 配制培养液（贮备液）

取分析纯的试剂，按表 5-13 用量配制成贮备液。

表 5-13　贮备液的配制　　　　　　　　　　　　　　　　单位：g/L

大量元素贮备液		微量元素贮备液	
$Ca(NO_3)_2$	236	H_3BO_3	2.86
KNO_3	102	$ZnSO_4 \cdot 7H_2O$	0.22
$MgSO_4 \cdot 7H_2O$	98	$MnCl_2 \cdot 4H_2O$	1.81
KH_2PO_4	27	$MnSO_4$	1.015
K_2SO_4	88	$M_2MoO_4 \cdot H_2O$ 或 Na_2MoO_4	0.09
$CaCl_2$	111	$CuSO_4 \cdot 5H_2O$	
NaH_2PO_4	24		0.08
$NaNO_3$	170		
Na_2SO_4	21		
EDTA-Fe(EDTA-Na_2，$FeSO_4 \cdot 7H_2O$)	7.45		
$FeSO_4 \cdot 7H_2O$	5.57		

注：EDTA-Na_2（乙二胺四乙酸二钠）是隐蔽剂，能隐蔽其他元素的干扰。

配好贮备液后，再按要求配制完全液和缺素液。表 5-14 中为每 1000ml 蒸馏水中贮备液用量（ml）。

表 5-14　完全液和缺素液的配制　　　　　　　　　单位：ml

贮备液	完全	缺氮	缺磷	缺钾	缺钙	缺镁	缺铁
$Ca(NO_3)_2$	5	—	5	5	—	5	5
KNO_3	5	—	5	—	5	5	5
$MgSO_4$	5	5	5	5	5	—	5
KH_2PO_4	5	5	—	5	5	5	5
K_2SO_4	—	5	1	—	—	—	—
$CaCl_2$	—	5	—	—	—	—	—
NaH_2PO_4	—	—	—	5	—	—	—
$NaNO_3$	—	—	—	5	5	—	—
Na_2SO_4	—	—	—	—	—	5	—
EDTA-Fe	5	5	5	5	5	5	—
微量元素	1	1	1	1	1	1	1

用精密 pH 试纸测定培养液的 pH，根据不同植物的要求，pH 一般控制在 5～6 之间为宜，如 pH＞6，则用 1％HCl 调节所需 pH。

3. 水培装置准备

取 1～3L 的培养缸，若缸透明，则在其外壁涂以黑漆或用黑纸套好，使根系处在黑暗环境中，缸盖上应打有数孔，一侧用海绵或棉花或软木固定植物幼苗，再通有橡皮管，使管的另一端与通气泵连接，作根系生长供氧之用。

4. 移植与培养

将幼苗根系洗干净，小心穿入孔中，用棉花或海绵固定，使根系全浸入培养液中，放在阳光充沛、温度适宜（2～25℃）的地方。

5. 管理、观察

用精密 pH 试纸检测培养液的 pH，用 1％盐酸调整至 pH 5～6 之间，每 3 天加蒸馏水一次以补充瓶内蒸腾损失的水分。培养液 7～10 天更换一次，每天通气 2～3 次或进行连续微量通气，以保证根系有充足的氧气。

实验开始后应随时观察植物生长情况，并作记录，当明显出现缺素症状时，用完全液更换缺素液，观察缺素症是否消失，仍做记录。

6. 结果分析

将幼苗生长情况做记录。

处理	幼苗生长情况	处理	幼苗生长情况
完全液		缺钙	
缺氮		缺镁	
缺磷		缺铁	
缺钾			

（四）实训报告

描述植物缺少矿质元素所表现出的主要症状。

四、叶绿体色素的提取与分离

（一）实训目标

学习和掌握叶绿体色素的提取和分离技术。

（二）实训材料与用品

1. 研钵 1 套、漏斗、滴管、大试管（带胶塞）、大头针、滤纸、天平、量筒、毛细管、试管架、100ml 三角瓶、玻璃棒、剪刀、药匙、定量滤纸。95％乙醇、石英砂、碳酸钙粉、推动剂〔石油醚、丙酮、苯按 10：2：1 的比例配制（体积比）〕。

2. 新鲜的菠菜（或芹菜、油菜）叶，也可从校园内采集其他植物的新鲜绿叶。

（三）实训方法与步骤

1. 叶绿体色素的提取

（1）取菠菜或其他植物新鲜叶片 4～5 片（2g 左右），洗净，擦干，去掉中脉后剪碎，放入研钵中。

（2）研钵中加入少量石英砂及碳酸钙粉（碳酸钙中和细胞中的酸，防止 Mg^{2+} 从叶绿素中释放），加 2～3ml 95％乙醇，研磨至糊状，再加 10～15ml 95％乙醇，提取 3～5min，上清液过滤于三角瓶中，残渣用 10ml 95％乙醇冲洗，一同过滤于三角瓶中。

2. 叶绿体色素的分离

（1）点样　取前端剪成三角形的滤纸条，用毛细管取叶绿体色素提取液，如图 5-18 点样，注意每次所点溶液不可过多，点样后晾干，再重复操作数次。

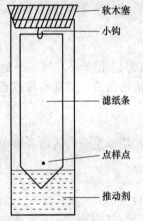

图 5-18　点样示意图（陈建勋，2006）

（2）分离　在大试管中加入推动剂，然后将滤纸固定于胶塞的小钩上，插入试管中，使尖端浸入溶剂内（点样原点要高于液面，滤纸条边缘不可碰到试管壁），盖紧胶塞，直立于阴暗处层析。当推动剂前沿接近滤纸边缘时，取出滤纸，风干，即可看到分离的各种色素。叶绿素 a 为蓝绿色，叶绿素 b 为黄绿色，叶黄素为鲜黄色，胡萝卜素为橙黄色。用铅笔标出各种色素的位置和名称。

（四）实训报告

1. 说明用滤纸分离叶绿体色素的结果并解释色素分层的原因。

2. 绘制叶绿体色素纸层析分离效果简图，并附原始分离图片。

五、叶绿体色素的定量测定

（一）实训目标

通过实际操作，掌握植物叶绿体色素的定量测定技术。

（二）实训材料与用品

1. 722 型分光光度计、研钵 1 套、剪刀 1 把、玻璃棒、25ml 棕色容量瓶 3 个、小漏斗 3 个、直径 7cm 定量滤纸、吸水纸、擦镜纸、滴管、电子天平（0.01g 感量）、96％乙醇（或 80％丙酮）、石英砂、碳酸钙粉等。

2. 新鲜（或烘干）植物叶片。

（三）实训方法与步骤

1. 取新鲜植物叶片（或其他绿色组织）或干材料，擦净组织表面污物，剪碎（去掉中脉），混匀。

2. 称取剪碎的新鲜样品 0.2g，共 3 份，分别放入研钵中，加少量石英砂和碳酸钙粉及 2～3ml 96％乙醇（或 80％丙酮）研磨成匀浆，再加 95％乙醇 10ml，继续研磨至组织变白，静置 3～5min。

3. 取滤纸 1 张，置漏斗中，用 95％乙醇湿润，沿玻璃棒把提取液倒入漏斗中，过滤到 25ml 棕色容量瓶中，用少量 95％乙醇冲洗研钵、研棒及残渣数次，最后连同残渣一起倒入漏斗中。

4. 用滴管吸取乙醇，将滤纸上的叶绿体色素全部洗入容量瓶中，直至滤纸和残渣中无绿色为止。最后用95％乙醇定容至25ml，摇匀。

5. 把叶绿体色素提取液倒入比色杯内。以96％乙醇为空白，在波长665nm、649nm和470nm下测定吸光度。

6. 结果计算

将测定得到的吸光度代入下面的公式：

$$C_a = 13.95A_{665} - 6.88A_{649} \tag{1}$$

$$C_b = 24.96A_{649} - 7.32A_{665} \tag{2}$$

$$C_{x.c} = \frac{1000A_{470} - 2.05C_a - 114.8C_b}{245} \tag{3}$$

据此即可得到叶绿素a、叶绿素b和类胡萝卜素的浓度（C_a、C_b、$C_{x.c}$，mg/L），(1)、(2) 式之和为总叶绿素的浓度。最后根据下式可进一步求出植物组织中各色素的含量（用每克鲜重或干重所含毫克数表示）：

$$叶绿体色素的含量(mg/g) = \frac{色素浓度(mg/L) \times 提取液总体积(L) \times 稀释倍数}{样品质量(g)(干重或鲜重)}$$

稀释倍数：若提取液未经稀释，则取1。

注意事项：①为了避免叶绿素的光分解，操作时应在弱光下进行，研磨时间应尽量短些，以不超过2min为宜。②叶绿体色素提取液不能浑浊，否则应重新过滤。

（四）实训报告

1. 计算所测植物叶片的叶绿素含量。

2. 叶绿素a、叶绿素b在蓝光区也有吸收峰，能否用这一吸收峰波长进行叶绿素a、叶绿素b的定量分析？为什么？

六、植物光合速率的测定（改良半叶法）

（一）实训目标

掌握改良半叶法测定叶片净光合速率、总光合速率的原理和方法。

（二）实训材料与用品

1. 分析天平（感量0.1mg）1台、烘箱1台、称量皿（或铝盒）2个（或者20个）、剪刀1把、刀片、金属或有机玻璃模板1块、打孔器1支、纱布2块、热水瓶或其他可携带的加热设备、附有纱布的夹子2个、毛笔2支、纸牌20个、铅笔、5％～10％三氯乙酸、石蜡、有盖搪瓷盘。

2. 生长在植株上的小麦、水稻叶片或棉花、核桃、柿子叶片。

（三）实训方法与步骤

1. 选择叶片

实验可在晴天上午7～8点开始。预先在田间选择有代表性的叶片（如叶片在植株上的部位、年龄、受光条件等应尽量一致）10张，挂牌编号。

2. 叶片基部处理

根据材料的形态解剖特点可任选以下1种。

(1) 对于叶柄木质化较好且韧皮部和木质部易分开的双子叶植物，可用刀片将叶柄的外皮环割0.5cm左右宽，切断韧皮部运输。

(2) 对于韧皮部和木质部难以分开的小麦、水稻等单子叶植物，可用刚在开水（水温90℃以上）中浸过的用纱布包裹的试管夹，夹住叶鞘及其中的茎秆烫20s左右，以伤害韧皮部。两个夹子可交替使用。如玉米等叶片中脉较粗壮，开水烫的不彻底，可用毛笔蘸烧至

110～120℃的石蜡烫其叶基部。

(3) 对叶柄较细且维管束散生，环剥法不易掌握或环割后叶柄容易折断的一些植物如棉花，可采用化学环割。即用毛笔蘸三氯乙酸（蛋白质沉淀剂）点涂叶柄，以杀伤筛管活细胞。

为了使经以上处理的叶片不致下垂，可用锡纸、橡皮管或塑料管包绕，使叶片保持原来的着生角度。

3. 剪取样品

叶基部处理完毕后，即可剪取样品，记录时间，开始进行光合速率测定。一般按编号顺序分别剪下对称叶片的一半（中脉不剪下），并按编号顺序将叶片夹于湿润的纱布上，放入带盖的搪瓷盘内，保持黑暗，带回室内。带有中脉的另一半叶片则留在植株上进行光合作用。4～5h后（光照好、叶片大的样品，可缩短处理时间），再依次剪下另一半叶。同样按编号包入湿润纱布中带回。两次剪叶的次序与所花时间应尽量保持一致，使各叶片经历相同的光照时数。

4. 称重比较

将各同号叶片之两半对应部位叠在一起，用适当大小的模板和单面刀片（或打孔器），在半叶的中部切（打）下同样大小的叶面积，将光、暗处理的叶块分别放在105℃下杀青10min，然后在80℃下烘至恒重（约5h），在分析天平上分别称重，将测定的数据填入表5-15中，并计算结果。

表 5-15　改良半叶法测定光合速率记录表

测定日期：　　　年　月　日		地点：	
植物材料：		生育期：	
平均光强/klx：		平均气温：	
第一次取样时间：		第二次取样时间：	
取样面积/dm² ：		光合作用时间/h：	
暗处理叶的干重/mg		光照叶的干重/mg	
（光-暗）干重增量/mg			
光合速率（以干物质计）/[(mg)/dm²·h]			
光合速率（以 CO₂ 同化量计）/[mg/(dm²·h)]			

5. 结果计算

(1) 按干物质计算

$$光合速率[mg/(dm^2 \cdot h)] = \frac{干重增加总量(mg)}{叶片切块面积总和(dm^2) \times 光合时间(h)}$$

(2) 按 CO_2 同化量计算　由于叶片内光合产物主要为蔗糖、淀粉等碳水化合物，而 1mol 的 CO_2 可形成 1mol 的碳水化合物，故将干物质重量乘系数 1.47（44/30＝1.47），便得单位时间内单位叶面积的 CO_2 同化量 $[mg/(dm^2 \cdot h)]$。

上述是总光合速率的测定与计算，如果需要测定净光合速率，只需将前半叶取回后，立即切块，烘干即可，其他步骤和计算方法相同。

注意事项：①烫伤如不彻底，部分有机物仍可外运，测定结果偏低。凡具有明显的水浸渍状者，表明烫伤完全，这一步骤是该方法能否成功的关键之一。②对于小麦、水稻等禾本科植物，烫伤部位以叶鞘上部靠近叶枕 5mm 处为好，既可避免光合产物向叶鞘中运输，又可避免叶枕处烫伤而使叶片下垂。

（四）实训报告

1. 计算结果，完成实训报告。

2. 比较叶片总光合速率与净光合速率测定时的不同之处，说明原因。

七、植物呼吸速率的测定（小篮子法）

（一）实训目标

学会用小篮子法测定植物呼吸速率，为今后的生产实践和研究打下良好的基础。

（二）实训原理

植物在广口瓶中进行呼吸作用，放出的 CO_2 被瓶内过量的 $Ba(OH)_2$ 溶液吸收，生成不溶性的 $BaCO_3$，剩余的 $Ba(OH)_2$ 用草酸溶液滴定。呼吸作用放出的 CO_2 越多，则剩余的 $Ba(OH)_2$ 越少，消耗草酸溶液的量也越少。因此，从空白和样品消耗草酸溶液的差，即可求得植物材料呼吸放出的 CO_2 量。其反应式如下：

$$Ba(OH)_2 + CO_2 === BaCO_3\downarrow + H_2O$$
$$Ba(OH)_2（剩余）+ H_2C_2O_4 === BaC_2O_4\downarrow + 2H_2O$$

（三）实训材料与用品

1. 仪器

500ml 广口瓶（带 3 孔胶塞）3 套、钠石灰管 1 支、酸式滴定管（25ml）1 支、滴定架 1 个、药物天平 1 架、纱布 1 块、线、量筒（50ml）2 支、移液管、透明胶带、温度计 1 支。

2. 试剂

1/44mol/L 草酸溶液〔准确称取重结晶草酸（$H_2C_2O_4 \cdot 2H_2O$）1g 溶于蒸馏水中，定溶至 1000ml，每毫升相当于 1mg CO_2〕、0.05mol/L $Ba(OH)_2$ 溶液、酚酞指示剂。

3. 植物材料

马铃薯、甘薯的块根块茎和苹果等大型果实。萌动、发芽的种子或木本植物的茎、叶、花、果等。

（四）实训方法与步骤

1. 呼吸装置的制备

取 500ml 广口瓶（带 3 孔胶塞）一个，一孔插入钠石灰管，使进入瓶内的空气不含 CO_2，另一孔插入温度计，第三孔用小橡皮塞或胶带临时封闭，供滴定时用。瓶塞下面装上用纱布包好的植物材料（即小篮子），特别注意小篮子挂在瓶中不能接触溶液（图 5-19）。

2. 空白滴定

用移液管准确加入 20ml $Ba(OH)_2$ 溶液到广口瓶中，封口，轻轻摇动，待瓶中的 CO_2 被全部吸收后，从瓶口加入 3 滴酚酞指示剂，此时，溶液变成粉红色，然后从瓶口用草酸滴定至无色。记录草酸的用量（V_1）。

3. 样品滴定

用移液管准确加入 20ml $Ba(OH)_2$ 溶液到广口瓶中封好。称取 10g 植物材料，用纱布包好，使袋内保持疏松，用线将口扎好，快速挂在瓶塞下，立即盖紧，并开始记时。经常轻摇广口瓶。30min 后，打开瓶盖取出材料，从瓶口加入 3 滴酚酞指示剂，此时溶液变成粉红色，然后从瓶口用草酸滴定至无色，记录草酸的用量（V_2）。

4. 实验结果计算和分析

用下列公式计算呼吸速率：

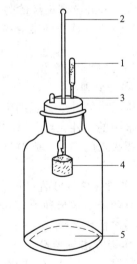

图 5-19　测呼吸作用装置
1—钠石灰；2—温度计；3—小橡皮盖；
4—铁丝篮；5—$Ba(OH)_2$ 溶液

$$100g \text{ 鲜重 } CO_2 \text{ 的呼吸速率} = \frac{V_1 - V_2}{\text{材料重}(g) \times \text{时间}(min)} \times 60 \times 100$$

（五）实训报告

记录实验结果并计算出所测植物的呼吸速率。

八、种子生活力的快速测定

（一）实训目标

了解几种快速测定种子生活力的方法，并能在生产中利用这些方法解决实际问题。

（二）氯化三苯基四氮唑（TTC）法

1. 实训原理

凡有生活力的种胚在呼吸作用过程中都有氧化还原反应，而无生活力的种胚则无此反应。当 TTC 溶液渗入种胚或细胞内，并作为氢受体被脱氢辅酶还原时，可产生红色的三苯基甲（TTF），胚便染成红色。当种胚生活力下降时，呼吸作用明显减弱，脱氢酶的活性大大下降，胚的颜色变化不明显，故可由染色的程度推知种子的生活力强弱。

2. 实训材料与用品

各种植物的种子，如小麦、玉米、菜豆、大豆等；烧杯、恒温箱、培养皿、刀片、镊子、天平、0.5% TTC 溶液（称取 0.5g TTC 放在烧杯中，加入少许 95% 乙醇使其溶解，然后用蒸馏水稀释至 100ml。溶液避光保存，最好随用随配，放置过久溶液变红色则不能再使用）。

3. 实训方法与步骤

（1）浸种 将待测玉米或小麦等植物的种子用冷水浸泡 12h，或用 30～35℃温水浸泡 6～8h，以增强种胚的呼吸强度，使显色迅速明显。

（2）显色 取已吸涨的种子 100 粒，用刀片沿胚的中心纵切为两半，取其中胚的各部分比较完整的一半，放在培养皿内，加入 0.5% TTC 溶液，浸没种子，放置在 40～45℃的黑暗条件下染色 20min，倒出 TTC 溶液，用清水冲洗 1～2 次，立即观察种胚染色情况，判断种子的生活力。凡种胚全部染红的为生活力旺盛的种子，死的种胚完全不染色或染成极淡的红色。

（3）计算 计数胚染成粉红色的有生活力的种子数目，计算百分数（生产上测定要重复 3 次）。

（三）红墨水染色法

1. 实训原理

有生活力的种子其胚细胞的原生质具有半透性，有选择吸收外界物质的能力，某些染料如红墨水中的酸性大红 G 不能进入细胞内，胚部不染色。而丧失生活力的种子即丧失了对物质选择吸收的能力，染料进入细胞内部使胚染色，所以可根据种子胚部是否染色来判断种子的生活力。

2. 实训材料与用品

大豆种子、玉米种子、其他植物的种子；用具与 TTC 法相同。红墨水溶液的配制：取市售红墨水稀释 20 倍（一份红墨水加 19 份自来水）作为染色剂。

3. 实训方法与步骤

（1）浸种 与 TTC 法相同。

（2）染色 取已吸涨的种子 200 粒，沿种子胚的中线切为两半，将其中的一半平均分置于两只培养皿中，加入稀释后的红墨水，以浸没种子为度，染色 10～20min。倒去红墨水溶液，用水冲洗多次，至冲洗液无色为止。观察染色情况：凡种胚不着色或着色很浅的为活种子；凡种胚与胚乳着色程度深的为死种子。可用沸水杀死另一半种子做对照观察。

（3）计算 计算种胚不着色或着色浅的种子数，算出具生活力的种子所占供试种子总数的百分率。

（四）实训报告

1. 实验结果与实际情况是否相符？

2. TTC法和红墨水染色法测定种子生活力的结果是否相同？为什么？

【课外阅读】

无土栽培技术

凡不用天然土壤而用基质或仅育苗时用基质，在定植以后不用基质而用营养液进行灌溉的栽培方法，统称为"无土栽培"。

无土栽培的主要优点是：能避免土壤传染的病虫害及连作障碍，肥料利用效率高，节约用水，可以在海岛、石山、南极、北极，以及一切不适宜于一般农业生产的地方进行作物生产，同时可以减轻劳动强度，使妇女和老年人也能从事这种生产活动。主要缺点是：一次性设备投资大，用电多，肥料费用高，营养液的配制、调整与管理等技术要求较高。无土栽培的类型和方法很多，现就生产及试验中常用的方法简介如下。

一、水培

水培又称水耕栽培，其显著特征是能够稳定地供给植物根系充足的养分，并能很好地支持、固定根系。水培设施主要有以下三种类型。

1. 营养液膜水培（NFT）

营养液膜水培是指将植物种植于浅的流动营养液中，根系呈悬浮状态以提高其氧气的吸收量。应用长而窄的黑聚乙烯膜，把育成的菜苗连同育苗块按定植距离放置一行，然后将膜的两边翻起，用金属丝折成三角形，上口用回形针或小夹子固定，比降为1/80或1/100，营养液在塑料槽内流动。目前，该技术主要适用于种植莴苣、草莓、甜椒、番茄、茄子、甜瓜等作物，后经改进发展了一些先进的栽培方法。

2. 深液流水培（DFT）：

深液流水培是以一种水泥砖砌成的种植槽为主体的深液流水培种植系统，具有投资省、管理方便、适种作物广泛、较好地解决根系对氧的需要等特点。利用水泵、定时器、循环管道进行营养液在种植槽和地下贮液池之间的间歇循环，以满足营养液中养分和氧气的供应。这种水培设施适宜种植大株型果菜类和小株型叶菜类蔬菜。

3. 浮板毛管水培（FCH）

浮板毛管水培是在引进世界各国无土栽培设施优点的基础上研制而成的新型水培设备，具有改善水培设施和节省生产成本等特点。其结构由栽培床、贮液池、循环系统和控制系统四大部分组成。栽培床采用隔热性能好的聚苯板槽连接而成，床内设有铺湿毡的浮板。营养液由定时器控制，通过管道、空气混合器，流经栽培床，到排液口回到贮液池。这种全封闭式营养液循环，受外界环境变化影响少，植物根际环境变化小，适合各种植物生长。

二、气雾培

气雾培是无土栽培技术的新发展，是利用喷雾装置将营养液雾化，直接喷施于植物根系的一种无土栽培形式。气雾培是将作物系悬在栽培床部，周围空间封闭，使根系生长在充满营养液的气雾环境中，解决了根系从溶液中吸收营养与氧气供应的矛盾。

其主要特点是将营养液在超声换能器的作用下形成极小的颗粒，为植株的生长提供养分，而且营养液经过超声处理后，实现了超声灭菌的作用，控制了部分叶部病害的发生传播条件。装置为木制栽培床，内铺塑料薄膜，一端放超声气雾机。但因设备投资大，生产上很少应用，大多作为展览厅上展览用。

三、基质培

基质培在营养液、水分供应及空气的协调上比水培更具有缓冲性能，特别是对生育期较长的作物表现得更为突出。

1. 岩棉培

岩棉培自 1968 年由丹麦岩棉社研究开发以来，现在，世界上已有 90% 以上的无土栽培用岩棉作为基质培育或固定植株。我国现已能生产农用岩棉，将经过高温熔化制成的纤维加入黏合剂等材料制成板状、块状或粒状的岩棉。

由于岩棉培氧气供给充足，不需要设置特殊的充氧装置，且岩棉具有较强的缓冲作用，营养液与温度等环境条件变化较平稳，所以在管理上相对较容易。岩棉的设施由营养液槽、栽培床及加液系统、排液系统、循环系统五部分组成。

2. 砂培

河沙资源丰富的地方可以用洗净的河砂作为基质，这是一种投资少、效益高的无土栽培形式。砂培的装置一般由栽培床、贮液槽（罐）、水泵和管道等构成。

3. 混合基质培

混合基质培比较常用，是根据当地基质资源选择物理性状不同的基质，按照一定的比例进行混合，综合各自的优点，为作物根系提供一个营养充足、水分适中、空气持有量大的生态环境。栽培方式有以下几种。

（1）混合基质沟栽　辽宁省农村日光温室应用较多，该系统植株生长速度快，投资少，经济效益显著。

（2）混合基质袋栽　将一定量的混合基质装入塑料袋中用于培植蔬菜的方法称为袋栽。该法节省投资，对供应营养液浓度的缓冲性较大，是无土栽培生产的主要形式。

（3）混合基质槽栽　即炉渣加砂的混合基质，槽栽黄瓜、番茄取得了良好效果。混合基质槽栽营养液输送效果好，省工省料，管理方便。

四、立体栽培

近年，应用无土栽培技术进行立体栽培主要有以下四种形式。

1. 袋式

将塑料薄膜做成一个桶形，用热合机封严，装入岩棉，吊挂在温室或大棚内，定植上果菜幼苗。

2. 吊槽式

在温室空间顺畦方向挂栽培槽种植作物。

3. 三层槽式

将三层木槽按一定距离架于空中，营养液顺槽的方向逆水层流动。

4. 立柱式

固定很多立柱，蔬菜围绕立柱栽培，营养液从上往下渗透或流动。

五、有机生态型无土栽培

传统的营养液栽培也具有一次性投资比较大、运转成本相对偏高、营养液的配制与管理技术较难掌握等限制因素。针对这些情况，中国农科院蔬菜花卉研究所开发出了一种低成本、高效益的有机生态型无土栽培技术。该技术利用河沙、煤渣、菇渣和作物秸秆等廉价材料作为栽培基质，利用各地易得到的有机肥和无机肥为肥料，使无土栽培系统的一次性投资较营养液无土栽培降低了 80%，肥料成本降低 60%，产量提高 10%～20%，而且操作管理简单、系统排出液无污染、产品品质好，能达到中国绿色食品中心颁布的"AA 级绿色食品"的施肥标准。有机生态型无土栽培技术把有机农业融入无土栽培，为无土栽培在我国的推广应用开辟了一条新的途径。

有机生态型无土栽培采用槽式栽培，即用 3 块砖平地叠起，高 15cm，内径宽 48cm，长5～15m。依温室的类型而定，底部要用塑料薄膜隔离，以防土壤病虫害入侵。生产过程全部使用有机肥，以固体肥料施入，灌溉时只灌清水。

1. 应用范围

（1）出现次生盐渍化和土传病害的保护地：大幅度提高作物产量。

（2）缺水地区：同等产量条件下，无土栽培比土壤栽培节水 50%～70%。

（3）传统农业无法耕作地区（荒滩、荒沟、沙荒地、盐碱地、废弃矿区、海岛等）：扩大蔬菜种植面积，减少菜粮争地；市郊区、沿海地区：生产精品蔬菜和高档出口蔬菜。

2. 实施基本条件

（1）保护设施：如日光温室、塑料大棚等；水源应充分保证。

（2）资金投入：每亩无土栽培一次性投资需 2500～6000 元，如能充分利用当地资源，投资成本可适当降低。

【思考与练习】

1. 名词解释

自由水　束缚水　水势　渗透作用　吸涨作用　质壁分离　蒸腾速率　蒸腾效率　根压　蒸腾拉力　必需元素　大量元素　微量元素　水培法　单盐毒害　离子拮抗作用　平衡溶液　光合作用　荧光现象　光呼吸　光合速率　光补偿点　光饱和点　CO_2 补偿点　CO_2 饱和点　光能利用率　代谢源　代谢库　生长中心

2. 简述水对植物的生理作用。植物体内的水分存在状态有哪两种形式？不同水分的存在状态对植物代谢有何影响？

3. 了解质壁分离及质壁分离的复原在农业生产上有何指导意义？

4. 根系吸水和细胞吸水的方式有哪些？解释吐水、伤流产生的原因。

5. 解释下列现象

（1）为什么作物苗期化肥施用过多，会产生"烧苗"现象？

（2）烟草育苗移栽时为什么要带苗床土？

6. 蒸腾指标有哪三种？简述水分在植物体内运输的途径和水分沿导管上升的动力。

7. 何为水分临界期？了解水分临界期在农业生产上有何意义？

8. 在城市园林绿化中移栽园林树木时如何维持水分平衡、提高其成活率？

9. 试述氮、磷、钾的生理功能及缺素症状。

10. 植物根吸收矿质元素有何特点？矿质元素是怎样被根吸收的？

11. 根外追肥的优点有哪些？

12. 充分发挥肥效的措施有哪些？

13. 写出光合作用总反应式，并简述光合作用的重要意义。

14. 植物叶片为什么是绿色的？秋天树叶为什么会呈现黄色或红色？

15. 冬季在温室内栽培蔬菜，采取哪些农业措施可提高植物的光合效率？

16. 解释下列现象或说明下列措施的生理依据

①阴天温室应适当降温；②对棉花、果树、番茄等进行摘心、整枝、修剪；③生产上要注意保护果位叶；④打老叶；⑤生产上要保证通风透光。

17. 试述同化物运输与分配的特点和规律。

18. "环割"为什么能促进果树的花芽分化？

19. 说明呼吸作用的概念、类型及生理意义？

20. 植物呼吸为什么要以有氧呼吸为主？

21. EMP 途径产生的丙酮酸可能进入哪些反应途径？

22. 低温导致烂秧的原因是什么？

23. 早稻浸种催芽时，用温水和翻堆的目的是什么？

24. 粮食贮藏时为什么要降低呼吸速率？

25. 如何协调好温度、湿度及气体间的关系来做好果蔬的贮藏？

技能项目六　植物的生长发育

【能力要求】

知识要求：
- 了解植物激素的种类和生理作用。
- 理解植物生长调节剂在园艺、园林和农业生产上的利用。
- 了解植物的生长、分化和发育的概念。
- 理解植物生长的基本特性。
- 掌握植物休眠的特点及类型。
- 掌握春化作用和光周期现象及在生产实际中的应用。
- 了解种子及果实成熟时的生理变化及影响因素。
- 理解植物衰老时的生理生化变化和引起衰老的原因。
- 了解器官脱落的过程，掌握调控方法。

技能要求：
- 能正确测定激素对植物生长的影响。
- 能利用化学调控方法调控植物的生长。
- 能正确对植物进行春化处理，确保完成花芽分化。
- 能快速简易测定花粉的活力，为生产奠定基础。

【相关知识链接】

一、植物生长物质

植物生长物质是指调节植物生长发育的微量化学物质。包括植物激素和植物生长调节剂两大类。

植物激素是指在植物体内合成的，通常从合成部位运往作用部位，对植物的生长发育具有显著调节作用的微量有机物。

植物激素的定义说明，植物激素是内生的，能在植物体内移动，低浓度就有调节作用的有机物质。植物激素虽能调节控制个体的生长发育，但本身并非营养物质，也不是植物体的结构物质。

到目前为止，公认的有五大类植物激素，即生长素、赤霉素、细胞分裂素、脱落酸和乙烯。

由于植物激素在植物体内含量很少，难以提取，无法大规模实际应用，通过人工合成了一些有机物，对植物生长发育具有明显的调节控制作用。这些人工合成的具有植物激素活性的有机物质，称为植物生长调节剂。

（一）植物激素

1. 生长素

（1）生长素的发现　生长素是最早发现的植物激素。19 世纪末，英国的达尔文（Darwin）父子在研究植物的向光性时发现，幼苗茎的尖端是对单向照光最敏感的部位，但发生弯曲的部位却是在尖端下面的伸长区。若把尖端切去或将尖端遮盖起来使其不见光时，在单向光照下，茎尖下部不发生向光性生长。达尔文推测弯曲反应是由于茎尖端产生了某种物质，这种物质传到下部而引起的。1928 年荷兰的温特（F. W. Went）同样发现了类似的现象（图 6-1），他认为这种现象与某种促进生长的化学物质有关，温特将这种物质称为生长素。1934 年，荷兰的科戈（F. Kogl）等人从人尿、根霉、麦芽中分离和纯化了一种刺激生长的物质，经鉴定为吲哚乙酸（IAA）。从此，IAA 就成了生长素的代号。

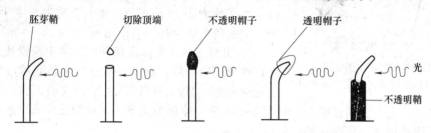

Went的实验(1928年)

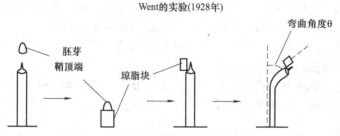

图 6-1　生长素发现的一些关键性试验（潘瑞炽，2001）

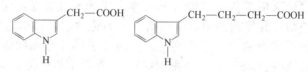

图 6-2　吲哚乙酸和吲哚丁酸结构式

　　除 IAA 外，还在大麦、番茄、烟草及玉米等植物中先后发现了苯乙酸、4-氯吲哚乙酸、吲哚丁酸（图 6-2）等天然化合物，它们都具有类似于生长素的生理活性。

　　（2）生长素的分布和运输　　植物体内生长素的含量很低，一般每克鲜重为 10～100ng。各种器官中都有生长素的分布，主要集中在生长旺盛的部位，如正在生长的茎尖和根尖，正在展开的叶片、胚、幼嫩的果实和种子、禾谷类植物的居间分生组织等，衰老的组织或器官中生长素的含量很少。

　　生长素在植物体内的运输有两种形式：一是通过维管束系统的非极性运输；二是短距离的极性运输，即生长素只能从植物的形态学上端向下端运输，而不能向相反的方向运输。极性运输是生长素的特有运输形式，其他植物激素则无此现象。

　　生长素的极性运输与植物的发育有密切关系，如扦插枝条形成不定根、顶芽产生顶端优势等。对植物茎尖用人工合成的生长素处理时，也表现出极性运输的特点。

　　（3）生长素的生理作用

　　① 促进生长。生长素能促进细胞和器官的伸长，适宜浓度的生长素对芽、茎、根细胞的伸长有明显的促进作用。居间分生组织含有一定量的生长素，它可促进茎秆的拔节和伸长。

　　生长素在低浓度下促进生长，而高浓度时则抑制生长（图 6-3）。生长素对任何一种器官的生长促进作用都有一个最适浓度，低于该浓度时，生长随浓度的升高而加快；高于该浓

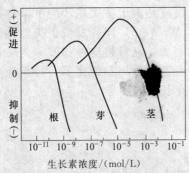

图 6-3 植物不同器官对生长素的反应

度时，促进生长的效应随浓度的增加而逐渐下降。当浓度达到一定值后则抑制生长。

不同器官对生长素的敏感性不同。根对生长素最为敏感，促进根生长的最适浓度约为 10^{-10} mol/L，茎的最适浓度为 $2×10^{-5}$ mol/L，而芽则处于根与茎之间，最适浓度约为 10^{-8} mol/L。由于根对生长素十分敏感，所以浓度稍高就会起抑制作用。

② 引起顶端优势。在顶芽产生的生长素通过极性运输转移到植株基部，使侧芽附近的生长素浓度升高，抑制侧芽发育。切去顶芽以除去生长素的来源，对侧芽的抑制就会消失。生产上通过摘心、打顶等措施来消除顶端优势，促进侧枝生长；也可通过抹芽、修剪等手段以维持顶端优势，促进主茎生长。

③ 促进插枝生根。生长素可以有效促进插条形成不定根，这一方法已在苗木无性繁殖上广泛应用。用生长素处理插枝基部，其薄壁细胞恢复分裂能力，产生愈伤组织，然后长出不定根。其中吲哚乙酸最强烈，诱发的根多而长；萘乙酸诱发的根大而粗。

④ 调运养分。生长素具有很强的吸引与调运养分的效能，利用这一特性，用 IAA 处理，可促进未受精的及其周围组织膨大而获得无籽果实。

生长素还可促进形成层细胞向木质部细胞分化，促进光合产物运输、叶片扩大和气孔开放等。此外，生长素还可抑制花朵脱落、叶片老化和块根形成等。

2. 赤霉素

（1）赤霉素的发现与种类　在一块水稻田里有的秧苗长的高而细，看上去和正常的植株明显不同，这就是常说的水稻恶苗病。1926 年日本人黑泽经过研究证明，是一种名叫赤霉菌的病菌引起水稻恶苗病，并发现是由这种菌所产生的化学物质而引起的。1935 年日本人薮田从诱发水稻恶苗病的赤霉菌中分离得到了能促进生长的非结晶固体，并称之为赤霉素（GA）。最早从水稻恶苗病菌提取的是赤霉酸（GA₃）。赤霉素的种类很多，广泛分布于植物界。到 1998 年为止，已发现 121 种赤霉素，赤霉素属双萜类，具有共同的骨架——赤霉烷。按其发现的先后顺序将其写为 GA₁、GA₂、GA₃、…、GA₁₂₁。因此，赤霉素是植物激素中种类最多的一种激素。在生产上常用的是 GA₃（图 6-4）。

（2）赤霉素的合成和运输　赤霉素在植物顶端的幼嫩部分合成，如根尖和茎尖，也包括生长中的种子和果实，其中正在发育中的种子是 GA 的丰富来源。一般生殖器官中所含的 GA 比营养器官高。同一种植物往往含有多种 GA，如南瓜种子至少含有 20 种 GA，菜豆种子至少含有 16 种 GA。

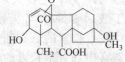

图 6-4　GA₃ 的分子结构

GA 在植物体内的运输没有极性，可以双向运输。根尖合成的 GA 通过木质部和蒸腾流向上运输，而在茎尖合成的 GA 可以通过韧皮部随代谢物质向下运输。

（3）赤霉素的生理作用

① 促进茎的生长。植物生长是细胞生长的结果，因 GA 能促进细胞的伸长，所以 GA 的显著作用就是促进茎的生长，尤其对矮生突变品种的植物效果十分明显（图 6-5）。GA 主要作用于已有节间的伸长，而不促进节数的增加。在生产上常利用 GA 促进蔬菜、花卉等植物的生长，而且不存在超最适浓度的抑制作用，即使 GA 浓度很高，仍可表现出较明显的促进作用（与 IAA 不同）。但 GA 对切断的离体茎的伸长几乎没有促进作用。

② 促进抽薹开花。GA 可以代替低温和长日照作用，使某些长日植物在短日照条件下

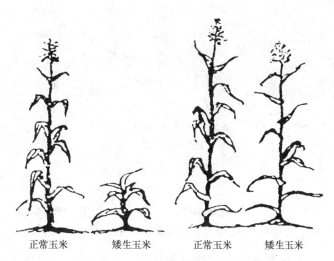

正常玉米　　　矮生玉米　　　正常玉米　　　矮生玉米

图 6-5　GA₃ 对矮生玉米的影响

GA₃ 对正常植株效应较小，但可促进矮生植株长高，达到正常植株的高度

抽薹开花，如只需少量 GA 就可诱导和促进白菜、甘蓝、胡萝卜、萝卜等二年生植物开花。

对于花芽已经分化的植物，GA 对其开花具有显著的促进效应。如 GA 能促进甜叶菊、铁树及柏科、杉科植物的开花。

③ 打破休眠。当处于休眠状态的马铃薯用 $2\sim3$mg/kg 的 GA 处理后，休眠很快解除并开始发芽，从而可满足一年多次种植的需要。对于需光和需低温才能萌发的种子，如莴苣、烟草、紫苏、李和苹果的种子，GA 可代替光照和低温打破休眠。这是因为 GA 可诱导 α-淀粉酶、蛋白酶和许多水解酶的合成，这些酶催化种子内贮藏物质的降解，使其成为可利用物以供胚的生长发育所需。

在啤酒制造业中，用 GA 处理萌动而未发芽的大麦种子，可促进 α-淀粉酶的形成，加速酿造时的糖化过程，并降低萌芽的呼吸消耗，从而降低成本，缩短生产期而不影响啤酒的品质。

④ 促进雄花分化。对于雌雄同株异花的植物，用 GA 处理后，雄花的比例增加；对于雌雄异株植物的雌株如用 GA 处理，也会开出雄花，GA 在这方面的效应与生长素和乙烯相反。

⑤ 其他生理效应。GA 用于诱导形成无籽果实，在葡萄生产上已广泛应用。如在葡萄开花 1 周后喷 GA，可使果实的无籽率达 $60\%\sim90\%$；收获前 $1\sim2$ 周处理，可提高果实甜度。

此外，GA 也可促进细胞的分裂和分化。GA 促进细胞分裂是由于缩短了 G_1 期和 S 期，但 GA 对不定根的形成却起抑制作用，这与生长素有所不同。

3. 细胞分裂素

（1）细胞分裂素的发现与种类　细胞分裂素（CK，CTK）是一类促进细胞分裂的植物激素。最早发现的天然植物分裂素为玉米素，是从未成熟的玉米籽粒中分离出来的。目前在高等植物中已鉴定出了 30 多种细胞分裂素，它们都是腺嘌呤的衍生物。根尖是细胞分裂素的合成部位，合成后由木质部导管运输到地上部分。

天然细胞分裂素可分两类：一类是游离态细胞分裂素，如玉米素、玉米素核苷、二氢玉米素等；另一类为结合态细胞分裂素，如异戊烯基腺苷、甲硫基玉米素等。

常见的人工合成的细胞分裂素有激动素（KT）、6-苄基腺嘌呤（BA，6-BA），这两种细胞分裂素在农业和园艺上得到广泛应用（图 6-6）。

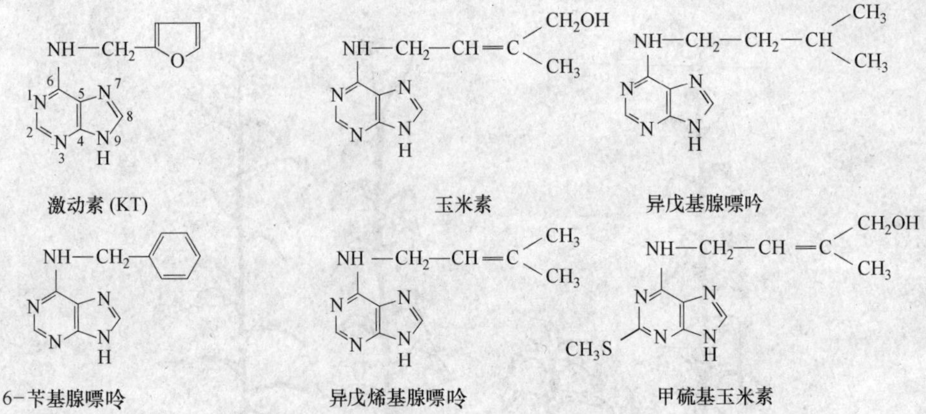

图 6-6　常见的天然细胞分裂素和人工合成的细胞分裂素的结构式

（2）细胞分裂素的分布与运输　高等植物的细胞分裂素主要存在于进行细胞分裂的部位，如根尖、茎尖、未成熟的种子、萌发的种子和生长着的果实等。在植物体内主要的合成部位是根部，特别是根尖，经木质部运到地上部分。外源细胞分裂素施于植物，其作用一般局限于施用部位，向外运输很不明显。

（3）细胞分裂素的生理作用

① 促进细胞分裂。细胞分裂素的主要生理功能是促进细胞分裂。生长素、赤霉素和细胞分裂素都有促进细胞分裂的效应，但它们各自所起的作用不同，细胞分裂包括核分裂和细胞质分裂两个过程，生长素只促进核分裂（因其促进了 DNA 的合成），而与细胞质分裂无关。细胞分裂素主要对细胞质分裂起作用，所以，细胞分裂素促进细胞分裂的效应只有在生长素存在的前提下才能表现出来。而赤霉素促进细胞分裂主要是缩短了细胞周期的时间，从而加速细胞分裂。

② 促进芽的分化。促进芽的分化是细胞分裂素最重要的生理效应之一，在植物组织培养中，细胞分裂素和生长素的相互作用控制着愈伤组织根、芽的形成。当培养基中 CTK/IAA 的比值高时，愈伤组织形成芽；当 CTK/IAA 的比值低时，愈伤组织形成根；如两者的浓度相等，则愈伤组织保持生长而不分化；所以，通过调整两者的比值，可诱导愈伤组织形成完整的植株。

③ 促进细胞扩大。细胞分裂素可促进一些双子叶植物如菜豆、萝卜的子叶或叶圆片扩大，这种扩大主要是因为促进了细胞的横向增粗。

④ 促进侧芽发育，消除顶端优势。细胞分裂素能解除由生长素引起的顶端优势，刺激侧芽生长。这是由于生长素诱导了乙烯的生成，乙烯抑制了侧芽的生长而表现出顶端优势，而细胞分裂素能抑制乙烯的产生，从而使侧芽解除抑制，消除顶端优势。

⑤ 延缓叶片衰老。摘下的叶片会很快变黄，细胞分裂素能显著延长它们保持鲜绿的时间，推迟离体叶片的衰老。在离体叶片上局部涂以激动素，可以看到处理部分保持鲜绿（图 6-7）。

由于细胞分裂素具有保绿及延缓衰老的作用，故可用来处理水果和鲜花，达到保鲜、保绿、防止落果的目的。如用细胞分裂素水溶液处理柑橘幼果，可显著减少生理落果，且果柄加粗，果实浓绿。

⑥ 打破休眠。需光种子，如莴苣和烟草等在黑暗中不能萌发，用细胞分裂素则可代替光照打破这类种子的休眠，促进其萌发。

4. 脱落酸

（1）脱落酸的发现　脱落酸（ABA）是指能引起芽休眠、叶子脱落和抑制生长等生理

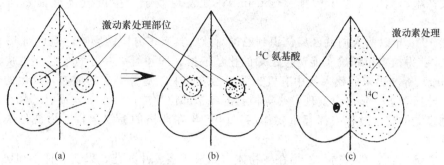

图 6-7　激动素的保绿作用及对物质运输的影响

(a) 离体绿色叶片：圆圈部位为激动素处理区；(b) 几天后叶片衰老变黄，但激动素处理区仍

保持绿色，黑点表示绿色；(c) 放射性氨基酸被移动到激动素处理的一半叶片，黑点

表示有 ^{14}C 氨基酸的部位

作用的植物激素。它是人们在研究植物体内与休眠、脱落和种子萌发等生理过程有关的生长抑制物质时发现的。1963 年由美国科学家从棉铃中分离出来。1967 年在加拿大召开的第六届国际植物生长物质会议上将其命名为脱落酸（图 6-8）。ABA 是一种单一的化合物，其化学合成品价格昂贵，目前在农业生产上使用不够广泛。

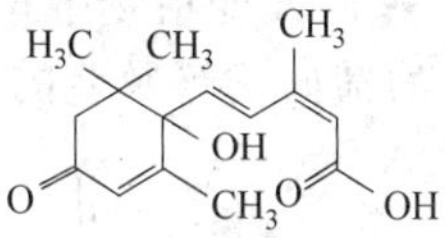

图 6-8　脱落酸的分子结构式

（2）脱落酸的分布和运输　脱落酸主要在衰老的叶片和根冠等部位合成。高等植物各器官和组织中都有脱落酸的存在，其中以将要脱落或进入休眠的器官和组织中较多，在不良环境条件下，ABA 的含量也会迅速增多。一般情况下陆生植物高于水生植物。脱落酸主要以游离的形式运输，且运输没有极性，运输速度很快，在茎或叶柄中的运输速度大约是 20mm/h。

（3）脱落酸的生理作用

① 促进休眠。外用 ABA 时，可使旺盛生长的枝条停止生长而进入休眠，这种休眠可用 GA 有效打破。在秋天的短日照条件下，叶子合成 GA 的量减少，而合成 ABA 的量不断增加，使芽进入休眠状态以便越冬。ABA 还是种子萌发的抑制剂，如槭树、桃、蔷薇等种子果皮中含有脱落酸，抑制种子萌发，将这些种子进行层积处理（在低温和湿砂中埋藏几个月）便可降低脱落酸含量，促进种子顺利萌发。

② 促进气孔关闭，增强抗逆性。ABA 可引起气孔关闭，降低蒸腾，这是 ABA 最重要的生理效应之一。ABA 促使气孔关闭的原因是它使保卫细胞中的 K^+ 外渗，造成保卫细胞的水势高于周围细胞，使保卫细胞失水而引起的。所以 ABA 是植物体内调节蒸腾的激素。

寒冷、高温、水涝等逆境也可使叶内 ABA 增加，同时抗逆性增强。如 ABA 可显著降低高温对叶绿体超微结构的破坏，增加叶绿体的热稳定性；ABA 可诱导某些酶的合成而增加植物的抗冷性、抗涝性和抗盐性。

③ 抑制生长。ABA 能抑制整株植物或离体器官的生长，也能抑制种子的萌发。这种抑制效应是可逆的，一旦去除 ABA，枝条的生长或种子的萌发又会立即开始。

④ 促进脱落。ABA 是在研究棉花蕾铃脱落时发现的，是作为脱落促进物质而分离出来的。ABA 促进器官脱落的原因主要是促进离层的形成。将 ABA 溶液涂抹于去除叶片的棉花外植体叶柄切口处，几天后叶柄脱落，此效应十分明显。

5. 乙烯

（1）乙烯的发现　乙烯是植物激素中分子结构最简单的一种激素，其化学结构式是 $CH_2\!=\!CH_2$，在正常生理条件下呈气态。第一个发现植物材料能产生一种气体并对邻近植物的生长产生影响的人是卡曾斯（Cousins），他发现橘子产生的气体能催熟同船混装的香蕉。

虽然 1930 年以前人们就已经认识到乙烯对植物具有多方面的影响，但直到 1934 年甘恩（Cane）才获得植物组织确实能产生乙烯的化学依据。1959 年，由于气相色谱的应用，波格（S. P. Burg）等测出未成熟果实中有极少量的乙烯产生，随着果实的成熟，产生的乙烯量不断增加。此后，进一步研究发现，高等植物的各个部位都能产生乙烯，而且乙烯在从种子萌发到植物衰老的整个过程中都起重要作用。1965 年在波格的提议下，乙烯被公认为植物的天然激素。

（2）乙烯的合成和运输　乙烯在植物体内如根、茎、叶、花、果实、种子和块茎等组织中普遍存在，植物所有活细胞中都能合成乙烯。成熟组织释放乙烯量一般为每克鲜重0.01～10nl/(g·h)。在植物正常生长发育的某些时期，如种子萌发、果实后期、叶的脱落和花的衰老等阶段会诱导乙烯的产生。在不良环境中，植物体各部位大量合成乙烯。

乙烯在植物体内含量非常少，一般情况下，乙烯就在合成部位发挥作用。

（3）乙烯的生理作用

① 改变植物生长习性。乙烯对植物生长的典型效应是：抑制茎的伸长生长、促进茎或根的横向增粗及茎的横向生长，这就是乙烯所特有的"三重反应"（图 6-9）。

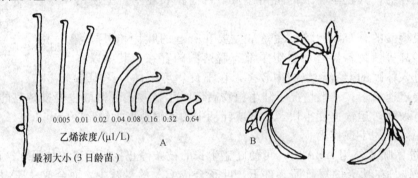

乙烯浓度/(μl/L)

最初大小(3 日龄苗)

图 6-9　乙烯的"三重反应"（A）和偏上生长（B）
A—不同乙烯浓度下黄化豌豆幼苗生长的状态；B—用乙烯（μl/L）处理 4h 后番茄苗的形态，
由于叶柄上侧的细胞伸长大于下侧，使叶片下垂

乙烯促使茎横向生长是由于它引起偏上生长所造成的。所谓偏上生长，是指器官的上部生长速度快于下部的现象。乙烯对茎与叶柄都有偏上生长的作用，从而造成了茎横生和叶下垂。

② 促进成熟。乙烯最主要和最显著的生理作用是催熟，因此也称为催熟激素。乙烯对果实成熟、棉铃开裂、水稻的灌浆与成熟都有显著效果。

通常在一箱苹果中出现了一只烂苹果，如不立即除去，它会很快使整箱苹果都烂掉。这是由于腐烂苹果产生很多乙烯，触发附近的苹果也大量产生乙烯，使箱内乙烯浓度在短期内剧增，加快苹果完熟和贮藏物质消耗的缘故。又如柿子，即使在树上已成熟，仍很涩口，只有经过后熟才能食用。由于乙烯是气体，易扩散，故散放的柿子后熟过程很慢，放置十天半月后仍难食用。若将容器密闭（如用塑料袋封装），可加速后熟过程。南方采摘的青香蕉，用密封的塑料袋包装（使果实产生的乙烯不会扩散到空间）可运往各地销售。有的还在密封袋内注入一定量的乙烯，从而加快催熟。

③ 促进脱落。乙烯可促进器官的脱落，其原因是乙烯能促进细胞壁降解酶的合成，从而促进细胞衰老和细胞壁的分解，产生离层，迫使叶片、花或果实机械脱落。

④ 促进开花和雌花分化。乙烯可促进菠萝和其他一些植物开花，还可以改变花的性别，

促进黄瓜雌花分化，并使雌、雄异花同株的雌花着生节位下降。乙烯在这方面的效应与 IAA 相似，而与 GA 相反，现在知道 IAA 增加雌花分化就是由于 IAA 诱导产生乙烯的结果。

⑤ 乙烯的其他效应。乙烯还可诱导插枝不定根的形成，促进根的生长和分化，打破种子和芽的休眠，促进植物体内次生物质（如橡胶树的胶乳、漆树的漆等）的排出，增加产量等。

（二）植物生长调节剂

植物体内激素含量甚微，难以提取，无法大规模应用，因此在生产上广泛应用的是植物生长调节剂。

1. 常用的植物生长调节剂

（1）生长素类 人工合成的生长素类植物生长调节剂主要有三种类型：第一种是吲哚衍生物，如吲哚丙酸（IPA）、吲哚丁酸（IBA）；第二种是萘的衍生物，如 α-萘乙酸（NAA）、萘乙酸钠、萘乙酸胺（NAD）；第三种是卤代苯的衍生物，如 2,4-二氯苯氧乙酸（2,4-D）、2,4,5-三氯苯氧乙酸（2,4,5-T）、4-碘苯氧乙酸（增产灵）等。

（2）赤霉素类 生产上应用和研究最多的是 GA_3，此外，也有应用 GA_{4+7}（30% A_4 和 70% A_7 的混合物）和 GA_{1+2}（A_1 和 A_2 的混合物）。

GA_3 为固体粉末，难溶于水，易溶于乙醇、丙酮、丙醋酸等有机溶剂。配制时可先用少量乙醇溶解，再加水稀释到所需浓度。另外，GA_3 在低温和酸性条件下较稳定，遇碱失效，故不能与碱性农药混用。要随配随用，喷施时宜在早晨或傍晚湿度较大时进行。

（3）乙烯释放剂 生产上常用的乙烯释放剂为乙烯利（CEPA），使用后可在植物体内释放乙烯。乙烯利是一种水溶性强酸性液体，在常温和 pH<4.1 的条件下稳定。当 pH>4.1 时，可以分解放出乙烯，pH 欲高，产生的乙烯欲多。

乙烯利易被茎、叶或果实吸收。由于植物细胞的 pH 一般大于 5，故乙烯利进入组织后可水解放出乙烯（不需要酶的参加）。

使用乙烯利时必须注意：一是乙烯利酸性强，对皮肤、眼睛、黏膜有刺激作用，应避免与皮肤接触；二是乙烯利遇碱、金属、盐类即发生分解，因此不能与碱性农药等混用；三是稀释后的乙烯利溶液不宜长期保存，尽量随配随用；四是要针对喷施的植物器官或部位，以免对其他部位或器官造成药害；五是喷施器械要及时清洗，以免产生腐蚀作用。

（4）生长延缓剂和生长抑制剂 主要有多效唑（PP_{333}）、矮壮素（CCC）、缩节胺（Pix）、三碘苯甲酸（TIBA）、比久（B_9）等物质。

多效唑广泛用于果树、花卉、蔬菜和大田作物，可使植株根系发达，植株矮化，茎秆粗壮，并可以促进分枝，增穗增粒、增强抗逆性等；另外，还可用于海桐、黄杨等绿篱植物的化学修剪。但多效唑的残效期较长，影响后茬植物的生长，目前有被稀效唑（S-3307）取代的趋势。

矮壮素与赤霉素作用相反，可使节间缩短、植株变矮、茎变粗，叶色加深。矮壮素在生产上较常用。

B_9 可代替人工整枝，有利于花芽分化，增加开花数，提高坐果率。也可防止花徒长，使植株紧凑，荚果增多。B_9 残效期长，影响后茬植物生长，有人认为它有致癌的危险，因此不宜用在食用作物上。

三碘苯甲酸可以使植株矮化，消除顶端优势，增加分枝。生产上多用于大豆，开花期喷洒，能使豆梗矮化，分枝和花芽增多，结荚率提高，增产显著。

2. 植物生长调节剂在生产上的应用

植物激素和植物生长调节剂在生产上的应用见表 6-1。

表 6-1 植物激素和生长调节剂在生产上的应用

(潘瑞炽，植物生理学，2001)

目　的	药　剂	植　物	使用方法及效果
延长休眠	NAA 甲酯	马铃薯块茎	0.4%～1%粉(泥粉)
破除休眠	GA	马铃薯块茎	0.5～1mg/L 浸泡 10～15min
		桃种子	100～200mg/L，浸 24h
促进营养生长	GA	芹菜	50～100mg/L，采前 10 天喷施
		菠菜、莴苣	10～30mg/L，采前 10 天喷施
		茶	100mg/L，芽叶刚伸展时喷施
控制营养生长	PP$_{333}$	花生	250～300mg/L，始花后 25～30 天喷施
		水稻	250～300mg/L，一叶一针期喷施
		油菜	100～200mg/L，二叶一心期喷施
		甘薯	30～50mg/L，薯块膨大初期喷施
	Pix	棉花	100～200mg/L，始花至初花期喷施
	TIBA	大豆	200～400mg/L，开花期喷施
	CCC	小麦	0.3%～1%，浸种 12h
	B$_9$	花生	500～1000mg/L，始花后 30 天喷施
	烯效唑	水稻	20～50mg/L，浸种 36～48h
		小麦	16mg/L，浸种 12h
		大豆	50～70mg/L，始花期喷施
		水仙	100mg/L，浸球茎 1～3h
插条生根	IBA	芒果	0.5～1mg/L，沾 3s
		葡萄	50mg/L，浸 8h
		番茄	1000mg/L，浸 10min
		瓜叶菊	1000mg/L，浸 24h
	NAA	熟锦黄杨	1 000mg/L，粉剂，定植前沾根
		甘薯	500mg/L，粉剂，定植前沾根
促进泌胶乳	乙烯利	橡胶树	8%溶液涂于树干割线下
促进开花	乙烯利	菠萝	400～1000mg/L，营养生长成熟后，从株心灌 50ml/株
目的	药剂	植物	使用方法及效果
促进开花	GA	郁金香	400mg/L，筒状叶长 10～20cm，灌入 1ml/株
促进雌花发育	乙烯利	黄瓜、南瓜	100～200mg/L，1～4 叶期喷施
促进雄花发育	GA	黄瓜	100～200mg/L，2～4 期喷施
促进抽穗	GA	水稻	30mg/L，稻穗破口期喷施
延迟抽穗	PP$_{333}$	水稻	100～200mg/L，花粉母细胞形成期喷施
防止落叶	2,4D-钠盐	大白菜	25～50mg/L，采收前 3～5 天喷施
		甘蓝	100～500mg/L，采收前喷施
延缓衰老	6-BA	水稻	10～100mg/L，始穗后 10 天喷施
保花保果	2,4-D	番茄、茄子	15～30mg/L，处理幼果，2 次
	6-BA	柑橘	
疏花疏果	PP$_{333}$	桃	500～1000mg/L，花期喷施
	乙烯利	苹果	300mg/L，花蕾膨大期喷施
果实催熟	乙烯利	香蕉	1000mg/L，浸果 1～2min
		柿子	500mg/L，浸果 0.5～1min
促进结实	BR	玉米	0.01mg/L，吐丝前后喷施
	6-BA	苹果	300mg/L，果实膨大期喷施

应用植物生长调节剂的注意事项如下。

① 明确生长调节剂的性质。生长调节剂不是营养物质，不能代替其他农业措施，只能

配合水、肥等管理措施施用，方能发挥其效果。

② 正确掌握药剂的浓度和剂量。生长调节剂的使用浓度范围极大，为 $0.1\sim5000\mu g/L$，必须正确掌握。剂量是指单株或单位面积上的施药量，实践中常发生只注意浓度而忽略剂量的偏向。正确的方法应是先确定剂量，再定浓度。

二、植物的休眠

（一）休眠的概念及意义

植物的整体或某一部分在某一时期内生长停顿的现象叫做休眠。植物并不是一年四季都能生长的，它们的生长有周期性变化。一般生长在温带的植物是在春季开始生长，夏季生长旺盛，到秋季生长又逐渐缓慢，而冬季，叶甚至幼嫩的枝脱落，生长停止，这时树木就进入了休眠状态，以度过冬天。一年生植物在春、夏两季生长，秋季形成种子后，植株便枯萎死亡，成熟的种子进入休眠状态而越冬。有些植物是以贮藏器官休眠的，例如，马铃薯以块茎休眠，大蒜、百合以鳞茎休眠，萝卜、甜菜以肉质直根休眠。休眠的器官，虽然生长停止，但仍有微弱的呼吸作用来维持生命。

有些地区，植物不是冬季休眠，而是夏季休眠。夏季休眠发生在那些每年夏季出现高温干旱的地方，植物在夏季将要来临之前，叶子就开始脱落或枯死，为休眠做好准备。由此可见，植物生长的周期性与其周围环境有密切关系。

通常把由不利于生长的环境条件引起的植物休眠称为强迫休眠，如许多种子在贮藏期间处于休眠状态，是因为缺乏水分的缘故，如把种子放在潮湿的环境中，吸收水分就可萌发。把在适宜的环境条件下，因为植物本身内部原因而造成的休眠称为生理休眠，也叫熟休眠。一般所说的休眠主要是指生理休眠。如刚收获的许多种子和马铃薯块茎，虽然放在适宜的条件下，也不能萌发。秋季落叶后剪下的枝条，放在温暖的房间内，其上的芽并不立即生长，但春季剪下的枝条就很易萌发。

（二）植物休眠的原因

引起植物休眠的原因是多方面的，现分别叙述如下。

1. 种子休眠的原因

不同植物引起种子休眠的原因不同，主要有以下几方面。

（1）胚未成熟　胚以下两种情况未达到成熟状态：一种情况是胚尚未完全发育，必须经过一段时间的继续发育，才可达到萌发状态，如银杏、人参、白蜡树种子等；另一种情况是胚在形态上似发育完全，但生理上还未成熟，必须通过后熟作用才能萌发。所谓后熟作用，是指成熟种子离开母体后，需要经过一系列的生理生化变化后才能完成生理成熟，而具备发芽能力。后熟期的长短因植物而异，如莎草种子后熟期长达 7 年以上，而某些大麦品种后熟期只有 14 天，油菜种子在田间就已完成后熟作用。未通过后熟作用的种子出苗率低，不宜作种用。未通过后熟期的小麦磨成的面粉烘烤品质差，未通过后熟期的大麦发芽不整齐，不适于酿造啤酒。但种子在后熟期间对恶劣环境的抵抗力强，此时进行高温处理或化学药剂熏蒸对种子的影响较小。

（2）种皮（果皮）的限制　豆科、锦葵科、藜科、樟科、百合科等植物种子，有坚厚的种皮、果皮，或上面附有致密的蜡质和角质，被称为硬实种子、石种子。这类种子往往由于种壳的机械压制或由于种（果）皮不透水、不透气而阻碍胚的生长，呈现休眠，如莲子、椰子、紫云英等。

（3）萌发抑制物质的存在　有些种子不能萌发是由于果实或种子内有萌发抑制物质的存在。抑制萌发的物质有挥发油、生物碱、有机酸、酚、醛等。这些物质存在于果肉（苹果、梨、番茄、西瓜、甜瓜）、种皮（苍耳、甘蓝、大麦、燕麦）、果皮（酸橙）、胚乳（鸢尾、莴苣）、子叶（豆类）等处，能使其内部种子潜伏不动。萌发抑制物质抑制种子萌发有重要的生物学意义。如生长在沙漠中的植物，种子内含有这类抑制物质，要经过一定雨量的冲洗，种子才能萌发。如果雨量不足，不能完全冲洗掉萌发抑制物质，种子就不能萌发。这类植物就是依靠种子中的抑制剂使种子在外界雨量能满足植物生长时才能萌发，巧妙地适应干旱的沙漠条件。

2. 芽休眠的原因

芽是很多植物的休眠器官。许多多年生木本植物形成冬芽越冬。二年生或多年生草本植物各种贮藏器官，如块茎、鳞茎、球茎等，也具有休眠的芽。试验证明，很多木本植物的芽休眠是短日照引起的，感受短日照的部位是叶子，叶子感受短日照后形成脱落酸（ABA）等抑制萌发的物质，运输至芽，生长便被抑制，使芽处于休眠状态。用长日照或赤霉素处理能消除这种抑制。但很多情况下，如当树木芽休眠时，叶已脱落，这类树木（如山毛榉）的芽可感受短日照而进入休眠。但很多果树，如苹果、梨和李子等休眠芽的形成，对日照长度不敏感。在马铃薯块茎中，其上的芽处于休眠状态也与脱落酸含量增加有关，而这时赤霉素含量则很低，萌发时，赤霉素含量增加，说明赤霉素可打破休眠，促进芽的萌发。

（三）植物休眠的调控

1. 种子休眠的调控

在生产上，根据需要，常采用一定的方法打破种子休眠或延长种子休眠。

（1）打破种子休眠，促进萌发

① 机械破伤。如因种皮过厚或结构致密而引起的休眠，可用沙子与种子摩擦、划伤种皮或者去除种皮等方法来促进萌发。如紫云英种子加沙和石子各1倍进行摇擦处理，能有效促进萌发。

② 清水漂洗。西瓜、甜瓜、番茄、辣椒和茄子等种子外壳含有萌发抑制物质，播种前将种子浸泡在水中，反复漂洗，让抑制物渗透出来。

③ 层积处理。已知有100多种植物，特别是一些木本植物的种子，如苹果、梨、山毛榉、白桦、赤杨等要求在低温、湿润的条件下解除休眠。通常用层积处理，即将种子埋在湿沙中置于1～10℃温度下，经1～3个月的低温处理就能有效解除休眠。在层积处理期间种子中的抑制物质含量下降，而GA和CTK的含量增加。一般说来，适当延长低温处理时间，能促进萌发。

④ 温水处理。某些种子（如棉花、小麦、黄瓜等）经日晒和用35～40℃温水处理，能促进萌发。

⑤ 化学处理。棉花、刺槐、皂荚、合欢、国槐等种子均可用浓硫酸处理（2min～2h后立即用水漂清）以增加种皮透性。用0.1％～2％过氧化氢溶液浸泡棉籽24h，能显著提高发芽率，这对玉米、大豆也同样有效。原因是过氧化氢的分解给种子提供氧气，促进呼吸作用。

⑥ 生长调节剂处理。多种植物生长物质能打破休眠，促进种子萌发。其中GA效果最为显著。

⑦ 光照处理。需光性种子种类很多，对光照的要求也不一样。有些种子一次性感光就能萌发，如泡桐浸种后给予1000lx光照10min就能诱发30％种子萌发，8h光照萌发率达80％。有些种子则需经7～10天、每天5～10h的光周期诱导才能萌发，如八宝树、榕树等。

（2）种子休眠的延长　水稻、小麦、玉米、大麦、燕麦和油菜有胚胎萌发现象，往往造成较大程度的减产，并影响种子的耐贮性。因此防止种子胚胎萌发，延长种子的休眠期，具有重要意义。用0.01％～0.5％青鲜素（MH）水溶液在小麦收获前20天进行喷施，对抑制小麦穗发芽有显著作用。但这样处理过的种子，发芽率明显降低。

2. 芽休眠的调控

芽休眠的解除主要由温度和长日照所控制。芽的休眠在经受一定时期低温后可解除，在10℃以下温度需要几天至几个月。如苹果在7℃下解除休眠需要1000～1400h。如果冬季不够寒冷，有些果树的芽在春季便难以萌发。当然寒冷并不是打破休眠的唯一需要，有些物种恢复生长还需要长日照。高温的冲击也可提早打破休眠，例如解除木本灌木（如连翘）休眠，可将他们浸在30～35℃的温水中几小时，即可打破休眠，并可以提早开花。使用外源激素赤霉素可代替低温和长日照来打破休眠。少数物种可以用细胞分裂素打破休眠。有些物种对这两种生长物质都有反应。

在生产实践中，也存在需延长休眠防止发芽的问题，如马铃薯、洋葱、大葱等，发芽则消耗养分，降低品质。用适当浓度的生长调节剂（如青鲜素、萘乙酸等）处理，可延长贮藏时间。

任何一种生物个体，总要有序地经历发生、发展和死亡时期，人们把一个生物体从发生到死亡所经历的过程称为生命周期。种子植物的生命周期，要经过胚胎形成、种子萌发、幼苗生长、营养体形成、生殖体形成、开花结实、衰老和死亡等阶段。习惯上把生命周期中呈现的个体及其器官形态结构的形成过程，称为形态发生或形态建成。在生命周期中，伴随形态建成，植物体发生着生长、分化和发育等变化。

植物生长的特性表现在植物生长大周期、具有极性和再生现象、生长的相关性等方面。植物的休眠是植物对不良环境条件的一种适应，有种子休眠和芽休眠两种。生产上可通过一些措施对植物的休眠进行调控，促进或抑制种子和芽的萌发。

三、植物的生长、分化和发育

（一）生长、分化、发育的概念

1. 生长

在生命周期中，生物细胞、组织和器官的数目、体积或干重不可逆增加的过程称为生长，它通过原生质的增加、细胞分裂和细胞体积的扩大而实现。例如根、茎、叶、花、果实和种子的体积扩大或干重的增加都是典型的生长现象。通常将营养器官根、茎、叶的生长称为营养生长，生殖器官花、果实、种子的生长称为生殖生长。

2. 分化

分化是指来自同一合子或遗传相同的细胞转变成为形态、功能、化学组成不同的细胞的过程。分化是一切生物所具有的特性。植物的分化可以在不同水平上表现出来，即细胞水平、组织水平和器官水平。比如薄壁细胞分化成厚壁细胞、木质部、韧皮部等；在植物的茎上分化出叶及侧芽、侧枝，在根上分化出侧根、根毛等；植株的上、下两端也有不同的分化，上端分化出芽，下端分化出根。所有这些不同水平的分化，使植物的各部分细胞具有不同的结构和功能。

3. 发育

在生命周期中，生物的组织、器官或整体在形态和功能上的有序变化过程称为发育。例如，从叶原基的分化到长成一张成熟叶片的过程是叶的发育；从根原基的发生到形成完整的根系是根的发育；由茎尖的分生组织形成花原基，再由花原基转变成花蕾，以及花蕾长大开花，这是花的发育；而受精的子房膨大，果实形成和成熟则是果实的发育。上述发育的概念是从广义上讲的，它泛指生物的发生和发展。狭义的发育概念，通常是指生物由从营养生长向生殖生长的有序变化过程，其中包括性细胞的出现、受精、胚胎形成，以及新的生殖器官的产生等。

通常发育包括生长和分化两个方面，也就是说，生长和分化贯穿在整个发育过程中。例如花的发育，包括花原基的分化和花器官各部分的生长；果实的发育包括果实各部分的生长和分化等。

（二）植物生长的基本特性

1. 植物生长大周期

在植物的生长过程中，细胞、器官及整个植株的生长速率都表现出"慢-快-慢"的基本规律，即开始时生长缓慢，以后逐渐加快，至最高点，再逐渐减慢，以致停止生长。我们把生长的这三个阶段总和在一起，叫做生长大周期。测定整个生长大周期的生长量，得到一条S形曲线（图6-10、图6-11），叫生长曲线。生长曲线反映了植物生长大周期的特征。因器官或整个植株的生长都是细胞生长的结果，而细胞生长的三个时期，即分裂期、伸长期、成熟期呈现出"慢-快-慢"的规律。在植物生长过程中，初期植株幼小，合成干物质少，生长缓慢；中期产生大量绿叶，使光合能力增强，制造大量有机物，干重急剧增加，生长加快；后期因植物衰老，光合作用速度减慢，有机物积累减少，再加上呼吸消耗，干重增加不多，表现为生长转慢或停止。

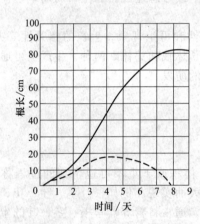

图 6-10　蚕豆根的生长曲线

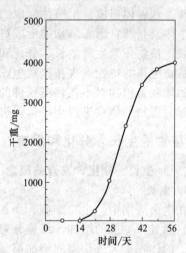

图 6-11　番茄植株的生长曲线

研究和了解植株或器官的生长周期，在生产实践中具有一定的意义。根据生产需要可以在植株或器官生长到来之前，及时采取措施加以促进或抑制，以控制植株或器官的大小。如在果树、茶树育苗时，要使树苗生长健壮，必须在其生长前期加强水肥管理，使它早生快发，形成较多枝叶，积累大量光合产物，使树苗生长良好；如果在树苗生长后期才给予大量的水肥条件，不仅效果差，而且会使生长期延长，茎枝幼嫩，树苗抗寒力低，易遭受冻害。

2. 植物生长的周期性

植株和器官生长速率随昼夜或季节变化发生规律的变化，这种现象叫做植物生长的周期性。

（1）生长的昼夜周期性　植物的生长随昼夜变化而表现快慢节奏的现象称昼夜周期性。昼夜周期性的产生乃是昼夜环境条件不同所致。在水分适宜的情况下，生长速度与温度关系最为密切，一般白天生长快于夜晚。当白天光照增强，气温增高，导致植物体内水分蒸腾引起水分亏缺时，植物的生长就会受到抑制。这时，如果夜间温度较高，生长高峰就会出现在夜间。

（2）生长的季节周期性　生长的季节周期性是指植物生长随季节变化而表现出的快慢节奏。如温带的多年生木本植物，春季萌发，夏季茂盛生长，秋季落叶，生长逐渐停止，冬季处于休眠状态，次年又周而复始，年复一年。生长的季节周期性的形成是植物长期适应季节环境变化的结果，并已成为遗传性的组成部分。

3. 植物的极性与再生

（1）极性　一株植物总是形态学上端长芽、下端长根，即使植物体的一部分也是如此，如一段柳树枝条，形态学上端总是长芽、下端长根，即使将枝条颠倒过来，原来的上端还是长芽，下端仍然长根（图 6-12）。植物的这种形态学两端在生理上具有的差异性叫做极性。极性产生的原因，大多数人认为主要是与生长素在茎内的极性运输有关。因为较高浓度的生长素有利于根的形成，极性运输使得枝条基部积累较多的生长素而刺激切口生根，枝条上端生长素含量较少则生出不定芽。极性在生产上具有实际意义，在扦插或嫁接繁殖时，必须注意枝条两端生理上的差异，不可颠倒，否则将影响其成活。

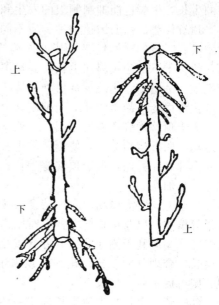

图 6-12　柳枝的极性生长

（2）再生　植物体的离体器官（根、茎、叶等）在适宜的环境条件下能恢复缺损的部分，重新形成完整植株的现象，称再生作用。如一段枝条扦插能重新形成根系成为一棵完整植株。生产上的扦插与压条繁殖就是利用植物的再生能力。扦插再生的关键是生根，植物的种类、插枝贮备的营养、生长调节物质等都与生根有关。如柳树、甘薯的再生能力强，易于扦插成活；松、柏用扦插繁殖时，则需要采取适当措施以促进不定根的形成。

4. 植物生长的相关性

植物的各部分既有一定的独立性，又是一个统一的整体，植物体各个部分的生长并不是孤立的，而是密切联系的，既相互促进，又相互制约，植物各部分间相互制约与促进的现象，称为相关性。

（1）地上部和地下部的相关性　植物地上部分生长和根系生长常表现为：根系发达，树冠也相应高大，即根系生长良好，枝叶生长也好；反之，根系生长不良，树冠也相应矮小。因为植物地上部分生长所需要的水分和矿质元素主要由根系供应，根系还能合成氨基酸、植物碱（如烟草中的烟碱）、细胞分裂素、赤霉素等微量活性物质，输送到地上部。同时，植物地上部可以向根系提供有机养分。人们在生产实践中总结出的"根深叶茂"、"本固枝荣"、"育苗先育根"的宝贵经验，则正确概括了植物地上部和地下部生长的相关性。通常将植物地上部和地下部的关系用根冠比（根干重/茎叶干重）来表示。根冠比是一个相对数值，不能表明根与地上部分绝对量的大小，如根冠比大，并不一定是根系发达，也可能是地上部生长差。但根冠比可以反映栽培植物的生长情况，以及环境条件对植物根与冠的不同影响。

通常温度较高、土壤水分较少、氮肥充足、磷供应较少、光照较弱时，常有利于地上部生长，使根冠比降低；而温度较低、土壤较干燥、氮肥适量、磷肥较多、光照较强时，则有利于地下部生长，使根冠比增大。整枝、修剪能减缓根系生长而促进地上部生长，使根冠比变小；中耕断根能暂时抑制地上部茎、叶的生长，促进根系发展，使根冠比加大。

在农业生产上，常通过肥水来调控根冠比，对甘薯、胡萝卜、甜菜、马铃薯等这类收获地下部为主的植物，在生长前期应注意氮肥和水分的供应，以增加光合面积，多制造光合产物，中后期则要使用磷、钾肥，控制氮肥和水分的供应，以促进光合产物向地下部分的运输和积累。

（2）主茎与侧枝的相关性——顶端优势　植物的顶芽长出主茎，侧芽长出侧枝，通常主茎生长很快，而侧枝或侧芽则生长较慢或潜伏不长。这种由于植物顶芽生长占优势而抑制侧芽生长的现象，称为顶端优势。除顶芽外，生长中的幼叶、节间、花序等都能抑制其下面侧芽的生长，根尖也能抑制侧根的发生和生长。

顶端优势的强弱因植物种类而不同，所形成的树冠和株型也不一样。杨树、杉树和松等树木具有明显的顶端优势，其近顶端的侧芽生长缓慢，离顶芽越远的侧枝，受到的抑制越弱，使树干下部侧枝斜向生长，并逐渐加长，从而形成塔形树冠。如雪松，其姿态优美，雄伟挺拔，是庭院绿化的观赏树种。柳树顶端优势不明显，树形不整齐。稻、麦、芹菜等植物顶端优势很弱，甚至侧芽不受抑制，分蘖旺盛，成丛生长，有时分蘖的生长超过主茎。

关于顶端优势产生的原因，一般认为与内源激素有关。植物顶端形成的生长素，通过极性运输，向下运到侧芽，使侧芽的生长素浓度增大，侧芽对生长素比顶芽敏感，浓度稍大生长便受抑制。另外，由于顶端有生长素，成为有机物积累的"库"，夺取侧芽的营养，促使顶芽生长加快。

生产上有时需要利用和保持顶端优势，控制侧枝生长。如麻类、向日葵、烟草、玉米、高粱等植物，以及用材树木。有时则需消除顶端优势，促进分枝生长。如水肥充足，植株生长健壮，则有利于侧芽发枝、分蘖成穗；棉花打顶和整枝、瓜类掐蔓、果树修剪等可调节营养生长，合理分配养分；花卉打顶去蕾，可控制花的数量和大小；苗木移栽时的伤根或断根，则可促进侧根生长。

（3）营养生长与生殖生长的相关性　营养生长和生殖生长是植物生长周期中的两个不同阶段，通常以花芽分化作为进入生殖生长的标志。只有健壮的植物体，才能结出丰硕的果实。所以良好的营养器官是生殖器官生长的基础。在水分和氮肥缺乏的情况下，由于营养器官提前衰老，从而生殖器官不正常成熟，致使果实少而小。相反，营养器官生长过旺，也会影响生殖器官的形成和发育，如稻麦生长前期肥水过多，茎、叶徒长，就会延迟穗分化过程；后期肥水过多，则会造成贪青晚熟，影响产量。棉花、果树等也因枝叶徒长，营养器官耗去过多的养料而阻碍花芽形成，而且往往不能正常开花结实，或者严重落花落果。生殖器官的生长也会影响营养器官的生长。因为花果的形成与发育要消耗大量的营养，根系发育首先受到限制，致使水分吸收减少，枝叶生长量下降，削弱了整个营养器官的生长过程。尤其是一次结实的一年生植物（玉米、水稻等）和多年生植物（竹子），开花结实将导致植株的衰老死亡。在多次结实的多年生植物中，虽然开花后植株个体不致死亡，但仍会引起营养器官生长势和生长量的下降。

在协调营养生长和生殖生长的关系方面，生产上积累了很多的经验。例如，加强肥水管理，既可防止营养器官的早衰，又可使营养器官不致生长过旺；在果树生产中，适当疏花、疏果，以使营养收支平衡，并有积累，以便年年丰产，消除大小年。对于以营养器官为收获物的植物，如茶树、桑树、麻类及叶菜类，则可通过供应充足的水分、增施氮肥、摘除花芽等措施来促进营养器官的生长，从而抑制生殖器官的生长。

5. 环境因素对植物生长的影响

（1）温度　由于温度能影响光合、呼吸、矿质元素与水分的吸收、物质合成与运输等代谢，所以也影响细胞的分裂、伸长、分化，以及植物的生长。植物只有在一定的温度范围内才能生长，在一般情况下，低于0℃时，高等植物不能生长；高于0℃时，生长开始缓慢进行，随着温度的升高，生长逐渐加快，至20～30℃之间，生长最快；温度再升高生长反而缓慢；如果温度更高，生长将会停止。温度对植物生长的影响也具有最低温度、最适温度和最高温度的三基点（表6-2）。

生长温度的最低点要高于生存温度的最低点，生长温度最高点要低于生存温度的最高点。生长的最适温度一般是指生长最快时的温度，而不是生长最健壮的温度。能使植株生长最健壮的温度，叫协调最适温度，通常要比生长最适温度低。这是因为，细胞伸长过快时，物质消耗也快，其他代谢如细胞壁的纤维素沉积、细胞内含物的积累等就不能与细胞伸长相协调地进行。

表 6-2　几种农作物生长温度的三基点　　　　　　　　　　　　单位：℃

作物	最低温度	最适温度	最高温度	作物	最低温度	最适温度	最高温度
水稻	10～12	30～32	40～44	玉米	5～10	27～33	40～50
小麦	0～5	25～30	31～37	大豆	10～12	27～33	33～40
大麦	0～5	25～30	31～37	南瓜	10～15	37～40	44～50
向日葵	5～10	31～35	37～44	棉花	10～18	25～30	31～38

（2）光　光是绿色植物正常生长所必需的条件。因为一方面有光时植物才能进行光合作用，而光合产物是生长所必需的有机养料来源，并且光也是叶绿素形成的必需条件；另一方面光能抑制细胞的延长，促进细胞的成熟和分化，而且在强光下，还能加强蒸腾作用。降低大气的相对湿度和土壤水分，也能抑制枝、叶的生长。所以在充足的阳光下，植株长的虽然较矮小，但生长的健壮，茎、叶较发达，干重也较大。且光照强时，能促进根的生长，故根冠比也较大。

光对细胞生长的抑制作用，主要是蓝紫光，特别是紫外线的效果更明显。高山空气稀薄，短波光容易透过，紫外线尤为丰富，是高山植物长得矮小的原因之一。农业生产中，在低温情况下，利用蓝色塑料薄膜覆盖既能吸收大量红橙光，使膜内温度升高，又能透过400～500nm的蓝紫光，抑制秧苗生长，使植株矮壮。

如果把栽培植物放在黑暗中，就会表现出不正常的外貌。由于细胞伸长不受抑制，因而茎部细长，机械组织和输导组织很不发达，根系生长不好，叶细小，因不能形成叶绿素而成黄色，称为黄化现象。如在黑暗中和阳光下分别培养的马铃薯幼苗，两者生长状态显然不同（图6-13）。在蔬菜栽培上，可遮光使植物黄化，以提高食用价值。如韭黄、蒜黄及豆芽，用培土方法使大葱葱白增多等。

光能抑制植物的生长，使植物的生长具有显著的昼夜周期性。虽然夜间温度较低，但生长仍较快，特别夜间温度如较高，生长就更快。

（3）水分　植物的生长对水分供应最为敏感。原生质的代谢活动，细胞的分裂、生长与分化等都必须在细胞水分接近饱和的情况下才能进行。由于细胞的扩大生长较细胞分裂更易受细胞含水量的影响，在相对含水量稍低于饱和含水量时则不能进行生长。因此，供水不足，植株的体积增长会提早停止。在生产上，为使稻麦抗倒伏，最基本的措施就是控制第一、第二节间伸长期的水分供应，以防止基部节间的过度伸长。水分亏缺还会影响呼吸作用、光合作用等。

四、植物的成花生理

植物经过一定时期的营养生长后，就能感受外界信号（低温和光周期）产生成花刺激物。成花刺激物被运输到茎端分生组织，并发生一系列诱导反应，使分生组织进入相对稳定的状态，即成花决定态。进入成花决定态的植物就具备了分化花或花序的能力，在适宜的条件下就可以启动花的发生，进而开始花的发育过程。

（一）光周期现象

一天中白天黑夜的相对长短，称为光周期。植物通过感受昼夜长短变化而控制开花的现象称为光周期现象。光周期现象是美国科学家加纳尔（W. W. Garner）和阿拉德

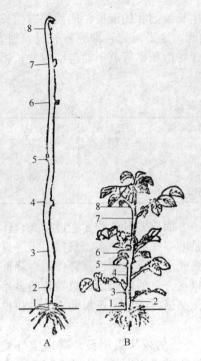

图 6-13 光对马铃薯生长的影响
（数字表示节数）
A—缺光或弱光下生长；B—正常光照下生长

（H. A. Allard）发现的。1910 年他们用烟草、大豆等进行试验，发现烟草品种（maryland mammoth）在夏季株高可达3～5m，但是不开花，如果在冬季的温室里，株高不到 1m 就可以开花；另外发现某个大豆品种，在从春到夏的不同时间进行播种，尽管植株生长期不同，营养体大小不同，但都在夏季的同一时间开花。植物为什么在特定季节开花呢？一定是某个环境因子在控制开花。植物生长环境随季节变化的主要是温度和光照长度。因此，他们检验了日照长度对烟草开花的影响，结果发现，只有当日照短于 14h，烟草才开花，否则就不开花。后来又发现许多植物开花需要一定的日照长度，如水稻、冬小麦、菠菜、豌豆、天仙子等。光周期现象的发现使人们认识到光是植物生长发育中的一个重要环境因子，它不仅提供光合作用所需要的能量，而且提供植物用于适应周围环境进行正常生长发育尤其是开花所需要的信息。

1. 植物对光周期反应的类型

不同植物开花对光周期的要求不同，即光周期反应不同，根据植物对光周期的反应，可将植物分为三大类。

（1）短日植物（SDP） 这类植物在日照长度短于某一定临界值（临界日长）时才能够开花，对于这种植物适当缩短光照，延长黑暗，可提早开花。在临界日长内，延长光照，则延迟开花，如果光照时数大于临界日长，则不进行花芽分化，不开花。短日植物有大豆、玉米、高粱、紫苏、晚稻、苍耳、菊、烟草、一品红、黄麻、秋海棠、腊梅、日本牵牛、落地生根等。

（2）长日植物（LDP） 这种植物在日照长度大于某一临界值（临界日长）时才能开花。在临界日长以上，延长日照，缩短黑暗，可提早开花。如果日照长度短于临界日长，则不进行花芽分化，不开花。长日植物包括小麦、白菜、甘蓝、芹菜、菠菜、萝卜、胡萝卜、甜菜、豌豆、油菜、山茶、杜鹃、桂花等。

（3）日中性植物（DNP） 指植物开花对日照长度没有特殊的要求，在任何日照长度下均能开花，因此可四季种植。这种植物开花主要受自身发育状态的控制。日中性植物包括番茄、四季豆、黄瓜、辣椒、月季、君子兰、向日葵等。

植物光周期反应除上述三种主要类型外，还有要求双重日照条件的反应类型：长短日植物和短长日植物，如大叶落地生根、芦荟、茉莉，开花要求夏季长日照和秋季短日照，而风铃草、白草木樨开花要求先短日照后长日照。

我国地处北半球，北半球不同纬度地区昼夜长度的季节变化如图 6-14 所示。从图中可以看出，在北半球不同纬度地区，一年中昼最长、黑夜最短的一天是夏至，而且纬度愈高，白昼愈长、黑夜愈短；相反，冬至

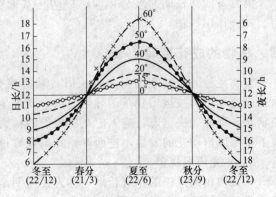

图 6-14 北半球不同地区昼夜长度的季节变化

是一年中白昼最短、黑夜最长的一天，纬度愈高，白昼愈短、黑夜愈长；春分和秋分的昼夜长度相等，各为 12h。生长在地球上不同地区的植物在长期适应和进化过程中表现出生长发育的周期性变化。植物光周期现象的形成，是植物长期适应该地区自然光周期的结果。纬度不同，不同光周期类型的植物分布亦不同。在低纬度地区，因为没有长日照条件，所以只有短日植物。在高纬度地区，如我国东北地区，由于短日时期温度过低，只有在长日照时，才有适合植物生长的气候条件，因此适于长日植物生长，所以这里分布着长日植物。在中纬度地区（如我国北方），夏季有长日照，秋季有短日照，因此长日植物与短日植物均有分布。所有这些都与原产地生长季节的日照条件相适应。

长期以来，由于自然选择和人工培育，同一种植物可以在不同纬度地区分布。例如短日植物大豆，从中国的东北到海南岛都有当地育成品种，它们各自具有适应本地区日照长度的光周期特性。如果将中国不同纬度地区的大豆品种均在北京地区栽培，则因日照条件的改变引起其生育期随其原有的光周期特性而呈现出规律性变化：南方的品种由于得不到短日条件，致使开花推迟；相反，北方的品种因较早获得短日条件而使花期提前（表 6-3）。这反映了植物与原产地光周期相适应的特点。

表 6-3　中国南北各地大豆在北京种植时开花的情况

原产地及约略纬度	广州 23°	南京 32°	北京 40°	锦州 41°	佳木斯 47°
品种名称	番禺豆	金大 532	本地大豆	平顶香	满仓金
原产地播种到开花日数	—	90	80	71	55
北京地播种到开花日数	168	124	80	63	36

植物感受光周期诱导的季节，以春季播种为例，长日植物感受光周期诱导的时间在夏至之前，日照逐渐变长的时候；短日植物感受光周期诱导的时间大多在夏至之后，日照逐渐变短的时候。

短日植物和长日植物的划分是根据它们开花要求的日照长度是否大于临界日长，还是短于临界日长，不是日照长度的绝对值。如短日植物大豆变种 Biloxi，临界日长为 14h，长日植物冬小麦临界长为 12h，日照长度为 13h，两种植物都能开花。一些长日植物和短日植物的临界日长见表 6-4，表中所列举的都是一些典型的长日植物和短日植物，它们对日照长度的要求是绝对的，而且都有明确的临界日长。

表 6-4　一些长日植物和短日植物的临界日长

植物名称（长日植物）	24h 周期中的临界日长/h	植物名称（短日植物）	24h 周期中的临界日长/h
天仙子	11.5	菊花	15
菠菜	13	苍耳	15.5
小麦	12 以上	美洲烟草	14
大麦	10~14	一品红	12.5
木槿	12	晚稻	12
甜菜	13~14	红叶紫苏	约 14
拟南芥	13	裂叶牵牛	14~15
红三叶草	12	甘蔗	12.5
毒麦	11	落地生根	12 以下
燕麦	9	草莓	10~11

有些植物具有明确的临界日长，称为绝对长日植物或绝对短日植物；有些没有明确的临界日长，称为相对长日植物或相对短日植物。临界日长随植物的年龄、环境条件而变化。不同光周期反应类型在一定条件下可相互转化。例如：豌豆、黑麦、苜蓿在较低的夜温下，失去对日照长度的敏感性，成为日中性植物；甜菜在较低温度（10~18℃）下，也失去对日长的要求，可在短日照（8h）下开花。

2. 光周期诱导的机理

（1）光周期诱导的感受部位　植物感受光周期诱导的部位是叶片。1936年，柴拉轩首次进行了这方面的试验，菊是短日植物，在长日照条件下不开花，柴拉轩将菊的顶端用长日照处理，叶片做短日照处理，菊开花。反过来将顶端用短日照处理，叶片用长日处理，菊不开花。由此证明，菊感受短日照诱导的部位是叶片（图6-15）。后来有人用短日植物苍耳做试验，也表明叶片是感受短日照的部位，将生长在长日照下的苍耳的一片叶用短日处理，就可诱导产生花原基，将苍耳全部叶片打去，只留一片叶，也可进行光周期诱导，如将全部叶片打去，就不能感受短日照。

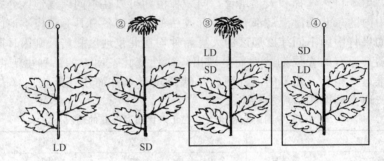

图6-15　叶片和营养芽的光周期处理对菊花开花的影响（Chailakhyen，1937）
①～④—4种处理；LD—长日照；SD—短日照

叶片感受光周期诱导的能力与叶龄和叶的发育阶段有关。叶龄指叶片形成顺序，例如第四片，叶龄为四，只有一定叶龄的叶片才能感受光周期诱导，也就是植株要具有一定的生理年龄，如大豆是在子叶伸展期，苍耳在叶龄为四或五期，水稻在七叶期左右，红麻在六叶期，才能感受日照。一般植株年龄越大，通过光周期诱导的时间越短。从叶的发育阶段看，一般幼小或衰老叶片的敏感性差，而叶片伸展至最大时敏感性最高。

多数植物需要几天、十几天，到二十几天的光周期诱导，但有的植物所需时间较短，如短日植物的苍耳、日本牵牛，只需1天。长日植物白芥、毒麦也只需1天，就可完成光周期诱导，进行花芽分化。植物完成光周期诱导后，再放入不适合光周期下也能开花。

在某些条件下，植物其他部分也可感受光周期诱导。例如，一种藜科植物去叶后仍可感受短日照，有些植物不带芽的茎切段在短日照下4星期，可诱导花芽分化。

（2）光周期刺激的传递　植物感受光周期的部位是叶片，而对光周期进行反应的部位是生长点，由于光周期的感受部位与反应部位存在距离，在两个部位之间必然存在着某种物质传递，嫁接试验也表明存在这种传递。柴拉轩将5株苍耳串联嫁接，将其中一端植株的一片叶进行短日照处理，其他叶片都处于长日照下，但5株都能开花（图6-16）。将短日植物高凉菜和长日植物八宝嫁接在一起，不管在长日照下，还是在短日照下，两种植物都能开花。这表明叶片在感受光周期刺激后，产生开花刺激物，而且长日植物和短日植物所产生的开花刺激物质相同，人们把它称为开花素。

（3）暗期在光周期诱导中的作用　在光周期诱导中，中断光期和中断暗期试验表明，暗期长度比光期长度更重要。中断暗期，用短暂的光照打断，或者闪光处理。用闪光打断暗期时以接近暗期中间的午夜最好（图6-17）。中断暗期所需的光照时间因植物不同而异，长日植物需要相对较长的照光中断暗期，对促进开花的效果明显，而短日植物如大豆、苍耳等对暗期中的光非常敏感，闪光的光照度不需要很强，为50～100lx，照光几分钟就可阻止开花（月光的2～10倍，一般情况下，日出、日落时的光照度可达到200lx），而菊花需要大于1h的照光才能生效，或高强度的荧光灯照光几分钟也能抑制成花。间断暗期以红光最有效，蓝

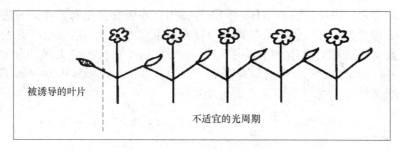

图 6-16　苍耳叶片中产生的开花刺激物的传递

第一株叶片在短日照下，其余在长日照下，因嫁接传递，所以都开了花

光效果很差，绿光几乎无效。从试验中可以看到，在光周期诱导中，暗期长度比光期更重要，所以长日植物实际上是一种短夜植物，而短日植物则是长夜植物。试验证明暗期长度决定花原基的发生，而光期长度决定花原基的数量，光期的光合作用主要为花发育提供营养物质。短日照促进短日植物多开雌花，长日植物多开雄花，而长日照则促使长日植物多开雌花，短日植物多开雄花。

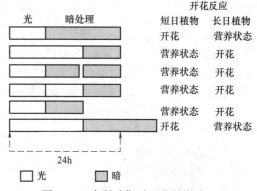

图 6-17　中断暗期对开花的影响

3. 光敏素在成花诱导中的作用

将吸足水分的莴苣种子放在白光下，促进其萌发；用波长 660nm 的红光照射时，也可促进萌发；若用波长 730nm 的远红光照射种子，则抑制种子萌发；红光照射后，如再用远红光处理，萌发也受到抑制，即红光作用被远红光消除；如果红光和远红光交替多次处理，则种子发芽状况取决于最后一次所用光的波长。用短日植物苍耳闪光试验证明：在苍耳生长的暗期中间若用 660nm 的红光进行闪光处理不开花，而用 730nm 的远红光照射可使其开花，反复用这两种波长的光交替照射时，可相互抵消彼此的效应，且最后的效应取决于最后一次所用光的波长（图 6-18）。

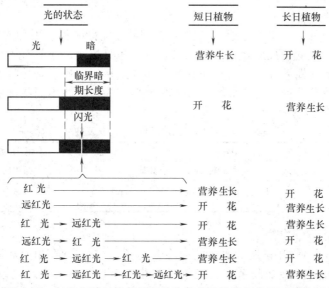

图 6-18　红光和远红光对短日植物及长日植物开花的可逆控制

　　根据光化学原理，说明莴苣种子体内和苍耳体内存在吸收红光和远红光并进行可逆转换的光受体——光敏色素。光敏色素是植物体内存在的重要光受体，能吸收红光及远红光并进行可逆的转换反应。光敏色素有两种类型：一种是红光吸收型，最大吸收波长在 660nm，以 P_r 表示；一种是远红光吸收型，最大吸收波长在 730nm，以 P_{fr} 表示。P_{fr} 具生理活性。两种状态随光照条件变化而相互转变（图 6-19）。

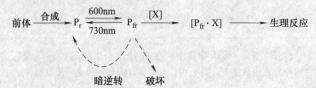

图 6-19　两种类型光敏色素的转换关系

　　光敏色素在白天吸光（照光），大部分转变为 P_{fr}，在短时间内 P_{fr}/P_r 比值大，该过程进行很快，生成的 P_{fr} 与日照长短关系很小。在夜晚，P_{fr} 转变为 P_r 或分解，P_{fr}/P_r 比值变小，速度非常慢，常需数小时，这样在黑夜 P_{fr} 的数量和 P_{fr}/P_r 比值就决定于黑夜的长短，黑夜长，P_{fr} 数量低，P_{fr}/P_r 比值小，黑夜短，P_{fr} 的数量就高，P_{fr}/P_r 比值大。在中断光期和中断暗期试验中，中断光期对 P_{fr}/P_r 比值没有多大影响，因此不影响开花，而中断暗期，则会使 P_{fr}/P_r 比值迅速升高，因为 P_r 吸光转变为 P_{fr} 是一个非常迅速的过程。中断暗期 P_{fr}/P_r 比值升高，抑制短日植物开花（需低 P_{fr}/P_r 比值），促进长日植物开花（需高 P_{fr}/P_r 比值）。也有人认为植物能否开花不决定于 P_{fr} 数量，而决定于 P_{fr}/P_r 比值。短日植物是长夜植物，因此，低 P_{fr}（P_{fr}/P_r）有利于短日植物开花，而长日植物是短夜植物，高 P_{fr}（P_{fr}/P_r）有利于长日植物开花。

　　但近年来的研究表明，植物的成花反应并不完全受暗期结束时 P_{fr}/P_r 相对比值所控制。如对许多短日植物来说，在光期结束时立即照射远红光，其开花并未受到促进，反而受到强烈抑制，其临界夜长也只是略微缩短，而不是大大缩短。在短日植物暗诱导的前期（3～6h 内），体内保持较高的 P_{fr} 水平，有利于成花，而在暗诱导的后期，较低的 P_{fr} 水平促进成花。因此，短日植物开花所要求的是暗期前期的"高 P_{fr} 反应"和后期的"低 P_{fr} 反应"；而长日植物开花要求的是暗期前期的"低 P_{fr} 反应"和后期的"高 P_{fr} 反应"，但长日植物对 P_{fr}/P_r 比值的要求没有短日植物严格。

4. 光周期现象的应用

　　（1）指导调种引种　在生产上经常需要从外地引进优良品种，引种时应注意三个问题：首先了解所引品种的光周期反应特性，是长日植物、短日植物，还是日中性植物；其次了解原产地和引种地的光周期差异，即日照条件的差异；最后，明确引种的目的，是为了收获生殖器官，还是为了收获营养器官。如果以收获生殖器官为主，在不同纬度地区引种时应遵循一定的原则（表 6-5）。

表 6-5　不同地区植物引种的生长反应

作物类型 引种方向	长 日 植 物			短 日 植 物		
	生育期	开花反应	应引品种	生育期	开花反应	应引品种
南种北引	缩短	提前	晚熟	延长	延迟	早熟
北种南引	延长	延迟	早熟	缩短	提前	晚熟

　　（2）控制开花期

　　① 在育种方面，调节开花期，解决花期不遇问题。在杂交育种时特别是不同光周期反应（地理远缘）特性的品种之间杂交，经常遇到花期不遇问题，可通过改变日照长短来调节。如早稻和晚稻杂交育种时，可在晚稻秧苗 4～7 叶期进行遮光处理，促使其提早开花以

便和早稻进行杂交受粉，培育新品种。

② 控制花卉开花时间。在花卉生产中，可利用控制日照长度来调节开花期。如菊花是短日植物，一般在秋季开花，如果人工短日照处理，10 天内就可引起花芽分化；用延长光照的方法，也可延迟菊开花，或进行暗期间断，在 15h 暗期（黑暗）条件下，在黑暗开始后的 6~9h，用 6000lx 的荧光灯照射 1min，就可抑制开花。对于长日性的花卉，如杜鹃、山茶花等，人工延长光照或暗期间断，可提早开花。

③ 促进营养生长。对以收获营养体为主的作物，可通过控制光周期来抑制其开花，延长营养生长。如甘蔗是短日植物，临界日长为 10h，在短日照来临时，在午夜用闪光处理，可维持营养生长，不开花，提高蔗糖产量。短日植物烟草，原产热带或亚热带，引种至温带时，可提前至春季播种，利用夏季的长日照及高温多雨的气候条件，促进营养生长，提高烟叶产量。对于短日植物麻类，南种北引可推迟开花，使麻秆生长较长，提高纤维产量和质量，但种子不能及时成熟，可在留种地采用苗期短日处理方法，解决种子问题。在蔬菜栽培上，种植叶菜、根菜类，不能满足其对光周期的要求则抑制开花；若收获的是花菜、果菜类，尽量满足其对日照的要求，促进开花，从而提高产量。

④ 在育种、制种方面。利用植物的光周期反应特性，高纬度地区的短日植物，在冬季可到低纬度地区种植，进行南繁（北育），增加世代。如短日植物水稻和玉米可在海南岛加快繁育种子或及时完成制种鉴定；长日植物小麦夏季在黑龙江、冬季在云南种植，可以满足作物发育对光照和温度的要求，一年内可繁殖 2~3 代，加速育种进程，缩短育种年限。另外，育种中应选育对光周期不敏感的品种，便于扩大推广面积。

（二）春化现象

1. 春化作用的概念及条件

（1）春化作用的概念和反应类型　低温是诱导植物进行花芽分化的重要环境因素。一些植物必须经历一定的低温才能形成花原基，进行花芽分化。这种低温诱导促使植物开花的作用称为春化作用。

春化作用的概念来自对小麦开花特性的研究。1918 年，德国的加斯纳（Gassner）研究了小麦的发育特性后，把小麦分为两大类：一类为秋季播种的冬性品种，另一类为春季播种的春性品种。将冬性品种春播，植株只进行营养生长，不开花结实。但他又发现，在冬性黑麦种子萌发时，用 1~2℃ 的低温处理，再春播，就可以开花结实。这说明冬性小麦开花需要一定的低温。1928 年，前苏联的李森科把加斯纳（Gassner）的研究成果应用于农业生产，他将冬性小麦种子用低温处理，然后春播，以解决某些地区冬小麦不能越冬问题，他把这种低温处理措施称为春化，目的就是把冬小麦转化为春性小麦。

根据原产地的不同，冬小麦可分为冬性、半冬性和春性三种类型。不同类型所要求的低温范围和春化天数不同。一般冬性愈强，要求的春化温度愈低，春化的天数也愈长（表 6-6）。

表 6-6　各种类型的小麦完成春化作用所需要的温度和时间

类型	春化温度范围/℃	春化天数/天
冬性	0~3	40~45
半冬性	3~6	10~15
春性	8~15	5~8

冬性一年生植物（如冬小麦）对低温是一种相对需要，一般适当降低或延长春化作用时间，可缩短种子萌发至开花的时间。如不经历低温，则延迟开花。而一些二年生植物对低温的要求是绝对的，不经历低温就不能开花，如甜菜。有一些多年生植物春季开花也需要低温，但这不是为了成花诱导，而是为了打破休眠。

（2）春化作用的条件及春化解除作用　低温是春化作用的主要条件，此外还需要适量的水分、充足的氧气和作为呼吸底物的营养物质糖类及适宜长度的日照诱导。

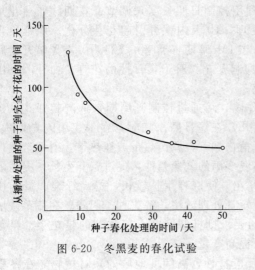

图 6-20 冬黑麦的春化试验

① 适宜的低温和一定的持续时间。各种植物春化所要求的温度范围及持续时间有所不同。冬小麦、冬黑麦，在春化处理延长时，从播种到开花的时间缩短；但当春化处理时间缩短时，从播种到开花的时间就会延长（图 6-20）。

通常春化作用的温度为 0～15℃，并需要持续一定时间，最适温度 0～2℃。如冬小麦、萝卜、油菜等为 0～5℃，春小麦为 5～15℃。有些原产于温带的植物如油橄榄，最适温度范围为 10～13℃。棉花、瓜类的春化温度要求更高些。一般春化温度的上限为 9～17℃，下限以植物组织不结冰为限度。春化作用进行的时间，长的可达 1～3 个月，短的 2 周至几天不等。植物春化作用需要的温度越低，需求的时间也越长。例如我国北纬 33°以北的冬性小麦，要求 0～7℃的低温，持续 3～51 天，才能通过春化，而北纬 33°以南的品种，在 0～12℃，经过 12～26 天，就可通过春化作用。

② 水分。植物以萌动的种子形式通过春化作用，需要一定的含水量，如冬小麦已萌动的种子，含水量低于 40％，就不能通过春化作用。所以在春化处理时，为了控制芽的长度，而又处于萌动状态，可采用控制水分的吸收量来控制萌动状态。干种子对低温没有反应，因此，植物不能以干种子形式通过春化。

③ 氧气。充足的氧气是萌动种子通过春化作用的必需条件。在缺氧条件下，即使水分充足，萌动的种子也不能通过春化。春化期间，细胞内某些酶活性提高，氧化作用增强，充足的氧气是进行生理生化活动的必要条件，缺氧严重时可解除春化的效果。

④ 养分。春化作用需要足够的养分，将冬小麦种子的胚取出，培养在含蔗糖的培养基中，可通过春化作用，如果培养基中不含蔗糖，则不能通过春化。有些植物在感受低温后，还需要长日照诱导才能开花。如天仙子植株，经低温春化后放在短日照下不开花，只有经低温春化后处于长日照条件下才能抽薹开花。

在春化过程完成之前，若将正在进行春化的植物放在较高的温度下生长，低温的效果就会被减弱或解除，这种高温解除春化的现象叫做去春化或春化作用的解除。一般春化的解除温度为 25～40℃。如冬小麦在 30℃以上 3～5 天即可解除春化。春化过程已经完成，春化效应则很稳定，高温不能将其解除。被解除了春化效应的植物再返回到低温时，植物重新获得低温的诱导效应，又重新进行春化，这种现象称为再春化现象。完成春化以后，植物能稳定保持春化刺激的效果，直至开花。

2. 春化作用的时期及感受部位

多数一年生植物在种子吸涨后萌发期间就可以感受低温，通过春化作用，如萝卜、白菜、小麦等，称为种子春化型。在种子中感受低温的部位是胚。例如将冬黑麦的胚培养在含蔗糖的培养基上，用低温处理，就可通过春化。有些植物感受低温的时期比较严格。多数二年生或多年生植物只有当营养体长到一定大小时，形成一定的绿体（一定大小的绿色营养体）后，才能感受低温完成春化，称为绿体春化型。例如甘蓝、洋葱、胡萝卜、月见草等。一般甘蓝茎粗要长到 0.6cm，叶宽 5cm 以上才能通过春化。月见草要在长出 6～7 片叶后，才能感受低温的诱导。以绿体通过春化作用的植物，感受低温的部位大多为茎尖生长点，如芹菜、菊花等。种植在温室中的芹菜，茎尖用低温（3℃）处理，其他部位用高温处理，芹菜可通过春化作用；反过来茎尖用高温处理，其他部位用低温处理，芹菜就不能够通过春化作用。总的来看，植物感受低温的部位是植物细胞分裂旺盛的部位。

春化作用需要的是低温条件，这与一般的生化反应不同。用冬小麦进行的研究表明，在低温处理的初期，呼吸作用以强烈的氧化磷酸化为特征，也就是主要合成 ATP，随后，呼吸代谢逐渐转变为以形成脱氧酶为主，这说明，随着低温的延续，植物体内在进行物质的转化和合成。在小麦、燕麦、菊花和油菜春化时，GA 含量升高，因此可用赤霉素处理；芹菜、胡萝卜、萝卜、甜菜、燕麦、甘蓝、二年生天仙子、勿忘草、紫罗兰，GA 可代替低温，诱导植株开花，其中胡萝卜、甜菜、甘蓝、天仙子的低温效应都可以传递，所以赤霉素可能在低温春化的前期使植物获得形成花原基的能力，这种能力可通过嫁接传递。上海植物生理研究所，将已春化的天仙子枝条分别与未春化的烟草和矮牵牛嫁接，可使后两者开花。植物顶芽感受低温，切去侧芽培养可以开花。这说明在春化过程中产生某种开花刺激物，这种物质可通过嫁接传递，但至今还未分离出诱导开花的物质。

3. 春化作用在生产中的应用

（1）用春化作用理论指导调种引种，提高产量　我国南北不同地区温度差异悬殊，北方纬度高、温度低，南方则相反。因此在南北地区引种时首先要考虑两地温度条件；其次要考虑所引品种的春化特性，了解不同品种在成花诱导中对低温需求的差异，考虑所引品种在引种地能否顺利通过春化。例如北方冬性强的品种引种到南方，由于南方气温高，可能不能满足春化的低温要求，植物只进行营养生长，不开花结实；而南方品种引到北方，会使南方早春开花或晚秋开花的植物受低温伤害而败育，造成损失。

（2）调节播种期和成熟期　将具有春化特性的种子在播种前进行春化处理，可调节开花期和播种期。例如将春小麦在播种前春化处理，可提前开花和成熟 5～10 天，从而避开干热风的危害。我国农民用"闷麦"或"七九麦"处理冬小麦种子，可促使其完成春化作用而用于春播，或春天补苗。"七九麦"指将小麦种子于冬至这天浸入井水中，第 2 天取出阴干，每 9 天 1 次，共 7 次，以完成春化作用。为了避免春季"倒春寒"对春小麦的低温伤害，可对种子进行人工春化处理后适当晚播，使之在缩短生育期的情况下正常成熟。

（3）控制开花期　在制种和花卉栽培上，用低温预先处理，可使秋播的一、二年生植物改为春播，当年开花。例如：用 0～5℃低温处理石竹可促进开花。对以营养器官为收获对象的植物，如洋葱、当归等，可用高温处理解除春化的方法，抑制开花，延长营养生长，从而增加产量和提高品质。如果以收获营养体为目的，可以南种北引，如麻类、烟草，可延长营养生长期，提高产量。

（4）缩短育种年限　在育种工作中利用春化处理缩短生育时期，从而可以在一年中培育3～4 代冬性作物，加速育种过程。

（三）花芽分化

1. 花芽分化的概念

植物经过营养生长后，在适宜的外界条件下，就能分化出生殖器官（花），最后结出果实。尽管植物有一年生、二年生和多年生之分，但它们的共同特点是在开花之前都要达到一定的生理状态，然后才可感受外界条件进行花芽分化。花原基形成、花芽各部分分化与成熟的过程，称为花器官的形成或花芽分化。花芽分化是植物由营养生长过渡到生殖生长的标志。在花芽分化期间，茎端生长点的形态发生显著变化，即生长锥伸长和表面积增大。另外，花芽开始分化后，生理生化方面也显著变化，如细胞代谢水平增高、有机物剧烈转化等。

2. 影响花芽分化的因素

（1）营养状况　营养是花芽分化及花器官形成与生长的物质基础，其中碳水化合物对花芽分化的形成尤为重要。花器官形成需要大量的蛋白质，氮素营养不足，花芽分化慢且开花少；但氮素过多，C/N 比失调，植株贪青徒长，花反而发育不好。也有报道，精氨酸和精胺对花芽分化有利，磷的化合物和核酸也参与花芽分化的过程。

（2）内源激素对花芽分化的调控　CTK、ABA 和乙烯可促进果树的花芽分化，GA 则可抑制各种果树的花芽分化。IAA 的作用较复杂，低浓度的 IAA 对花芽分化起促进作用，而高浓度则起抑制作用。GA 可提高淀粉酶活性，促进淀粉水解，而 ABA 和 GA 则有拮抗作用，有利于淀粉积累。在夏季对果树新梢进行摘心，GA 和 IAA 含量减少，CTK 含量增加，这样能促进营养物质的分配，促进花芽分化。

此外，花芽分化还受植物体内营养状况与激素间平衡状况的影响。在一定的营养水平条件下，内源激素的平衡对成花起主导作用。在营养缺乏时，花芽分化则要受营养状况左右。当植物体内营养物质丰富，CTK 和 ABA 含量高而 GA 含量低时，则有利于花芽分化。

（3）环境因素　主要包括光照、温度、水分和矿质营养等。其中光对花芽分化影响最大。光照充足时，有机物合成多有利于花芽分化；反之则花芽分化受阻。农业生产上对果树整形修剪、棉花整枝打杈即是改善光照条件，以利于花芽分化。

一般情况下，一定范围内，植物的花芽分化随温度升高而加快，温度主要通过影响光合作用、呼吸作用和物质转化运输等过程，从而间接影响花芽的分化。如水稻减数分裂期间，若遇上 17℃ 以下的低温就形成不育花粉。低于 10℃ 时，苹果的花芽分化则处于停滞状态。

不同植物的花芽分化对水分需求不同，稻、麦等作物孕穗期对缺水相当敏感，此时若水分不足会导致颖花退化。而夏季适度干旱可提高果树 C/N 比，有利于花芽分化。

氮肥过少不能形成花芽，氮肥过多枝叶旺长，花芽分化受阻；增施磷肥，可增加花数，缺磷则抑制花芽分化。因此，在施肥中应注意合理配施氮、磷、钾肥，并注意补充锰、钼等微量元素，以利于花芽分化。

五、植物的生殖、衰老和脱落

（一）受粉与受精

1. 花粉的生理特点

花粉是花粉粒的总称，花粉粒是由小孢子发育而成的雄配子体。经分析证明，花粉的化学组成极为丰富，含有碳水化合物、油脂、蛋白质、各类大量元素和微量元素。花粉中还含有合成蛋白质的各种氨基酸，其中游离脯氨酸含量特别高，脯氨酸的存在对维持花粉育性有重要作用，如不育的小麦中就不含脯氨酸。花粉中还含有丰富的维生素 E、维生素 C、维生素 B_1、维生素 B_2 等，以及生长素、赤霉素、细胞分裂素与乙烯等植物激素。这些激素对花粉的萌发、花粉管的伸长及受精、结实都具有重要的调节作用。另外，成熟的花粉具有颜色，这是因为花粉外壁中含有色素，如类胡萝卜素和花色素苷等色素具有招引昆虫传粉的作用。另外，据试验统计表明，在花粉中已鉴定出 80 多种酶。正因为花粉中维生素含量高，又富含蛋白质和糖类，因而花粉制品已成为保健食品。

2. 花粉的生活力与贮藏

由于植物种类不同，成熟的花粉离开花药以后生活力差异较大。禾谷类作物的花粉生活力较弱，水稻花药裂开 5min 后，花粉生活力便下降 50% 以上；玉米花粉生活力较强，能维持 1 天之久；果树的花粉则可维持几周到几个月。所以，延长花粉生活力，贮藏花粉，以克服杂交亲本花期不遇已成为生产上一个亟待解决的问题。花粉生活力也与外界条件有关，一般干燥、低温、二氧化碳浓度高和氧浓度低时，最有利于花粉的贮藏。一般来说，1~5℃ 的温度、6%~40% 相对湿度，贮藏花粉最好。但禾本科植物的花粉贮藏要求 40% 以上的相对湿度。在花粉贮藏期间，花粉生活力的逐渐降低是由于花粉内贮藏物质消耗过多、酶活性下降和水分过度缺乏而造成的。

3. 花粉的萌发与花粉管的伸长

成熟花粉从花药中散出，而后借助外力落到柱头上的过程，称为受粉。受粉是受精的前提。具有生活力的花粉粒落到柱头上，被柱头表皮细胞吸附后，吸收表皮细胞分泌物中的水分，由于营养细胞的吸涨作用，使花粉内壁及营养细胞的质膜在萌发孔处外突，形成花粉管乳状顶端的过程称为花粉萌发（图 6-21）。

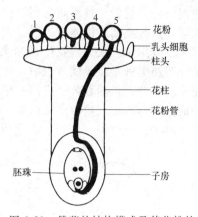

图 6-21　雌蕊的结构模式及其花粉的萌发过程

1—花粉落在柱头上；2—吸水；3—萌发；4—侵入花柱细胞；5—花粉管伸长至胚囊

随后花粉管侵入柱头细胞间隙进入花柱的引导组织，花粉管在生长过程中，除消耗花粉粒本身的贮藏物质外，还要消耗花柱介质中的大量营养。

许多生长促进物质影响花粉管的生长。试验证明，花粉中的生长素、赤霉素可促进花粉的萌发和花粉管的生长。硼对花粉的萌发有显著促进效应。因此在花粉培养基中加入硼和钙有利于花粉的萌发，子房中的钙可能是作为引导花粉管向胚珠生长的一种化学刺激物。

花粉的萌发和花粉管的生长，表现出集体效应，即在一定的面积内，花粉的数量越多，萌发和生长的效果越好。人工辅助受粉增加了柱头上的花粉密度，有利于花粉萌发的集体效应的发挥，因而提高了受精率。

4. 外界条件对受粉的影响

受粉是受精结实的先决条件，如果不能正常受粉，就谈不上受精结实，因此，了解外界条件对受粉的影响，具有重要的实践意义。

（1）温度　温度对各种植物受粉的影响很大。一般来说，受粉的最适温度在 20～30℃ 之间。如水稻抽穗开花期的最适温度为 25～30℃，当温度低于 15℃ 时，花药就不能开裂，受粉极难进行；当温度超过 40～45℃ 时，花药开裂后会干枯死亡。番茄花粉管生长速度在 21℃ 时最快，低于或高于 21℃ 时，花粉管的生长都逐渐减慢。

（2）湿度　湿度对受粉影响是多方面的。例如玉米开花时若遇上阴雨天气，雨水洗去柱头上的分泌物，花粉吸水过多膨胀破裂，花丝（花柱）及柱头得不到花粉，将继续伸长。由于花丝向侧面下垂，以致雌穗下侧面的花丝被遮盖，不易得到花粉，造成下侧面穗轴整行不结实。另外，在相对湿度低于 30% 或有旱风的情况下，如果此时温度又超过 32～35℃，则花粉在 1～2h 内就会失去生活力，雌穗花丝也会很快干枯不能接受花粉。水稻开花的最适湿度为 70%～80%，否则将影响受粉。

5. 受精过程

在花粉粒与柱头具有亲和力的情况下，花粉粒萌发穿入柱头，沿着花柱进入胚囊后就可受精。花粉管靠尖端的区域伸长生长一直到达子房，随着花粉管的破裂，释放出两个精细胞，其中一个精细胞与卵细胞结合形成合子，另一个精细胞与胚囊中部的两个极核融合形成初生胚乳核，被子植物的这种受精方式又称为双受精。

（二）果实与种子的成熟

1. 种子和果实成熟时的生理变化

（1）种子成熟过程中的生理生化变化　在种子的形成过程中，植物其他部分的有机物质向种子运输，并在种子中转化为贮存物质。因此，在种子形成过程中，干物质含量不断增加，当种子成熟后，干物质的积累结束。

淀粉（糖类物质）类种子的贮存物质主要是淀粉，淀粉是由外部运输而来的可溶性糖转化的。因此，在种子形成过程中，可溶性糖含量在种子形成初期含量升高，然后随淀粉的合成而下降，淀粉含量不断升高，到种子成熟时，淀粉含量达到最高水平（图6-22）。淀粉的积累，以乳熟期和糊熟期最快。在形成淀粉的同时，还形成构成细胞壁的不溶性物质如纤维素和半纤维素。大豆、花生、油菜、蓖麻、向日葵等种子含有大量的脂肪，称为脂肪类种子。脂肪类种子在成熟过程中，物质含量变化有以下特点：第一，脂肪是由碳水化合物转化而来，因此，伴随着种子成熟，脂肪含量不断升高，碳水化合物含量相应降低；第二，在种子成熟初期形成大量游离脂肪酸，随着种子成熟，游离脂肪酸转化为脂肪，其含量下降；第三，种子成熟过程中，先合成饱和脂肪酸，然后再转化为不饱和脂肪酸（图6-23）。

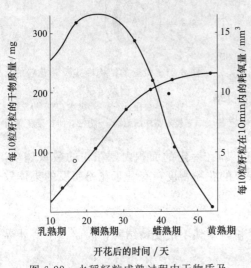

图6-22 水稻籽粒成熟过程中干物质及呼吸作用的变化

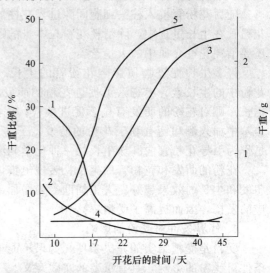

图6-23 油料种子在成熟过程中干物质的积累情况
1—可溶性糖；2—淀粉；3—千粒重；4—含N化合物；5—粗脂肪

许多豆科植物种子含有大量蛋白质，因此称为蛋白类种子，这类种子在成熟过程中，蛋白质代谢有以下几个特点：第一，叶片或其他营养器官的氮素以氨基酸或酰胺的形式运至果荚，在果荚皮中氨基酸或酰胺合成蛋白质，暂时贮存起来。第二，随着种子的成熟，荚果中暂时贮存的蛋白质分解，转化为酰胺，运入种子，再转化为氨基酸，最后合成蛋白质（图6-24）。种子贮藏蛋白的生物合成开始于种子发育的中后期，至种子干燥成熟阶段终止。

种子成熟过程中，水分含量逐渐降低，随着种子的成熟，有机物合成增加（图6-25），而有机物合成过程是一个脱水过程。随着种子成熟脱水，种皮角质化，木栓化程度增高，种子变硬，代谢活动缓慢下来，走向休眠。呼吸速率与有机物质积累速率具有平行关系，在干物质积累快时，呼吸速率高，随着干物质积累速率慢，呼吸速率逐渐降低。在种子形成过程中，各种激素含量发生剧烈变化，以小麦为例：细胞分裂素、赤霉素、生长素含量早期增加，然后下降；脱落酸含量逐渐升高，在种子接近最大鲜重时迅速升高，种子成熟时达到最大值。

（2）果实的生长和成熟生理 果实成熟是果实充分成长以后到衰老之间的一个发育阶段。而果实的完熟则指成熟的果实经过一系列的质变，达到最佳食用的阶段。通常所说的成熟也往往包含完熟过程。

① 果实的生长。果实也有生长大周期。苹果、梨、香蕉、茄子等肉质果实生长曲线呈单S形，这一类型的果实开始生长速度较慢，以后逐渐加快，直至急速生长，达到高峰后又逐渐变慢，最后停止生长。这种"慢-快-慢"生长节奏的表现与果实中细胞分裂、膨大、分化及成熟的节奏相一致。而桃、杏、李、樱桃、柿子等一些核果和葡萄等某些非核果果实的生长曲线呈双S形，这一类型的果实在生长中期出现一个缓慢生长期，表现为"慢-快-慢-快-慢"的生长

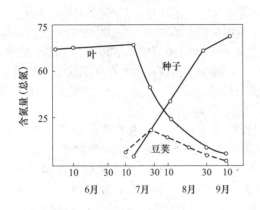

图6-24 蚕豆中含N物质由叶运到豆荚，
然后又由豆荚运到种子的情况

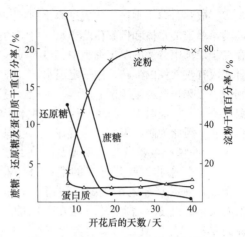

图6-25 正在发育的小麦籽粒胚乳中
几种有机物的变化

节奏。该缓慢生长期是果肉暂时停止生长，而内果皮木质化、果核变硬和胚迅速发育的时期。果实第二次迅速增长的时期，主要是中果皮细胞的膨大和营养物质的大量积累（图6-26）。

② 果实成熟时的生理变化。在成熟过程中，果实从外观到内部发生了一系列变化，如呼吸速率的变化、乙烯的生成、贮藏物质的转化、色泽和风味的变化等，表现为特有的色、香、味，使果实达到最适于食用的状态。

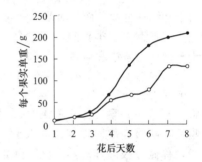

图6-26 果实的生长曲线模式
苹果为"S"形，桃为双"S"形

a. 由硬变软，由酸变甜，涩味消失。果实成熟时一个明显的变化是组织软化，返"沙"发绵。果肉细胞具有由纤维素等组成的坚硬细胞壁，初生细胞壁中不断沉积不溶于水的原果胶，细胞之间的胞间层由不溶于水的果胶酸钙构成，使细胞间紧密结合，果肉组织机械强度高，质地坚硬。成熟时水解酶类形成，原果胶酶和果胶酶活性增强，将原果胶分解为可溶性果胶、果胶酸和半乳糖醛酸，同时胞间层的果胶酸钙分解，使果肉细胞相互分离，果实变软。此外，细胞壁长链纤维素水解变短，果实内含物由不溶态变为可溶态（淀粉转变为可溶性糖）等也使果实变软。

在果实的形成阶段，从叶片运输来的可溶性糖，主要以淀粉形式贮存在果肉细胞中，因而果实生硬而无甜味。当果实发育完全后，淀粉酶活性逐渐增强，将淀粉水解，形成果糖、葡萄糖、蔗糖等可溶性糖，果实变甜。

在果实形成过程中，果肉细胞液泡内积累大量的有机酸，因而具有酸味。果实中主要有苹果酸（主要存在于仁果类、核果类）、酒石酸（主要存在于葡萄中）、柠檬酸（主要存在于柑橘类、菠萝）、以上三种酸称为果酸。番茄中含柠檬酸、苹果酸较多。此外，果实中还含有少量的琥珀酸、延胡索酸、草酸、苯甲酸和水杨酸等。随着果实成熟，有机酸含量降低，酸味消失，主要有四个原因：用于供给结构物质的合成；转化为糖；作为呼吸底物被氧化分解；被一些金属离子中和为盐，如 Ca^{2+}、K^+ 等。一般苹果含酸 $0.2\% \sim 0.6\%$，杏 $1\% \sim 2\%$，柠檬 7%。糖酸比是决定果实品质的一个重要因素。糖酸比越高，果实越甜。但一定的酸味往往体现了一种果实的特色。

单宁是果实未成熟时，细胞中糖类经不完全氧化而形成的。一般果实生长最快时单宁含量也最多。成熟时单宁则被氧化成过氧化物，或凝结成不溶性胶状物质而使涩味消失。单宁属于多元酚类，单宁的单体和低聚体溶于水，单宁的高聚物不溶于水。可溶性单宁是引起涩味的原因，它存在于果肉中分散的单宁细胞中，口嚼时容易使单宁细胞破裂，单宁流出与口中黏膜的蛋白质结合变成有收敛性的涩味。用一定温水、乙醇、石灰水或 CO_2 等处理可使单宁转变为不溶性单宁，则失去涩味，这就是所谓的脱涩。因此，脱涩过程中单宁并未除去或减少。在柿子加工中如遇高温等条件，已经脱涩的柿子会因不溶性单宁的再溶解而返涩。单宁也极易氧化，氧化后即生成黑色物质，因此为防止果实切碎后在加工过程中变色，应设法抑制酶的活性。

b. 香味产生，营养物质增加。在果实成熟过程中，产生一些具有香味的物质，主要是酯类，包括脂肪族和芳香族的酯；另外，还有一些醛类和酮类物质。如苹果产生乙基-2-甲基丁酯，香蕉产生乙酸戊酯，葡萄产生邻氨基苯甲酸，柠檬、柑橘产生柠檬醛等。与营养价值有关的维生素 C 含量的变化在不同的果实中亦不同。苹果中维生素 C 含量的变化有利于提高果实营养价值，幼果期含量较低，成熟时达到最高。而甜樱桃及枣的某些品种的果实，幼果维生素 C 含量很高，以后却逐渐下降。

c. 色泽变化。一些果实在成熟过程中，果皮颜色由绿色逐渐转化为黄色或橙色。一方面是由于叶绿素分解，使类胡萝卜素的颜色显现出来；另一方面是由于合成花青素，呈现出不同颜色。花青素属于类黄酮，其颜色与 pH 有关。当 pH 为酸性时，花青素呈红色，pH 升高，花青素则转为紫色和蓝色。苹果、草莓、李子、葡萄和红萝卜的颜色主要是因为花青素的存在。较高的温度和充足的氧气有利于花青素的形成，因此，果实向阳的一面往往着色较好。

d. 乙烯的产生及果实呼吸速率的变化。在细胞分裂迅速的幼果期，呼吸速率很高，当细胞分裂停止，果实体积增大时，呼吸速率逐渐降低，然后急剧升高，最后又下降。当果实采收后，呼吸速率即降到最低水平，但在成熟之前，呼吸速率又进入高潮，几天之内达到最高峰，称做呼吸高峰；然后又下降直至很低水平。该呼吸高峰便称为呼吸跃变。呼吸跃变与乙烯的产生有关，因此生产上常施用乙烯利来诱导呼吸跃变期的到来，以催熟果实。通过降低空气中氧气浓度或提高二氧化碳浓度，可延缓呼吸高峰的出现，延长果实贮藏期。

果实呼吸跃变与内源乙烯释放的增加相伴随。乙烯产生与呼吸高峰的关系有两种情况：乙烯产生的顶点出现在呼吸高峰之前，如香蕉；乙烯产生的顶点与呼吸高峰同时出现，如芒果。这两种情况都说明了跃变的发生与乙烯产生之间的密切关系。通过促进或抑制果实内乙烯的合成，会相应地促进或延迟果实呼吸高峰的出现。乙烯影响呼吸的原因是：乙烯与细胞膜结合，改变膜的透性，气体交换加速；乙烯使呼吸酶活化；乙烯诱导与呼吸酶有关的 mRNA 的合成，新形成有关的呼吸酶；乙烯与氰化物一样，都可以刺激抗氰呼吸途径的参与和呼吸速率升高。因此控制气体成分（降低氧的含量，提高 CO_2 浓度或充氮）延缓呼吸高峰的出现，则可以延长果实贮藏期。

在果实成熟过程中，各种内源激素都有明显变化。一般生长素、赤霉素、细胞分裂素的含量在幼果生长时期增高，果实成熟时都下降至最低点；成熟时有明显呼吸跃变期的果实乙烯含量达到最高峰，如香蕉、苹果等，而柑橘、葡萄等呼吸跃变期不明显的果实成熟时则 ABA 含量最高。

2. 外界条件对种子和果实成熟时的影响

（1）光照　光照强度直接影响肉质果实果肉和种子内有机物质的积累。在夏凉多雨的条件下，果实中含酸量较多，而糖分则相对减少；而在阳光充足、气温较高及昼夜温差较大的条件下，果实中含酸量少而糖分量大。小麦灌浆期遇到连阴天，千粒重减小，会造成减产。此外，光照也影响籽粒的蛋白质含量和含油率。花色素苷的形成需要光，黑色和红色的葡萄只有在阳光照射下果粒才能显色。有些苹果要在阳光直射光下才能着色，所以树冠外围果色泽鲜红，而内膛果是绿色的。

（2）温度　温度适宜利于物质的积累，促进成熟。昼夜温差大有利于种子成熟并能增产。我国小麦单产最高地区在青海，青海高原除日照充足外，昼夜温差大也是一个重要因素。温度还影响种子化学成分的含量（表6-7）。油料作物种子在成熟过程中温度对其含油量和油分性质的影响较大，成熟期适当低温有利于油脂的积累。在油脂品质上，亚麻种子成熟时温度较低而昼夜温差大，有利于不饱和脂肪酸的形成，在相反的情形下，则利于饱和脂肪酸的形成。所以最好的干性油是从纬度较高或海拔较高地区的种子中得到的。

表6-7　不同地区大豆的品质

不同地区品种	蛋白质含量/%	含油量/%
北方春大豆	39.9	20.8
黄、淮海夏大豆	41.7	18.0
长江流域春夏秋大豆	42.5	16.7

（3）水分　空气湿度高，会延迟种子成熟；空气湿度较低，则加速成熟。但空气湿度太低会出现干旱，破坏作物体内水分平衡，不但阻碍物质运输，而且合成酶活性降低，水解酶活性增高，干物质积累减少，严重影响灌浆，造成籽粒不饱满，导致减产。干旱也使籽粒的化学成分发生变化，在较早时期缺水干缩使合成过程受阻，可溶性糖来不及转变为淀粉即被糊精黏结在一起，形成玻璃状而不呈粉状的籽粒，而此时蛋白质积累过程所受的阻碍较淀粉小，因此，风旱不实种子蛋白质相对含量较高。小麦种子成熟时，北方雨量及土壤水分比南方少，易受干热风危害，这些条件都使其蛋白质含量相对较高。

（4）矿质营养　氮是蛋白质组分之一，适当施氮肥能提高淀粉性种子的蛋白质含量。但氮肥过多（尤其是生育后期）使大量光合产物流向茎、叶，会引起贪青晚熟而导致减产，油料种子则降低含油率；适当增施磷钾肥可促进糖分向种子运输，增加淀粉含量，也有利于脂肪的合成和累积。钾肥能加速糖类由叶、茎运向籽粒或其他贮存器官（块根、块茎），增加淀粉含量。

（三）衰老与脱落

1. 植物的衰老

植物的衰老通常指植物器官或整个植株生理功能的衰退。衰老是植物发育的正常过程，可以发生在分子、细胞、组织、器官，以及整体水平上。衰老是植物生命周期的最后阶段，是成熟细胞、组织、器官或整个生物体自然终止生命活动的一系列过程。衰老的结果是导致死亡，这是自然界生命发展的必然规律。衰老不同于老化，老化是指有机体发育进程中，在结构和生理功能方面出现进行性衰退变化，其特点是机体对环境的适应能力逐渐减弱，但不立即死亡。

（1）植物衰老的类型及意义　根据植株与器官死亡的情况将植物衰老分为四种类型：①整体衰老。一年生植物或二年生植物在开花结实后出现整株衰老死亡。②地上部衰老。多年生草本植物地上部随着生长季节的结束而每年死亡，而根仍可以继续生存多年。③脱落衰老。由于气候因子导致叶片季节性衰老，如北方的多年生落叶木本植物的茎和根能生活多年，而叶子每年衰老死亡和脱落。④渐近衰老。大多数多年生木本植物，较老的器官和组织衰老退化，并被新生组织或器官替换，随着时间的推移，植株的衰老逐渐加深。衰老是植物作为适应季节变化保持种族延续的手段，不仅能使植物适应不良环境条件，而且对物种进化具有重要作用。通常植物通过根、茎、叶的衰老，将其营养器官中的物质降解并将营养物质再分配，转移到种子、块根、块茎和球茎等新生器官中，以利于新器官的生长发育。温带落叶树在冬季前全树叶片脱落，从而降低蒸腾作用，减少水分损失，同时通过叶片脱落衰老，将有机物质转入枝条或茎干中贮存起来。另外，衰老加速植物器官和组织的更新，维持活力，如树木表皮在不断更新；花的衰老及其衰老部分的养分撤离，能使受精胚珠正常发育；果实成熟衰老使得种子充实，有利于繁衍后代。

（2）植物衰老的机理　植物衰老最基本的特征是生活力下降，叶片或果实褪绿，器官脱落。叶片衰老时，总的表现是光合功能及光合速率下降，呼吸、运输、分泌等生理机能减退，但呼吸速率下降较光合速率下降慢，有些叶片衰老时，有呼吸跃变现象。蛋白质、核酸含量显著下降，生物膜结构选择透性功能丧失，透性加大，对环境的适应性和对逆境的抵抗力下降。植物内源激素有明显变化，一般情况是，吲哚乙酸（IAA）、赤霉素（GA）和细胞分裂素（CTK）含量在植株或器官的衰老过程中逐步下降，而脱落酸（ABA）和乙烯（ETH）含量逐步增加。脱落酸和乙烯对衰老有明显的促进作用。在植物体内脱落酸含量的增加是引起叶片衰老的重要原因。乙烯不仅能促进果实呼吸跃变，提早果实成熟，而且还可以促进叶片衰老。

衰老不仅受某一种内源激素的调节，而且激素之间的平衡亦具有重要的作用，如低浓度的IAA可延缓衰老，但浓度升高到一定程度时，可诱导乙烯合成，从而促进衰老。脱落酸对衰老的促进作用可为细胞分裂素所拮抗。使用植物生长物质 CTK、低浓度 IAA、GA、多胺、油菜素内酯类等可延缓植物衰老；ABA、ETH、茉莉酸、高浓度 IAA 可促进植物衰老。

（3）环境条件对植物衰老的调节　植物或器官的衰老虽受遗传基因的支配、激素综合平衡的调节，同时也受环境条件的调节。

① 温度。低温和高温均能诱发自由基的产生，引起生物膜相变和膜脂过氧化，加速植物衰老。

② 光照。强光与紫外光能促进自由基生成，诱发衰老。适度光照能延缓植物衰老，可抑制叶片中 RNA 的水解，在光下乙烯的转化受到阻碍。黑暗会加速衰老，是通过气孔运动而起作用，进而影响气体交换（O_2、CO_2）、蒸腾、光合、呼吸、物质吸收与运转。红光可阻止叶绿素和蛋白质含量下降，延迟衰老；远红光则能消除红光的作用，加速衰老。蓝光可显著延缓绿豆幼苗叶绿素和蛋白质的减少，延缓叶片衰老。长日照促进 GA 合成，利于生长，延缓衰老；短日照促进 ABA 合成，利于脱落，加速衰老。

③ 气体。O_2 浓度过高，加速自由基的形成，引起衰老；O_3 污染环境，可加速植物的衰老过程；高浓度的 CO_2 可抑制乙烯生成和降低呼吸速率，对衰老有一定的抑制作用。

④ 水分。干旱和水涝都能促进衰老。在水分胁迫下促进 ETH 和 ABA 形成，加速蛋白质和叶绿素的降解，提高呼吸速率；自由基产生增多，加速植物衰老。

⑤ 矿质营养。矿质营养（如 N、P、K、Ca、Mg）亏缺也会促进衰老。氮肥不足，叶片易衰老；增施氮肥，能延缓叶片衰老。Ca 处理果实有稳定膜的作用，减少乙烯的释放，能延迟果实成熟。Ag^+、Co^{2+}、Ni^{2+} 等可抑制乙烯的产生，延缓水稻叶片的衰老，常用于延长切花寿命。

另外，大气污染、病虫害等都不同程度地促进植物或器官衰老。

如将细胞、组织或器官从植物体上分离下来并在适合的培养基上培养，可以防止它们衰老，但需要将它们转移到新鲜的培养基上。如番茄根尖已离体培养了几十年，并经过一系列转移，仍在活跃地生长；若将它们留在植物体上，它们早已衰老死亡。同样树木顶端分生组织细胞和形成层分生细胞可以多年生存而不衰老，而叶子和其他器官则逐年衰老。

2. 器官的脱落

植物器官（叶、果实等）自然离开母体的现象，称为脱落。脱落可分为三种：一是由于衰老或成熟引起的脱落叫正常脱落，比如果实和种子的成熟脱落；二是因植物自身的生理活动而引起的脱落称为生理脱落，例如营养生长与生殖生长的竞争、源与库不协调等引起的脱落；三是因逆境条件（水涝、干旱、高温、低温、盐渍、病害、虫害、大气污染等）引起的脱落称为胁迫脱落。生理脱落和胁迫脱落都属于异常脱落。在生产上，有时需要减少器官脱落，有时需要促进器官脱落，因此采取必要措施控制器官脱落具有重要意义。

脱落有其特定的生物学意义，即利于植物种的保存，尤其是在不适宜生长的条件下。如种子、果实的脱落，可以保存植物种子及繁殖其后代；部分器官的脱落有利于留存下来的器官发育成熟，例如脱落一部分花和幼果，可以让剩下的果实得以更好地发育。然而异常脱落也常常给农业生产带来重大损失，如棉花蕾铃的脱落率可达 70％左右，大豆花荚脱落率也很高。

（1）器官脱落的机理　器官脱落与母体分离之前，必须在叶柄或果柄的基部形成离层，离层在叶面积达到最大之前已形成，器官脱落时，离层细胞或细胞壁溶解。

① 离层与脱落。器官脱落时往往先在叶柄、花柄、果柄，以及某些枝条的基部形成离层，离层细胞先行溶解。叶片脱落之前，离层细胞衰退，变得中空而脆弱，纤维素酶与果胶酶活性增强，细胞壁的中层分解，细胞彼此离开，叶柄只靠维管束与枝条相连，在重力与风力等的作用下，维管束折断，于是叶片脱落。木本植物的叶片脱落，通常是位于两层细胞间的胞间层先发生溶解，于是相邻两个细胞分离，分离后的初生细胞壁依然完整；或者是胞间层与初生壁均发生溶解，只留一层很薄的纤维素壁包着原生质。而草本植物通常是一层或几层细胞整个溶解。已从菜豆叶片离区分离出 pI 酸性和 pI 碱性两种纤维素酶，前者与细胞壁木质化有关，受 IAA 控制；后者与细胞壁分解有关，受乙烯控制。但离层的形成并不是脱落的唯一原因。

② 脱落与激素

a. 生长素。阿迪柯特（Addicott）等（1995 年）提出了脱落的生长素梯度学说：叶片脱落与叶柄远轴端与近轴端的生长素相对含量有关。离层两端生长素的浓度梯度控制器官脱落，即生长素浓度远轴端大于近轴端时，即远轴端/近轴端的比值较高时，离层不能形成，叶片不脱落，原因在于远轴生长素含量高有利于营养物质向叶片运输；当两端生长素浓度差异小或不存在时，器官脱落；当生长素浓度远轴端小于近轴端，远轴端/近轴端比值低时，加快离层形成和促进器官脱落。

b. 乙烯。乙烯可诱发纤维素酶和果胶酶的合成，提高这两种酶的活性，使离层细胞壁降解，引起器官脱落。有人认为叶片脱落前乙烯作用的最初部位不是离层，而在叶片中，乙烯可阻碍生长素向离层转移（极性运输），提高离层细胞对乙烯的敏感性，即使在乙烯含量不再增加的情况下也可导致脱落。此外，乙烯能增加膜透性，能提高 ABA 的含量，促进脱落。

c. 脱落酸。ABA 可促进脱落，如秋天短日照促进 ABA 的合成，导致季节性落叶。ABA 促进脱落的原因可能与其抑制叶柄内 IAA 的传导和促进分解细胞壁酶类的分泌有关，并促进乙烯合成，增加器官对乙烯的敏感性。但 ABA 促进脱落的作用低于乙烯。GA 与 CTK 能够拮抗 ABA 与乙烯的合成，所以能抑制器官的衰老和脱落。

（2）影响脱落的环境因素

① 矿质元素。缺乏 N、P、K、S、Ca、Mg、Zn、B、Mo、Fe 等都可能导致脱落。如缺 N、Zn 影响生长素的合成；缺 B 使花粉败育，引起花而不实；缺 N、Mg、Fe 等阻碍叶绿素合成；Ca 是细胞壁中果胶酸钙的重要组分。由于各器官间对养分的竞争而发生再分配利用，导致某些器官衰老脱落。其中钙有明显延缓衰老的作用。钙不仅是细胞壁中胶层的组分，而且能维持细胞壁纤维素，支撑细胞膜，防止膜衰老；钙能使 RNA 与蛋白质维持在较高水平；钙能维持叶绿体中蛋白质与叶绿素较高的含量；钙能中和液泡中的草酸，避免伤害；Ca 作为第二信使物质使植物体内许多代谢过程顺利进行。

② 水分。水分过多或过少都能导致脱落。干旱缺水会引起叶、花、果的脱落，这是植物的保护性反应，以减少水分散失。缺水导致脱落的原因是内源激素的平衡状态被破坏，干旱会提高 IAA 氧化酶活性，使 IAA 含量降低，也能降低 CTK 的活性，但会提高 ETH 和 ABA 的含量，促进离层形成，引起脱落。淹水条件也造成叶、花、果的脱落，主要原因是淹水土壤中氧分压降低所致。

③ 光照。强光抑制或延迟脱落，弱光促进脱落。光照强度和日照长度均影响器官脱落。光照强度减弱时营养缺乏，脱落增加，因为光直接影响碳水化合物的积累与运输；长日照延迟脱落，短日照促进脱落，这可能与长日照下合成 GA、短日照下合成 ABA 有关。

④ O_2。O_2 浓度过高或过低都会导致脱落。提高 O_2 浓度促进 ETH 合成，导致光呼吸加强，光合产物消耗过速；低氧抑制呼吸，不利于水分及营养物质的吸收与运转，植物正常生长受到影响。

⑤ 温度。温度过高或过低对脱落都有促进作用。高温提高呼吸速率，加速物质消耗，并易引起土壤干旱，水分失调，从而导致脱落；低温影响酶的活性，也有碍物质的吸收与运转，秋天的低温是落叶的重要原因之一。

在生产上，可通过水肥供应、适当修剪、外源生长物质调控等措施来延迟或促进植物器官脱落。

【实际操作】

一、生长素类物质对根和芽生长影响的测定

（一）实训目标

生长素及人工合成的类似物质（如萘乙酸等）一般在低浓度下对植物生长具有促进作用，高浓度则起抑制作用。根对生长素较敏感，促进和抑制其生长的浓度均比芽低些。根据此原理可观测不同浓度的萘乙酸对不同部位生长的促进和抑制作用。

（二）实训材料与用品

小麦（或水稻等）籽粒；恒温培养箱、培养皿、移液管、圆形滤纸、10mg/L 萘乙酸（NAA）溶液（称取萘乙酸 10mg，先溶于少量乙醇中，再用蒸馏水定溶至 100ml，配成 100mg/L 萘乙酸溶液，将此液贮于冰箱中，用时稀释 10 倍）、漂白粉适量。

（三）实训方法与步骤

1. 将培养皿洗净烘干，编号，在 1 号培养皿中加入已配好的 10mg/L 萘乙酸溶液 10ml，在 2～6 号培养皿中各加入 9ml 蒸馏水，然后用移液管从 1 号皿中吸取 10mg/L NAA 溶液 1ml 注入 2 号皿中，充分混匀后即成 1mg/L NAA。再从 2 号皿中吸取 1ml 注入 3 号皿中，混匀即成 0.1mg/L NAA 溶液，如此继续稀释至 6 号皿，结果从 1 号到 6 号培养皿 NAA 浓度依次为 10mg/L、1mg/L、0.1mg/L、0.01mg/L、0.001mg/L、0.0001mg/L NAA 溶液。最后从 6 号皿中吸出 1ml 弃去，各皿均为 9ml 溶液。7 号皿加蒸馏水 9ml 作为对照。

2. 精选小麦（或水稻）籽粒约 200 粒，用饱和漂白粉上清液表面灭菌 20min，取出用自来水冲净，再用蒸馏水冲洗 3 次，用滤纸吸干种子表面水分。在每套培养皿中各放入滤纸一张，上面放 20 粒小麦（或水稻）籽粒。然后盖好培养皿，放在恒温箱中培养（小麦 27℃、水稻 32℃）。

3. 10 天后检查各培养皿内小麦（或水稻）生长的情况，测定不同处理已发芽的幼苗的平均根数、平均根长和平均芽长，将结果记入表 6-8。

表 6-8　　　　　　　　　　生长情况

实验组别	1	2	3	4	5	6	7
萘乙酸/(ml/L)	10	1	0.1	0.01	0.001	0.0001	对照(CK)
平均根数							
平均根长/cm							
平均芽长/cm							

（四）实训报告

分析实验结果，将小麦（或水稻）籽粒长出的根、芽长度绘图表示，并加以解释。

二、植物生长的化学调控（含课余观察）

（一）实训目标

随着科学技术的发展，各种人工合成的植物生长调节剂已愈来愈多地应用于农业生产，

对植物生长发育起到了有效的调节和控制作用，可在一定程度上增强植物的抗逆性，提高产量，改进品质。本实验练习各种植物激素和生长调节剂的使用方法，并通过应用进一步加深对植物激素和生长调节剂性质的认识。

（二）实训材料与用品

生长着的棉株、白菜、大豆、马铃薯、黄瓜等植株，西瓜、柿子的果实；加拿大杨、葡萄枝条；喷雾器，50mg/L 赤霉素，40mg/L 缩节胺，3000mg/L B_9，100mg/L PP_{333}，50mg/L NAA，100mg/L、200mg/L、300mg/L 的乙烯利，1500mg/L 赤霉素溶液。

（三）实训方法与步骤

1. 促进和控制生长

（1）促进生长 盆栽不结球白菜 30～50 盆（或利用大田不结球白菜）在收获前 10～15 天，分成两组，一组用 50mg/L 赤霉素溶液喷洒，另一组喷清水做对照，收获时调查叶长、叶宽，并比较产量。

（2）控制生长

① 选旺长棉株 10 株，半数于初花期及盛花期喷 40mg/L 缩节胺一次，另一半喷清水，注意观察比较处理株与对照株的叶色、节间长度及结铃情况有何不同。

② 马铃薯茎高 45～75cm 时，用 3000mg/L B_9 溶液喷叶。观察处理后叶色、叶片厚度及茎的生长与未处理者有何区别，块茎膨大是否受到促进，产量是否增加。

③ 在大豆初花期喷施 100mg/L PP_{333}，喷后 20～30 天调查株高、节间长度、单株荚数、百粒重等，并与对照相比，观察有何差别。

2. 促进插枝生根

取加拿大杨、葡萄枝条各 10 根，条长 15～20cm，基部剪成斜面，分两组：一组（5 根加拿大杨条，5 根葡萄条）在 50mg/L NAA 溶液中浸 12～24h；另一组浸水做对照。然后将处理过的插条分别插于两盆沙土中，经常保持湿润、温暖和通气。观察以后发根情况，并记录根数和根长。此实验在春季树木发芽前进行或用冬季的贮条效果较好。

3. 人工催熟

（1）当柿子果实已经长成，果实顶部开始转黄时，从树上摘下，每 10 个为一组，分为两组，将其中一组浸蘸以 200mg/L 的乙烯利水溶液。为了使溶液能在果实上分布均匀，加少量展布剂（可用中性洗涤剂，加入量为 0.1%）；另一组浸蘸加有同量展布剂的水做对照。将两组柿子分别用塑料袋包装，置 20～25℃室温下，每天观察颜色和硬度的变化。1 周后，记录结果，取出品尝是否尚有涩味。

（2）在西瓜生长前期，由于气温不高，虽然有的西瓜外形已基本长足，但成熟慢。为了提早上市，可进行少量催熟处理，办法是用小喷雾器，在上午 9 点前、下午 4 点后，用 300mg/L 的乙烯利溶液喷洒西瓜表面（不能喷洒茎叶，以防药害），喷洒时以西瓜表面喷湿为度。待采收时与未处理的进行比较。

4. 诱导性别转化

（1）在黄瓜第一片真叶阶段以 200mg/L 乙烯利水溶液喷洒植株。观察这一处理是否有增加雌花形成的效应。

（2）用完全雌性的黄瓜植株，在 2～4 叶时喷洒 1500mg/L 赤霉素溶液。观察是否有诱导雄花形成的作用。

（四）实训报告

记录上述结果，并加以解释。

三、春化处理及其效应观察

（一）实训目标

1. 了解春化作用的过程及所需条件。

2. 掌握冬性作物春化处理过程，学会鉴定是否已通过春化，从而为生产和科研应用奠定基础。

（二）实训材料与用品

1. 冰箱，解剖镜，镊子，解剖针，载玻片，培养皿。

2. 冬小麦种子、大白菜种子。南方地区可用油菜、莴苣作材料。

（三）实训方法与步骤

1. 选取一定数量的吸水萌动的冬小麦、大白菜种子（最好用强冬性品种），当有 1/3～1/2 的种子露白时，置培养皿内，培养皿内垫吸水纸，放在 0～5℃的冰箱中进行春化处理。春化期间要维持种子含水量达到干种子重量的 80%～90%，加盖，以减少水分蒸发。处理可分为播种前 50 天、40 天、30 天、20 天、10 天和对照 6 种，对照为已萌动但未低温处理的种子。

2. 于春季从冰箱中取出经不同天数处理的小麦、大白菜种子和未经低温处理的对照种子，同时播种于花盆或实验地。

3. 幼苗生长期间，各处理种子进行同样的肥水管理，随时观察植株生长情况。当春化处理天数最多的麦苗出现拔节或大白菜抽薹时，在各处理中分别取一株幼苗，用解剖针剥出生长锥，并将其切下，放在载玻片上，加 1 滴水，然后在解剖镜下观察，并作简图。比较不同处理的生长锥有何区别。

4. 继续观察植株生长情况，直到处理天数最多的植株开花时。将观察情况记入表 6-9。

表 6-9　植物生长情况记录表

材料名称：　　　　　品种：　　　　　春化温度：　　　　　播种时间：

观察日期	处理／植株生长状况	春化天数及植株生育情况记载					
		50 天	40 天	30 天	20 天	10 天	CK（未春化）

（四）实训报告

1. 春化处理天数多与处理天数少的冬小麦及大白菜抽穗抽薹时间有无差别？为什么？

2. 春化现象的研究在农业生产中有何意义？举例说明。

3. 幼苗经不同处理后，花期有的较对照提前，有的与对照相当，应如何解释？

四、花粉生活力的观察

（一）实训目标

掌握花粉生活力的快速测定方法，为进行雄性不育株的选育、杂交技术的改良以及揭示内外因素对花粉育性和结实率影响奠定基础。

（二）花粉萌发法测定花粉生活力

1. 实验原理

在植物杂交育种、植物结实机理和花粉生理的研究中，常涉及花粉生活力的鉴定。正常的成熟花粉粒具有较强的生活力，在适宜的培养条件下便能萌发和生长，在显微镜下可直接观察计算其萌发率，以确定其生活力。

2. 实训材料与用品

（1）玻片、显微镜、玻璃棒、恒温箱、培养皿、滤纸。

（2）培养基（10% 蔗糖，10mg/L 硼酸，0.5% 的琼脂）：称 10g 蔗糖、1mg 硼酸、0.5g

琼脂与 90ml 水放入烧杯中，在 100℃ 水浴中溶化，冷却后加水至 100ml 备用。

（3）丝瓜、南瓜或其他葫芦科植物的成熟花药。

3. 实训方法与步骤

将培养基溶化后，用玻璃棒蘸少许，涂布在载玻片上，放入垫有湿润滤纸的培养皿中，保湿备用。

采集丝瓜、南瓜或其他葫芦科植物刚开放或将要开放的成熟花朵，将花粉洒落在涂有培养基的载玻片上，然后将载玻片放置于垫有湿滤纸的培养皿中，在 25℃ 左右的恒温箱（或室温 20℃ 条件下）中培养，5～10min 后在显微镜下检查 5 个视野，统计其萌发率。

注意事项：

① 不同种类植物的花粉萌发所需温度、蔗糖和硼酸浓度不同，应依植物种类而改变培养条件。

② 此法也可用于观察花粉管在培养基上的生长速度，以及不同蔗糖浓度、离体时间、环境条件等因素对花粉生活力的影响。

③ 不是所有植物的花粉都能在此培养基上萌发，本法适用于易于萌发的葫芦科等植物花粉生活力的测定。

（三）TTC 法测定花粉生活力

1. 实验原理

具有生活力的花粉呼吸作用较强，其产生的 $NADH_2$（$NADH + H^+$）或 $NADPH_2$（$NADPH + H^+$）可将无色的 TTC（2,3,5-氯化三苯基四氮唑）还原成红色的 TTF（三苯基甲）而使其本身着色，无生活力的花粉呼吸作用较弱，TTC 的颜色变化不明显，故可根据花粉吸收 TTC 后的颜色变化判断花粉的生活力。

2. 实训材料与用品

（1）显微镜、载玻片与盖玻片、镊子、恒温箱、棕色试剂瓶、烧杯、量筒、天平。

（2）0.5％TTC 溶液：称取 0.5g TTC 放入烧杯中，加入少许 95％乙醇使其溶解，然后用蒸馏水稀释至 100ml。溶液避光保存，若发红，则不能再用。

（3）百合、君子兰或南瓜等植物的成熟花药。

3. 实训方法与步骤

（1）花粉采集　采集百合、君子兰或南瓜等植物的花粉。

（2）镜检　取少数花粉置于干洁的载玻片上，加 1～2 滴 0.5％TTC 溶液，搅匀后盖上盖玻片。将制片置于 35℃ 恒温箱中放置 10～15min 后置于低倍显微镜下观察。凡被染为红色的生活力强，淡红的次之，无色者为没有生活力的花粉或不育花粉。

（3）统计　观察 2～3 个制片，每片取 5 个视野，统计花粉的染色率，统计 100 粒，以染色率表示花粉的活力百分率。

（4）计算　根据统计结果计算花粉的活力百分率。

（四）I_2-KI 染色法测定花粉活力

1. 实验原理

多数植物正常的成熟花粉粒呈圆球形，积累较多的淀粉，I_2-KI 溶液可将其染成蓝色。发育不良的花粉常呈畸形，往往不含淀粉或积累淀粉较少，I_2-KI 溶液染色不呈蓝色，而呈黄褐色。因此，可用 I_2-KI 溶液染色来测定花粉生活力。

2. 实训材料与用品

（1）显微镜、恒温箱、载玻片与盖玻片、镊子、棕色试剂瓶、烧杯、量筒、天平。

（2）I_2-KI 溶液：取 2g 碘化钾（KI）溶于 5～10ml 蒸馏水中，加入 1g 碘（I_2），待完全溶解后，再加蒸馏水至 300ml，贮于棕色瓶中备用。

（3）成熟花药、植物花粉。

3. 实训方法与步骤

（1）花粉采集　取充分成熟将要开花的花朵带回室内。采集水稻、小麦或玉米可育和不育植株的成熟花药。

（2）镜检　取一花药置载玻片上，加1滴蒸馏水，用镊子将花药充分捣碎，使花粉粒释放，再加1～2滴 I_2-KI溶液，盖上盖玻片，置低倍显微镜下观察。凡被染成蓝色的为含有淀粉的生活力较强的花粉粒，呈黄褐色的为发育不良的花粉粒。观察2～3张片子，每片取5个视野，统计花粉的染色率，以染色率表示花粉的育性。

注意事项：此法不能准确表示花粉的生活力，也不适用于研究某一处理对花粉生活力的影响。因为三核期退化的花粉已有淀粉积累，遇 I_2-KI 呈蓝色反应。另外，含有淀粉而被杀死的花粒遇 I_2-KI 也呈蓝色。

（五）实训报告

1. 记录实验结果。

2. 哪一种方法更能准确反映花粉的生活力？

3. 上述每一种方法是否适合于所有植物花粉生活力的测定？

【课外阅读】

植物的运动

高等植物虽然不能像动物或低等植物那样作整体运动，但植物体的某些器官可发生小范围的位置变化，这种器官的位置变化称为植物运动。高等植物的运动可分为向性运动和感性运动。

一、向性运动

向性运动是指植物器官对环境因素的单方向刺激所引起的定向运动。根据刺激因素的种类可将其分为向光性、向地性、向水性和向化性等。

（一）向光性

向光性是植物生长随光方向弯曲的现象，如向日葵、棉花顶端随光转动的现象，叶片镶嵌现象等均是向光性的表现。

向光性是由于光引起茎尖生长素分布不均，导致茎尖两侧生长速度不等引起的，当茎尖一侧受光时，生长素由向光面向背光面移动，背光面生长素含量高，生长速度快，向光面含量少，生长慢，从而形成向光性。对向光性起主要作用的光是420～480nm的蓝光，其峰值在445nm左右，其次是360～380nm紫外光，峰值约在370nm。

（二）向地性

种子萌发时不论其位置如何，根总是朝下生长，称正向地性，茎朝上生长，称负向地性。稻麦倒伏后，茎恢复直立生长也是负向地性生长的结果。叶子则多为水平方向生长，称横向地性。

向地性形成的通常解释是：重力引起植物体内生长素分布不均，导致同一部位不同位置的细胞生长速度不一致所致。当将植物横放时，体内的生长素在向基性运输中受重力作用集中于近地面一侧，茎生长素多的一侧细胞生长快于少的一侧，茎就向上弯，而根的生长对生长素浓度的要求较茎低，下侧浓度高，生长慢，上侧浓度低，生长快，就向下弯曲。一般认为感受重力的部位是根冠，根冠细胞中存在一种密度较高的淀粉小体，称平衡石，在重力作用下沉积于细胞底部，当器官变换位置时，平衡石总是移到与重力方向垂直的一边的细胞底部，对原生质体产生一种压力，这种压力刺激被细胞所感受。

（三）向水性和向化性

根趋向土壤潮湿处生长的特性，称向水性。根趋向土壤肥沃处生长的特性，称向化性。所以生产上能用水、肥来调节根的生长。此外，高等植物花粉管的生长也表现出向化性。花粉落到柱头上后，受到胚珠细胞分泌物的诱导，就能顺利进入胚囊。

二、感性运动

向性运动是具有方向性的运动，而感性运动则是指无一定方向的外界因素均匀作用于植株或某些器官所引起的运动。感性运动多属膨压运动，即由细胞膨压变化所导致的。常见的有感夜性、感震性和感温性。

（一）感夜性运动

感夜性运动是指由于光照强度变化而引起的运动。一些豆科植物，如大豆、花生、合欢和酢浆草的叶子，白天叶片张开，夜间合拢或下垂，其原因是叶柄基部叶枕细胞发生周期性的膨压变化所致，这种运动可用来鉴别幼苗的健壮与否，健壮植株运动很灵敏。

（二）感震性运动

感震性运动是指由于机械刺激而引起植物运动。如含羞草叶片的运动，当叶片受到震动时，小叶立即成对合拢，若所施刺激强烈时，全株小叶都会合拢，复叶叶柄下垂。叶柄下垂是由于叶柄基部叶枕细胞的膨压发生变化引起的。叶枕的上半部细胞与下半部细胞构造有所不同，上部细胞的胞壁较下部细胞的胞壁厚，并且下部细胞间隙比上部大，当受到机械刺激时，下部细胞原生质的透性很快增加，细胞内的水分排入细胞间隙，细胞膨压降低，而上半部细胞仍保持较大的膨压，从而叶柄下垂。

（三）感温性运动

感温性运动是指温度变化使器官背腹两侧不均匀生长引起的运动。如郁金香和番红花的花，通常在温度升高时开放，温度降低时闭合。这些花也能对光的变化产生反应，例如，将花瓣尚未完全伸展的番红花置于恒温条件下，照光时开花，在黑暗中则闭合。

【思考与练习】

1. 名词解释

植物激素　植物生长调节剂　极性运输　休眠　生长　分化　发育　植物生长大周期　顶端优势　植物生长相关性

2. 五大类激素的主要生理作用各是什么？

3. 生产上常用的植物生长调节剂有哪些？在植物生产上有何应用？

4. 哪些激素与瓜类的性别分化有关？

5. 为什么有的生长素类物质可用做除草剂？

6. 什么是乙烯释放剂？作用是什么？

7. 举例说明植物休眠在植物生产中的作用。

8. 说明种子和芽休眠的原因。

9. 说明植物生长的相关性。试述产生顶端优势的原因及其在农业生产上的应用。

10. 阐述在生产实际中采用哪些方法延长或打破植物的休眠？

11. 试述春化作用在农业生产实践中的应用价值。

12. 举例说明常见植物的主要光周期类型。

13. 举例说明光周期知识在农业实践上的应用。

14. 根据所学知识，说明从异地引种成功应考虑哪些因素？

15. 哪些因素影响花器官的形成？

16. 简述果实生长模式，并说明影响果实最终大小的主要因素。

17. 果实在成熟过程中有哪些生理生化变化？

18. 实践中如何调控器官的衰老与脱落？

技能项目七　植物的抗逆生理

【能力要求】

知识要求：
- 了解逆境的种类。
- 理解逆境对植物的影响。
- 掌握提高植物抗逆性的途径。

技能要求：
- 能测定寒害对植物的影响（电导法）。

【相关知识链接】

在自然界中，植物并非总是生活在适宜的条件下，经常会遇到或大或小的自然灾害，如冷、热、旱、涝等不良环境，造成植物生长不良。通常将对植物生长不利的各种环境因素称为逆境。逆境的种类很多，包括理化因素和生物因素（图 7-1）。

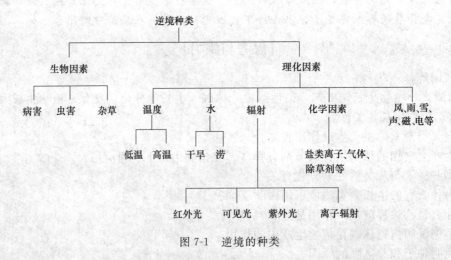

图 7-1　逆境的种类

在正常情况下，植物对各种不利的环境因子都有一定的抵抗或忍耐能力，通常把植物对逆境的抵抗和忍耐能力叫植物的抗逆性，简称抗性。这种抗性随着植物的种类、生长发育过程与环境条件的变化而变化。植物对逆境的抵抗主要有避逆性、御逆性、耐逆性。其中避逆性是指植物通过对生育周期的调整，以避开逆境对植物的伤害；御逆性是指植物通过营造适宜的生活环境，来避免植物对它的伤害；耐逆性是指植物通过自身的代谢来阻止、降低、修复逆境造成的伤害。

抗性是植物对环境的适应性反应，是逐步形成的，这个逐步适应的过程，叫抗性锻炼。例如越冬树木或草本植物在严冬来临之前，如温度逐步降低，经过渐变的低温锻炼，植物就可忍受冬季严寒，否则寒流突然降临，由于植物未经锻炼，很易遭受冻害。一般来说，在可忍耐范围内，逆境所造成的损伤是可逆的，即植物可恢复其正常生长，如超出可忍耐范围，损伤是不可逆的，完全失去自身修复能力，植物将会受害死亡。

一、植物的抗寒性

低温对植物造成的伤害称寒害。按照低温程度的不同和植物受害情况，可分为冷害和冻害两大类。植物对低温的适应和抵抗的能力称抗寒性，同样抗寒性也可分为抗冷性和抗冻性。

（一）冷害生理

1. 冷害

0℃以上的低温对植物造成的伤害叫做冷害。冷害是一种全球性的自然灾害，无论是北方的寒冷国家，还是南方的热带国家均有发生。日本是发生冷害次数较多的国家，每隔3～5年便发生一次，有时连年发生。我国北方地区冷害也较频繁，建国以来东北地区发生过9次冷害，经常发生于早春和晚秋。冷害是限制农业生产的主要因素之一，严重威胁着主要作物的生长发育，常常造成严重的减产，如水稻减产10%～50%，高粱减产10%～30%，玉米减产10%～20%，大豆减产20%。

2. 冷害类型

根据植物不同生育期而遭受低温伤害的情况，把冷害分为三种类型。

（1）延迟型冷害　是指植物在营养生长期间遇到低温，使生育期延迟的一种冷害。其特点是植物在生长时间内遭受低温危害，使生长、抽穗、开花延迟，虽能正常受精，但由于不能充分灌浆与成熟，使水稻青米粒高、高粱秕粒多、大豆青豆多、玉米含水量高，不但产量降低，而且品质明显下降。我国的水稻、大豆、玉米、高粱等作物都遭受过这种冷害。

（2）障碍型冷害　是指植物在生殖生长期间（花芽分化到抽穗开花期），遭受短时间的异常低温，使生殖器官的生理功能受到破坏，造成完全不育或部分不育而减产的一种冷害。例如水稻在孕穗期，尤其是花粉母细胞减数分裂期（大约抽穗前15天）对低温极为敏感，如遇到持续3天日平均气温为17℃的低温，便发生障碍型冷害。为避免冷害，可在寒潮来临之前深灌加厚水层，当气温回升后再恢复适宜水层。水稻在抽穗开花期如遇20℃以下低温，如阴雨连绵、温度低的天气，会破坏受粉与受精过程，形成秕粒。

（3）混合型冷害　在同一年度同时发生延迟型冷害和障碍型冷害，即在营养生长时期遇到低温致使抽穗延迟，在生殖生长时期遇到低温造成不育，最终导致产量大幅度下降。

另外，根据植物对冷害反应的速度，冷害又可分为三类：一是直接伤害，即植物在短时间内（几小时甚至几分钟）受低温的影响，伤害出现较快，至多在1天内即出现伤斑，说明这种影响已侵入胞间，直接破坏原生质活性；二是间接伤害，即植物受到缓慢降温的影响，植株形态表现正常，至少要在几天甚至几周后才出现组织柔软、萎蔫等症状；三是因低温引起代谢失调的缓慢变化而造成细胞伤害，并不是低温直接造成的损伤，这种伤害现象极普遍，称为次级伤害，即某一器官因低温胁迫而使其主要功能减弱甚至丧失后而引起的伤害。

3. 冷害症状

植物遭受冷害之后，最明显的症状是，生长速度变慢，叶片变色，有时出现色斑。例如水稻遇到低温后，幼苗叶片从尖端开始变黄，严重时全叶变为白色，幼叶生长极为缓慢或者不生长，被称为"僵苗"和"小老苗"。作物遭受冷害后籽粒灌浆不足引起空壳和秕粒，产量明显下降。

4. 冷害机理

低温冷害的主要原因是导致生物膜的透性改变。首先，低温引起膜脂的物相发生变化，使膜脂由正常的液晶态变为凝胶态。如果温度降低缓慢，膜脂逐渐固化而使膜结构紧缩，降低了膜对水分和矿物质的吸收；如果温度突然下降，由于膜脂的不对称性，膜脂紧缩不均匀出现断裂，使膜透性增加，细胞内可溶物质外渗，引起代谢失调。

膜质的相变温度与膜脂的成分有关，膜脂相变温度随脂肪酸链的增长而升高，抗冷性减弱；随不饱和脂肪酸比例的增大而降低，抗冷性增强。

5. 抗冷性及其提高途径

抗冷性是指植物对0℃以上低温的抵抗和适应能力。在农业生产中提高作物的抗冷性，一般采用以下几个途径。

（1）低温锻炼　低温锻炼是提高抗冷性的有效途径，因为植物对低温的抵抗是一个适应锻炼的过程，经过锻炼的幼苗，细胞膜内不饱和脂肪酸含量提高，膜结构和功能稳定。因此，许多植物如果预先给予适当的低温处理，以后即可经受更低温度的影响不致受害。例如黄瓜、茄子等幼苗由温室移栽大田前若先经过2～3天10℃的低温处理，则移栽后可抵抗3～5℃的低温。春播的玉米种子，播前浸种并经过适当的低温处里，也可提高苗期的抗寒力。可见低温锻炼对提高抗寒性具有重要意义。

（2）化学药剂处理　使用化学药剂可以提高植物的抗冷性。如玉米、棉花的种子播种前用福美双处理，可提高植株的抗冷性；水稻、玉米苗期喷施矮壮素、抗坏血酸也可提高坑冷性。此外，一些植物生长物质如细胞分裂素、脱落酸等也能提高植物的抗冷性。

（3）培育抗寒早熟品种　培育抗寒早熟品种是提高植物抗冷性的根本办法，通过遗传育种，选育出具有抗寒特性或开花期能够避开冷害季节的作物品种，可减轻冷害对植物的伤害。

此外，营造防护林，增施有机肥，增加磷、钾肥的比重也能明显提高植物的抗冷性。

（二）冻害生理

1. 冻害

0℃以下的低温使植物组织内结冰而引起的伤害称为冻害。冰冻有时伴随霜降，因此也称霜冻。冻害在我国南方和北方均有发生，以西北、东北的早春和晚秋，以及江淮地区的冬季与早春为害严重。

引起冻害的温度因植物种类、器官、生育时期和生理状态而异。通常，越冬作物可忍受-7～-12℃低温；种子的抗冻性最强，短期内可经受-100℃以下冰冻而仍保持发芽能力；植物的愈伤组织在液氮中于-196℃下保存4个月仍有生活力。植物受冻害的程度，主要取决于降温的幅度、降温持续时间、化冻速度等因素。当降温幅度大、霜冻时间长、化冻速度快时，植物受害严重；如果缓慢结冻并缓慢化冻，植物受害则较轻。植物冻害的症状是：叶片犹如烫伤，细胞失去膨压，组织疲软，叶色变褐，最终干枯死亡。

2. 冻害机理

冻害对植物的影响，主要是由于结冰而引起的，结冰伤害有细胞间结冰和细胞内结冰两种类型。细胞间结冰是当温度缓慢下降时，细胞间的水分首先形成冰晶，导致细胞间隙的蒸汽压下降，而细胞内的蒸汽压仍然较大，使细胞内水分向胞间外渗，胞间冰晶体积逐渐加大。细胞间结冰受害的原因是：第一，细胞质过度脱水破坏蛋白质和细胞质而凝固变性；第二，冰晶体积膨大对细胞产生机械损伤；第三，温度回升，冰晶体迅速融化，细胞壁易恢复原状，而细胞质却来不及吸水膨胀，有可能被撕破。细胞间结冰并不一定使植物死亡。细胞内结冰是当温度迅速下降时，除了在细胞间隙结冰外，细胞内的水分也形成冰晶，包括质膜、细胞质和液泡内部都出现冰晶细胞内结冰破坏了细胞质的结构，常给植物带来致命损伤，甚至死亡。

膜透性的增大，是膜结构受破坏比较典型的特征。当膜结构脱水时，蛋白质分子彼此靠近，当靠近到一定程度时，即形成二硫键（—S—S—）。二硫键的形成，可以通过相邻肽键外部的—SH彼此靠近，2个—SH基经氧化形成分子间的—S—S—键；或是由1个分子外部的—SH基与另1个分子内部的—SH基作用，形成分子间的—S—S—键。经过这种变化，蛋白质分子凝聚，当解冻再度吸水时，氢键断裂，肽键松散，二硫键还保存，肽键的空间位置发生变化，蛋白质分子的空间构象就发生改变，使膜的结构发生变化，透性增加，使细胞内外物质自由进出，细胞膜失去半透膜作用（图7-2）。

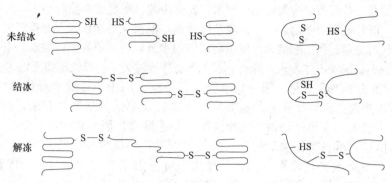

图 7-2　结冰时由于分子间硫键形成而使蛋白质分子不折叠的可能机理

3. 抗冻性及其提高途径

植物对冻害的抵抗和适应能力，称为植物的抗冻性。不论哪种植物，抗冻性都不是固定的性状，而是在一定的环境条件下经过一定的锻炼才能形成。因此，抗冻锻炼是提高植物抗冻性的主要途径。经过抗冻锻炼的植物会发生下列变化：①呼吸作用减弱，当呼吸作用随温度下降而下降到能够维持生命的最低限度时，其作物的抗冻性最强；②植物内源激素的水平发生变化，吲哚乙酸和赤霉素含量下降，脱落酸含量上升，从而抑制生长，促进脱落和休眠，有利于提高抗冻能力；③根系吸水减少，含水量下降，减轻了细胞内结冰的伤害；④细胞内束缚水含量相对增加，而束缚水不易结冰，提高了植物的抗冻性。秋天，植物光合产物的总量虽然减少，但由于生长停止，呼吸速率下降，光合产物主要用于积累，同时昼夜温差大，落叶前叶内的有机物质向茎转移，因此越冬的植物器官细胞内积累了较多的脂肪、蛋白质和糖，防止细胞脱水。此外，当气温下降时，淀粉转化为糖的速率加快，体内可溶性糖含量增加，使细胞的结冰点降低，细胞不易结冰，提高了植物的抗冻能力。

一些植物生长调节物质也可以提高植物的抗冻性。如用矮壮素与其他生长延缓剂可提高小麦抗冻性。脱落酸、细胞分裂素等也能够增强玉米、梨树、甘蓝的抗冻能力。

另外，作物抗冻性的形成是对各种环境条件的综合反应。因此，在农业生产中应采取有效的农业措施，加强田间管理来防止冻害的发生。例如及时播种、培土、控肥、通气来促进幼苗健壮生长；寒流霜冻来临前实施冬灌、烟熏、覆草以抵御寒流；进行合理施肥，提高钾肥比例，用厩肥和绿肥压青，可以提高越冬或早春作物的抗冻能力。另外，选育抗冻性强的优良品种是提高抗冻性的根本措施。

二、植物的抗旱性和抗涝性

（一）植物的抗旱性

1. 旱害对植物的影响

（1）旱害及其类型　土壤水分缺乏或大气相对湿度过低对植物造成的伤害，叫做旱害或干旱。旱害可分为土壤干旱和大气干旱两种。大气干旱的特点是土壤水分不缺乏，但由于温度高而相对湿度过低（10%～20%以下），常伴随高温，叶蒸腾量超过吸水量，破坏了植物体内的水分平衡，植物体表现为暂时萎蔫，甚至叶枝干枯等危害。大气干旱常表现为"干热风"，在我国西北、华北地区时有发生。如果长期存在大气干旱，便会引起土壤干旱。土壤干旱是指土壤中可利用的水分缺乏或不足，植物根系吸水满足不了叶片蒸腾失水，植物组织处于缺水状态，不能维持生理活动，受到伤害，严重缺水引起植物干枯死亡。

（2）干旱对植物的影响

① 暂时萎蔫和永久萎蔫。植物在水分亏缺严重时，细胞失水，叶片和茎的幼嫩部分即下垂，

这种现象称为萎蔫。萎蔫可分为暂时萎蔫和永久萎蔫两种。在夏季炎热的中午，蒸腾强烈，水分暂时供应不上，叶片与嫩茎萎蔫，到了夜晚蒸腾减弱，根系又继续供水，萎蔫消失，植物恢复挺立状态，称为暂时萎蔫。当土壤已无可供植物利用的水分，引起植物整体缺水，根毛死亡，即使经过夜晚萎蔫也不会恢复，称为永久萎蔫。永久萎蔫持续过久，会导致植物死亡。

②　干旱时植物的生理变化。第一，水分重新分配。因干旱造成水分缺失时，植物水势低的部位会从水势高的部位夺水，加速器官的衰老，地上部分从根系夺水，造成根毛死亡。干旱时一般受害较大的部位是幼嫩的胚胎组织及幼小器官，因为其内部水分分配到成熟部位的细胞中去。所以，禾谷类作物幼穗分化时遇到干旱，小穗数和小花数减少，灌浆期缺水，籽粒不饱满，严重影响产量。第二，光合作用下降。由于叶片干旱缺水，气孔关闭，CO_2的供应减少；缺水抑制了光合产物的运输；同时还导致蒸腾减弱，叶面温度升高，叶绿素被破坏等，从而导致光合作用显著下降。第三，体内蛋白质含量降低。由于干旱使 RNA 酶活性加强，导致多聚核糖体缺乏，以及 RNA 合成被抑制，从而影响蛋白质合成。同时干旱时，根系合成细胞分裂素的量减少，也降低了核酸和蛋白质的合成，而使其分解加强，引起叶片发黄。蛋白质分解形成的氨基酸，主要是脯氨酸，其累积量的多少是植物缺水程度的一个标志。萎蔫时，游离脯氨酸增多，有利于贮存氨以减少毒害。第四，呼吸作用异常。干旱导致水解加强，细胞内积累许多可溶性呼吸基质，呼吸速率随之升高；但氧化磷酸化解偶联，P/O 值下降，因此呼吸时产生的能量多半以热的形式散失，ATP 合成减少，从而影响多种代谢过程和生物合成的进行。第五，矿质营养缺乏。水分缺乏时根系吸收矿质元素困难，且在植物体内运输受阻。第六，内源激素水平发生变化。干旱能改变内源激素的平衡，CTK 合成受到抑制，而 ABA 与 ETH 合成加强。

2. 植物的抗旱性

植物对干旱的适应能力叫抗旱性。由于地理位置、气候条件、生态因子等原因，使植物形成了对水分需求的不同类型，即水生植物（不能在水势为$-5×10^5～-10×10^5$Pa 以下环境中生长的植物）、中生植物（不能在水势$-20×10^5$Pa 以下环境中生长的植物）和旱生植物（不能在水势低于$-40×10^5$Pa 环境中生长的植物）。作物多属中生植物。

一般抗旱性较强的植物，在形态特征上表现为根系发达，根冠比较大，能有效利用土壤水分，特别是土壤深处的水分。叶片的细胞体积小，可以减少细胞皱缩时产生的细胞损伤。叶片上的气孔多，蒸腾加强有利于吸水，叶脉较密，即输导组织发达，茸毛多，角质化程度高或蜡质厚，这样的结构有利于对水分的贮藏和供应。

从生理上来看，抗旱性强的植物干旱时细胞内会迅速积累脯氨酸等渗透调解物质，使细胞液的渗透势降低，保持细胞的亲水能力，防止细胞严重脱水；另外，植物体内的水解酶如 RNA 酶、蛋白酶等活性稳定，减少了生物大分子物质的降解，这样既保持质膜结构不被破坏，又可使原生质具有较大的弹性与黏性，提高细胞的保水能力和抗机械损伤能力使细胞代谢稳定。

3. 提高植物抗旱性的生理措施

（1）抗旱锻炼　创造不同程度的干旱条件，提高作物对干旱的适应能力。如播种前对萌动种子给予干旱锻炼，可以提高抗旱能力。其方法是使吸水 24h 的种子在 20℃条件下萌动，刚刚露出胚根时放在阴处风干，然后再吸水，再风干，如此反复进行 3 次后播种，抗旱能力明显增强。经过干旱锻炼的植株，原生质的亲水性、黏性及弹性均有提高，在干旱时能保持较高的合成水平，抗旱性增强。在幼苗期减少水分供应，使之经受适当缺水的锻炼，也可以增加其对干旱的抵抗能力。例如"蹲苗"就是使作物在一定时期内，处于比较干旱的条件下，经过这样锻炼的作物，往往根系较发达，体内干物质积累较多，叶片保水力强，从而增加抗旱能力。但是"蹲苗"要适度，不能过分缺水，以免营养器官生长受到严重限制。

（2）合理施肥　氮肥过多，枝叶徒长，蒸腾过强；氮肥少，植株生长瘦弱，根系吸水慢，抗旱能力低，因此氮肥施用要适量。而磷、钾肥均能提高植物抗旱性，因为磷能促进蛋白质的合成，提高原生质胶体的水合程度，增强抗旱能力。钾能改善糖类代谢和增加原生质的束缚水含量，还能增加气孔保卫细胞的紧张度，使气孔张开有利于光合作用。此外，硼和铜也有助于植物抗旱力的提高。

（3）化学药剂　利用矮壮素适当抑制地上部分的生长，增大根冠比，以减少蒸腾量，有利于作物抗旱。此外，还可利用蒸腾抑制剂来减少蒸腾失水，从而增加作物的抗旱能力。

除了上述提高抗旱性的途径以外，通过系统选育、杂交、诱导等方法，选育新的抗旱品种是提高作物抗旱性的根本途径。

（二）植物的抗涝性

土壤积水或土壤过湿对植物造成的伤害称为涝害。水分过多对植物之所以有害，并不在于水分本身，而是由于水分过多导致缺氧，从而引起一系列的危害。如果排除这些间接原因，植物即使在水溶液中培养也能正常生长。

1. 水涝对植物的危害

（1）湿害　土壤含水量超过田间最大持水量，根系完全生长在沼泽化的泥浆中，这种涝害叫湿害。湿害常常使植物生长发育不良，根系生长受抑，甚至腐烂死亡；地上部分叶片萎蔫，严重时整个植株死亡。其原因：一是土壤全部空隙充满水分，土壤缺乏氧气，根部呼吸困难，导致吸水和吸肥都受到阻碍。二是由于土壤缺乏氧气，使土壤中的好气性细菌（如氨化细菌、硝化细菌和硫细菌等）的正常活动受阻，影响矿质营养的供应；另一方面嫌气性细菌（如丁酸细菌等）特别活跃，增大土壤溶液酸度，影响植物对矿质营养的吸收，与此同时，还产生一些有毒的还原产物，例如，硫化氢和氨等能直接毒害根部。

（2）涝害　陆地植物的地上部分如果全部或局部被水淹没，即发生涝害。涝害使植物生长发育不良，甚至导致死亡。其主要原因是：由于淹水而致缺氧，抑制有氧呼吸，致使无氧呼吸代替有氧呼吸，使贮藏物质被大量消耗，并同时积累酒精使植物中毒；无氧呼吸使根系缺乏能量，从而降低根系对水分和矿质营养的吸收，使正常代谢不能进行。此时，地上部分光合作用下降或停止，使分解大于合成，植物生长受到抑制，发育不良，轻者导致产量下降，重者引起植株死亡，颗粒无收。

生产上借鉴上述原理进行"淹水杀稗"，因为稗籽的胚乳营养很少（约为稻的 1/5），在幼苗二叶末期就消耗殆尽，此时不定根正处于始发期，抗涝能力最弱，故为淹死稗草的最好时期。而二叶期的水稻幼苗，胚乳养料只消耗一半左右，此时淹水，胚乳还可继续供给养分，不定根仍可继续发生，抗涝能力较强，所以淹水杀稗不伤稻秧。

2. 植物抗涝性及抗涝措施

（1）植物的抗涝性　植物对水分过多的适应能力或抵抗能力叫抗涝性。不同植物忍受涝害的程度不同，如油菜比番茄、马铃薯耐涝，柳树比杨树耐涝。植物在不同的发育时期抗涝能力不同，如水稻在孕穗期遇涝灾受害严重，拔节抽穗期次之，分蘖期和乳熟期受害较轻。

另外，涝害与环境条件有关，静水受害大，流动水受害小；污水受害大，清水受害小；高温受害大，低温受害小。

不同植物耐涝程度之所以不同，一方面在于各种植物忍受缺氧的能力不同，另一方面在于地上部对地下部输送氧气的能力大小与植物的耐涝性关系很大。例如水稻耐涝性之所以较强，是由于地上部所吸收的氧气，有相当大的一部分能输送到根系，在二叶期和三叶期的幼苗，其叶鞘、茎和叶所吸收氧气 50% 以上往下运输到处于淹在水中的根系，最多可达 70%。而小麦在同样生育期向根运氧只有 30%。由此可见，水稻比小麦耐涝。

植物地上部向地下部运送氧气的通道，主要是皮层中的细胞间隙系统，皮层的活细胞及维管束几乎不起作用。这种通气组织从叶片一直连贯到根。

水稻与小麦的根，在通气结构上差别很大。水稻幼根的皮层细胞间隙要比小麦大得多，且成长以后根皮层细胞内细胞大多崩溃，形成特殊的通气组织（图 7-3），而小麦根在结构上没有变化。水稻通过通气组织能把氧气顺利地运输到根部。

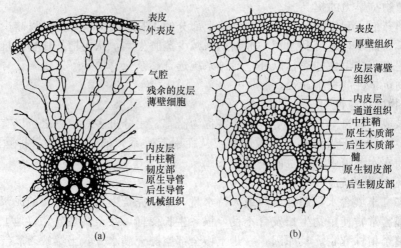

图 7-3　水稻（a）与小麦（b）的老根结构比较

有些生长在非常潮湿土壤中的植物，能够在体内逐渐出现通气组织，以保证根部得到充足的氧气供应。大豆就是这样一种植物。从生理特点看，抗涝植物在淹水时，不发生无氧呼吸，而是通过其他呼吸途径，如形成苹果酸、莽草酸，从而避免根细胞中毒。

（2）抗涝措施　防治涝害的根本措施，是搞好水利建设。一旦涝害发生，应及时排涝。排涝结合洗苗，除去堵塞气孔粘贴在叶面上的泥沙，以加强呼吸作用和光合作用。此时，还应适时施用速效肥料（如喷施叶面肥），使植物迅速恢复生机。

三、植物的抗盐性

某些干旱或半干旱地区由于降雨量小，蒸发强烈，促进地下水位上升，盐分不断积累于土壤表层，形成盐碱土。当土壤中盐类以碳酸钠和碳酸氢钠等为主要成分时称碱土；若以氯化钠和硫酸钠等为主时称为盐土。但因盐土和碱土常混合在一起，盐土中常有一定的碱，所以习惯上称为盐碱土。这类土壤中盐分含量过高，引起土壤水势下降，严重阻碍了植物正常的生长发育。

世界上盐碱土面积很大，达 4 亿公顷，约占灌溉农田的 1/3。我国盐碱土主要分布在西北、华北、东北和滨海地区，约 2000hm²，另外，还有 700 万公顷的盐化土壤。一般盐土含盐量在 0.2%～0.5%时就已对植物生长不利，而盐土表层含盐量往往又可达 0.6%～10%。这些地区多为平原，土层深厚，如能改造开发，对发展农业有着巨大的潜力。

（一）土壤盐分过多对植物的危害

土壤中盐分过多对植物生长发育产生的危害叫盐害。盐害主要表现在以下几个方面。

1. 生理干旱

土壤中可溶性盐分过多使土壤溶液水势降低，导致植物吸水困难，甚至体内水分有外渗的危险，造成生理干旱。当土壤含盐量超过 0.2%～0.25%时，作物生长就会受到影响，高于 0.4%时，生长受到严重抑制，细胞外渗脱水。所以，盐碱土中的种子萌发延迟或不能萌发，植株矮小，叶小、呈暗绿色，表现出干旱的症状。

2. 单盐毒害

作物正常的生长发育，需要一定的无机盐作为营养。但当某种离子存在量过剩时，会对作物发生单盐毒害作用。在土壤中虽然会有各种盐类，但在一定的盐碱土中，往往又以某种盐为主，形成生理不平衡的土壤溶液，使植物细胞原生质中过多地积累某一盐类离子，发生盐害，轻者抑制植物正常生长，重者造成死亡。

3. 生理代谢紊乱

土壤中的盐分可导致作物呼吸作用不稳定。其对呼吸的影响主要与盐的浓度有关，盐浓度低时促进呼吸，盐浓度高时抑制呼吸。

盐分过多会降低作物蛋白质合成，相对加速贮藏蛋白质的水解，所以，体内的氨积累过多，植株含氨量增加，从而产生氨害。同时，盐分过多使核酸的分解大于合成，从根本上抑制了蛋白质的合成。

盐分过多也抑制植物的光合作用，因而受盐害的植物叶绿体趋向分解，叶绿素被破坏，叶绿素和胡萝卜素的生物合成受到干扰；同时还会关闭气孔。高浓度的盐分，使细胞原生质膜的透性加大，从而干扰代谢的调控系统，使整个代谢紊乱。

（二）植物的抗盐性及其提高途径

1. 植物的抗盐性

植物对土壤盐分过多的适应能力或抵抗能力叫抗盐性。植物抗盐碱的机理可分为两种类型。

（1）避盐　有些植物以某种途径或方式来避免盐分过多的伤害，称为避盐。避盐又可分为聚盐、泌盐、稀盐和拒盐。

① 聚盐。植物细胞能将根吸收的盐排入液泡，并抑制外出。一方面可减轻毒害，另一方面由于细胞内积累大量盐分，提高了细胞浓度，降低水势，促进吸水。因此能在盐碱土上生长，如盐角草、碱蓬等。

② 泌盐。植物吸收盐分后不存留在体内，而是通过植物的茎叶表面由盐腺分泌到体外，可被风吹落或雨淋洗，因此不易受害。如怪柳、匙叶草、大米草等。此外，有些盐生植物将吸收的盐转运到老叶中，最后脱落，避免了盐分的过渡积累。

③ 稀盐。代谢旺盛生长快，根系吸水也快，植物组织含水量高，能将根系吸收的盐分稀释，从而降低细胞内盐浓度以减轻危害。

④ 拒盐。植物的细胞原生质选择透性强，不让外界的盐分进入植物体内，从而避免盐害。如碱地凤毛菊等。

（2）耐盐　有些植物通过生理或代谢适应来耐受已进入细胞内的盐分。主要有以下几种方式。

① 耐渗透胁迫。通过细胞的渗透调节以适应盐分过多而产生的水分胁迫。例如，小麦等作物在盐胁迫时将吸收的盐离子积累于液泡中，提高其溶质含量，使水势降低以防止细胞脱水；有些植物则是通过积累蔗糖、脯氨酸、甜菜碱等有机质来调节渗透势，提高细胞的保水力。

② 耐营养缺乏。有些盐生植物在盐分过多的条件下能吸收较多的 K^+；某些蓝绿藻在吸收 Na^+ 的同时增加对氮素的吸收。这样，能较好地防止单盐毒害，维持元素平衡，耐营养缺乏。

③ 代谢稳定性。耐盐植物在代谢上具有一定的稳定性，这种稳定性与某些酶类的稳定性密切相关。例如，大麦幼苗在盐渍时仍保持丙酮酸激酶的活性。

2. 提高作物抗盐性的途径

（1）选育抗盐品种　采用组织培养等新技术选择抗盐突变体培育抗盐新品种，成效显著。

（2）抗盐锻炼　播前用一定浓度的盐溶液处理种子。其方法是，先让种子吸水膨胀，然后放在适宜浓度的盐溶液中浸泡一段时间，如玉米用 3％NaCl 浸种 1h，抗盐性明显提高。

（3）使用植物生长调节剂　利用生长调节剂促进作物生长，稀释其体内盐分。例如，在含 0.15％Na_2SO_4 土壤中的小麦生长不良，但在播前用 IAA 浸种，小麦生长良好。

（4）改造盐碱土　其措施有合理灌溉，泡田洗盐，增施有机肥，盐土播种，种植耐盐绿肥（田菁），种植耐盐树种（沙枣、紫穗槐），种植耐盐碱植物（向日葵、甜菜）等。

四、植物的抗病性

病害引起植物伤亡，对产量影响很大。病原微生物如细菌、真菌和病毒等寄生在植物体内，对植物产生危害称为病害。植物对病原微生物侵染的抵抗力，称为植物的抗病性。作物是否患病，决定于作物与病原微生物之间的斗争情况，作物取胜则不发病，作物失败则发病。了解植物的抗病生理，对防治植物病害有重要作用。

（一）病害发生对植物生理生化的影响

植物感染病害后，其代谢过程发生一系列的生理生化变化。

1. 水分平衡失调

植物受病菌侵染后，首先表现出水分平衡失调，以萎蔫或猝倒状表现出来。造成水分失调的原因很多，主要是根被病菌损坏，不能正常吸水；维管束被堵塞，水分向上运输中断。有些是细菌或真菌本身堵塞茎部，有些是微生物或作物产生胶质或黏液沉积在导管，有些是导管形成胼胝体而使导管不通；病菌破坏原生质结构，透性加大，蒸腾失水过多。

2. 呼吸作用增强

植物受病菌侵染后，呼吸作用往往比健康植株高 10 倍。呼吸加强的原因：一方面是病原微生物本身具有强烈的呼吸作用；另一方面是寄主呼吸速度加快。因为健康组织的酶与底物在细胞内是被分区隔开的，病害侵染后间隔被打开，酶与底物直接接触，呼吸作用加强；与此同时，染病部位附近的糖类都集中到染病部位，呼吸底物增多，也使呼吸作用加强。

3. 光合作用下降

植物感病后，光合作用开始下降。染病组织的叶绿体被破坏，叶绿素含量减少，光合速率减慢。随着感染的加重，光合更弱，甚至完全失去同化二氧化碳的能力。

4. 同化物运输受干扰

植物感病后，大量的碳同化物运向病区，糖输入增加和病区组织呼吸速率提高是一致的。水稻、小麦的功能叶感病后，严重妨碍光合产物的输出，影响籽粒饱满。例如，对大麦黄矮病敏感的小麦品种感病后，其叶片光合作用降低 72%，呼吸提高 36%，但病叶内干物质反而增加 42%。

（二）植物的抗病机理

植物对病原菌侵染具有多方面的抵抗能力，这种抗病机理主要表现在下列几点。

1. 加强氧化酶活性

当病原菌侵入植物体时，该部分组织的氧化酶活性加强，以抵抗病原微生物。凡是叶片呼吸旺盛、氧化酶活性高的马铃薯品种，对晚疫病的抗性较大；凡是过氧化酶、抗坏血酸氧化酶活性高的甘蓝品种，对真菌病害的抵抗能力也较强。这就是说，植物呼吸作用升高，其抗病能力也增强。呼吸能减轻病害的原因如下。

（1）分解毒素　病原菌侵入植物体后，会产生毒素，把细胞毒死。旺盛的呼吸作用能把这些毒素氧化分解为二氧化碳和水，或转化为无毒物质。

（2）促进伤口愈合　有的病菌侵入植物体后，植株表面可能出现伤口。呼吸能促进伤口附近形成木栓层，伤口愈合快，把健康组织和受害部分隔开，不让伤口发展。

（3）抑制病菌水解酶活性　病菌依靠本身水解酶的作用，把寄主的有机物分解，供它本身生活之需。寄主呼吸旺盛，则抑制病菌水解酶的活性，因而防止寄主体内有机物分解，病菌得不到充分的养料，病情扩展就受到抑制。

2. 促进组织坏死

有些病菌只能寄生在活的细胞内，在死细胞内不能生存。抗病品种细胞与这类病菌接触时，受感染的细胞或组织迅速坏死，使病菌得不到合适的环境而死亡，病害被局限于某个范围而不能发展。因此组织坏死是一种保护性反应。

3. 病菌抑制物的存在

植物本身含有的一些物质对病菌有抑制作用，使病菌无法在寄主中生长。如儿茶酚对洋葱鳞茎炭疽病菌具有抑制作用，绿原酸对马铃薯疮痂病、晚疫病和黄萎病具有抑制作用等。

4. 产生植保素

植保素是指寄主被病菌侵染后才产生的一类对病菌有毒的物质。最早发现的是从豌豆荚内果皮中分离出来的避杀酊，不久又在蚕豆中分离出非小灵，后来又在马铃薯中分离出逆杀酊。以后又在豆科、茄科及禾本科等多种植物中陆续分离出一些具有杀菌作用的物质。

（三）植物的抗病措施

1. 避病

避病指由于病原物的感发期和寄主的感病期相互错开，寄主避免受害。如雨季葡萄炭疽病孢子大量产生时，早熟葡萄已经采收或接近采收，因而避开危害。

2. 抗侵入

抗侵入指由于寄主具有形态、解剖及生理生化的某些特点，可阻止或削弱某些病原物的侵染。如植物叶表皮的茸毛、刺、蜡质和角质层等。

3. 抗扩展

由于寄主的某些组织结构或生理生化特征，使侵入寄主的病原物的进一步扩展受阻或被限制。如厚壁、木栓及角质组织均可限制扩展。

4. 过敏性反应

过敏性反应又称保护性坏死反应，即病原物侵染后，侵染点及附近的寄主细胞和组织很快死亡，使病原物不能进一步扩展的现象。

【实际操作】

寒害对植物影响的测定（电导法）

（一）实训目标

掌握根据低温环境伤害的植物细胞浸液的电导率变化来测定细胞受害程度的方法。

（二）实训材料与用品

1. 冰箱、烧杯、天平、剪刀、电导率仪、真空泵、蒸馏水（或无离子水）、量筒、镊子、干燥器、塑料小袋、打孔器等。
2. 柳树、杨树枝条（或其他植物组织）。

（三）实训方法与步骤

1. 材料的处理

（1）取材 称取事先洗净的植物材料2份。若是枝条每份称取3g，并剪成1cm左右长的小段；如用叶片每份为2g，并用打孔器打成等面积的小片与打孔下来的残体放在一起备用。

（2）漂洗 将（1）的两份材料各放入烧杯中，先用自来水冲洗3～4次，然后再用蒸馏水或无离子水冲洗3～4次，备用。

（3）处理材料 将（2）的两份材料各放入塑料小袋内，封口；其中一袋放入冰箱内2～24h，把另一袋放入温室的干燥器内2～24h。备用。

（4）测前准备 取200ml的烧杯两个，编号，用量筒各注入100ml蒸馏水或无离子水；将（3）中冰箱内的材料放入1号烧杯内，将（3）中温室下干燥器内的材料放入2号烧杯内；将1号、2号烧杯一并放入干燥器内并用真空泵减压，直至材料全部浸到溶液内为止；浸泡1h，备用。

2. 电导率的测定

（1）电导率仪的测试　测试电导率仪使其单位为 $\mu S/cm^2$。

（2）电导率值的测定　将1.（4）中1号、2号烧杯内的浸泡液各取出50ml作为测定液，置于电导仪上测定电导率值，受冻的为 A，未受冻的为 B；将测定液倒回原烧杯内并置于同温度下，煮沸同一时间（1～2min），静置1h后再测定其电导率值，此时，受冻的为 C，未受冻的为 D。

（四）实训报告

1. 计算结果

（1）受冻材料的相对电导率（%）＝ $A/C \times 100\%$

（2）未受冻材料的相对电导率（%）＝ $B/D \times 100\%$

（3）植物受害的百分率（%）＝ $(A-B)/(C-B) \times 100\%$

2. 讨论

当测定出的电导率 C 与 D 的值相差较大时，说明什么问题？

【课外阅读】

环境污染对植物的影响

现代工业迅速发展，厂矿、居民区、现代交通工具等所排放的废渣、废气和废水越来越多，扩散范围越来越大，再加上现代农业大量施用农药化肥所残留的有害物质，远远超过环境的自然净化能力，造成环境污染。就污染的因素而言，可分为大气污染、水体污染、土壤污染。

一、大气污染对植物的伤害

造成大气污染的因素很多，硫化物、氧化物、氯化物、氮氧化物、粉尘、有毒气体和带有金属元素的气体，都是大气污染的有害成分。这些有害气体通过气孔进入植物叶片，破坏叶肉细胞的同化机能和其他生理过程。重者导致急性危害，使植物组织在短时间内坏死；轻者导致慢性伤害，致使叶片缺绿、叶片变小、畸形或快速衰老；此外，还可导致隐性伤害，植物外表症状不明显，生长正常，但由于有害物质的积累影响代谢，使作物的品质和产量下降。

1. 二氧化硫（SO_2）

二氧化硫是一种无色、具有强烈窒息性臭味的气体。它的排放量大，分布面积广，对农作物的影响和危害极大。二氧化硫进入植物组织后可形成亚硫酸，使叶绿素变成去镁叶绿素而丧失光合功能。二氧化硫伤害的典型症状是受害的伤斑与健康的组织界线十分明显。

小麦受二氧化硫危害后，典型症状是麦芒变成白色。一般在很低的二氧化硫浓度下症状即表现出来，说明麦芒对二氧化硫非常敏感。因此，白麦芒可以作为鉴定少量二氧化硫存在的标志。水稻受二氧化硫危害时，叶片变成淡绿或黄绿色，上面有小白斑，随后全叶变白，叶尖卷缩萎蔫，茎秆、稻粒也变白，形成枯熟，甚至全株死亡。

蔬菜受害叶片上呈现的颜色，因种类不同而有所差异。叶片上出现白斑的有萝卜、白菜、菠菜、番茄、葱、辣椒和黄瓜；出现褐斑的有茄子、胡萝卜、马铃薯、南瓜和甘薯；出现黑斑的有蚕豆。果树叶片受害时多呈白色或褐色。另外，同一种植物，嫩叶最易受害，老叶次之，未充分展开的幼叶最不易受害。

2. 氯气（Cl_2）

氯气是一种具有强烈臭味、令人窒息的黄绿色气体。化工厂、农药厂、冶炼厂等在偶然情况下会逸出大量氯气。据观测，氯气对植物的伤害比二氧化硫大。在同样浓度下，氯气对植物的伤害程度比二氧化硫重3~5倍。氯气进入叶片后，很快使叶绿素被破坏，形成褐色伤斑，严重时全叶漂白、枯卷，甚至脱落。

对氯气敏感的植物有大白菜、向日葵、烟草、芝麻、洋葱等；抗性中等的作物有马铃薯、黄瓜、番茄、辣椒等；抗性比较强的作物有谷子、玉米、高粱、茄子、洋白菜、韭菜等。在容易发生氯气危害的地方，可以考虑种植抗性强的作物。

氯气在空气中和细小水滴结合在一起，形成盐酸雾，也对植物产生相当大的危害。

3. 氟化物

氟化物包括氟化氢（HF）、四氟化硅（SiF_4）、硅氟酸（H_2SiF_6）及氟化钙颗粒物等。氟化物主要来自电解铝、磷肥、陶瓷及铜铁等生产过程。大气中的氟化物污染以氟化氢为主，它是一种积累性中毒的大气污染物，可通过植物吸收积累进入食物链，在人和动物体内蓄积达到中毒浓度，从而使人畜受害。

氟化氢可随上升的气流扩散到很远的地方。在氟污染区里，常常见到果树不结果，粮食作物、蔬菜生长不良，耕牛生病甚至死亡。氟化氢进入叶片后，便使叶肉细胞发生质壁分离而死亡。氟化氢引起的危害，先在叶尖和叶边出现受害症状，然后逐渐向内发展。受害严重的也会使整个叶片枯焦脱落。

4. 臭氧（O_3）

臭氧是光化学烟雾中的主要成分之一，所占比例最大，氧化能力较强。烟草、菜豆、洋葱等是对臭氧敏感的植物。臭氧从叶片的气孔进入，通过周边细胞与海绵细胞间隙，到达栅栏组织后停止移动，并使栅栏细胞和上表皮细胞受害，然后再侵害海绵组织细胞，形成透过叶片的坏死斑点。禾本科植物因无明显的栅栏组织，因此叶片两面都褪绿变白。受害严重时，全叶都受到伤害，坏死的组织呈白色或棕色；叶片明显变薄，看起来好像仅存叶脉。

5. 过氧乙酰硝酸酯

过氧乙酰硝酸酯也是光化学烟雾的主要成分之一。植物受到伤害时，叶片背面变成银白色、棕色、古铜色或玻璃状。受害严重时，可达到叶的上表面，叶片正面常常出现一道横贯全叶的坏死带。

6. 煤烟粉尘

污染空气的物质除气体外，还有大量的固体或液体的微细颗粒成分，统称为粉尘，约占整个空气污染物的1/6。煤烟粉尘是空气中粉尘的主要成分。

当烟尘覆盖在各种植物的嫩叶、新梢、果实等柔嫩组织上，便会引起斑点。果实在幼小时期受害以后，污染的部分组织发生木栓化，果皮变得很粗糙，使商品价值下降；成熟期受害，容易引起腐烂，损失更大。另外，叶片常因为粉尘积累过多或积聚时间太长，影响植物吸收作用和光合作用，叶色失绿，生长不良，严重的甚至死亡。烟尘危害范围，常以污染源为中心向外扩大，或随风向发展。

二、水体污染对植物的影响

水体一般是指水的积聚体，通常指地表水体，如溪流、江河、池塘、湖泊、水库、海洋等，广义的水体也包括地下水体。水体污染是指由于人类的活动改变了水体的物理性质、化学性质和生物状况，使其丧失或减弱了对人类的使用价值的现象。

随着工农业生产的发展和城镇人口的集中，含有各种污染物质的工业废水和生产污水大量排入水系，再加上大气污染物质、矿山残渣、残留化肥农药等被雨水淋溶，以致各种水体受到不同程度的污染，使水质显著变劣。污染水体的物质主要有重金属、洗涤剂、氰化物、有机酸、含氮化合物、漂白粉、酚类、油脂、染料等。水体污染不仅危害人类健康，而且危害水生生物资源，影响植物的生长发育。

1. 酚类化合物

酚类属于可分解有机物，包括一元酚、二元酚和多元酚。主要来源于冶金、煤气、炼焦、石油化工和塑料等工业的排放物。城市生活污水也含酚，这主要来自粪便和含氮有机物的分解。

经过回收处理后的废水含酚量一般不高，可用于进行农田灌溉，对农作物和蔬菜生长不但没有危害，反而还能促进小麦、水稻、玉米植株健壮生长，叶色浓绿，产量高。但利用含酚浓度过高的废水灌溉时，对农作物的生长发育却是有害的，表现为植株矮小，根系发黑，叶片窄小，叶色灰暗；阻碍作物对水分和养分的吸收及光合作用的进行，使结实率下降，产量降低，严重时植株会干枯以致造成颗粒无收。水中酚类化合物含量超过 $50\mu g/L$ 时，就会使水稻等生长受到抑制，叶色变黄。当其含量再增高，叶片会失水、内卷，根系变褐，逐渐腐烂。

2. 氰化物

水体中的氰化物主要来自工业企业排放的含氰废水，如电镀废水、焦炉和高炉的煤气洗涤冷却水、化工厂的含氰废水，以及选矿废水等。电镀废水一般含氰 $20\sim70mg/L$，化肥厂煤气洗气废水含氰约 $180mg/L$。

氰化物为剧毒物质，人口服 0.1s 左右立刻死亡，水中含氰达 $0.3\sim0.5mg/L$ 时鱼便会死亡。

用含氰的污水灌田时，在一定的浓度范围内氰对农作物有明显刺激生长的作用，用每升含氰 30mg 的灌溉水浇灌水稻、油菜时都能使茎挺立，长势旺盛，生长健壮，水稻籽粒饱满。当灌溉水每升含氰量达到 50mg 时，水稻、油菜等的生长就会明显受到抑制，致使稻麦低矮，分蘖少，根短稀疏，叶鞘和茎秆有褐色斑纹，水稻成熟期推迟，千粒重下降，秕粒多，产量降低 20% 左右；当灌溉水每升含氰量达到 100mg 时，水稻就会完全停止生长，稻苗逐渐干枯死亡。

氰化物在作物不同生育期累积情况不同，如在水稻、小麦分蘖期灌溉，氰化物多集中于叶片中，在籽粒中积累的可能性小；若在灌浆期灌溉，氰直接转移到生长最旺盛的部位或籽粒中的可能性较大，并在这些部位形成各种衍生物而被贮藏起来。因此，在生产上利用含氰污水灌溉水稻、小麦宜在生长前期进行。

反复实践证明：在灌溉水中只要每升含氰不超过 0.5mg，就是绝对安全的，能保证多数庄稼生长健壮，不致造成氰化物对环境和人畜的污染。

3. 三氯乙醛

三氯乙醛又叫水合乙醛。在生产滴滴涕、敌百虫、敌敌畏的农药厂、化工厂的废水中常含有三氯乙醛。用这种污水灌田，常使作物发生急性中毒，造成严重减产。

单子叶植物对三氯乙醛的耐受能力较低，其中以小麦为最敏感，种子受害萌发时第一片叶不能伸长；苗期受害叶色深绿，植株丛生，新叶卷皱弯曲，不发新根，严重时全株枯死；孕穗期与抽穗期受害时旗叶不能展开，紧包麦穗，致使抽穗困难。三氯乙醛浓度愈高作物受害愈重。

4. 酸雨和酸雾

酸雨和酸雾也会对植物造成非常严重的伤害，酸性雨水或雾、露附着于叶面，然后随雨点蒸发和浓缩，pH 下降，最初损坏叶表皮，进而进入栅栏组织和海绵组织，成为细小的坏死斑（直径约 0.25cm）。由于酸雨的侵蚀，在叶表面生成一个个凹陷的洼坑，后来的酸雨容易沉积于此，所以，随着降雨次数增加，进入叶肉的酸雨越多，引起原生质分离，被害部分扩大。酸雾的 pH 有时可达 2.0，酸雾中的各种离子浓度比酸雨高 $10\sim100$ 倍。酸雾对叶片作用的时间长，风力较小时不易短时间内散去，对叶的上、下两面都可同时产生影响，因此酸雾对植物的危害更大。

5. 洗涤剂

随着工业的发展，洗涤剂的用量与日俱增。目前洗涤剂的主要成分是烷基苯磺酸钠。洗涤剂与其他污水一起流入农田或其他水体，影响植物的生长和土壤性质。

三、土壤污染对植物的伤害

人类活动产生的污染物进入土壤并积累到一定程度，超过土壤的自净能力，引起土壤恶化的现象，称为土壤污染。

随着工业的发展、乡镇企业和农业集约化程度的增加，大量的工业"三废"和生活废弃物，以及农药残留等越来越多地污染土壤，使土质变坏，造成作物减产，更为严重的是土壤中的污染物质，通过食物链在人和畜禽体内积累，直接危害人体健康和畜、禽的生存与繁衍。

1. 土壤污染的主要来源

（1）工业"三废"对土壤的污染　工业"三废"即废气、废水、废渣，通过灌溉和使用进入土壤，对于土壤结构和土壤酸碱度都有很大影响，加上一些有毒物质（苯、苯酚、汞等）的积累，使土壤生产力下降或完全丧失利用价值。

（2）农药、化肥对土壤的污染　农药中的有机氯类化合物易在土壤中残留，大量或长期施用可污染土壤；化肥生产中，由于矿源不清洁，也可带来少量的矿质元素。如磷肥生产中往往伴随砷、氟等矿质元素的存在，造成土壤严重污染和残留。

施用石灰氮肥料（氰氨基化钙），可造成土壤中双氰胺、氰酸等有毒物质的暂时残留，对农作物的生长及土壤的硝化过程有害。

2. 土壤污染的毒害

（1）重金属污染的毒害　重金属化合物对土壤污染是半永久性的。土壤中所沉积的重金属离子，不论其来源如何，即使是植物生活所必需的微量元素（如铜、锰等），当浓度超过一定限度时，就能直接影响植物的生长，甚至造成植物死亡。

（2）土壤中农药的残留及危害　田间施用的农药能够渗透到植物的根、茎、叶和籽粒中，植物对农药的吸收与农药特性和土壤性质有关。

多数有机磷农药由于水溶性强，比较容易被植物吸收，如甲拌磷、乙拌磷、内吸磷等，都可以在几天或几个星期内通过作物根吸收，一般地说，农药的溶解度越大，越易被作物吸收。作物种类不同，其吸收率也不同。豆类吸收率较高，块根类比茎叶类植物吸收率高，油料植物对脂溶性农药吸收率高。

土壤性质不同对农药的吸收率也不同。沙土中农药最易被植物吸收，而有机质含量高的土壤，农药不易被植物吸收。

由于长期大量施用同一种农药，使害虫对药剂的抵抗能力增强，产生新的抗药品种。另外，由于药剂杀死了害虫的天敌，使自然界害虫与天敌之间的平衡被打破。如蚜虫与瓢虫，原来保持一种生态平衡，由于农药大量施用，使天敌大量死亡，结果害虫反而更加猖獗。田间施用农药经雨水或灌溉冲进养鱼池，造成对鱼类的污染。另外，农药对食品的污染，主要是有机氯农药残留期长，可进入植物体及食物链中，由此引起粮、菜、水果、肉、蛋、奶、水产品等污染。20世纪80年代某些欧洲国家就因我国蛋、奶和冻肉中农药残留量超过国际标准而禁止进口，使我国外贸出口受到很大损失。

【思考与练习】

1. 名词解释

逆境　抗逆性　冷害　冻害　萎蔫　大气干旱　土壤干旱

2. 说明涝害及对植物的影响。

3. 说明旱害对植物的影响及抗旱锻炼的措施。

4. 说明冻害机理的细胞外结冰和细胞内结冰。

5. 简述植物的抗盐性及提高途径。

参 考 文 献

[1] 张乃群，朱自学. 植物学实验及实习指导. 北京：化学工业出版社，2006.
[2] 秦静远. 植物及植物生理. 北京：化学工业出版社，2006.
[3] 徐汉卿. 植物学. 北京：中国农业大学出版社，2000.
[4] 陆时万，徐祥生，沈敏健. 植物学（上册）. 北京：高等教育出版社，1991.
[5] 王忠. 植物生理学. 北京：中国农业出版社，2000.
[6] 胡宝忠，胡国宣. 植物学. 北京：中国农业出版社，2003.
[7] 李合生. 现代植物生理学. 北京：高等教育出版社，2002.
[8] 王全喜，张小平. 植物学. 北京：科学出版社，2004.
[9] 张继澍. 植物生理学. 北京：世界图书出版公司，1999.
[10] 王三根. 植物生理生化. 北京：中国农业出版社，2001.
[11] 韩锦峰. 植物生理生化. 北京：高等教育出版社，1991.
[12] 陈忠辉. 植物与植物生理. 北京：中国农业出版社，2001.
[13] 潘瑞炽. 植物生理学. 北京：高等教育出版社，2004.
[14] 邹琦. 植物生理学实验指导. 北京：中国农业出版社，2000.
[15] 关雪莲，王丽. 植物学实验指导. 北京：中国农业大学出版社，2002.
[16] 何凤仙. 植物学实验. 北京：高等教育出版社，2000.
[17] 卞勇，杜广平. 北京：中国农业大学出版社，2007.
[18] 李扬汉. 植物学. 上海：上海科学技术出版社，1984.
[19] 吴万春. 植物学. 北京：高等教育出版社，1991.
[20] 郑湘如，王丽. 植物学. 北京：中国农业大学出版社，2001.